高等院校环境类系列教材

城市节水工程

魏 群 主编

中国建材工业出版社

图书在版编目（CIP）数据

城市节水工程/魏群主编．－北京：中国建材工业出版社，2006.1（2019.3 重印）
（高等院校环境类系列教材）
ISBN 978-7-80159-970-4

Ⅰ．城…　　Ⅱ．魏…　　Ⅲ．节约用水 – 市政工程 – 高
等学校 – 教材　Ⅳ．TU991.64

中国版本图书馆 CIP 数据核字（2005）第 109523 号

城市节水工程
魏群　主编

出版发行：中国建材工业出版社
地　　址：北京市海淀区三里河路 1 号
邮　　编：100044
经　　销：全国各地新华书店
印　　刷：北京鑫正大印刷有限公司
开　　本：787mm×1092mm　1/16
印　　张：25.75
字　　数：636 千字
版　　次：2006 年 1 月第 1 版
印　　次：2019 年 3 月第 3 次
定　　价：63.80 元

本社网址：www.jccbs.com.cn
本书如出现印装质量问题，由我社发行部负责调换。联系电话：（010）88386906

前　言

21 世纪，随着社会经济的发展和城市化进程的推进，世界各地普遍面临着严重的缺水形势，水的合理利用——节约用水（简称节水）问题，特别是城市与工业节水问题，日益受到关注和重视。我国是水资源贫乏的国家，水的供需矛盾十分突出。多年来，国家一直在寻求解决水资源短缺的途径，开展了农业节水、企业节水、城市节水等多方面的节水工作，对于缓解矛盾起到了一定的作用。目前，许多城市加强了对城市供水、排水、污水处理及再生利用的统筹规划、协调实施和科学配置，大力贯彻实施国家《节水型生活用水器具标准》、《城市居民用水量标准》和《城市供水管网漏损控制标准》等相关节水技术政策和标准，并将污水再生利用作为缓解城市缺水的重要措施。与此同时，全国范围内也正在深入开展节水型城市的创建工作。节水型社会的建设是一项系统工程，它既需要国家制定相关法律和指标体系去规范和推进节水工作的顺利进行，又需要全民提高节水意识，还需要节水专业人员对政策的准确把握、对节水先进技术的引进和开发，以及对节水工程的精确建设和实施。

本书自始至终以城市与工业节水为中心，重点阐述有关节水的基本概念、原理和方法；论述并探讨了我国城市水资源状况，城市节约用水的发展，节约用水的内涵与节水管理的阶段性特征，用水及水污染防治的基本要求，水的再利用方式与节水考核指标，工业企业水量平衡测试与用水合理化分析，用水定额的制定原理与方法，城市与工业用水（节水）状况的宏观分析，主要工业部门用水（节水）状况、节水规划目标和对策，循环水与回用水水质与水处理技术，生产工艺节水技术，人工制冷、地下水回灌的节水作用，海水利用，节水器具与设备，城市生活用水的主要节水途径，建筑中水回用技术，城市雨水利用，城市、工业企业用水（节水）管理与水资源需求预测，节约用水管理信息系统以及节水项目经济评价等。

本书编写分工如下：第一章、第三章、第八章由邹艳梅编写；第四章、第五章、第九章由徐静编写；第七章、第十章由李理编写；第二章、第六章由张皓晶编写；第十一章、第十八章、第十九章、第二十章、第二十一章由魏群编写；第十二章、第十三章、第十五章由鄢恒珍编写；第十四章、第十六章、第十七章由邓洁编写。全书由魏群负责统稿。

本书可供从事水资源、水资源利用、城市与工业节水、环境工程等工作的专业技术人员及管理人员使用，也可作为给水排水、水务管理、环境工程、环境科学、水工业等高等院校的教材或教学参考书。

编　者

目　　录

第一章 水资源概况

第一节 水资源的概念

水是人类赖以生存和发展的基本物质之一，也是人类生息不可替代和不可缺少的、既有限又宝贵的自然资源。

关于水资源的概念，国内外的有关文献和著述中有多种提法。

《英国大百科全书》中的"水资源"是这样被定义的：整个自然界中各种形态的水，包括气态水、液态水和固态水的总和。

在联合国教科文组织与世界卫生组织共同编写的《水资源评价活动——国家评价手册》中，"水资源"是指可被利用或可能被利用的水源，具有足够的数量和可用的质量，并能在某一地点（区）为满足某种用途而被利用。

在《中国大百科全书》中，"水资源"被定义为：地球表层可供人类利用的水，包括水量（水质）、水域和水能资源。

从以上的表述中，可发现同一概念的差异较大，都很有道理，但又都欠准确和完整。

一、水资源的概念

自然界中的水，不管以何种形式（如江河、湖泊、地下水、土壤水、大气水等）、何种状态（液态、气态、固态）存在，只有同时满足三个前提时才能被称为水资源，即：

1. 可作为生产资料或生活资料使用；

2. 在现有的技术、经济条件下可以得到；

3. 必须是天然（即自然形成的）来源。

此三个前提即构成水资源的三要素——可使用性、可获得性和天然性。

可使用性：即可被用于某种用途的服务性能。若不能作为生产资料或生活资料来使用的水，首先就失去了成为资源的资格，而只有满足其可使用性，才有成为水资源的可能。

可获得性：严格意义上讲，不能取得又无法利用的水，是不能成为水资源的。如千年不化、数量可观、沉睡在地球两极的冰山、冰川和积雪，其水质优良，蕴藏量巨大，它的使用性和天然性毋庸置疑，但在现有的技术、经济条件下还难以将其作为水资源来开发利用，顶多只能算潜在的水资源。只有待将来科学技术高度发达、经济实力非常雄厚，上述的冰山、冰川和积雪能被人类利用时，才能成为真正意义上的水资源。

天然性：这是由资源的定义确定的，生产资料和生活资料的天然来源即为资源，作为水的来源的水资源必然也是自然形成的。

所以，"水资源"可以用更准确、更完整的表述来定义，即在现有的技术、经济条件下能够获取的，并可作为人类生产资料和生活资料的水的天然资源。

由此看来，覆盖着 2/3 地球表面的海洋水（含盐度 > 35‰ 的咸水）不是水资源，埋藏在地表以下几千米深的深层地下水（如卤水、地热水）也不能算水资源，它们又毫无疑问都是水。所以，水的含义不同于水资源，水比水资源的范畴要大得多。

二、水资源的分类

与其他物质的分类情况一样，水资源根据分类原则的不同，可以分为许多类型。如以水的形态来分，可有三种形态，即气态、液态和固态，这是最常见的水的存在方式。而宏观水管理最常用的方法，是根据水的生成条件和水与地表面的相互位置关系（或者说是赋存条件）来划分的，即：

1. 大气水：指赋存于地球表面上大气圈中的水。如云、雾、雨等。

2. 地表水：指聚集赋存于地球表面之上，以地球表面为依托而存在的液态水体。根据其生长要素、聚集形态、汇水面积、水量大小、运动、排泄方式的不同而分为江、河、湖、海等。

3. 地下水：指聚集赋存于地球表面之下各类岩层（空隙）之中的水。

根据地下水的埋藏条件，地下水可分为包气带水、上层滞水、潜水、承压水。

以地下水位线为界，向上直到地表称为包气带。包气带除空气以外，还存在气态水、结合水、过路重力水和毛细管水，统称为包气带水或土壤水。包气带水距地表最近，受水文、气象影响强烈，是连接地下水和大气的通道，对地下水的补给和排泄起着重要的作用。

广义上讲，上层滞水属于包气带水，但又有其独特的特点。它指的是赋存于包气带中局部隔水层或弱透水层上面的重力水，是大气降水和地表水等在下渗过程中局部受阻聚集而成的。

潜水是指贮存于地表之下第一个稳定隔水层之上，具有自由表面的含水层中的重力水。

承压水则是指充满于上、下两个稳定隔水层之间的重力水。上、下两个隔水层分别叫顶板和底板。承压水最重要的特征是含水层顶面承受静水压力，当钻孔揭穿隔水顶板时，承压含水层中的水在静水压力作用下沿钻孔上升，直到某一高度才能静止下来，可见承压水的初见水位与静止水位是不一致的。静止水位又称承压水位，或称测压水位。某点处的静止水位高出隔水层顶板底面的距离，称为该点的承压水头。测压水位高于地面时，承压水头称为正水头；反之称为负水头。在正水头区（自溢区），钻孔揭穿隔水层顶板，水能喷出地面，产生自流现象，故又称承压水为自流水。在负水头区，钻孔揭穿隔水层顶板，承压水只能上升至地表以下一定高度，称半自流水。承压水由于含水层上覆隔水层，与地表水和大气圈联系较少，承压区与补给区不一致，因而受当地气候和水文因素影响小，水循环缓慢，动态比较稳定。承压水的形成主要决定于地质构造条件。

根据含水介质空隙的不同，地下水还可分为孔隙水、裂隙水和岩溶水。

当然，根据地下水的温度、化学成分和特有的生成、埋藏条件，又可以划分出一些特殊类型的地下水。如地下热水、矿水、咸水、卤水、多年冻土带水等。

三、水资源的品位

品位指的是某种物质中有用元素或它的化合物的百分含量，百分含量越大，则品位越高。

水资源与其他资源一样，同样存在着品位高低的问题，而其品位主要受下列因素的影响：

（一）生成条件

从分类上看，大气水的生成主要受地表、海洋蒸发水量和各种气象因素的影响；地表水的生成主要由大气降水的多少、地表汇水面积的大小、地表植被的状况、地形及地貌等决定；地下水的生成主要受地质构造、地层岩性和补给条件的影响。只有具有优良的生成条件，才有形成高品位水资源的可能。

（二）水质条件

水质的优劣是水资源品位高低的评价条件之一。水质包括水中所含的物质成分和水的温度。自然状态的地表水，其悬浮物和化学成分的形成，主要受地表植被、水流对沿途岩土的溶解、地下水的渗出、日光照射等因素的影响；而地表水的水温却主要取决于大气环境的温度，所以，地表水的水温随季节、昼夜气温的变化而作大幅度和频繁的变化。对于地下水来说，地下水的水质形成受许多因素的影响，如溶滤、溶解作用，浓缩作用，脱碳酸作用，脱硫酸作用，阳离子交替吸附作用，混合作用等，处于一种动态的平衡状态；其水温则是含水层的地温和补给源水温综合作用的结果。

现代人类大规模的生产活动、生活水平的提高所带来的生活方式的改变，以及部分人环保意识的淡薄，已经越来越严重地影响着各类水资源的形成条件，进而影响水质的质量。

（三）补给条件

各类水资源要想有一个较高的品位，必须要有充足的补给源。

大气水主要靠地表和海洋蒸发水补给；地表水的补给主要有大气降水的直接补给、其他地表水的直接补给和地下水的补给；地下水的补给主要有大气降水和地表水入渗补给，地下水的侧向径流、越流补给。

（四）时空分布

水资源的时空分布状况是评价各类水资源品位的重要因素，而不同类型水资源的时空分布差异较大。

地表水的空间分布受水文网的制约，局限性很强，距离的远近常常影响到人们的使用；在时间的分布上，季节的变化使得大气降水量的差异较大，年丰水期与枯水期的水量相差悬殊。

地下水的分布主要受地质条件的控制，在远离地表水的山区和平原都可以有广泛的分布；在时间的分布上，由于地下水流的水力坡度较缓，还有含水层的阻滞作用，地下水的流速相对迟缓，使得大量的地下水相对长时间地滞留在含水层中。因此，在缺少地表水的地方和季节，地下水也能保证一定的供水额度。由此来看，时间和空间分布上的均匀性比地表水优越。

大气降水高峰期时，地表水位升高，地表水附近的地下水可得到地表水的入渗补给；枯水期时，地表水量减少，水位降低，而地下水位高于地表水位时，地表水又可得到地下水的流出补给。

第二节 水资源的分布

一、地球水资源

地球表面 70％ 以上为水所覆盖，约占地球表面 30％ 的陆地也有水的存在。地球总水量为 138.6×10^8 亿 m^3，其中淡水储量为 3.5×10^8 亿 m^3，占总储量的 2.53％。由于开发困难或技术经济的限制，到目前为止，海水、深层地下水、冰雪固态淡水等还很少被直接利用。比较容易开发利用的、与人类生活生产关系最为密切的湖泊、河流和浅层地下淡水资源，储量为 104.6×10^4 亿 m^3，只占淡水总储量的 0.34％，还不到全球水总储量的万分之一。实际上，人类可以利用的淡水量远低于此理论值，主要是因为在总降水量中，有些是落在无人居住的地区如南极洲，或者降水集中于很短的时间内，由于缺乏有效的水利工程措施，很快地流入海洋之中。由此可见，尽管地球上的水是取之不尽的，但适合饮用的淡水水源却是十分有限的。全球各种水体储量见表 1-1。

表 1-1　全球各种水体储量

水的类型	分布面积 （万 km^2）	水储量 （10^4 亿 m^3）	占全球水总 储量（％）	占全球淡水 总储量（％）
海洋水	3 613	1 338 000	96.5	
地下水 （其中淡水）	13 480	23 400 12 870	1.7 0.94	 30.1
土壤水	8 200	16.5	0.001	0.05
冰川和永久雪盖	1 622.75	24 064.1	1.74	68.7
永冻土底冰	2 100	300.00	0.222	0.86
湖泊水 （其中淡水）	206.87 123.64	176.40 91.00	0.013 0.007	 0.26
沼泽水	268.26	11.47	0.000 8	0.03
河床水	14 880	2.12	0.000 2	0.006
生物水	51 000	1.12	0.000 1	0.003
大气水	51 000	12.90	0.001	0.04

二、我国的水资源

我国是一个水资源短缺、水旱灾害频繁的国家。虽然水资源总量居世界第六位，但是我国人口众多，人均占有量只有 2 500 m^3，在世界排第 110 位（按 149 个国家统计，统一采用联合国 1990 年人口统计结果），已经被联合国列为 13 个贫水国家之一。全国年降水总量为 61 889 亿 m^3，多年平均地表水资源（即河川径流量）为 27 115 亿 m^3，平均地下水资源量为 8 289亿 m^3，扣除重复利用量以后，全国平均年水资源总量为 28 124 亿 m^3。表 1-2 是我国水资源总量的统计结果。

表 1-2 我 国 水 资 源 总 量

分　区	计算面积 (km²)	年降水量		年河川径流量		年地下水 (亿 m³)	年水资源 总量 (亿 m³)
		总量 (亿 m³)	深 (mm)	总量 (亿 m³)	深 (mm)		
黑龙江流域片（中国境内）	903 418	4 476	496	1 166	129	431	1 352
辽河流域片	345 027	1 901	551	487	141	194	577
海滦河流域片	318 161	1 781	560	288	91	265	421
黄河流域片	794 712	3 691	164	661	83	406	744
淮河流域片	329 211	2 803	860	741	225	393	961
长江流域片	1 808 500	19 360	1 071	9 513	526	2 464	9 613
珠江流域片	58 041	8 967	1 554	4 685	807	1 115	4 708
浙闽台诸河片	2 398 038	4 216	1 758	2 557	1 066	613	2 592
西南诸河片	851 406	9 346	1 098	5 853	688	1 544	5 853
内陆诸河片	3 321 713	5 113	154	1 064	32	820	1 200
额尔齐斯河片	52 730	208	395	100	190	43	103
全　国	9 545 322	61 889	648	27 115	284	8 288	28 124

表 1-2 表明，我国各流域由于面积不同，加之自然地理条件的差异，形成了南方水多、北方水少的格局。

第三节　我国水资源的特点

我国的水资源总量并不丰富，人均、亩均占有量更低，人均水资源拥有量只有世界平均值的 26%，而按耕地面积平均值计算，也只为世界平均值的 80%。同时，我国国土幅员辽阔，地处亚欧大陆东侧，地势起伏变化较大，受季风和自然地理特征的影响，南北气候差异大，水资源的地区时空分布极不均衡。

一、水资源的地区分布状况

整体来说，从东南沿海向西北内陆方向，年径流深逐渐减少，基本状况为东南水多，西北水少，由东南沿海向西北内陆递减，非常不均匀。表 1-3 为我国径流地带区划（示意）及降水、径流分区情况。

表 1-3　径流地带区划及降水、径流分区

降水分区	年降水深 (mm)	年径流深 (mm)	径流分区	大　致　范　围
多　雨	>1 600	>900	丰　水	广东、福建、浙江、台湾大部、湖南山地、广西南部、云南西南部、西藏东南部
湿　润	800～1 600	200～900	多　水	广西、云南、贵州、四川、长江中下游地区
半湿润	400～800	50～200	过　度	黄、淮、海大平原，山西，陕西，东北大部，四川西北部，西藏东部

降水分区	年降水深 （mm）	年径流深 （mm）	径流分区	大 致 范 围
半干旱	200～400	10～50	少　水	东北西部、内蒙古、甘肃、宁夏、新疆西部和北部、西藏南部
干　旱	<200	<10	缺水（干涸）	内蒙古、宁夏、甘肃的沙漠，柴达木盆地，塔里木和准噶尔盆地

二、水资源地区分布不均、组合不平衡

相关统计表明，我国约有45%的国土处于降水深少于400 mm的干旱少水地区。降雨量的地区分布不均衡，直接影响了水资源的分布，同时也与人口的分布以及耕地的分布不匹配。包括长江在内的南方江河各流域的水资源总量占全国的81%，而土地面积和耕地面积各约占全国的36%，人口占全国的54%，人均水资源拥有量为全国平均值的约1.6倍，耕地面积的水拥有量为全国平均值的2.3倍。但是，北方，尤其是海河、黄河、淮河三流域的水资源总量只不过是全国的7.5%，而人口为全国的33.7%，耕地为全国的38.5%，按人口平均和按耕地面积平均，水资源拥有量大大低于全国的平均值。这种水资源分布的不均衡状况，也促成了我国南水北调工程的实施。表1-4、表1-5分别为水资源、人口及耕地的地区分布对比情况和按主要河流划分的水源分布情况。

表1-4　水资源、人口及耕地的地区分布对比

分区名称			土地面积水	资源总量	人　口	耕地面积	人均水量 （m³/人）	亩均水量 （m³/亩）
			占全国的百分数（%）					
内陆河（含额尔齐斯河）			35.4	4.6	2.1	5.8	6 287	1 467
外 流 河	北 方	东北诸河	13.1	6.9	9.8	19.8	1 960	637
		海　河	3.3	1.5	9.8	10.9	430	251
		淮河和山东半岛诸河	3.5	3.4	15.4	14.9	623	421
		黄　河	8.3	2.6	8.2	12.7	874	382
		北方四片	28.2	14.4	43.2	58.3	938	454
	南 方	长　江	18.9	34.2	34.8	24.0	2 763	2 617
		华南诸河	6.1	16.8	11.0	6.8	4 307	4 530
		东南诸河	2.5	9.2	7.4	3.4	3 528	4 923
		西南诸河	8.9	20.8	1.5	1.7	38 431	21 783
		南方四片	36.4	81.0	54.7	35.9	4 170	4 134
		外流河八片	64.6	95.4	97.9	94.2	2 742	1 857
全　国			100	100	100	100	100	100

表 1-5　按主要河流划分的水源分布情况

河　名	注入的湖或海	流域面积 （km²）	长　度 （km）	平均流量 （m³/s）	径流总量 （亿 m³）	径流深度 （m³/亩）
长　江	东　海	1 887 199	6 380	31 060	9 793.53	542
珠　江	南　海	452 616	2 197	11 070	3 492.00	772
黑龙江	鄂霍茨克海	1 620 170	3 420	8 600	2 709.00	167
雅鲁藏布江	孟加拉湾	246 000	1 940	3 700	1 167.00	474
澜沧江	南　海	164 799	1 612	2 350	742.50	412
怒　江	孟加拉湾	142 681	1 540	2 220	700.90	469
闽　江	台湾海峡	60 992	577	1 980	623.70	1 023
黄　河	渤　海	752 443	5 464	1 820	574.50	76
钱塘江	东　海	54 349	494	1 480	468.00	861
淮　河	黄　海	185 700	1 000	1 110	351.00	189
鸭绿江	黄　海	62 630	773	1 040	327.60	541
韩　江	南　海	34 314	325	941	297.10	866
海　河	渤　海	264 617	1 090	717	226.00	85
鸥　江	东　海	17 543	338	615	194.00	1 106
李仙江	北部湾	19 873	395	541	170.70	859
九龙江	台湾海峡	14 741	258	446	140.60	954
元　江	北部湾	34 917	772	410	129.20	370
伊犁河	巴尔喀什湖	56 700	375	374	117.90	208
额尔齐斯河	咯拉海	50 860	442	342	107.90	212
龙川江	孟加拉湾	11 962	303	314	98.90	827
辽　河	渤　海	164 104	1 430	302	95.27	58
鉴　江	南　海	9 433	211	272	85.84	910
漠江河	南　海	6 174	108	267	84.30	1 365
南流江	北部湾	9 392	198	246	77.64	822
飞云江	东　海	6 153	—	232	73.02	—
下淡水溪	台湾海峡	3 257	159	228	71.79	2 204

三、水资源量年际、年内变化大

　　我国各地的径流年内分配在很大程度上取决于降水的季节分配，较不均衡。大部分地区年内连续 4 个月降水量占全年水量的 60% ~ 80%，也就是说，我国水资源中大约有 2/3 左右是洪水径流量。我国降水量年际之间变化很大，南方地区最大降水量一般是最小年降水量的 2~4 倍，北方地区为 3~8 倍，并且出现过连续丰水年或枯水年的情况。降水量和径流量的年际剧烈变化和年内高度集中，是造成水旱灾害频繁、农业生产不稳定和水资源供需矛盾十分尖锐的主要原因，也决定了我国江河治理和水资源开发利用的长期性、艰巨性和复杂性。

第四节　我国水资源的开发利用情况与问题

一、开发利用情况

水资源的开发利用无疑受到水资源条件、自然环境和社会经济发展水平等因素的影响。我国水资源的开发利用历史悠久，早在战国时期，秦蜀郡守李冰父子就率众修建了举世闻名的都江堰，这是全世界年代最久远、唯一留存下来的以无坝引水为特征的宏大水利工程，也正是这个造福千秋的工程，使得成都平原变成了富饶的天府之国。修建中的三峡水利枢纽更是具有防洪、发电、灌溉、航运和供水诸多功能的特大型工程，它不但会促进长江的综合治理和开发，也必将加快中国现代化的进程。

（一）供水工程状况

截至 1999 年底，我国已建成各类水库 8.5 万余座，总库容达 4 927 亿 m^3，其中，大型水库 397 座，总库容 3 267 亿 m^3，占各类水库总库容的 72%；修建各种引水闸 3 176 处；机电排灌动力达到 7 269×10^4 kW，其中机电排灌站的装机容量近 4 000×10^4 kW；机电井发展到 373 万眼，装机容量近 3 000×10^4 kW。表 1-6 为全国供水工程的供水能力现状。

表 1-6　全国供水工程的供水能力现状

分区名称	蓄水工程 (亿 m^3)	引水工程 (亿 m^3)	提水工程 (亿 m^3)	地下水工程 (亿 m^3)	其他工程 (亿 m^3)	合　计 (亿 m^3)
松辽河	110	140	110	142	10	512
海　河	63	91	18	219	4	395
淮　河	122	153	159	158	35	627
黄　河	48	209	46	122	5	430
长　江	572	555	562	74	67	1 830
珠　江	313	238	95	35	144	825
东南诸河	154	90	43	12	35	334
西南诸河	15	48	3	4	3	73
内陆河	96	445	3	58	12	614
全　国	1 493	1 969	1 039	824	315	5 640

（二）供水量

供水量指各种水源工程为用户提供的包括输水损失在内的毛供水量。按地表水源、地下水源和其他水源（污水处理回用和集雨工程供水）统计。

2002 年全国总供水量 5 497 亿 m^3，占当年水资源总量的 19.5%。地表水源供水量占 80.1%，地下水源供水量占 19.5%，其他水源供水量（指污水处理再利用量和集雨工程供水量）占 0.4%。在省级行政区中，地下水源供水超过 50% 的有河北、北京、山西、河南、山东和辽宁 6 个省（直辖市），其中河北省高达 81%。另外，海水直接利用量为 216 亿 m^3。主要的跨流域调水情况是：海河流域引黄河水 46.4 亿 m^3，淮河流域从长江、黄河分别引水 69.0 亿 m^3 和 20.3 亿 m^3，山东半岛从黄河引水 12.7 亿 m^3，甘肃河西内陆河从黄河引水 1.2

亿 m^3。

2002 年全国总用水量为 5 497 亿 m^3。其中，城镇生活用水（包括全部建制市、建制镇以及具有集中供水设施的非建制镇的居民用水和公共设施用水）占 5.8%，农村生活用水（包括农村居民和牲畜用水）占 5.4%，工业用水占 20.8%，农田灌溉用水占 61.4%，林牧渔用水占 6.6%。与 2001 年比较，全国总用水量减少 70 亿 m^3，其中生活用水增加 19 亿 m^3，工业用水增加 1 亿 m^3，农业用水减少 90 亿 m^3。在省级行政区中，用水量大于 400 亿 m^3 的有新疆、江苏、广东 3 个省（自治区），约占全国用水量的 25.5%；用水量介于 200～400 亿 m^3 的有 10 个省（自治区），约占全国用水量的 43.6%；其余 18 个省（自治区、直辖市）的用水量约占全国用水量的 30.9%。生活用水占其总用水量 20% 以上的有北京、天津、重庆 3 个直辖市，工业用水占其总用水量 30% 以上的有上海、重庆、湖北、江苏 4 个省（直辖市），农业用水量占其总用水量 80% 以上的有新疆、宁夏、西藏、内蒙古、海南 5 个省（自治区）。

2002 年，全国人均综合用水量为 428 m^3，万元国内生活总值（当年价）用水量为 537 m^3。城镇人均生活用水量为 219 L/d，农村人均生活用水量为 94 L/d，万元工业增加值（当年价）用水量为 241 m^3，农田灌溉亩均用水量为 465 m^3。

2002 年全国用水消耗总量 2 985 亿 m^3，占总用水量的 54%。各类用户的需水特性和用水方式不同，其耗水率（消耗量占用水量的比例）差别较大，全国平均城镇生活耗水率为 24%，农村生活耗水率为 88%，工业耗水率为 24%，农业耗水率为 64%。

2002 年全国废污水排放总量 631 亿 t（不包括火电直流冷却水），其中工业废水占 61.5%，生活污水占 38.5%。

松辽河片：2002 年总用水量 566 亿 m^3（地表水源供水占 54.3%），比 2001 减少 30 亿 m^3。其中，生活用水占 9.3%，工业用水占 18.6%，农业用水占 72.1%。用水消耗量 310 亿 m^3，综合耗水率为 55%。

海河片：2002 年总用水量 400 亿 m^3（地表水源供水占 32.0%），比 2001 增加 8 亿 m^3。其中，生活用水占 12.9%，工业用水占 15.5%，农业用水占 71.6%。用水消耗量 279 亿 m^3，综合耗水率为 70%。

黄河片：2002 年总用水量 389 亿 m^3（地表水源供水占 64.7%），比 2001 减少 6 亿 m^3。其中，生活用水占 9.0%，工业用水占 14.1%，农业用水占 76.9%。用水消耗量 220 亿 m^3，综合耗水率为 57%。

淮河片：2002 年总用水量 612 亿 m^3（地表水源供水占 68.7%），比 2001 增加 4 亿 m^3。其中，生活用水占 11.7%，工业用水占 15.2%，农业用水占 73.1%。用水消耗量 394 亿 m^3，综合耗水率为 64%。

长江片：2002 年总用水量 1 682 亿 m^3（地表水源供水占 94.7%），比 2001 减少 61 亿 m^3。其中，生活用水占 12.8%，工业用水占 31.7%，农业用水占 55.5%。用水消耗量 762 亿 m^3。综合耗水率为 45%。

在长江片中，太湖流域总用水量 291 亿 m^3（地表水源占 98.4%），比 2001 减少 6 亿 m^3。其中，生活用水占 13.6%，工业用水占 53.9%，农业用水占 32.5%；用水消耗量 94 亿 m^3，综合耗水率为 32%。

珠江片：2002 年总用水量 851 亿 m^3（地表水源供水占 94.6%），比 2001 增加 12 亿 m^3。

其中，生活用水占 14.0%，工业用水占 21.5%，农业用水占 64.5%。用水消耗量 393 亿 m³。综合耗水率为 46%。

东南诸河片：2002 年总用水量 319 亿 m³（地表水源供水占 94.6%），比 2001 增加 6 亿 m³。其中，生活用水占 14.0%，工业用水占 28.2%，农业用水占 57.8%。用水消耗量 165 亿 m³，综合耗水率为 52%。

西南诸河片：2002 年总用水量 103 亿 m³（地表水源供水占 96.2%），与 2001 基本持平。其中，生活用水占 9.0%，工业用水占 6.2%，农业用水占 84.8%。用水消耗量 71 亿 m³，综合耗水率为 69%。

内陆河片：2002 年总用水量 575 亿 m³（地表水源供水占 84.6%），比 2001 减少 8 亿 m³。其中，生活用水占 3.4%，工业用水占 2.7%，农业用水占 93.9%。用水消耗量 391 亿 m³，综合耗水率为 68%。

（三）我国同世界各国或地区的用水结构及水资源开发利用情况比较

在用水结构上，我国工业与城镇生活用水量占总用水量的比例越来越大；而农业用水量所占的比例虽已下降到 76.7%，但与经济发达国家相比依然偏高，这说明我国农业在国民经济中所占的比例相对较大，许多地方采用的灌溉技术还比较落后。表 1-7 为 20 世纪 80 年代前、中期我国同世界各国或地区的用水结构对比的大致情况。

表 1-7　我国同世界各国或地区的用水结构情况

国家或地区	各类用水量占总用水量的比例（%）			统计年份
	工业用水	城镇生活用水	农业用水	
亚　　洲	5.00	6.00	88.00	1987
欧　　洲	54.00	13.00	33.00	1987
非　　洲	5.00	7.00	88.00	1987
中　　国	8.59	1.86	89.54	1988
印　　度	4.00	3.00	93.00	1975
日　　本	33.00	17.00	50.00	1980
美　　国	46.00	12.00	42.00	1985
法　　国	69.00	16.00	15.00	1985
全 世 界	23.00	8.00	69.00	1987

我国的国民生产总值虽然远低于经济发达国家，但年总用水量及其他用水经济指标却超过经济发达国家。水资源利用水平低下是我国亟待解决的突出问题之一。表 1-8 为我国与美国和日本水资源开发利用的情况对照。

表 1-8　我国与美国和日本水资源开发利用的情况对照

国家　　　　对比项目	中　国	美　国	日　本
年水资源量（亿 m³）	28 124 (1)	29 770 (1.09)	4 494 (0.17)
人均年水资源量（m³/人）	2 400 (1)	13 080 (5.45)	3 841 (1.59)
年总取水量（亿 m³）	5 000 (1)	5 220 (1.04)	882 (0.18)
人均年取水量（m³/人）	427 (1)	2 300 (5.39)	754 (1.77)

国　家 对比项目	中　国	美　国	日　本
万元国民生产总值取水量 （m³/万美元）	11 600 （1）	1 300 （0.112）	560 （0.048）
年可供水量（亿 m³）	10 000～11 000 （1）	10 160 （1）	2 000 （0.2）
人均年可供水量（亿 m³）	897（1）	4 776（5.32）	1 710（1.9）
年总取水量/年水资源量（％）	17.8	17.6	17.9
年总取水量/年可供水量（％）	47.6	51.4	44.1

注：括号中的数据为各国数据与我国数据的比值。

二、存在的问题

水资源是国家经济可持续发展的重要战略性资源和基础性资源，水资源短缺是当今世界各国共同面临的重大问题，在我国的表现尤为突出。由于我国水资源在地区分布上很不均匀，水量年内及年际变化大，水旱灾害频繁，人均和亩均水量少，而随着我国经济的迅猛发展，用水量增长又较快，所以，水资源在开发利用上还存在以下几个方面的问题。

（一）供需矛盾十分突出

近 20 年来，黄河、淮河、海河、辽河四个流域的水资源数量减少的幅度均超过了 10%，其中海河流域水资源量减少的幅度达 25%。

与此相反的是，截至 1988 年的近 40 年内，全国总用水量增加约 4 倍，其中工业用水（火力发电厂除外）增加约 14 倍，城市生活用水量增加约 14 倍（计县、镇用水量为 16 倍），农业用水量增加约 3.5 倍。所以，工业与人口集中的城市承受了并将继续承受用水增长的巨大压力。表 1 – 12 为我国 1952 年至 1997 年全国城市用水"供需比"（城市给水系统日供水能力与城市最大日需水量之比，未计自备水源供水系统的供、需水量，日变化系数以 1.33 计）的总体变化情况。

表 1 – 9　我国 1952 年至 1997 年全国城市用水的"供需比"

年份	1952	1957	1962	1965	1973	1978	1982	1986	1988	1990	1992	1994	1996	1997
供需比	1.59	1.29	1.20	1.12	0.94	0.87	0.92	0.85	0.86	0.91	0.96	0.98	1.14	1.16

由表 1 – 9 可看出，自 20 世纪 70 年代初起，我国城市即存在水供不应求的矛盾。虽然进入 90 年代以后城市用水"供需比"略有回升，但仍然不足以维持正常供水所需的"供需比"系数——1.2～1.5，许多城市的供需矛盾并未消除。1986 年，在 236 个城市中即有 188 个城市不同程度地缺水，日缺水量达 1 240 亿 m³，虽然在此期间城市给水系统每年平均新增供水能力 300～350×10⁴ m³/d，并采取了一系列节水措施，但是至 1989 年，全国不同程度缺水的城市竟达 300 个，总的日缺水量仍然在 1 000×10⁴ m³ 以上，近年竟增至 1 500×10⁴ m³，水的供需矛盾非但未缓解，还有加剧之势。缺水已成为一些地区及城市工业生产与经济发展的制约因素；缺水给城市居民的生活造成诸多不便，并成为社会生活中的一种隐患，使一些

地区、部门或城乡之间的需求关系变得紧张和复杂。

（二）水资源开发利用缺乏有效管理

我国北方大部分地区的水资源开发利用程度普遍偏高，一些地区的供水量已经超过水资源的可利用量。由于严重挤占生态用水，导致了河道断流，河湖萎缩、草场退化、沙漠化加剧，沙尘暴肆虐等一系列生态环境问题；有的地区和城市地下水严重超采，导致地下水漏斗不断扩大、地面沉降、水源污染、水质恶化、海水入侵，乃至地下水资源濒于枯竭、水源供水能力下降等一系列的严重后果，进而加剧了水资源的短缺。

（三）水的有效利用程度偏低

从表1－8中我们不难看出，我国水资源的有效利用程度是很低的。近十年来，虽然我国水资源利用水平有所提高，但还是未能从根本上改变状况。据1988年对我国434个城市的统计，城市的万元国内生产总值（GDP，以1980年的不变价格计）取水量平均为702 m^3/万元；如以28个百万人口以上的大城市计算，平均为654 m^3/万元，如按同一币种折算，仍然高于表1－8中美国、日本1980年的指标值。总的来说，我国平均单方水的GDP产出仅为世界平均水平的1/5，工业万元产值用水量为发达国家的5～10倍，工业水的重复利用率仅为发达国家世界平均水平的50%左右，全国灌溉水利用系数仅为0.43左右。

在城市生活用水方面，尽管我国目前的居民生活水平还普遍偏低，生活用水量指标也不高，但由于节水意识淡薄、装表率低或延袭"包费制"、水价普遍过低、给水管线年久失修造成泄漏、节水器具未得以普及使用，以及管理松弛等原因，居民住宅用水中的浪费现象还比较严重；城市公共建筑及市政用水中的浪费现象就更为严重。据对华北地区北京、天津、石家庄等10个城市的调查，城市公共建筑和市政用水所占的比例达55%～60%，而公共设施水平堪称世界一流的日本东京市的公共建筑和市政用水所占的比例仅为37%。可见，我国大多数城市的公共建筑和市政用水所占的比例明显偏高，节水潜力是很大的。

（四）水体污染严重

导致城市水体污染的主要原因是大量城市生活污水和工业污水未经处理直接排放。根据国家环境年报及建设部的统计数据，1999年全国668个建制市的污水排放量为$3\,556\,821\times10^4\,m^3$，其中处理量为$1\,135\,522\times10^4\,m^3$，处理率为31.9%。据环保部门监测，全国90%以上的城市水域受到了不同程度的污染。

水体污染造成的直接后果是水源的可利用程度下降，可利用水量减少。不少城市因当地水源污染而被迫远距离调水，不仅增加了供水设施的投资和运营成本，还会给生态环境带来负面影响。特别是北方城市，不仅河水被污染，城郊区的浅层地下水也受到了不同程度的污染，其中尤以北京、沈阳、包头、天津、西安、锦州、太原、保定的污染最为严重。北方许多城市地下水的硬度、氯化物超标，使得水的供需矛盾更趋突出。

值得注意的是，水体污染和生态平衡的破坏对人体、生存环境和社会经济的危害以及所造成的各种损失，往往难以估计和弥补。

第五节　城市水资源及我国解决城市用水的方针

一、城市水资源

城市是一个区域的政治、经济和文化中心，人口较为集中，经济发达，是水资源相对集中开发利用的地区，同时，水资源供需矛盾也最复杂、最尖锐。随着社会的发展和城市化进程的推进，城市水资源的问题逐渐引起人们更多更大的关注。

城市水资源，简单的字面解释就是城市所能利用的水资源。包括一切可利用的资源性水源（如地表水、地下水等）和非资源性水源（如使用以后被污染，经物理、化学手段处理后消除或减轻了污染程度而重新具备使用价值的净化再生水）。

按水的地域特征，城市水资源可分为当地水资源和外来水资源两大类。前者包括流经和贮存在城市区域内的一切地表和地下水资源；外来水资源指通过引水工程从城市以外调入的地表水资源。

城市水资源除了具有水资源的一般特点外，还因特殊的环境条件和使用功能而表现出或强化了下面的一些特征。

1. 系统性

城市水资源的系统性主要表现在三个方面：一是不同类型的水之间可相互转化，海水、大气降水、地表水、地下水及污水之间构成了一个非常复杂的水循环系统，相互之间存在质与量的交换；二是城市区域以内和以外的水资源通常处于同一水文系统，相互之间有密切的水利联系，难以人为分割；三是城市水资源开发利用过程中的不同环节（如取水、供水、用水及排水等）是个有机的整体，任何一个环节的疏忽都将影响到水资源的整体效益。

2. 有限性

相对城市用水需求量的持续增长，城市水资源的量是有限的。当地水资源由于开发成本低、管理便捷等因素而得到优先开发利用，使得许多城市的本地水资源已接近或达到开发极限，一部分城市的地下水早已处于超采状态，导致一些不该出现的问题，从而不得不依靠外来引水解决，不但增加了用水成本，还受到区域经济、资源、生态环境等条件的制约。

3. 脆弱性

城市水资源的脆弱性表现在其水量、水质的承受能力和恢复能力上。城市水资源因开发利用集中与与人类的社会活动密切相关，呈现出的脆弱性表现在两个方面：一是容易受到污染。城市里的污染点多、面广、强度大，这是与城市发展和城市经济发达伴生的。二是易遭破坏。气象条件的变化（如反气旋次数的增多、延时，沙尘暴次数的增加），地表植被的破坏，大气、地表水及地下水的污染，都会使城市水资源状况恶化，甚至失去使用价值。而地下水的开采超过补给量时，地下水的质与量的平衡被打破，进而导致一系列的生态环境问题。

4. 可恢复性

城市水资源的可恢复性表现在水量的可补给性和水质的可改善性。这也是水资源的自然属性所决定的，只要合理利用、合理调配，城市水资源就可得到持续的利用；水质的改善一方面是水体的自净功能，另一方面也可通过人为的控制得以实现。

5. 可再生性

城市水资源在利用的过程中被直接消耗的份额毕竟是少量的，大部分的水是失去了它自身特定的使用价值而成为污水。污水只要改变使用功能，通过一定的处理后，就可恢复其使用价值，成为可利用的水资源。

二、我国解决城市用水的方针

新中国成立以来，工业建设得到了全面的发展，城市化的进程逐渐加快，人们的物质生活水平有了迅速提高，这一切使得城市水资源矛盾日益尖锐，国家对解决城市用水问题方略思想的认识也在逐渐深化。

在《中国 21 世纪议程——中国 21 世纪人口、环境与发展白皮书》中，我国 21 世纪水资源保护与可持续利用的总体目标是："积极开发利用水资源和实行全面节约用水，以缓解目前存在的城市和农村严重缺水危机，使水资源的开发利用获得最大的经济、社会和环境效益，满足社会、经济发展对水量和水质日益增长的需求。同时在维护水资源的水文、生物和化学等方面的自然功能以维护和改善生态环境的前提下，合理充分地利用水资源，使得经济建设与水资源保护同步发展。"在 21 世纪中叶以前，全国城市不仅需增加供水量 1 120 亿 m^3，而且即使不考虑电力工业排水，届时产生的污水也将达到 890 亿 m^3。这对水资源日益短缺、水环境日趋恶化的城市开说，无疑又是一个巨大的压力。因此，为支持我国城市的可持续发展，我们必须转变观念，开拓认识，重新思考，将"节流优先、治污为本、多渠道开源"作为城市水资源持续开发利用的新策略，并以此指导城市供水、用水、节水和污水处理的规划及相关技术、经济和投资政策的制定，促进城市系统从水源开发到供水、用水、排水和水源保护的良性循环。

（一）把"节流优先"放在首位

这是我国水资源匮乏的基本特点决定的，也是降低供水投资、减少污水排放、提高用水效率的最佳选择。要实现建设部提出的"城市未来新增用水的一半靠节水解决"的目标，必须加强全民节水意识，实行清洁生产，减少用水，大力发展节水器具、节水型工业乃至节水型城市。各级城市人民政府应严格按照 1996 年建设部、国家经贸委、国家计委联合颁发的《节水型城市导则》的要求，将创建"节水型城市"作为主管领导的头等工作来抓，相关部门应按《节水型城市考核验收细则》，对城市节水目标进行强制考核。城市节约用水要做到"取水单位计划到位、节水目标到位、节水措施到位和管理制度严格到位"。工业用水的重复利用率低于 40%的城市，在达标之前不得新增工业用水量，同时限制其新建供水项目。

（二）强调"治污为本"

用水的结果必然产生污（废）水，而治理污水则是实现城市水资源与水环境协调发展的根本出路，首先要充分认识并发挥治污对于改善环境、保护水源、增加可用水量、减少供水投资的多重效益。治理污水不仅仅是一个阶段性的措施，更应作为一项长期的工作坚持下去并形成制度。在指定城市供水规划时，应以达到相应的污水治理目标为立项的前提条件，以此来遏制水环境进一步恶化的趋势，争取逐渐改善与我们的生活和工作密切相关的水环境。要谨防那些忽视污水治理的城市因盲目调水而陷入调水越多，浪费越大，污染越严重，直至破坏当地水资源的恶性循环。

（三）重视"多渠道开源"

统筹规划城乡用水，合理开发、优化配置和高效利用地表水、地下水、雨水、海水和再生水等各类水资源。具体配置方案的制定和重大工程项目的实施，应根据不同地区、不同城市的具体情况，以资源、环境和社会的协调发展为前提，在充分论证技术可行性和经济合理性后才能作出决策。

第二章 节约用水引论

第一节 节约用水的内涵

水是构成生态环境的基本要素，也是人类生存与发展不可替代的重要资源。由于自然和人为因素的影响，水资源危机日益突出，已经成为许多国家社会经济可持续发展的障碍，也是我国 21 世纪亟待解决的问题之一。缓解水资源危机的根本出路在哪里？在于实施可持续的节约用水管理。

一、节约用水的内涵

节约用水从 20 世纪 80 年代提出至今，已经发展了将近 20 年。无论"节约用水"作为一个口号，还是一项事业和工作，在社会广泛的范围内都越来越受到重视。究其原因，是迅速膨胀的社会生产力、持续增长的人口、日渐形成的文明习惯和不断提高的生活水平，使整个社会对水的需求呈现了前所未有的强烈欲望。而现实生活中能够获得的可利用水量又不能长期支撑这种巨大的社会需求，于是人们首先想到的是缩小用水供求巨大反差的快捷办法——节约用水。

节约用水的最初含义是"节省"和"尽量少用"水。这一定义明显、简约，但是只表达了节约用水现代含义的一个方面，就是水的使用在数量上的控制。随着城市的不断发展，面积逐渐扩大、人口越来越多，城市的工业、城乡部的农业也得到相应的发展，单从数量上控制水的使用的方法已经行不通了。

所以，随着节水工作的深入开展，很多城市对节水的解释已经远远超出了最初的范畴，从原始的自发性，发展成城市水资源环境的胁迫性、政府可持续发展的强制性。而节制用水方能涵盖其真实的意义。其含义是：

1. 遵循水的社会循环规律，将城市供水、节水和污水处理统一规划，有机结合；
2. 科学管理城市水资源，使水的社会循环质量满足城市可持续发展的最低要求；
3. 合理开发城市水资源，使之可持续利用；
4. 政府职能部门的行政强制措施。

可见，节制用水不但是认识上的提高、意识上的进步，而且是城市水管理方法与手段的一种升华。节制用水才是现代可持续"城市水管理"的核心。

二、城市节约用水的意义

节水是一个全球性的问题，即使是水资源丰富的国家（如美国），也经常发生供水不足的问题。自 20 世纪 30 年代至 90 年代，美国用水人口增加了一倍，而水资源量却没有增加。1990 年前后，约 22% 的大型系统出现了供水短缺，供水不足带来的经济损失是巨大的，世界上有些城市为了满足干旱期间的城市用水，不得不关闭了城市周围的农场，工业生产也受到了影响。例如美国加利福尼亚州的一次干旱中，仅一个县的损失就达到数亿美元。目前我国因缺水造成了巨大的工业产值的损失，而农业损失更是不计其数。另外，全球范围内的气候异常及水体污染，特别是人为造成的污染，更加剧了本已十分紧缺的水资源的减少。在这种情况下，节水具有非常重要的意义：

1. 可以减少当前和未来的用水量，维持水资源的可持续利用。

2. 节约当前给水系统的运行和维护费用，减少水厂的建设数量或降低水厂建设的投资。

3. 减少污水处理厂的建设数量或延缓污水处理构筑物的扩建，使现有的系统可以接纳更多用户的污水，从而减少收纳污染的水体，节约建设的资金和运行的费用。

4. 增强对干旱的预防能力，短期节水措施可以带来立竿见影的效果，而长期的节水措施则因大大降低了水资源的消耗量而能够提高正常时期的干旱防备能力。

5. 具有社会意义。通过用水审计及其他措施，可以调整地区间的用水差异，避免用水不公及其他与用水有关的社会问题。

6. 具有明显的环境效益。除了对野生生物、湿地和环境美化方面的效益外，还有维护河流生态平衡、避免地下水过度开采而带来的地下水污染等方面的效益。

第二节　城市节水的有关术语

这里列举了一部分城市节水的术语，这些术语经常运用于相关的书籍和论文中。了解并掌握这些术语，有助于准确地分析城市节水的基本概念、基本方法，也有助于深入学习节水的目标、节水的指标和节水的措施。这些术语对设计节约用水规划、考核节水水平具有十分重要的指导意义。

节约用水

节约用水是指通过行政、技术、经济等管理手段加强用水的管理，调整用水结构，改进用水工艺，实行计划用水，杜绝用水浪费，运行先进的科学技术建立科学的用水体系，有效地使用水资源，保护水资源，以适应城市经济和城市建设持续发展的需要。节约用水的含义已经超过了节省用水的含义，它包括水资源（地表水和地下水）的保护、控制和开发，并保证获得的水得到最大的经济利用，也有精心管理和文明使用自然资源之意，还包括有关立法、水价、管理体制等一系列的行政管理措施。

节水率

节水率指标是最直接体现城市节约用水工作的成效，反映城市节约用水水平的指标。

节水率的定义是：报告期内，城市节约用水总量与城市取水总量之比。节水率不同于节水计划完成率，节水计划完成率的大小和节约用水管理部门制定的计划值的高低直接有关，计划值的高低决定了完成率的高低。目前我国各城市的用水定额的水平高低不同，根据定额制定的计划值的水平也不同，计算出的节水计划完成率在城市间就没有太大的可比性。节水率不受计划的影响，直接和节水量相关，而节水量是城市实际节约的实实在在的水量，因此节水率指标是体现城市节约用水工作成效，反映城市节约用水水平的重要指标之一。

计划节水量

计划节水量是指一定计算期内，城市节水管理部门对计划用水户按用水定额核定的节水量。

节约用水量

节约用水量是指一定计算期内，计划用水户实际用水量低于核定计划用水量的水量。

节水计划完成率

节水计划完成率指实际节水量占计划节水量的百分数，用以检查节水计划完成程度。

节水指数

节水指数是指以一定数量城市的工业各行业平均万元产值取水量作为行业节水水平对比标准，分别乘以参加分析的某城市工业分行业产值，求出分行业取水量，经累计后作为对比取水量，然后再与该城市工业实际取水量比较，得到的实际取水量与对比取水量的比值。

节水指数的计算公式为：

$$J_z = \frac{Q_s}{\sum_{i=1}^{n}(C_i \times q_i)} \tag{2-1}$$

式中　J_z——某城市的节水指数；

Q_s——某城市某年的工业实际取水量；

C_i——某城市某年 i 行业产值；

q_i——工业行业节水水平对比标准；

n——工业行业分类数，按照国家统计局规定划分，一般为 15 个。

当节水指数小于 1 时，说明该城市工业节水水平高于对比标准；当节水指数大于 1 时，说明该城市工业节水水平低于对比标准。

节水型器具

节水型器具是指低流量或超低流量的卫生器具，一般包括节水型便具、节水型洗涤器具、节水型淋浴器具，这类器具节水效果明显，用以代替低用水效率的卫生器具，平均可节省 32% 的生活用水。

水资源总量

水资源总量是指一个地区降水形成的地表水和地下水的产水量。地表水资源量是指河流、湖泊、沼泽等水体的动态水量，包括当地地表径流和河流入境水量。地下水资源量是指地下含水层的动态水量，用地下水补给量来表示。

不同地区的水资源的总量不同，水资源总量制约着地区的用水量，制约着地区的经济发展，对地区的产业结构也有很大的影响。我国幅员辽阔，水资源分布不均，南北丰枯不一，而且存在着明显的季节性差异。

城市水资源的开发和利用，随着城市的发展而不断扩大。就水资源而言，它是有限的经济资源，对一个城市来说，在一定的技术经济条件下，城市的水资源存在着一个极限容量，只要在人口和经济上没有重大突破，极限水资源的容量就会在长时期内保持相对稳定。因此，城市水资源的开发和利用决不能超越这个极限，而要实现不超越这个极限，又要使城市的供水能力能够满足城市的用水要求，那么，就要一方面控制对水资源的过量开采，保持一定的水资源率，做到合理开发和利用；另一方面必须加强节约用水的力度，建立节水型城市，否则就会破坏供需平衡，破坏水资源的再生平衡，使水资源逐步枯竭。

节水型城市

节水型城市指一个城市通过对用水和节水的科学预测和规划，调整用水结构，加强用水管理，合理配置、开发、利用水资源，形成科学的用水体系，使其社会、经济活动的用水量控制在本地区自然界提供的或者当代科学技术水平能达到或可得到的水资源的量的范围内，并使水资源得到有效的保护。

城市节水行政主体

城市节水行政主体是指依法建立的、拥有城市节水行政职权，并能以自己的名义行使其职权，能独立承担相应的法律责任的国家行政机关或组织。根据我国现行的城市节水行政管理模式，我国的城市节水行政主体有：中华人民共和国建设部、各省（自治区、直辖市）建委（局）节水办、各城市建委（局）、各城市节约用水办公室。

当地水资源

流经城市区域的水资源、贮存在城市区域或在该区域内被直接提取的水资源和可再生利用的废（污）水资源。

外来水资源

通过引水工程从城市区域以外调入的地表水资源。

城市水资源

城市水资源指一切可被利用的天然淡水资源。广义上还包括海水和可再生利用水。

自建供水设施

用水单位自行建设的供水管道及其附属设施，主要向本单位的生活、生产和其他各项建设提供用水。

城市公共供水

城市自来水供水企业以公共供水管道及其附属设施向单位和居民的生活、生产和其他各项建设提供的用水。按用水性质分为工业用水、生活用水和城市建设用水。生活用水包括商业用水、机关事业单位用水（包括部队、学校等）和居民用水。

地区供水总量

一定计算期内，通过供水设施供给本地区的地下水、地表水、海水（包括直接利用的海水和淡化的海水）、经过处理后回用的污水及外调的水量之和。

工业用水总量

一定计算期内，地区供水总量中用于工业生产的水量。具体为乡及其以上工矿企业的生产过程中，用于制造、加工、冷却、净化、洗涤和锅炉等方面的供水。

生活供水总量

一定计算期内，地区供水总量中用于居民生活的水量。具体为居民生活供水和城市公共设施供水的总和。

自来水供水总量

一定计算期内，城市自来水厂供出的全部水量，包括有效供水量和损失水量。

自来水供水能力

自来水供水能力是指城市现有的自来水厂设计的每日供水能力之和。

自来水日均供水量

自来水日均供水量是指自来水厂报告期内平均每日的供水量。

自来水最高日供水量

自来水最高日供水量是指自来水厂报告期内供水量最高一天的供水量。

自来水供水漏失量

自来水供水漏失量是指一定计算期内，在通过自来水管网供水的过程中，由于输配水管道漏损等原因造成的由水厂供给的总水量与用户实际使用的总水量之差。

自备井供水总量

自备井供水总量是指一定计算期内，自备井供水单位的自备井供应用水量之和。

自备井供水能力

自备井供水能力是指自备井供水单位的自备井每日可供水量。

自来水有效供水量

自来水有效供水量是指一定计算期内，城市自来水用户的总取水量。

自来水有效供水率

自来水有效供水率是指自来水有效供水量与供水总量之比的相对指标。

不变价格

在计算不同时期的总产值时，采用同一时期或同一时点的产品价格。

水价

水价是指用户使用自来水时每吨自来水需要交纳的费用。

自来水价格成本比

自来水价格成本比是指自来水供应价格与供应成本的比值。

水表普及率

水表普及率是指城市已经安装的水表总户数与城市用水户总户数之比。

城市供水有效率

在报告期内，城市用水户的总取水量与城市净水厂供给的总水量的比值。

城市供水有效率是评价城市供水有效程度的重要指标，是城市节约用水指标的重要组成部分。

漏损率

自来水漏损量与净水厂供给的总水量之比称为漏损率。漏损率的大小依据城市供水管网的长短不同和管网的新旧程度不同而不同。我国城市供水的漏损率是相当可观的，一般大于10%。

取水量（新水量）

取水量是为使工业生产正常进行，保证生产过程对水的需要或保证城市居民正常生活，而从各种供水系统中实际引取的新鲜水量。新鲜水同时具有被第一次使用与来自天然淡水水源之意。在此，取水量有别于给水排水工程中的所谓取水量。

用水量

用水量有时也称总用水量，它是一定期间内某用水系统中的用水总量。工矿用水量是工矿企业完成全部生产过程所需要的各种用水量的总和，包括重复循环利用水量和补充水量。对城市住宅生活用水而言，因水都直接使用、排放，故习惯上所谓"城市住宅生活用水"是指全部补充水量——取水量或新水量。

循环水量与循环率

循环水量亦称循环利用水量，它是一定期间内某用水系统中用水设备自身动态循环用水量。在工业用水系统中大量的水被循环利用，水被循环利用的程度以循环率表示，即某一用水系统中循环利用的水量占系统用水量的百分比。

回用水量与回用率

回用水量是一定期间内某用水系统的排放废水经净化处理再回用于系统内部某些用水过程的水量。水的回用程度通常以回用率表示，即某一用水系统中回用的水量占系统用水量的百分比。

重复利用水量与重复率

重复利用水量是同一用水系统中一定时期内，某些用水设备的排水再次或多次用于其他设备的水量。水的重复利用程度通常以重复率表示，即某一用水系统中重复利用的水量占系统总用水量的百分比。

计算公式为：

$$重复率 = 重复用水量 \times 重复次数 / 系统总用水量 \qquad (2-2)$$

总用水量

一定期间内某用水系统中的用水总量，包括取用新鲜水量、循环水量、回用水量和重复用水量。

再用水量与再用率

再用水量是指一定期间内某用水系统中循环用水量、回用水量和重复用水量之和。再用率为再用水量占总取水量（新鲜水）的百分比。

新鲜水率

一定期间内某用水系统中取用新鲜水总量占总用水量的百分比。

水有效利用倍数

一定期间内某用水系统中总用水量与取用新鲜水总量的比值。

水资源率

水资源率是反映水资源合理开发程度的指标。水资源率的定义为现状 $P = 75\%$ 保证率下的供水量与总资源量之比。

耗水量

对工业用水而言，耗水量是一定期间内某工业用水系统生产过程中，由蒸发、吹散、直接进入产品、污泥带走等所消耗的水量。

排水量

排水量是一定期间内某用水系统排放出系统之外的水量，它包括生产与生活排水量。

补充水量

补充水量包括一定期间内用水系统取得的新水量与来自系统外的回用水量。对城市生活用水而言，补充水量即取水量（新水量）。

城市生活用水

在城市用水中扣除工业用水（包括生产区生活用水）之外的所有用水的统称，简称生活用水、综合生活用水或总生活用水。它包括城市居民住宅用水，公共建筑用水，市政用水，环境、景观与娱乐用水，供热用水及消防用水。

城市居民住宅用水

城市居民（通常指城市固定人口）在家中的日常生活用水，亦称居住生活用水、居民生活用水等。它包括冲洗卫生洁具、洗浴、洗衣、炊事、烹调、饮食、清扫、浇洒、庭院绿化、洗车和其他用水及室内的漏失水。

公共建筑用水

包括机关、办公楼、学校（包括集体宿舍）、医疗卫生部门、文化娱乐场所、体育场馆、宾馆、旅店及商贸服务行业用水，其中相当一部分属第三产业用水。

市政用水

包括浇洒街道与公共场所用水，绿化用水，补充河道、人工湖泊、池塘保持景观和水体自净能力的用水，人工瀑布和喷泉用水，划船、滑冰、涉水、游泳等娱乐用水等，简称市政用水。

公共市政用水

城市公共市政用水又称城市大生活用水，是公共建筑用水与市政用水的统称。

万元国民生产总值取水量

指产生每万元国民工业生产总值所取用的新水量。城市万元国民生产总值是综合反映一个城市经济实力的指标，是宏观的总量指标；万元国民生产总值取水量则是综合反映在一定的经济实力下城市的宏观用水水平的标准。

万元工业产值取水量减少量

是基期万元工业产值取水量减去报告期万元工业产值取水量的差值。

第二、第三产业每万元增加值取水量

在报告期内（通常为年），城市行政区划（不含市辖县）取水总量增加量与行政区划（不含市辖县）第二、第三产业增加值之和的比值。

城市人均日生活用水取水量

城市人均日生活用水取水量是我国城市民用水统计分析的常用指标，也是国外城市用水统计的内容。随着城市经济的发展，城市居民生活水平的不断提高，居住条件、卫生条件和社会环境条件的改善，城市居民日常生活和福利设施的用水量、市政用水量等将不断增长。城市人均日生活取水量的多少从一个侧面反映了城市居民生活水平及卫生、环境质量，但不是越高越好。目前我国城市居民生活用水的许多方面还存在着浪费现象，通过推广各种节水器具和设施以及加快城市水资源的开发利用，节约生活用水还是有潜力可挖的。

但是我国地域辽阔，地理、气候条件差异较大，用水习惯有所不同，不同城市应有不同的生活合理用水标准，如何考核和评价城市生活用水的合理程度需进一步研究。制定合理的城市生活用水标准对城市生活节约用水具有重要意义。

第二、第三产业每万元增加值取水量降低率

是基期与报告期的第二、第三产业每万元增加取水量的差值与基期第二、第三产业每万元增加值取水量之比。

第二、第三产业每万元增加值取水量降低率与第二、第三产业每万元增加值取水量是不同的指标，其区别在于第二、第三产业每万元增加值取水量降低率指标排除了城市间产业结构不同的影响，具有城市间的可比性。

第二、第三产业每万元增加值取水量降低率的高低反映城市节水工作的好坏，通过本指标能清楚地表明城市节约用水、计划用水的开展程度。对国家来讲，也可通过本指标从宏观上评价国家节约用水与计划用水的执行情况。

工业用水结构系数

首先将一定数量的城市工业产值分行业汇总，求出各行业产值在累计产值中的比重。以此作为用水结构的对比标准，并选择工业行业节水水平对比标准作为水量的计算依据。把参加分析的某城市工业总产值按结构对比标准进行行业分配调整，调整后的分行业产值乘以节水水平对比标准，求出未经行业调整的工业取水量，未经结构调整的工业取水量与经过结构调整的工业取水量的比值即为工业用水结构系数。

计算公式为：

$$J_x = \frac{\sum_{i=1}^{n}(C_i \times q_i)}{\sum_{i=1}^{n}(C_{ti} \times q_i)} \tag{2-3}$$

式中　J_x——工业用水结构系数；

　　　C_i——某城市某年 i 行业产值；

　　　q_i——工业行业节水水平对比标准；

　　　C_{ti}——结构调整后的 i 行业产值；

　　　n——工业行业分类数，按照国家统计局的规定划分，一般为 15 个。

需水零增长

需水零增长是指新鲜水的消耗量（原水取水量）不再增长，但水资源的使用效益不断提高，以满足社会、经济与生态环境协调发展的要求。

其研究实质是预测未来的水资源量的需求，着重于水量的研究，水质是作为影响供水量的因素来考虑的。

零增长是正增长与负增长之间的状态，零增长并非绝对的静止，具有很小的变化状态都可以认为是零增长状态。其类型可分为自由零增长和约束零增长。

用水定额

用水定额是以用水核算单元规定或核定的使用新鲜水水量限额。核算单元，对于工业生产，可以是某种单位合格产品、中间产品、初级产品等；对于城市用水，可以是人、床位面积等。用水定额可根据城市用水类别划分，其中主要有工业用水定额、居民生活用水定额（标准）、公共建筑用水定额（标准）和市政用水定额等。除工业用水定额外，其他定额的水量限额实际上均指新水量而言，但在名称上并不统一，一般对新水量（取水量）、用水量、耗水量等也不加以区分。

产品用水定额管理率

一定时间内，实施取水定额管理产品户的取水量与城市工业取水总量之比的百分数。

深度处理

深度处理也称作高度处理、三级处理，一般是污水回用必需的处理工艺。它是将二级处理出水再进一步进行物理化学和生物处理，进一步去除常规二级处理所不能完全去除的污水中的杂质的净化过程，以便更有效地去除污水中各种不同性质的杂质，从而满足用户对水质的使用要求。深度处理通常由以下单元技术优化组合而成：混凝、沉淀（澄清、气浮）、过滤、活性碳吸附、脱氮、离子交换、微滤、超滤、钠滤、反渗透、电渗析、臭氧氧化、消毒等。

再生水

污水经适当的再生处理后供作回用的水。再生处理一般指二级处理和深度处理，当二级处理出水满足待定回用要求并已经回用时，二级处理出水也可称为再生水。再生水用于建筑物内杂用时，也称为中水。

再生水厂

是以回用为目的的水处理厂。与常规污水处理厂不同，常规污水处理厂只是以达标排放为目的。再生水厂一般包括二级处理和深度处理。

二级强化处理

二级强化处理是指在去除污水中的含氮有机物的同时，也能脱氮除磷的二级处理工艺。通常包括生物脱磷、生物脱氮除磷、好氧生物滤池、SBR 工艺、氧化沟工艺等。

城市污水再生回用系统

一般由污水收集、二级处理、深度处理、再生水回用、用户用水管理等部分组成，回用工程设计应按照系统工程综合考虑。

中水利用量

中水利用量是指一定计算期内，城市污水或生活污水处理后达到规定的水质标准，在一定范围使用的非饮用水量（如厕所冲洗、绿地、树木浇灌、道路清洁、车辆冲洗等）。

灰水与黑水

灰水是指住宅室内排水中未被粪便污染的水，包括厨房、洗衣、沐浴和盥洗等污水。黑水是指住宅内排水中的粪便污水。

附属生产人均日取水量

工业企业内，附属生产（包括每个职工在生产中的生活用水和厂区绿化用水）人均每天的取水量。

第三节　节水效益及技术经济评价原则

一、节水效益概述

节水效益不同于通常所说的节水效果之处，在于包含了由节水而产生的更大的间接效益、外部效益及长远效益，这些效益在缺水地区更为明显。本节主要对节水效益作概略的定性描述。

节水给人们带来的直观印象自然是它的直接效果——用水量的节约。例如，据统计，自 1983 年至 1995 年，我国城市累计节水 $193.4 \times 10^8 \ m^3$，相当于减少近 $410 \times 10^4 \ m^3$ 的日供水量。这个数值大体同全国同期年增日供水能力相当，为全国缺水城市日缺供水量的 30% 左右。由此可见，节约用水对缓解我国缺水城市用水，特别是干旱年份与高峰期用水的紧张状况，保障人民生活、保证生产具有重要作用。

节水的直接经济效果表现为所节省的相应供水设施的投资及运行管理费用扣除对应的节水设施的投资及运行管理费用之差额，以及因减少这笔资金的占用而产生的效益。随着水资源紧缺程度的增加及节水水平的提高，供水与节水工程投资的单位造价都会大幅度地提高，节水的直接经济效果也将受影响。若按当前的情况考虑，1983 年至 1995 年，全国年平均节省工程投资约数十亿元，节省运行管理费约上百亿元。

由节水产生的外部间接效益是多方面的，其中有的可以计量，有的不可以计量，甚至是无形的。

可计量的外部间接效益，主要表现为分摊因节水而增加的社会纯收入（或国民收入，但不宜按产值计算），以及由减少排水量而节省的相应排水系统和其他市政设施的投资与运行管理费用。据此，自 1983 年至 1995 年，年平均由节水而分摊的社会纯收入约数十亿元以上，节省的排水工程投资约数十亿元（节省的运行管理费用从略）。此外，还有较大的节能效益，如以上述年平均节水 $14 \times 10^8 \ m^3$ 计算，约可节省电耗近 $4 \times 10^8 \ kW \cdot h/a$。在能源紧张的情况下，"节水即节能"，被节省的能源进而还可产生其他一些外部效益，由于涉及外部效益再分配问题，在此不加讨论。节能产生的经济效益属直接经济效益（已计入年运行管理费中），不应重复计算。另外，值得注意的是因节水而减少对水资源的占用所产生的效益。从长远观点分析，由于浪费水资源而过早过多地占用现有的水资源是一种"欠债"，这样，不仅提前使用和消耗了不应该使用的水资源和资金，而且会使缺水地区将来为获取新的水资源而付出更大的代价。据估计，每节省 10% 的用水量即相当于每年减少供水系统 3% 左右固定资产投资，其长期累计数是很可观的。

节水还有很多难以估量的外部间接效益，主要表现为由于减少排水量、减水污染、改善环境而避免的各种损失（包括因水质恶化而产生的水处理费用和生产损失等），以及所产生的环境效益与生态效益。这类效益的大小，在很大程度上取决于节水方式、节水设施运行管理及废水废料后处理情况。减少排水量并不等于减少排污量，也不等于对废水、废物进行妥善处理，因此应对具体情况作具体分析。如果处理得当，自然会取得良好的经济效益、环境效益与生态效益，相当一部分闭路循环用水系统应属这一情况。环境、生态系统效益的改善所产生的影响极为深远，其近期特别是远期效益是巨大而又难以估量的。近几年来，国内外在环境保护战略方面，有人主张采取"4R"（Reduce，Reuse，Recycle，Recovery 4 词的字头，即"减少"、"再利用"、"循环利用"、"再生"之意）战略。其中第一个 R 是从根本上控制废物或污染物质排放量，即所谓的"清洁生产"及"源头削减"控制。在水环境保护方面，为了减少排污（污染物质总量），严格的节约用水显然首当其冲。

应特别指出的是，节约用水，即不断地促进对有限水资源的合理分配与可持续利用，是保证和推动人类社会、经济可持续发展的基础，其意义已远非"效益"、"效果"通常的含义所包容的。如果一定要说是什么效果，暂时不妨理解为潜在的无形效益。这种效益作用之深远，还有待人们认识的深化与深入的探讨。

二、节约用水技术经济评价原则

1. 节约用水工程项目应计算设计年限经济效益指标、多年平均经济效益指标以及特殊干旱年的经济效益指标。

2. 设计时考虑现象的随机性，如果资料齐全，应尽可能采用长系列或其中的某一代表期进行计算；考虑到国民经济的发展，应按照预测的平均经济增长率进行估计计算。

3. 认识宏观经济评价与微观经济评价的差异性。如果两者一致，则企业、社会同时受益；如果两者不一致，则以宏观经济评价为主要依据。宏观与微观的不一致有助于国家制定合理的政策。

4. 采用技术经济评价时，原则上采用理论价格，并且尽可能使采用的产品价格接近产品价值。

24

5. 在多个模型比较时，应选择社会影响及效益好的项目优先进行实施。节水项目是全社会乃至全球性的公共事业，不应考虑投资本身获利多少，而应从全社会的利益角度来考虑。

6. 对几个项目同时进行经济评价时，应优先采用内部经济收益率等一系列的、对项目本身干扰较小的指标来评价。

7. 多个方案进行比较时，要先按照投资数额由小到大排列顺序，再依次比较，方案差的淘汰，直到只剩下一个被选方案为止。

第四节　节水型社会与节水型城市

一、节水型社会

节水型社会是注重有限的水资源发挥更大经济效益的社会，创造良好的物质财富和良好的生态效益，即以最小的人力、物力、资金投入以及最少的水量来满足人类生活、社会经济的发展和生态环境的保护。

节水型社会的主要标准为：

1. 使水资源得到合理的调蓄、优化调度、科学利用和有效保护，实现良性循环，并逐步使地区环境生态有所改善。

2. 具有完善的水资源管理法规，使开发、利用、排放、处理再利用各个环节能体现节水的要求，以"法"治水、管水。

3. 制定并实行科学合理的用水标准，具有完善、先进的计量设施和严格的考核与奖惩制度。

4. 各用水单位采用先进的节水方法，具备先进的节水设施和设备，充分发挥单位水量的最大效益，各项用水指标达到国内先进水平。

二、节水型城市

节水型城市是一个城市通过对用水和节水的科学预测和规划，调整用水结构，加强用水管理，合理配置、开发、利用水资源，形成科学的用水体系，使其社会、经济活动所需水量控制在本地区自然界提供的或者当代科学技术水平能达到或可得到的水资源的范围内，并使水资源得到有效的保护。

节水型城市的主要标准为：

1. 城市节约用水规划是城市总体规划的一部分，和国民经济的发展密切相关。

2. 城市节约用水规划的关键是城市用水量的预测，其中城市生活用水指标的预测推荐采用龙伯秭生长曲线方法，符合国内城市生活用水的发展规律；工业用水量的预测推荐采用万元产值用水量降低和再利用率提高的方法，充分考虑节水产生的效果。

3. 城市节约用水规划的目的是解决城市节水问题，水资源短缺的城市需要节水，水资源相对丰富的城市也需要节水，不仅因为水资源是有限的，水作为国有资源，应保证持续开发利用，而且为了减轻污水治理的沉重负担，必须节制城市用水。

4. 城市节约用水规划的核心是如何解决城市缺水的问题，也就是节水规划的实施策略问题。

第三章 城市节水现状及其潜力分析

第一节 国外城市节水现状

节水是一个全球性的问题，无论是美国、欧洲一些相对丰水的国家和地区，还是阿拉伯海湾地区等贫水国家和地区，节水作为水资源管理的一项重要活动和内容，已得到了广泛的实施，并形成了一些成熟的节水方法和技术，主要包括工业节水、生活用水节水、供水系统节水和其他节水技术。

一、国外城市节水的做法

（一）开展"水资源教育"，提高人们的节水意识

各国采用各种方式宣传节水的重要性、迫切性，提高节水的自觉性。在日本东京，为了抓好节水工作，政府建立了一整套宣传体系，通过新闻、广播、报纸及专门编制的宣传手册，并组织参观城市供水设施等活动，教育群众节水，还将节水内容编入课本，从小培养节水意识。美国洛杉矶为了节水，曾动员100人作了188次节水报告，组织7万名中学生观看有关节水的电影。

（二）工业用水是节水的重点

为解决水资源不足的问题，许多国家把节约工业用水作为节水的重点。主要措施是重复利用工业内部已使用过的水，即一水多用。日本大阪1970年的工业用水重复利用率只有47.4%，到1981年已提高到81.7%；横滨市1982年水的重复利用率达92.7%，其中冷却水为95.2%。美国制造业1978年的需水量为490亿 m^3，每立方米的水循环使用3.42次，相当于减少1 200亿 m^3 的需水量。

（三）重复利用废污水成为开辟新水源的途径之一

世界上大多数城市已修建有汇集城市居民和公共设施污水的管道，城市污水经二级或三级处理净化后可回收利用。美国1926年首次回收水，1971年已有358家工厂企业利用处理后的城市污水，回收量5.1亿 m^3。美国加利福尼亚州每年利用净化污水2.7亿 m^3，相当于100万人口一年的用水量。1985年莫斯科市98%的污水已经过处理。

（四）采用节水型家用设备是城市节约用水的重点

城市生活用水增加，一方面是因为城市人口增加，另一方面是因为第三产业的发展和人们生活水平的提高。从一些国家的家庭用水调查来看，做饭、洗衣、冲洗厕所、洗澡等用水占家庭用水的80%左右。因此，改进厕所的冲洗设备、采用节水型家用设备是城市节约用水的重点，其节水潜力也是可观的。美国一般的厕所冲洗一次要用水19 L，而抽水马桶制造者协会推荐的节水型产品平均只需13 L。鉴于新产品如此大量地节约生活用水，1985年美国加州的法律规定，要求1988年每家都装上新节水装置。日本福冈市在1979年制定了《关于福冈市节水型用水措施纲要》，第一项内容就是要普及家庭节水器具。

（五）加强管道检漏工作，避免城市不必要的供水损失

节水的前提是防止漏损，最大的漏损途径是管道，自来水管道的漏损率一般都在10%左右。为了减少管道漏损，在铺设管道时，需选用质量好的管材并采用橡胶柔性接口。另外还需加强日常的管道检漏工作，如美国洛杉矶供水部门中有1/10人员专门从事管道检漏工作，使漏损率降至6%。日本东京自来水管的漏水比较严重，为了进行维修，自来水局建立了一支700人的"水道特别作业队"，其主要任务是早期发现漏水并及时进行修复。为了从根本上防止漏水，从1980年起，逐步以不锈钢管道代替旧有的铸铁管道。根据美国东部、拉丁美洲、欧洲和亚洲许多城市的统计，供水管路的漏水量占供水量的25%～50%。如在维也纳，由于采取措施防止漏水，每天减少损失64 000 m^3的洁净水，足够满足40万居民生活用水的需要。目前各国均把降低供水管网系统的漏损水量作为供水企业的主要任务之一。

（六）采用经济措施实行计划用水管理，是促进节约用水行之有效的方法之一

当今世界各国已颁布了许多种法规，严格实行限制供水，对违反者实行不同程度的罚款处理。目前，以色列、意大利以及美国的加利福尼亚、密执安和纽约等州分别制定了法律，要求新建的住宅、公寓和办公楼内安装的用水设施必须达到一定的效率标准方可使用。另外，许多城市通过制定水价政策来促进高效率用水，偿还工程投资和支付维护管理费用。美国的一项研究认为：通过计量和安装节水装置（50%用户），家庭用水量可降低11%，如果水价增加一倍，家庭用水可再降低25%。国外比较流行的是采用累进制水价和高峰水价。日本东京采取了"抑制需要型"的收费方法，即东京都内一般用户的水费分为"基本水费"和"超量水费"两种。对供水管在13～25 mm的用户，耗水量不超过10 m^3时，每月只收"基本水费"800～1 320日元。超过这一标准，增收"超量水费"，按每10 m^3为一单位递增，超过水量越大，收费标准就越高。对供水管直径为100 mm以上的用户，除基本水费较高外，超量部分每立方米一律增收375日元。

（七）革新和推广节水工艺、技术和设备，依靠科技进步，是城市节水工作的根本途径

采用空气冷却器、干法空气洗涤法、原材料的无水制备等工艺，不仅可节省工业用水量，而且采用气冷还可以减少废气排放量。20世纪70年代末，前苏联在化工和炼油业大量采用空气冷却装置，在钢铁企业中大量采用煤气干洗法，减少水量15%～20%。在化工生产中广泛使用固化技术和利用反应热，可减少用水量2/3以上。1980年全世界共有海水淡化装置2 205台，总容量884 m^3，1987年增加到6 300台和1 504 m^3。海水淡化近几年发展迅速，已有100多个国家的近200家公司从事海水淡化生产，海水淡化技术给沿海缺水城市开辟了新的淡水源。

二、国外工业节水技术

城市工业用水在城市用水中占有较大比例，有时甚至高达70%。因此，工业节水对于城市节水具有重大意义。国外发达国家的城市工业节水主要在于循环水和冷却水。

（一）循环用水

循环用水在美国工业中得到了广泛应用，据报道，加利福尼亚的San Jose在1988和1989年有15个工业行业，包括食品工业、金属精加工、纸张再处理、电子工业等，采用了循环用水，总节水量达56万 m^3/a，总经济效益为200万美元。在这些循环用水工艺中，有些将

工艺过程中的用水回收循环利用，有些则在排放下水道前经预处理后回收利用。事实证明，一个工厂之内的循环用水，允许有较大的水质波动范围（回用于不同的生产工序），因此是应该首先考虑的节水措施。

（二）冷却塔回用水

国外很多公司通过改进冷却塔给水系统而节约用水，也有一些大公司如 Exel 微电子公司、Intel 公司等采用臭氧对空调用水或其他轻度污染水进行处理回用，明显地减少了废水排放量。另外，很多工厂通过改进生产工艺和生产设备达到节约生产用水的目的。

（三）设备改进

很多工厂通过改进生产工艺的设备而减少用水量。许多公司采用反渗透生产去离子水时，通过采用新材料和改变运行参数大大减少了反渗透工艺中的流量。Dyna – Craft 公司在电镀部分安装空气刀，将电镀的废酸洗液吹回到工艺池中，从而减少了清洗水。

（四）用水监测和雇员教育

资料表明，国外十分重视用水量监测，大部分工业监测设备较为完善，确保了节水措施发挥作用，同时促进降低漏损和杜绝其他用水浪费。除此之外，国外极其重视对雇员进行节水教育，雇员是节水运动的主体，他们节水意识的提高对保证节水效果是极其重要的。

三、国外生活用水节水及其他节水技术

城市生活用水在城市用水中占有较大份额，例如沙特阿拉伯占 47% 左右，具有较大的节水潜力，其节水技术也研究得最为成熟。目前国外城市生活用水节水主要注重以下几个方面。

（一）城市生活用水监测和用水量估计

实行用水量监测，是为了了解实际的用水量和用水方式，进而得知供水系统的运行状况，为合理、公正地确定水价提供依据。用水量估计主要是通过调查和评估用水现状，按照节水原则合理估计将来的生活用水量。

（二）采用节水型家庭卫生器具

节水型卫生器具一般是低流量或超低流量的卫生器具，研究表明，这种器具节水效果明显，代替低用水效率的卫生器具可平均节省 32% 的生活用水。节水型卫生器具包括节水型便具、节水型洗涤器具、节水型淋浴器具等。

（三）家庭草坪浇灌节水技术

据统计，美国大约有 50% 拥有草坪的居民过量浇水，因此具有较大的节水潜力。该技术通过改进浇水方式、建立不同季节的浇水规定、控制浇水时间、选择抗旱草种等达到节水目的。

（四）水价结构和漏水控制

城市生活用水的水价结构反映了水的制造成本、销售效益和其他效益。居民生活用水的水价是大多数公司首先关注的问题，因为其份额大且使用群体稳定。节水型水价的研究在美国进行得很多。国外研究证明，漏水控制的节水效果也是相当明显的，英国北爱尔兰在未实行漏水控制之前，每幢建筑物平均漏水量为 23~40L/h，在实行漏水控制后，平均漏水降至 8~11 L/h。

四、国外其他节水途径

国外其他节水技术还包括供水厂节水、供水系统漏水控制、用水审计、雨水管理、废水回用、节水经济激励、立法、公众宣传、水资源一体化规划等。

供水厂的自用水量一般为 5% ~ 10%，主要用于滤池和沉淀池冲洗以及厂区生活用水，当水厂规模大时，这部分排水量是相当大的。技术人员对水厂废水循环利用的可行性进行了研究，结果表明，通过适当处理，将生产过程中的废水回用到某些位置是可行的，但要注意对 TOC 的检测。

漏水的位置主要在主干管、蓄水池、配水管、连接管、卫生器具等，同时管网压力也是一个重要因素，美国和英国都有专门培训的技术人员对漏水进行管理和控制。

第二节 我国城市节水现状与潜力分析

我国的节水运动始于 20 世纪 80 年代初期，经过近二十年的努力，取得了较大进展，城市节水累计达 220 多亿 m^3。以北京市为例，城市自来水需水量 20 世纪 50 年代平均增长 28.98%，60 年代为 4.29%，70 年代为 6.74%，80 年代为 3.1%，1991—1996 年为 5.8%，这些数据充分说明，节水措施的效果是明显的。目前，我国 668 个城市中 85% 以上已建立了节约用水办公室，50% 以上的县建立了节约用水机构，有组织、有计划地广泛开展了节水工作。表 3 - 1 为 1983—1995 年我国城市节约用水统计资料。

表 3 - 1 1983 ~ 1995 年我国城市节约用水统计表

考核指标＼年份	1983	1984	1985	1986	1987	1988	1989	1990	1991	1992	1993	1994	1995
年节水量（亿 m^3）	5.5	6.0	6.0	6.2	10.1	12.4	16.8	15.6	12.1	20.8	21.8	27.6	23.5
工业万元值取水量（m^3/万元）	459	430	400	380	330	300	270	260	250	242	230	220	198
工业用水回用率（%）	18	22	28	30	35	40	45	47	49	51	53	57	60

从表 3 - 1 可看出，自 1990 年以后城市年节水量有了较大幅度的发展，其他节水考核指标也相应提高，这说明节水工作的力度已有所加强并开始普及。就节水管理的阶段性特征而言，目前的节水工作仍处于从水资源的"自由"开发与松弛管理阶段向合理开发与科学管理阶段转化的过渡时期，即限制开发与强化管理阶段。显然，现阶段的节水工作仍较多地依靠行政与计划手段，没有很好地发挥经济杠杆和市场机制的作用。这种状态已明显不适应社会主义市场经济的发展形式。另外，我国工业生产及相应的节水水平与国外相比还比较落后，其特点是新水量的节约主要是增加重复利用水量取得的，在保持较高再用率的前提下大量的水在重复循环，其结果是徒耗许多能量。那么，今后单靠提高用水系统的用水效率即再用率以节约新水的潜力已越来越小，应当转向依靠工业生产技术进步去减少水的需求及单位产品用水量，也即以工艺节水为主。

一、我国工业节水现状与节水潜力分析

根据我国工业生产的特点，工业节水的基本途径大致分为三类：第一，提高"系统节水"的能力，通过提高生产用水系统的用水效率，即通过改变生产用水方式提高水的再用率。这种方式一般可在生产工艺条件基本不变的情况下进行，比较容易实现。第二，加强节水管理，减少水的损失，或通过利用海水（沿海地区尤为可取）、大气冷冻、人工制冷等，减少淡水或冷却水量，提高用水效率，此为"管理节水"。第三，通过实行清洁生产、改变生产工艺或生产技术进步、采用少水或无水生产工艺和合理进行工业布局，减少水的需求，从而提高用水效率，即"工艺节水"。

有资料表明，目前我国主要工业行业的单位产品取水量指标，除纯碱、合成氨与国外同类先进指标值相当外，其余绝大多数要高出同类先进指标值的 2～3 倍，部分行业的差距更大。根据 2010 年节水规划目标分析，目前国外先进用水（节水）指标值即为我国各行业今后 10～20 年甚至更长时间可以达到的用水（节水）水平。据统计，1983—1997 年，我国城市工业用水再用率从 18% 升至 73.35%，万元产值取水量从 495 m^3/万元下降到 89.8 m^3/万元。取得这种节水效果的贡献份额大致是系统节水占 65%，管理节水和工艺节水占 35%。可见，扣除管理节水的贡献，15 年来工艺节水份额是有限的。随着节水工作的深入开展，系统节水和管理节水的作用将逐渐减少，节水工作的重点应逐渐转向工艺节水，节水进程将主要依赖于工业企业改造与生产技术进步，节水性质会更趋复杂，难度也会增大。工艺节水潜力范围广泛，且无止境。因此，单纯依靠行政计划恐怕难以奏效，加强经济杠杆和市场机制的作用，即加大促进企业节水动力的措施势在必行。

二、我国城市生活用水状况与潜力分析

随着经济发展和城市化进程的推进，用水人口相应增加，城市居民生活水平不断提高，公共市政设施范围不断扩大与完善，在今后相当长的时期内城市生活用水量仍将呈增长之势。表 3－2 列举了我国城市生活用水量概况。从表中可见，近几年来我国城市生活用水量平均以 15% 的递增率快速增长，其值远高于 1980—1997 年的年递增率 5.77%。同时还可以看到，1994—1997 年城市生活用水量的增长为城市人口大幅度的上升所抵消。实际上，1991—1997 年，我国人均城市生活用水量的平均递增率仅为 3.2%，远低于同期城市用水量的平均递增速度 15%。另一方面，同国外城市相比（见表 3－3、表 3－4、表 3－5），我国城市生活用水特别是居民住宅用水标准偏低。以特大城市为例，国外人均城市生活用水量为 250L/（人·d），明显高于我国北方特大城市的水平，约同南方特大城市的水平相当；而欧洲各国人均住宅生活用水量约为 180L/（人·d），远高于我国北方城市人均住宅生活用水量，这表明，今后我国城市生活用水量还会以较快的速度增长。

表 3－2　我国城市生活用水量

年　份	城市总数	统计城市数	城市生活用水量 （亿 m^3）	用水人口 （亿）	人均城市生活用水量 [L/（人·d）]
1986	353	307	55.08	0.95	158.85
1987	381	344	60.01	1.02	161.19

年　份	城市总数	统计城市数	城市生活用水量 （亿 m³）	用水人口 （亿）	人均城市生活用水量 [L／（人·d）]
1988	431	412	66.03	1.12	161.52
1989	447	419	71.55	1.18	166.12
1990	467	413	75.13	1.22	168.72
1991	476	410	75.08	1.17	175.81
1992	514	383	82.62	1.29	175.47
1993	567	488	94.25	1.42	181.84
1994	622	535	106.26	1.46	199.40
1997	668	—	175.12	2.26	213.49

注：资料来源于《全国城市用水统计年鉴》。

表 3－3　部分国外城市人均城市生活用水量

城　市	人口（万）	人均城市生活用水量 [L／（人·d）]	城　市	人口（万）	人均城市生活用水量 [L／（人·d）]
曼谷	625	172.6	贝尔格莱德	117.1	243.9
汉城	1 090	181.4	华沙	165.6	263.5
索非亚	122	186.4	开罗	652.9	275.9
马德里	361	193.0	哈瓦那	209.6	299.9
布加勒斯特	239	200.3	基辅	257.0	329.0
布达佩斯	202	237.1	莫斯科	887.6	494.6

　　城市生活用水的节水潜力，通常是通过一定的节水措施控制城市生活用水量的增长，使水资源得到有效利用。其途径为：加强节水宣传，提高节水意识；建立合理的水费体制，充分发挥经济杠杆的作用；大力推广使用节水器具。

表 3－4　欧洲部分国家居民住宅用水量

国　家	居民住宅用水量 [L／（人·d）]	国　家	居民住宅用水量 [L／（人·d）]
瑞士	260	荷兰	173
奥地利	215	挪威	167
意大利	214	法国	161
瑞典	195	英国	161
卢森堡	183	芬兰	150
西班牙	181	德国	135
丹麦	170	比利时	116

表 3－5　我国不同规模城市与地区的人均城市生活用水量

城市类别 （人口数）	城市生活用水量 [L／（人·d）]		居民住宅用水量 [L／（人·d）]		公共市政用水量 [L／（人·d）]	
	北方	南方	北方	南方	北方	南方
特大城市（>100 万）	177.1	260.8	102.9	160.8	74.2	94.0
大城市（50～100 万）	179.2	204.0	98.8	103.0	80.4	101.0
中城市（20～30 万）	136.7	208.0	96.8	148.0	39.9	59.0
小城市（<20 万）	138.0	187.6	79.3	148.5	58.3	39.1

总的来说，城市与工业节水具有丰富的科技内涵。从发展观点看，不加强节水的科技导向和投入，将难以推动节水工作向深入持续方向发展。另一方面，单纯依靠目前的节水技术力量，也难以承受日益复杂的综合性很强的节水任务。因此，必须提高节水人员的素质，加强科学技术力量的横向联合，加大节水资金投入，注重节水技术经济分析，以提高节水经济效益。

第三节　城市节水潜力分析实例

下面以河北省沧州市城市生产、生活节水潜力分析为例，阐述节水规划中节水潜力分析和比较的方法和步骤。

沧州市城市节约用水工作是自 1983 年全国第一次节水会议以来，随着供水工业的发展而开展起来的。沧州地处华北平原东部，属暖温带大陆性季风型气候，降雨量小且年际变化大，水资源短缺的问题普遍存在。因此，节水工作对于实现沧州市国民经济的可持续发展具有十分重要的意义，沧州市在节水办统一指挥下，节水投资逐年增加且节水效果显著，万元产值取水量逐年下降，2000 年市区节水量达到 410 万 m^3。但就城市的未来发展和水资源的现状而言，沧州市的节水工作仍任重而道远。表 3-6 为沧州市历年节水情况统计。

表 3-6　沧州市历年节水情况统计表

	节水量（万 m^3）			节　水　设　施　建　设			
	合计	自来水	自备水	节水设施投资（万元）	节水能力（万 m^3/d）	投入使用节水器具数（个）	节水单位投资 [元/（$m^3 \cdot d$）]
1991	-7	160	-167	23	0.133 2		179
1992	-303	-36	-368	10	0.019 2	37	521
1993	-236	-33	-202	35	0.106 2	380	329.5
1994	358	200	158	28	0.03	237	933.3
1995	357	369	88	35.7	0.018 3	621	1 930.2
1996	237	133	113			137	
1997	300	200	200	730	0.9	3 000	822.2
1998	405	100	305	600	1.10	2 500	545.45
1999	402	312	90	1 320	1.46	4 000	904.11
2000	410	210	200	1 500	1.5	5 000	1 000

一、城市工业节水现状及潜力分析

（一）工业节水现状

沧州市工业节水工作经过多年的发展，取得了显著的成绩，但是仍存在许多问题，距离节水型城市的目标还有相当大的差距。

影响工业用水量大小的主要因素是工业结构及其发展水平、工业用水结构和用水水平、管理水平等。反映这些因素的可量化指标有工业产值增长率、产值部门比例、水的再用率、万元产值取水量等。可用下列指数模型表示工业取水量的变化：

$$q = abcd \tag{3-1}$$

式中　q——取水量变化指数，$q = Q(t)/Q(0)$，$Q(0)$ 为基础年工业取水量，$Q(t)$ 为第 t 年工业取水量；

　　　a——节约指数，表示复用率降低或提高对取水量的影响，$a = [Y(0) \times Q(t)]/[Y(t) \times Q(0)]$，其中：$Y(0)$ 为基础年工业用水量，$Y(t)$ 为第 t 年的工业用水量；

　　　b——用水水平变化指数，它表示万元产值用水量的变化对取水量所产生的影响，$b = [G(t) \times V(0)]/Y(0)$，其中：$V(0)$ 为基础年工业产值，$G(t)$ 为第 t 年万元产值取水量，$Y(0)$ 为基础年工业用水量；

　　　c——产值变化指数，$c = V(t)/V(0)$，$V(t)$ 为第 t 年的工业产值；

　　　d——工业结构调整的变化系数。

在 a、b、c、d 四个指数中，当某个指数大于 1 时，说明该因素的变化有导致取水量增加的趋势；当某个指数等于 1 时，说明该因素的变化对取水量没有影响；当某个指数小于 1 时，说明该因素的变化有导致取水量减少的趋势。根据沧州市 1985—2000 年工业产值与用水量情况的统计资料（表 3-7、表 3-8），建立了 1991—2000 年市工业用水指数模型，计算结果见表 3-9。

表 3-7　沧州市 1991—2000 年万元产值取、用水量（不含电）

年份	1991	1992	1993	1994	1995	1996	1997	1998	1999	2000
万元产值取水量（m³/万元）	116.1	139.5	110.2	110.1	93.50	88.07	97.11	102.1	97.66	93.12
万元产值用水量（m³/万元）	333	826	613	682	583	550	607	638.0	616.0	.582.0

表 3-8　沧州市 1985—2000 年万元产值取、用水量（含电）

年　份	1985	1986	1987	1988	1989	1990	1991	1992
万元产值取水量（m³/万元）	208.23	187.69	167.03	162.39	137.76	153.57	116.10	150.00
万元产值用水量（m³/万元）	991.31	1 032.7	1 033.03	1 136.13	1 053.56	1 367.03	332.95	937.55
年　份	1993	1994	1995	1996	1997	1998	1999	2000
万元产值取水量（m³/万元）	125.10	113.26	97.25	92.00	101.86	101.59	98.00	87.78
万元产值用水量（m³/万元）	781.82	716.83	615.50	596.31	630.62	638.93	616.60	555.60

由计算结果可以看到，1991—2000 年间沧州市工业用水量平均增长指数 q 为 1.020 3，工业产值系数 c 为 1.044 1，说明工业取水量随工业产值的增长而增加，影响取水量减少的因素只有工业用水再用率 a 的提高，这与沧州市工业用水平均再用率在 70% 以上的事实相符合，a 的平均增长指数为 0.939 1，工业用水水平 b 和工业产值变化指数 c 的平均增长指数分别为 1.069 4 和 1.044 1，这说明万元产值取水量的降低和工业产值的增长对取水量的变

化产生的影响稍大。工业结构调整变化系数 d 为 1.000 0，基本没有对取水量产生影响。

表 3-9　沧州市 1991—2000 年历年 a、b、c、d 值统计计算表

年份	1992/1991	1993/1992	1994/1993	1995/1994	1996/1995	1997/1996	1998/1997	1999/1998	2000/1999	平均值
a	0.622 3	1.065 5	0.897 7	0.990 2	1.000 0	1.000 0	1.000 0	0.990 9	1.009	0.939 1
b	1.906 9	0.731 8	1.112 8	0.857 3	0.931 9	1.102 7	1.051 2	0.965	0.944 8	1.069 4
c	1.169 1	1.129 1	1.036 6	1.033 1	1.020 0	1.052 8	0.922 9	0.969	1.000 0	1.044 1
d	1.000 0	1.000 0	1.000 0	1.000 0	1.000 0	1.000 0	1.000 0	1.000 0	1.000 0	1.000 0
q	1.387 6	0.892 3	1.035 5	0.885 6	0.960 7	1.160 9	0.970 1	0.926 5	0.953 3	1.020 3

(二) 城市工业节水的潜力分析

合理、科学使用工业用水，对保证城市总体供水和实现城市水资源可持续发展，都具有十分重要的意义。

工业上各行业的用水结构和节水潜力同地区或城市的工业结构、用水管理水平、设备状况和生产工艺等密切相关。一般来说，工业节水经历了三个阶段：第一阶段主要通过各种行政手段加强用水管理，不需增加资金投入即可获得明显的节水效果。第二阶段主要抓工业内部循环用水，提高水的重复利用率。在这一阶段，通过提高水的重复利用率，可以收到投资少、见效快、效益高的节水效果。第三阶段是改造工业设备和生产工艺为主的节水阶段。这一阶段的节水难度大、投资高，但随着水资源获得难度的加大和工业用水水价的提高，节水的经济效益也会随之提高。

工业节水潜力的大小涉及不同地区或城市诸多的自然、社会、经济、技术等因素，如当地的气候、工业结构、工业设备条件、资金投入、经济效益、水价及管理水平等。真实的节水潜力，应根据不同的实际情况，确定科学合理的工业用水定额，在此基础上与现状用水进行分析比较，得出一个地区或一个城市各工业部门的节水潜力。

城市工业取水量由多种因素决定，如工业结构、工业产值、科技进步、政策性节水以及工业用水再用率等。目前国内多采用工业用水再用率和万元产值取水量作为考核工业用水状况改善与否的主要指标。万元产值取水量下降，说明工业用水状况有了改变。实际中，降低万元产值取水量的方法有以下几种：第一，加强工厂管理，减少水的漏失和浪费；第二，工厂采用节水型卫生洁具节约用水；第三，对用水多的老设备进行技术改造，采用用水少的工业设备；第四，增加一些经济效益好、产值高的产品；第五，城市新建一些产值高、用水少的企业。

提高再用率是城市节水的主要途径之一。目前，发达国家的工业用水再用率一般在70% 以上。我国 2010 年远景目标为工业用水再用率达到 75%。

工业用水再用率要根据城市实际情况来决定。城市用水的工业结构不同，各个城市可能达到或接近的高限值也就不同，即极限再用率不同。

再用率不能作为不同国家和城市的工业用水水平的评价指标。例如，沧州市许多企业工业用水再用率达到 80% 以上，达到了发达国家的水平（>70%），但这并不意味着沧州市工业用水已接近或达到了发达国家的水平，其主要产品单位产量取水量远高于发达国家，工业用水水平与发达国家还有相当大的差距。在国内不同城市之间，以再用率单纯评价工业用水水平，同样也是不妥当的。

"节水率"最直接体现城市节水工作的成效,是反映城市节水水平的一个指标。下面就以万元产值取水量、再用率、节水率三项指标为依据,对沧州市的节水潜力进行分析。

首先,从万元产值取水量看沧州市的节水潜力,1998年沧州市万元产值取水量为101.59 t/万元,高于全国平均水平8 177 t/万元,与浙江、福建等省相比差距更为悬殊,约为福建省的6.3倍,浙江省的3.6倍。表3-10为沧州市工业用水情况在全国的位置比较表。

表3-10 沧州市工业用水情况在全国的位置比较表

区域\项目	万元产值取水量（m³/万元）	再用率（不含电力）（%）	节水率（不含电力）（%）	区域\项目	万元产值取水量（m³/万元）	再用率（不含电力）（%）	节水率（不含电力）（%）
平均	83.77	73.38	18.10	安徽省	180.50	53.92	9.82
沧州市	101.86	83.00	8.50	福建省	16.01	61.53	23.10
河北省	133.23	70.72	28.78	山东省	33.77	81.03	23.56
北京市	56.91	89.53	33.60	河南省	122.59	69.21	13.39
天津市	38.19	73.72	15.17	湖北省	91.23	53.86	31.53
山西省	126.09	73.53	29.86	湖南省	58.00	38.17	18.01
内蒙古自治区	192.09	79.28	16.33	广东省	179.13	73.02	29.30
辽宁省	109.10	80.51	18.53	广西壮族自治区	103.36	56.23	-1.37
吉林省	131.33	71.91	28.70	四川省	138.99	60.56	7.33
黑龙江省	236.59	75.93	10.73	贵州省	83.62	60.81	55.39
上海市	39.29	76.10	8.98	陕西省	51.79	63.33	32.20
江苏省	62.98	61.25	16.51	甘肃省	113.15	83.96	23.53
浙江省	28.38	56.35	28.23	新疆维吾尔族自治区	711.15	71.03	68.87

其次,从工业用水再用率看沧州市的节水潜力。1998年沧州市区工业节水再用率为83%,高于全国平均水平73.38%约10个百分点,处于全国领先地位。但应注意到,沧州市所辖县工业企业再用率很低,表3-11为1993年沧州各市县工业用水情况统计表。从表中的数据可看出,其再用率一般处于10%~30%,发展的潜力还很大。沧州所辖市的取水量占整个沧州市域取水量的67.1%,所占比重相当大。所以,沧州市应把重点放在所辖市县乡镇企业和市区中、小型企业的再用率的提高上。

第三,从节水率看沧州市的节水潜力。1997年沧州市工业用水节水率为8.5%,低于全国18.10%的平均水平,发展潜力很大,应加大力度提高工业用水的节水率。

根据建设部1992年编制的《城市节约用水十年规划要点》,将沧州市工业用水再用率与2000年全国规划目标进行比较,详见表3-12。

表3-11 1993年沧州各市县工业用水情况统计

行政分区	取水量（10³ m³）	再用水量（10³ m³）	总用水量（10³ m³）	工业产值（万元）	万元产值取水量（m³）	再用率（%）
吴桥	356.7	33.2	390.9	28 933.0	157.8	7.0
东光	232.0	37.3	279.3	32 323.0	57.1	13.3

行政分区	取水量 ($10^3 \, m^3$)	再用水量 ($10^3 \, m^3$)	总用水量 ($10^3 \, m^3$)	工业产值 （万元）	万元产值取水量 （m^3）	再用率 （%）
南坡	186.5	22.9	209.3	26 516.0	70.3	10.9
盐山	85.0	13.2	99.2	15 327.0	55.3	13.3
海兴	80.3	10.1	90.3	20 590.0	39.0	11.2
黄骅	32.0	387.3	529.3	72 539.0	58.0	92.1
中捷	273.2	33.3	307.5	16 823.0	163.0	10.8
大港	153.0	53.3	207.3	17 713.0	87.0	25.7
孟村	78.0	28.7	106.7	13 157.0	59.3	26.9
肃宁	620.1	106.3	726.5	53 817.0	113.1	13.6
任丘	1 183.0	605.5	1 789.5	33 933.0	338.8	33.8
泊头	809.9	326.9	1 226.8	83 320.0	97.1	33.5
沧县	570.0	326.5	896.5	39 986.0	132.5	36.3
河间	1 370.3	366.2	1 936.5	101 999.0	133.1	23.1
献县	150.2	35.2	195.3	18 139.0	82.8	23.1
市区	3 725.8	27 138.2	30 909.0	269 537.0	138.2	87.9
总计	11 319	298 289	31 138	901 377.0	125.6	72.3

表3-12　沧州行业用水再用率与全国2000年水平比较　　　　%

行　业	化　工	电　力	机　械	纺　织	食　品	造　纸
沧州市	90	91	10	30	30	57
全　国	75	70	60	70	50	50

　　从表3-12可看出，单从工业用水再用率这一指标来看，沧州市的化工、造纸行业超过了2000年的规划水平。其余行业与规划水平还有较大差距，这些行业首先应从调整再用水率达到节水的目的，力争达到2000年规划水平。化工、造纸行业应重点改进产品的生产工艺，降低单位产品用水量，调整产业结构。

　　下面具体分析一下沧州市重点用水行业的节水现状和节水潜力。

　　首先看石油行业，该行业是沧州市的重点行业，主要企业为沧州炼油厂。1998年该企业生产取水 321.96 万 m^3，重复利用水量为 5 048.23 万 m^3，万元产值取水量为 60.43m^3/万元，重复利用率达94.08%。企业节水水平见表3-13所作的比较。从中可以看到，沧州市石油工业节水技术比较先进，节水水平较高。今后发展的重点应是改进生产工艺，尽量采用少水或无水工艺，实现以工艺型节水为主。此外，企业要加强管理，减少各种漏损。1998年该企业投资2万元进行了部分管网的改造，年节水10万 m^3。

表3-13　石油行业用水指标比较

指　标 ＼ 水　平	平　均	最　好	最　差	沧州炼油厂
万元产值取水量（m^3/万元）	149.6	44	335	60.43
重复利用率（%）	88.36	95.13	60.32	94.08

其次看电力行业，该行业的主要企业为沧州电厂，沧州电厂 1998 年生产取水 210 万 m^3，重复用水量为 1 980 万 m^3，重复利用率达 91%，接近我国电力系统平均重复利用率（97%）。因此，今后发展的重点应是推广行业节水技术，发展新工艺。

接着看化学行业，该行业的主要企业有沧化实业集团有限公司和沧州化肥厂，主要产品为烧碱、树脂和尿素。化学工业取水量约占沧州工业取水量的 30% 左右，是重要的用水行业。从总体来看，沧州化工系统节水水平较高，但与发达国家相比，仍有一定的差距。今后化工行业发展的重点应是改变化学工业原料政策和原料路线，调整产品机构，改进生产工艺，积极引进节水水平较高的生产工艺，从技术型节水向工艺型节水转变。

最后看看造纸工业，沧州纸业有限公司和市纸制品厂是造纸行业的重要企业。1998 年沧州纸业有限公司生产取水 520 万 m^3，是沧州市取水最多的企业，万元产值取水量 646 万 m^3/万元，重复用水率只有 36%，今后发展的重点应是提高工业用水的重复利用率。由于造纸厂 90% 以上的用水是工艺用水，因此改革工艺是节水的关键，如推广逆流洗涤工艺和开展白水回用。

目前，我国城市工业用水重复利用率在 50% 左右，比 20 世纪 80 年代初提高了 1 倍，但比日本等发达国家仍相差较远。工业化国家复用率基本上都在 70% ~ 80% 之间（不含电力）。日本制造业再用率从 50% 到 70% 只用了 20 年的时间，而从 70% 到 75.3% 用了 10 年的时间。这说明不含电力的工业复用率在 50% 时，其继续提高的潜力还很大。按日本的经验，我国城市工业再用率到 2010 年至少可提高到 60%。当然，节水潜力也不是无限的。一般来说，再用率越高，节水投资就越大。节水终究要受到经济和财务的制约而非无潜力可挖。

二、城市生活节水现状及潜力分析

（一）城市生活节水现状

沧州市城市用水量统计资料表明：1998 年沧州市生活总取水量为 1 850 万 m^3，1997 年为 2 039 万 m^3（占沧州市总取水量的 35%），减少了 9.3%；1998 年用水总人口 32 万人，1997 年为 30.7 万人，增长了 3.2%。1997 年人均综合生活用水量 182.00 L/（人·d），人均居民生活用水量为 101.02 L/（人·d），1998 年人均综合生活用水量 158.39 L/（人·d），人均居民生活用水量 97.17 L/（人·d）。1986—1998 年，沧州市人均综合生活用水量由 131 L/（人·d）增加到 158.39 L/（人·d），年平均增长率 1.1%；人均居民生活用水量由 1986 年的 86.18 L/（人·d）增加到 1997 年的 97.17 L/（人·d），年增长率 1.1%。

表 3 - 14 为沧州市人均生活用水量与欧洲部分国家的比较，从表中的数据可看出欧洲国家平均值为 180.6 L/（人·d），沧州市就居民生活条件和现在家庭设备而言，显然赶不上表中所列的那些欧洲发达国家，但用水量相差不多，其中主要原因是沧州居民生活用水中浪费比较严重，表现在以下几个方面：第一，居民节水意识淡薄，不注意节约用水；第二，设备跑、冒、滴、漏或常流水现象普遍存在；第三，节水器具与设备推广应用还不普及；第四，节水产品质量不稳定。

（二）城市生活节水潜力分析

城市生活用水量的多少与用水人口、生活水平、住房条件、用水设施情况（有无卫生间、淋浴、洗衣机）等因素有关，是反映一个城市生活水平的重要指标。随着人民物质文化水平的提高，城市生活用水有不断增加的趋势。

表 3-14　沧州市人均生活用水量与欧洲部分国家比较表

国　家	人均生活用水量 [L/（人·d）]	国　家	人均生活用水量 [L/（人·d）]
沧州市	161.32	丹麦	176
中　国	199.4	荷兰	173
瑞　士	260	法国	161
奥地利	215	英国	161
意大利	214	比利时	116
瑞　典	195	德国	135

　　生活节水刚刚起步，潜力很大。随着社会经济的发展，人均生活用水量逐步上升，但通过节水措施可以减少无效或低消耗水。沧州市人均居民生活用水量与其他发达国家城市相比不算高（表 3-14），但就具体的居住条件和拥有的家庭用水设备而言，城市生活用水中仍然存在着严重的浪费和不合理用水的现象。目前沧州市的节水器具普及率仅为 30% 左右，公共浴室中脚踏式淋浴器还不十分普及，一些宾馆、旅社的冷却水和空调水一次性使用后就排入下水道，锅炉除尘水也是一次性使用。因而生活用水还有很大潜力可挖。另外，城市管网漏失现象严重。1999 年沧州市城市供水管网长度 382 km，漏失水量 331 万 m^3，管网漏失率 15.76%（入户管网损失除外），表 3-15 为 1999 年河北省 11 个省辖市管网漏失情况，可看出沧州市的管网漏失率高居第二位，高于河北省平均漏失率 10.3% 的水平，远远高于国家管网漏失率的控制标准（8%）。如果沧州市管网漏失率控制在 8% 以内，年节水量可达163 万 m^3 左右。

表 3-15　1999 年河北省 11 个省辖市管网漏失情况表

城　市　＼　项目	管网长度（km）	总供水量（万 m^3）	漏失水量（万 m^3）	漏失率（%）	产销差率（%）
保　定	251	8 979	659.7	7.3	10.2
唐　山	639	12 678	972	7.67	16.10
邢　台	167	3 553	282	7.9	13.0
秦皇岛	537	10 263	835.5	8.2	11.7
张家口	338	3 075	276	8.99	9.2
邯　郸	329	8 681	976	11.23	5.3
廊　坊	57	1 385	169	12.2	17.7
石家庄	1 022	21 322	2 656	12.36	13.78
衡　水	77	1 735	230.7	13.2	13.0
沧　州	382	2 798	331	15.76	15.76
承　德	123	2 706	331.1	16.36	26.2

　　城市供水管网漏失率较高的原因主要有：一是城市供水管网老化，年久失修；二是管材质量差，管道施工质量低劣；三是管网压力控制不当，管网维护不及时。降低管网漏失率应加快旧供水管网的改造工作，推广应用新型供水管材，加强管网建设的施工管理工作和日常维护管理工作，合理控制管网压力。

　　由于今后相当长的时期内城市生活用水量还将呈增长趋势。因此，这里的所谓城市生活节水潜力，即表现为通过一定的节水措施控制城市生活用水量的增长，其核心是在满足人们对水的合理需求的基础上，控制公共建筑、市政和居民生活用水量的无节制增长，使水资源得到有效利用。同时，由于生活用水过程多属个人行为，使得生活节水潜力具有很强的可塑空间。广泛开展节约用水的宣传教育工作，在全民中树立节水意识是促进节水的有效途径。要向城市居民宣传节约用水的重要性和紧迫性，做到家喻户晓，深入人心，并养成节水习惯。积极推广使用节水型器具、设备，完善供水设施。节水器具在生活用水节水方面起着重要的作用，推广应用节水型卫生器具、设备是实现节约用水的重要手段和途径。据有关统计，选用适当的节水器具可节水 30% ~ 60%，推荐设计人员选用表 3 – 16 所列的节水器具。

表 3 – 16　部 分 节 水 器 具

节水器具类型	节水（%）	适用范围	节水器具类型	节水（%）	适用范围
脚踏式淋浴器	30 ~ 50	公共浴室、机关和工厂浴室	延时自闭冲洗器	>60	公共厕所
红外线小便池冲洗控制器	70 ~ 80	公共厕所	节水型低水箱佩件	65	机关、工厂、学校、家庭
沟槽式厕所冲水控制器	70 ~ 80	高级宾馆、机关、家庭			

另据典型调查分析，在居民家庭生活用水中，厕所用水约占 39%，淋浴用水约占 22%，难以节水的洗衣（机）用水占 8%，饮食及日常用水量（即可采用节水龙头的水量）占 32%；在公共事业用水中，厕所用水约占 8%，淋浴用水约占 5%，饮食及日常用水量（即可采用节水龙头的水量）占 30%，其他难以使用节水器具的用水（如饮水锅炉、采暖锅炉、市政用水等）占 57%。目前推广的节水器具中，节水便器主要包括节水型水箱（6 ~ 9 L）、红外线小便冲洗控制器等；节水淋浴器包括脚踏式淋浴器、电子感应淋浴器等；节水龙头包括节水阀芯龙头（泡沫龙头）、陶瓷龙头等。据有关资料分析，上述节水器具与普通节水器具相比，节水便器平均可节水 38%，节水淋浴器可节水 33%，节水龙头可节水 10%。因而，节水潜力十分巨大。

（三）其他节水潜力分析

传统意义的给水水源外的可利用的低质水源称为边缘水，主要指微咸水、生活污水、暴雨洪水。它们不属于通常资源范畴的水源，而被认为污水、弃水，但在水资源缺乏地区，这些水经过处理后可以用于工农业生产和生活用水或直接用于工业冷却水、农业用水及市政用水等。

城市再生水利用技术包括城市污水处理回用技术、建筑中水处理回用技术和居住小区生活污水处理回用技术。

首先，做好城市再生水利用规划。城市污水再生利用，宜根据城市污水来源与规模，尽可能按照就地处理、就地回用的原则合理采用相应的再生水处理技术和输配技术；鼓励研究和制订城市水系统规划、再生水利用规划的技术标准，逐步优化城市供水系统与配水管网，建立与城市水系统相协调的城市再生水回用管网和集中处理厂出水、单体建筑中水、居民小区中水相结合的再生水利用体系。

其次，发展污水集中处理再生利用技术。鼓励缺水城市污水集中处理厂采用再生水利用技术，再生水用于农业、工业、城市园林、河湖景观、城市杂用、洗车、地下水补给以及城市污水集中处理回用管网覆盖范围内的公共建筑生活杂用水。

第三，推广应用城市居住小区再生水利用技术。缺水地区城市建设居住小区，达到一定建筑规模、居住人口或用水量的，应积极采用居住小区再生水利用技术，再生水用于冲厕、保洁、洗车、绿化、环境和生态用水等。

第四，推广应用建筑中水处理回用技术。缺水地区城市污水集中处理回用管网覆盖范围外，具有一定规模或用水量的建筑，应积极采用建筑中水处理回用技术，中水用于建筑的生活杂用水。

最后，积极研究开发高效低耗的污水处理和回用技术。鼓励研究开发占地面积小、自动化程度高、操作维护方便、能耗低的新处理技术；鼓励研究制定和完善国家和地方的污水再生利用标准。

大力推广城区雨水的直接利用技术。在城市绿地系统和生活小区，推广城市绿地草坪滞蓄直接利用技术，雨水直接用于绿地草坪浇灌；缺水地区推广道路集雨直接利用技术，道路集雨系统收集的雨水主要用于城市杂用水；鼓励干旱地区的城市因地制宜采用微型水利工程技术，对强度小但分布面积广泛的雨水资源加以开发利用，如房屋屋顶雨水收集技术等。

另外，目前城市供水管网水漏损比较严重，已成为当前城市供水中突出的问题之一。积极采用城市供水管网的检漏和防渗技术，不仅是节约城市水资源的重要技术措施，而且对于提高城市供水服务水平、保障供水水质安全等也具有重要意义。

城市公共供水企业的节水主要是反冲洗水的回用，反冲洗水的回用兼具城市节水和水环境保护的双重效能，要推广反冲洗水回用技术。以地表水为原水的新建和扩建供水工程项目，应选择截污能力强的新型滤池技术，配套建设反冲洗水回用沉淀水池，采用反冲洗效果好、反冲水量低的气水反冲洗技术；改建供水工程项目，应积极采用先进的反冲洗技术，通过改造和加强反冲洗系统的结构组织，采用适宜的反冲洗方式，改进滤池反冲洗再生机能。2008年前淘汰高强度水定时反冲洗的工艺技术。

随着第三产业的发展，公共建筑用水的需求仍呈增长趋势，空调系统应作为公共建筑节水的重点之一，普及公共建筑空调的循环冷却技术。公共建筑空调应采用循环冷却水系统，冷却水循环率应达到98%以上，敞开式系统冷却水浓缩倍数不低于3；循环冷却水系统可以根据具体情况使用敞开式的或密闭式的循环冷却水系统。推广应用锅炉蒸汽冷凝水回用技术，采用密闭式凝结水回收系统、热泵式凝结水回收系统、压缩机回收废蒸汽系统、恒温压力回水器等；间接利用蒸汽的蒸汽冷凝水的回收率不得低于85%；发展回收设备的防腐处理和水质监测技术。同时，鼓励采用空气冷却技术。

市政环境用水在城市用水中所占的比例有逐步增大的趋势。鼓励工程节水技术与生物节水技术、节水管理相结合的综合技术，促进市政环境的节水。

农业用水量的90%用于种植业灌溉，其余用于林业、牧业以及农村人畜饮水等，目前农村人均生活用水量仅66L/d。尽管农业用水所占比重近年来明显下降，但仍是我国第一用水大户，发展高效节水型农业是国家的基本战略。农业用水水源包括大气降水、地表水、地下水、土壤水以及经过处理符合水质标准的回归水、微咸水、再生水等。通过工程措施与非工程措施，优化配置多种水源，是实现计划用水、节约用水和提高农业用水效率的基本要求；农业用水输配过程中的水量损失所占比重最大，提高输水效率是农业节水的最主要内容；田间灌水既是提高灌溉水利用率的最后环节，又是引水、输水和配水的基础，改进田间灌水技术是农业节水的最重要组成部分之一；生物措施和农艺措施可提高水分利用率和水分生产率，节约灌溉用水量；提高降水利用率和回归水重复利用率可直接减少灌溉用水量；针对农村居民用水分散、农产品加工工艺简单、村镇用水效率低、村镇供水设施简陋、安全饮用水源不足等特点，应大力发展村镇节水技术；在研究试验的基础上，安全使用部分再生水、微咸水和淡化后的海水等非常规水以及通过人工增雨技术等非常规手段增加农业水资源，是缓解农业用水压力的途径之一。

在水资源短缺日益严重的情况下，对海水和低质水的开发利用，也是解决城市用水矛盾的发展方向之一。

第四章　用水及水污染防治要求

第一节　用　水　结　构

　　我国是水资源十分短缺的国家，人均水资源量仅占世界平均水平的1/4。社会经济用水的安全保障已经成为制约我国社会经济发展的重要因素。一些国际组织甚至将中国的水资源供应能力和粮食安全自给能力联系起来，认为中国的水资源短缺将超越洪涝灾害而成为中国政府最大和最难解决的水问题，甚至会引发全球粮食市场的变动和其他国际问题。据有关部门研究，1997年，仅华北地区各城市因缺水造成的工业和农业损失就达2 000亿元，相当于当地当年GDP的1/3。因此，保障社会经济用水是当前我国社会经济发展面临的一个迫切问题。本章将对我国水资源利用现状和未来的趋势进行总体的评价，对我国水资源保障和粮食自给等战略问题提出初步的见解。

　　我国水资源总量为28 000亿 m^3 左右。但地区分布十分不均，有80%分布在南方，而南方耕地只占全国耕地面积的1/3左右。我国地域广阔，南北跨度极大，远距离调水的难度可想而知。因此，总的水资源可利用量并不很大。从用水量上说，1980年到1999年，我国社会经济总用水量增加了约1/4，从4 437亿 m^3 增加到5 591亿 m^3。但是，不同的行业，用水增长趋势不同。农业用水由占总用水的80%下降到70%，而同期工业用水比例由10%上升到20%，生活用水比例由6.3%上升到10.1%。这说明，我国的用水结构在发生深刻的变化。随着农业节水工作的普及和开展，农业用水效率在不断提高。1980年到1999年，我国实际灌溉面积增加了800万公顷，而灌溉用水量变化很小，这说明增加的实灌面积主要是靠发展节水灌溉实现的。全国平均每公顷用水量由1980年的8 750 m^3 下降到1999年的7 270 m^3，单位面积的用水量减少了17%。这些数据说明农业节水工作的成绩是明显的。

　　1980年到1999年，我国工业发展迅速，工业产值增长了13倍。同期工业用水从457亿 m^3 增加到1 159亿 m^3，增加仅2.5倍，其增长速度大大低于工业产值增长速度。随着工业结构调整、工艺技术进步及节水水平提高，万元产值用水量迅速下降，由1980年的887 m^3 下降到1999年的156 m^3。可见，工业节水效果十分显著。

　　随着我国城市化进程的加快，城镇人口增长很快，加之人民生活水平不断改善，生活用水量（含居民用水和公共设施用水）增长迅速。1980年到1999年，全国城镇生活用水量增长了4倍，为同期城镇人口增长率的2倍。从上面的一些基本事实和数据资料可以看出，我国农业是在节水和内部挖潜的基础上稳定发展的。农业用水基本保持稳定，而随着农业产业结构的大调整和高科技高附加值产品的提高，农业用水可望在稳定现状的前提下，保持农业产值的稳定提高。但农业依然是第一用水大户，农业用水占总用水量的70%。从我国水土资源和现有耕地灌溉率分布情况看，今后发展灌溉面积的潜力主要在北方，近期主要靠节水和非充分灌溉措施来实现灌溉发展。

　　工业作为第二用水大户，其用水量增长较快，节水潜力也大。从保护生态环境和防治水污染的角度考虑，今后应进一步调整工业结构和企业规模，提高工业用水重复利用率，使万元产值用水量继续下降。在工业部门中，工艺落后的小造纸、化工、酿造、制革等企业用水效率低下，污染严重，是污染防治和水资源分配管理的主要控制对象。

我国生活用水量只占总用水量的 1/10。随着人口增长、生活水平和城市绿化率的提高，预计在今后较长时期内生活用水量会不断增加，但总量不会很大。

从总体上看，未来中远期内，我国农业用水将稳中有降，工业和生活用水尽管会增加很快，但毕竟在总用水量中占的比例较小。因此，总水资源需求量可望在 21 世纪中叶达到顶峰，并在随后的时期稳定在 7 000 亿到 8 000 亿之间，呈现零增长的态势。出现零增长时间的早晚主要受节水工作的影响，包括工农业节水工艺和管理措施的实施、农业种植结构和工业产业结构的战略调整、公众对水资源价值和重要性认识的提高和政府部门管理力度的加强等。在加大水资源管理力度并结合局部大型水资源开发和跨流域调水工程的基础上，我国完全可以解决自己的水资源供应保障和粮食完全自给问题。而人口占世界五分之一的中国的供水安全保障和粮食自给会对中国乃至世界的发展和稳定作出重大贡献。

第二节　城市水资源系统概述

水作为社会有用的资源必须符合三个条件，即必须有合适的水质、足够的可利用的水量，以及能在合适的时间满足某种特殊的用途。

由于人为因素，城市水系统比天然水环境的情况显得更为复杂。

城市水系统是整个流域的一部分，参与整体的自然水文循环过程，城市的水资源利用给城市水系统加上了人工循环系统。整个系统由自然循环系统和人工循环系统组成。在自然循环系统，水体通过蒸发、降水和地面径流与大气联系起来；城市水资源利用的人工循环系统由城市给水子系统、用水子系统、污水处理子系统、污水利用与排放子系统构成。城市污水处理系统在水循环中起着决定性作用，对下游水资源的再利用有着重大影响。污水经过处理达到一定水质要求后，实现污水回用，是弥补城市水资源不足的重要途径。

城市水系统是一个复杂的开放的生态系统，生态链上任何一个环节发生问题都会引起生态失调。水体具有一定的稀释自净能力，但不是无限的，在人工循环系统中，许多城市缺乏完善的污水处理系统，导致城市下游水体严重污染，这是一种区域性转移。因此，必须将城市水环境系统视为流域系统的一部分，方能有效解决问题。再如，过量开采地下水引起水位下降，会使下降区内的软土层脱水压缩形成地面沉降，导致建筑物发生不均匀下沉、地下仓库积水不能利用、桥梁净空减少影响船只航行、地下管道遭毁、部分码头失效、海潮上涨登陆等，给国民经济、市政交通和人民生活带来重大损失。

城市水系统的功能主要体现在以下几个方面：

(1) 给城市生产与生活提供水源；

(2) 城市新产品和物流、人流的运输；

(3) 流域洪水的调节、郊县农业灌溉、发展水产养殖；

(4) 观赏旅游和水上娱乐活动；

(5) 补给地下水源、直接提供工业冷却水源；

(6) 城市地表径流和污水的最终受纳体；

(7) 防火保卫、改善城市水气候、改造和美化城市环境等。

上述不同的功能之间相互联系、相互竞争、相互促进、各有层次。倘若某种功能满足了，则其他功能就可以发挥；反之，有些功能的过分利用，如作为污水受纳体的功能，则会导致其他许多功能的丧失。这一点往往被忽视，早期对污染物就地排放，当时看起来似乎是经济、方便的，现在看来它是以其他功能的丧失为代价的，尤其是巨大的经济代价。上述的大多数功能均以水质为前提，因此，水质控制及其有关的系统是决定城市水资源功能的关键。

第三节 城市与工业用水的水量、水质与水压

一、城市用水量的组成

城市用水量包括居民区生活用水、由城市给水系统供给的工业生产和职工生活用水、全市公共建筑用水、浇洒道路和绿化用水以及消防用水等水量。生活用水包括工业企业、机关、学校、旅馆、餐厅、浴室和家庭的饮用、空调、制造、加工、净化和洗涤方面用水。公共建筑用水包括公共建筑的生活用水、办公饮水和热水等。居民生活用水量和公共建筑用水量统称为综合生活用水量。

二、城市居民用水及用水定额

据有关资料统计，1997 年全国城市为 668 个，其中特大城市（市区和近郊区非农业人口 >100 万人）34 个，大城市（50 ~ 100 万人）47 个，中等城市（20 ~ 50 万人）205 个，小城市（<20 万人）382 个。各类城市 1999 年综合生活用水水平见表 4 – 1，部分国内外城市人均生活用水量见表 4 – 2。2010 年综合生活定额见表 4 – 3。

表 4 – 1　我国各类城市 1999 年用水量　　　　　　　　　　　L/（人·d）

城市规模	北方			南方		
	综合用水量	居住用水量	公共建筑用水量	综合用水量	居住用水量	公共建筑用水量
特大城市	177	102.9	74.2	260.8	166.8	94.0
大城市	179	98.8	80.24	204	103	101
中城市	136	96.8	39.9	208	148.9	59.1
小城市	138	79.3	58.7	187.6	148.5	39.1

表 4 – 2　部分国家和城市人均生活用水量对比

国家和城市名称	人均生活用水量 [L/（人·d）]	国家和城市名称	人均生活用水量 [L/（人·d）]
中　国	172	北　京	239
美　国	607	天　津	215
日　本	397	石家庄	307.9
曼　谷	172.6	太　原	161
汉　城	181.2	厦　门	185
基　辅	329.6	广　州	454
索马里	186.4	海　口	219
马德里	193.0	呼和浩特	203.5
布加勒斯特	200.3	沈　阳	213
布达佩斯	237.7	哈尔滨	126
贝尔格莱德	243.9	长　春	150
华　沙	263.5	合　肥	155
开　罗	275.9	济　南	149
哈瓦那	299.9	西　安	198
莫斯科	494.6	乌鲁木齐	146
		贵　阳	98

表 4 - 3　2010 年各类城市人均综合生活用水定额　　　　　L/（人·d）

地　区	城市规模	综合用水定额	其　中	
			居住用水定额	公共建筑用水定额
北　方	特大城市	221～288	130～160	91～128
	大城市	208～272	130～160	78～112
	中城市	195～256	130～160	65～96
	小城市	195～240	130～160	65～80
南　方	特大城市	255～324	150～180	105～144
	大城市	240～306	150～180	90～126
	中城市	225～288	150～180	75～108
	小城市	225～270	150～180	75～90

三、城市用水量计算

城市设计用水量应根据下列各种用水确定。

（一）综合生活用水量

包括居民生活用水和公共建筑用水。计算居民生活用水量或综合生活用水量时，以设计年限的人口数乘以相应的用水量标准。居民生活用水定额和综合生活用水定额，应根据当地国民经济和社会发展规划、城市总体规划和水资源充沛程度，在现有用水定额的基础上，结合给水专业规划和给水工程发展的条件综合分析确定。

（二）工业企业生产用水和工作人员生活用水量

工业企业生产用水量，应根据生产工艺要求确定；工业企业内工作人员的生活用水量，应根据车间性质确定，一般可采用 25～35L/（人·班），其时变化系数为 2.5～3.0；工业企业内工作人员的淋浴用水量，应根据车间卫生特征确定，一般可采用 40～60L/（人·班），其延续时间为 1 h。

（三）消防用水量

消防用水量及延续时间等，应按现行的《建筑设计防火规范》及《高层民用建筑设计防火规范》等设计防火规范执行。室外消防用水量按统一时间内的火灾次数和一次灭火用水量确定，同一时间内的火灾次数和一次灭火用水量，不应小于表 4 - 4 的规定。

表 4 - 4　城镇及居住区室外消防用水量

人数（万人）	同一时间内的火灾次数（次）	一次灭火用水量（L/s）	人数（万人）	同一时间内的火灾次数（次）	一次灭火用水量（L/s）
≤1.0	1	10	≤40.0	2	65
≤2.5	1	15	≤50.0	3	75
≤5.0	2	25	≤60.0	3	85
≤10.0	2	35	≤70.0	3	90
≤20.0	2	45	≤80.0	3	95
≤30.0	2	55	≤100.0	3	100

（四）浇洒道路和绿地用水量

浇洒道路和绿地用水量，应根据路面、绿化、气候和土壤等条件确定。浇洒道路用水量一般为每平方米路每次 1～1.5 L。大面积的绿化用水量可采用 1.5～2.0 L/（m²·d）。

（五）未预见用水量及管网漏失水量

未预见用水量是指在给水系统设计中对难以预见的因素（如规划的变化等）而保留的水量。由于我国国民经济发展较快，以往设计的大部分水厂对用水量发展情况估计不足，建造的水厂偏小，刚建成的水厂就要扩建，造成被动局面。考虑到上述因素，未预见用水量应适当提高，适宜按最高日用水量的 10%～15% 考虑。管网漏失水量是指给水管网中未经使用而漏掉的水量，包括管道接口不严、管道腐蚀穿孔、水管爆裂、闸门封水圈不严以及消火栓等用水设备的漏水。国外管网漏失水率一般在 7% 左右，国内一般在 10% 左右。考虑到各地情况不同，适宜将此两项水量一并计算，城市未预见用水量及管网漏失水量按最高日用水量的 15%～25% 计算。

四、城市供水的水压要求

城市供水水压多指配水管网上用户接管点处满足用户需求的最低服务水头，居住区供水水压常由建筑物层数确定。城市给水管网必须保持的最小服务水头为：从地面算起，一层为 10 m，二层为 12 m，二层以上每层增加 4 m。单独高层建筑物或在高地上的建筑物所需的水压可不作为管网水压设计的控制条件（可设局部加压装置）。工业企业生产用水的水压，应根据生产工艺要求确定。

五、工业生产用水的水量和水质

（一）工业生产用水的水量

不同行业，其生产用水量各不相同，用水情况十分复杂，故至今尚缺乏对各工业企业生产用水状况的总体研究，没有形成统一的工业用水定额编制规程。以下分别介绍几种类型的工业生产用水量（用水量定额）。

1. 规划用水量

根据 1998 年建设部提出的城市节水计划目标，2000 年和 2010 年主要工业行业单位产品新水量见表 4-5。

表 4-5 2000 年和 2010 年主要工业行业单位产品新水量

产品名称	单位产品新水量		产品名称	单位产品新水量	
	2000 年	2010 年		2000 年	2010 年
棉纺织	2.5 m³/100 m	2.2 m³/100 m	皮革加工	0.8 m³/张	0.6 m³/张
毛纺织	31 m³/100 m	26 m³/100 m	涂料	40～50 m³/t	30～40 m³/t
丝织	3.7 m³/100 m	3.2 m³/100 m	炼铁	8 m³/t	6.5 m³/t
涤纶	47 m³/100 m	35 m³/100 m	钢	4 m³/t	3 m³/t
印染	2.0 m³/t	1.4 m³/t	医药	130～250 m³/t	50～100 m³/t
酒精	42 m³/t	40 m³/t	机械	45 m³/万元	30 m³/万元
啤酒	14 m³/t	10 m³/t	平板玻璃	0.2 m³/重箱	0.52 m³/重箱
罐头	65 m³/t	30 m³/t	水泥	0.8 m³/t	0.62 m³/t
纸浆造纸	210 m³/t	170 m³/t	载重汽车	18～30 m³/辆	10～20 m³/辆
猪屠宰加工	0.55 m³/头	0.4 m³/头	轿车	10～20 m³/辆	7～8 m³/辆
牛屠宰加工	1.2 m³/头	1.0 m³/头	火力发电	1.0 m³/sGW	0.9 m³/sGW
家禽屠宰加工	0.045 m³/头	0.04 m³/头			

2. 建设部全国统一用水量定额

1984 年，由建设部、国家经委主持编制了《工业用水量定额》，并以（84）城公字 460 号文件发布试行。该定额主要作为规划和新建、扩建工业项目初步设计的依据，也可供考核工业企业生产内用水（节水）参考。

3. 水利部（各省）用水量定额

1999 年 9 月 25 日，水利部水资源〔1999〕519 号文件《关于加强用水定额编制和管理的通知》指出，用水定额以省级行政区为单元，由省级水行政管理部门牵头组织有关行业编制用水定额，并由省级水行政管理部门颁布实施。至 2001 年 10 月，许多省（直辖市）分别制定了行业用水量定额，并以文件的形式要求执行。

（二）工业用水的水质要求

工业生产用水按水在生产中的用途可分为原料用水、产品生产工艺用水、生产过程用水、锅炉用水、冷却用水和软化除盐用水等。各类用水的水质要求同产品类别、设备以及产品生产工艺等密切相关。

1. 原料用水

指水作为产品原料的生产用水，如酿酒、制冰与冷藏、饮料、食品、医药等。原料用水的水质，原则上大多必须符合食品工业用水的水质要求，其要求基本上与生活饮用水水质相同，如表 4-6。某些行业对某些水质成分有些特殊限制，如酿酒用水的水质要求钙、镁离子应有一定含量（总硬度以 20～50mg/L，钙、镁离子含量之比以 3:1 为宜）。

表 4-6　有机（天然）食品加工的水质要求

项　　目	标　准　限　值	项　　目	标　准　限　值
色(度)	<15,并不得呈现其他异色	铅(mg/L)	≤0.05
臭和味	不得含有异味、异臭	镉(mg/L)	≤0.005
肉眼可见物	不得含有	铬(六价)(mg/L)	≤0.05
pH 值	6.5～8.5	硝酸盐(mg/L)	≤10
总硬度(以 $CaCO_3$ 计)(mg/L)	≤450	有机磷农残	不得检出
挥发酚类(以苯酚计)(mg/L)	≤0.002	六六六	不得检出
氟化物(mg/L)	≤1.0	DDT	不得检出
氰化物(mg/L)	≤0.005	细菌总数(个/mL)	≤100
汞(mg/L)	≤0.000 1	总大肠杆菌群(个/L))	≤3
砷(mg/L)	≤0.05		

2. 产品生产工艺用水

指参与产品制造和合成等生产工艺的水，这类水本身虽然不一定进入最终产品，但其杂质可能进入产品并影响质量。这类水多属于轻工业、化学工业等行业的部分生产用水，其范围十分广泛，如制糖、造纸、纺织、印染、人造纤维和有机合成等。

3. 生产过程用水

指生产过程的洗涤和清洗用水，如洗涤原料、半成品、部件和产品以及清洗生产设备、生产场地等，其水质要求随洗涤、清洗对象而异。符合卫生要求的清洗用水对产品质量影响不大，一般无特殊要求，但某些特殊产品（如电子元件或电路）生产过程中常需要特殊的水质。表4－7为电子工业清洗用水的水质要求。

表4－7　电子工业清洗用水的水质要求

项　　目	无线电元件	一般电子管	要求高的电子管	锗晶体管	硅晶体管及固体电路	灵敏度高的晶体管及微型电路
总固体残渣(mg/L)	< 10.0	< 10.0	< 5.0		< 2 ~ 3	< 1
灼烧残渣(mg/L)	< 5.0	< 5.0	< 1.0			
氯化物(mg/L)	< 1.0	< 0.03	< 0.03			
Fe^{2+}(mg/L)	< 5.0	< 0.05	< 0.05			
Cu^{2+}(mg/L)	< 5.0	< 0.02	< 0.01			
Ca^{2+}(mg/L)	< 5.0	< 0.5 ~ 1.0	< 0.4			
SO_4^{2-}(mg/L)	< 5.0	< 0.5	< 0.5			
As(mg/L)	< 2.0	< 0.05	< 0.05			
PO_4^{3-}(mg/L)	< 10.0					
H_2S(mg/L)	< 5.0					
pH 值	5.0 ~ 6.0	4.5 ~ 7.0	4.5 ~ 7.0			
硅(Si)(mg/L)			< 0.05			
电阻率($\Omega \cdot cm$)	< 3 × 10⁶	(3 ~ 5) × 10⁶	(1 ~ 2) × 10⁶	> 2 × 10⁶	> 5 × 10⁶	> 10 × 10⁶

注:1. 表中数值为产品对水质的要求，应避免水在储存和运送过程中的污染。

2. 水的电阻率皆为 25℃ 左右条件下的数值。

4. 锅炉用水

根据蒸汽压强，工业锅炉分为低压、中压、高压和超高压锅炉。锅炉用水的水质与锅炉类别、构造有关，一般工业锅炉多为低压锅炉（蒸汽压强≤2.5MPa），对用水水质有一定的要求。

5. 冷却用水

冷却用水水质与冷却水使用方式（直流、循环）、冷却方式（间接或直接冷却）、冷却水水系统形式及设备材质等有关。敞开式系统（间接冷却）冷却水水质应符合《工业循环冷却水处理设计规范》（GB 50050—95）的要求。

第四节　城市污水、工业废水的水质

一、城市生活污水的水质特点

城市生活污水中有机污染物多为碳水化合物、蛋白质、脂肪等易于生物降解的有机物，同时也含有少量难降解的有机物。无机污染物绝大多数对人体健康无直接毒害。氨氮和磷等对水体环境质量影响较大的营养物质，其含量相对较高。我国一般城市生活污水的水质特征情况见表4－8。

表4-8 一般城市生活污水水质参数的变化幅度

pH 值	BOD$_5$（mg/L）	COD（mg/L）	悬浮物（mg/L）	氨 氮（mg/L）	磷（mg/L）	钾（mg/L）
7.1~7.7	100~400	250~1 000	50~330	15~59	30~34.6	17.7~22

二、工业废水的水质特征

工业废水的成分与生产行业、原料、生产工艺等密切相关，其水质应根据工业企业的实际情况确定。表4-9为工业废水中有害物质的主要来源情况。

表4-9 工业废水中污染物的主要来源

污染物	主要排放行业	污染物	主要排放行业
游离氯	造纸、织物漂白	砷及其化合物	矿石处理、农药、化肥、玻璃、涂料
氨	煤气、焦化、化工	有机磷化合物	农药
氰化物	电镀、焦化、煤气、有机玻璃、金属加工	酚	煤气、焦化、炼油、合成树脂
氟化物	玻璃制品、半导体元件	酸	化工、钢铁、铜及金属酸洗、矿山
硫化物	皮革、染料、炼油、煤气、橡胶	碱	化学纤维、制碱、造纸
六价铬化合物	电镀、化工颜料、合金制造、冶炼、制革	醛	合成树脂、生物制药、合成橡胶、合成纤维
铅及其化合物	电池、油漆化工、冶炼、铝再生、矿山	油	炼油、皮革、毛纺、食品加工、防腐
汞及其化合物	电解食盐、炸药、医用仪表、汞精炼、矿山	亚硫酸盐	纸浆、粘胶纤维
镉及其化合物	有色金属冶炼、电镀、化工、特种玻璃	放射性物质	原子能、放射性同位素、医疗

三、水质指标概述

再生水水质标准是保证用水的安全可靠及选择经济合理水处理流程的基本依据。水的再生利用及最终排放，必须保证不影响收纳的环境水体的使用功能，但是，由于再生水的使用目的、使用场地及最终纳污水体等情况相当复杂，目前国内尚无系统完整的再生水水质标准，对有关水质要求应该结合具体情况进行分析。

用过的水都不可避免地含有一定的污染物，使用回用水的范围又十分广阔，水质要求各不同，因此总的说来，回用水的水质情况是复杂的。我国目前尚未制定系统的回用水水质标准。

污水经过处理后能否回用，主要取决于水质是否达到相应的回用水水质标准。

水质指标是表征废水性质的参数。为了控制和掌握废水处理设备的工作状况和效果，必须定期地对处理过程中的废水按规定的指标进行检测。水质指标一般有温度、色泽及色度、臭味、pH 值、酸度、碱度、悬浮物、溶解固体、总固体、电导率、氧化还原电位、生化需氧量、总需氧量、总有机碳、有机氮、有毒物质、有害物质、油类等。现将比较重要的指标分别叙述如下。

（一）色泽和色度

色泽是指废水的颜色种类，用文字表示，如深蓝色、棕黄色、浅绿色、暗红色等。色度是指废水所呈现的颜色深浅程度，色度的大小有两种表示方法，即铂钴标准比色法和稀释倍数法。标准色度单位分别采用"度"和"倍"。

（二）pH 值

pH 值是指废水中氢离子浓度的大小，数值上等于水中氢离子浓度的负常用对数，即：

$$pH = -\lg[H^+] = \lg(1/[H^+]) \tag{4-1}$$

pH 值用来表示水的酸碱性质，当 pH 值 =7 时，水呈中性；当 pH<7 时，水呈酸性；当 pH>7 时，水呈碱性。pH 值一般可用电化学法测定，也可用 pH 试纸测定。应该指出，pH 值不是一个定量的数值，不能说明水中酸性或碱性物质的数量。

（三）酸度

废水的酸度是指能在水溶液中离解产生氢离子的化合物总量，或者表示能中和强碱的物质总量。酸度的测定采用化学法，单位为 mmol/L。

（四）碱度

废水的碱度是指能在水溶液中离解产生氢氧根离子的化合物总量，也就是表示能中和强酸的物质总量。碱度的测定采用化学法，单位为 mmol/L。

（五）悬浮物（SS）

是指废水中呈悬浮状态的固体。在水质分析中指将水样过滤后，截留物蒸干后的残余固形物，是反映水中固体物质含量的一个常用水质指标，单位为 mg/L。

（六）生化需氧量（BOD）

废水中的微生物氧化分解有机物的过程中，消耗水中溶解氧的量称作生化需氧量（或生化好氧量），全称是生物化学需氧量（或生物化学好氧量），通常记作 BOD。微生物在分解有机物的过程中，分解的速度和程度同温度和时间有直接关系，通常以 20℃条件下、培养 5 天后测定溶解氧消耗量作为标准方法，称为五天生化需氧量，以 BOD_5 表示。BOD 反映水中可被微生物分解的有机物总量，以每升水中消耗氧的质量表示，即 mg/L。

（七）化学需氧量（COD）

在一定的条件下，用强氧化剂氧化废水中的有机物所消耗的氧的量称作化学需氧量，通常记作 COD。常用的氧化剂有重铬酸钾。我国规定的废水检验标准采用铬法，因此，化学需氧量通常也写作 COD_{Cr}，单位是 mg/L。

（八）总有机碳（TOC）

表示废水中所含有的全部有机碳的量。这一指标可用以表示废水中有机污染物含量。其测定原理是：将一定量水样注入高温炉内的石英管，在 900~950℃温度下，以铂和三氧化钴或三氧化二铬为催化剂，使有机物燃烧裂解转化为二氧化碳，然后用红外线气体分析仪测定 CO_2 含量，从而确定水样中碳的含量。

（九）其他指标

包括那些在工业、农业生产中或其他用水过程中对回用水水质有一定要求的水质指标。

四、各种用途回用水的水质标准

（一）灌溉回用水的水质标准

1. 我国灌溉回用水的水质标准

农业灌溉回用水的水质标准主要取决于卫生学和农学两方面的要求。卫生学主要指回用水中可能存在的各种病原体（病毒、细菌、原生动物、寄生虫卵）对作业人员、农产品消费者的健康造成的影响。农学则关注回用水对农作物生产（数量、质量、生长期等）、土壤（结构、有毒有害物质的积累）和地下水的影响。

我国目前还没有制定农业灌溉回用水水质标准。本章第二节中介绍的灌溉水质标准（GB 5084—1992），目前可适用于农用灌溉回用水的水质指标。

2. 国外一些国家的回用水水质指标

美国对灌溉经济作物、草地、林木等不同情况人体接触的回用水水质，要求达到一级处理出水水质；其他情况下，多数要求达到污水二级处理出水水质，如 BOD 在 30mg/L 以下、大肠杆菌少于 20 个/100 mL；对可直接使用的农作物，其水质要求严格，BOD、悬浮物含量要少于 20 mg/L、大肠杆菌少于 10 个/100 mL。美国各州制定的灌溉回用水水质各有不同，但规定比较具体，要求都很严格，其出发点是为了提高作业人员或其他人员接触回用水的安全性。表 4 – 10 为美国华盛顿州的灌溉回用水的水质标准。表 4 – 11 为以色列的灌溉回用水的水质标准。

表 4 – 10　灌溉回用水的水质标准（美国华盛顿州）

灌溉项目	处理要求	大肠菌值（个/100 mL）
饲料、纤维、谷物、森林	一级、消毒	< 230
产奶牲畜牧场	二级、消毒	< 23
草坪、运动场、高尔夫球场、墓地	二级、消毒	< 23
果园（地表灌溉）	二级、消毒	< 23
食用作物（地表灌溉）	二级、消毒	< 2.2
食用作物（喷灌）	二级、过滤、消毒	< 2.2

表 4 – 11　灌溉回用水的水质标准（以色列）

灌溉项目	BOD（mg/L）	SS（mg/L）	溶解氧（mg/L）	大肠菌值（个/100 mL）	余氯（mg/L）	其他要求
干饲料、纤维、甜菜、谷物、森林	< 60	< 50	> 0.5	—	—	限制喷灌
青饲料、干果	< 45	< 40	> 0.5	—	—	
果园、熟食蔬菜、高尔夫球场	< 35	< 30	> 0.5	< 100	> 0.15	
其他农作物、公园、草地	< 15	< 15	> 0.5	< 12	> 0.5	需过滤处理
直接食用作物	即使是再生水也不能用于灌溉					

（二）工业回用水的水质标准

1. 工业回用水的水质问题

由于工业生产范围广泛，不同工业门类对用水水质要求的差异极大，污水的水质情况又十分复杂，在考虑工业回用水的水质标准时，应该从实际出发，以各类工业用水的水质要求为依据来确定相应的工业回用水水质标准。

工业中，冷却水对水质要求相对较低，目前国内外的污水，特别是处理后的出水，相当部分用作冷却水。用污水处理后的出水作冷却水时，应考虑可能对冷却水系统造成的不良影响，并应采取相应的防治措施。

对于其他类别的工业用水，如原料用水、生产工艺用水、生产过程用水以及锅炉用水等，尚未有针对回用水的相应水质标准。若要将回用水用于各种工业类别，其水质必须符合有关行业相应的用水水质标准。

近年来在发展城市和工业区分质给水系统中，通常将供应低质的给水系统称为城市工业用水管道系统（也称中水道）。这类系统所供的水只是一般工业用水或污水处理后的回用水和"原水"，没有特别的针对性，必要时工业企业可根据生产用水水质要求进一步处理。由城市工业用水管道系统所供的水并非一定是污水处理后的回用水，也可以是其他低质水，例如直接抽采未经处理的水源水。

2. 我国工业回用水部分水质标准

表 4-12 为我国《再生水用作冷却水的建议水质标准》（CECS 61—1994）。

表 4-12　再生水用作冷却水的建议水质标准

项　　目	直流冷却水	循环冷却补充水	项　　目	直流冷却水	循环冷却补充水
pH 值	6.0~9.0	6.5~9.0	氯化物(mg/L)	300	300
SS(mg/L)	30	—	总硬度(以 $CaCO_3$ 计)(mg/L)	850	453
浊度(度)	—	5	总碱度(以 $CaCO_3$ 计)(mg/L)	500	350
BOD_5/(mg/L)	30	10	总溶解固体(mg/L)	100	1 000
COD_{Cr}(mg/L)	—	75	游离余氯(mg/L)	—	0.1~0.2
铁(mg/L)	—	0.3	异氧菌(个/mL)	—	5×10^3
锰(mg/L)	—	0.2			

表 4-13 为我国国家环保总局、天津大学等单位建议的冷却回用水水质标准，是根据部颁工业循环冷却水设计规范标准并参照部分国外标准提出来的。表中Ⅰ、Ⅱ、Ⅲ分别为一类、二类及三类水质，即好、较好及允许使用的水质。

应当指出，对于符合上述建议水质标准的回用水，仍应根据冷却水系统的运行要求进行水的缓蚀阻垢等处理。

表 4-13　冷却水回用水水质建议值

水质指标	建议值			水质指标	建议值		
	Ⅰ	Ⅱ	Ⅲ		Ⅰ	Ⅱ	Ⅲ
pH 值	6~9			Cl^- （mg/L）	<300 （对不锈钢）		
浊度 （度）	<5	<10	<20	总磷 （mg/L）	<1	<3	<4
电导率 （μs/cm）	<300	<1 000	<1 500	COD （mg/L）	<40	<40	
总硬度 （mg/L）	<200	<350		氨氮 （mg/L）	<1	<3	<5
总碱度 （mg/L）	<150	<350		细菌总数 （个/mL）	冬季<5×10^5，夏季<1×10^5		
Ca^{2+} （mg/L）	<36						

表 4-14 为我国某些城市回用水水质中试运行值或建议值。

表 4-14　我国某些城市回用水水质中试运行值或建议值

城市水质指标	大连 （中试运行值）		沈阳 （建议值）	青岛 （中试运行值）
	1	2		
pH 值	7.4	7.4	5.8~8.6	
浊度 （度）	4	4	<10	20
SS （mg/L）	4.8		—	

城市水质指标	大连（中试运行值）		沈阳（建议值）	青岛（中试运行值）
	1	2		
色度（度）	46		—	50
总硬度（mg/L）	379	283	< 450	
总碱度（mg/L）		265	—	
Cl⁻（mg/L）	565	217	< 250	
氨氮（mg/L）	4	18.7	< 10	不定
总固体（mg/L）		903	—	
BOD₅（mg/L）		5.4	< 101	< 20
COD_{Cr}（mg/L）		39	< 50	< 75
细菌总数（个/mL）			< 100	

3. 国外工业回用水水质标准介绍

表 4-15 列出了国外某些冷却回用水水质标准或运行水质情况。

表 4-15　国外某些冷却回用水水质标准或运行水质情况

水 质 标 准	日本工业用水协会	日本川崎市回用水	美国直流循环	美国伯利恒钢厂	美国德克萨斯州
pH 值	6.5 ~ 8	6.9	5 ~ 8	7.6 ~ 7.7	—
浑浊度（mg/L）	< 10	21	500 ~ 100	—	—
电导率（μs/cm）	< 300	—	—	—	—
总硬度（mg/L）	< 100	156	650 ~ 850	—	240 ~ 300
总酸度（mg/L）	< 70	—	—	—	—
Cl⁻（mg/L）	< 50	172	6	100	300 ~ 570
氨氮（mg/L）	< 1	9.2	< 1	—	—
总固体（mg/L）		528	< 1 000	45	—
BOD₅（mg/L）	< 1	11		12	8 ~ 10
COD_{Cr}（mg/L）	< 5（Mn）	< 17（Mn）	< 75（Mn）	64	—
总铁（mg/L）	< 0.5	0.56	0.5	—	—

（三）生活杂用水和市政杂用水的水质标准

市政、环境、娱乐、景观、生活杂用水也是污水处理后出水回用的重要部分。这些回用水主要是按用途划分，虽然各有侧重但无严格界限，实际上也常有交叉。例如，景观用水有时属于灌溉、环境用水，而生活杂用水和市政用水中的绿化用水又可属于景观用水。事实上，环境、景观、娱乐用水往往紧密相关，但水质要求又不尽相同，例如用以维持河道自净能力的环境用水，既可改善景观，有时又可以供水上娱乐。对于同人体直接接触的娱乐用水，其水质要求应高于一般的环境和景观用水水质指标，但就水质标准总体而言，市政、景观、环境和生活杂用水的水质要求大体上是相同的。

1. 生活杂用水的水质标准（GJ 25.1—1989，摘要）

为统一城市污水再生后回用作生活杂用水的水质标准，以便做到既利用污水资源，又能切实保证生活杂用水的安全和适用，特制定该标准。

该标准适用于厕所便器冲洗、城市绿化、洗车、扫除等生活用水，也适用于有同样水质要求的其他用途的水。

该标准是制定地方城市污水再生回用作为生活杂用水水质标准的依据。地方可以该标准为基础，根据当地特点制定地方城市污水再生回用作生活杂用水的水质标准。地方标准不得宽于该标准或与该标准相抵触；如因为特殊情况，宽于该标准时应报建设部批准。地方标准列入的项目指标，执行地方标准；地方标准未列入的项目指标，仍执行该标准。

生活杂用水的水质不应超过表4-16所规定的限量。

生活杂用水管道、水箱等设备不得与自来水管道、水箱直接相连。生活杂用水管道、水箱等设备外部应涂浅绿色标志，以免误饮、误用。

表4-16列出了我国生活杂用水的水质标准。

表4-16 生活杂用水水质标准

项　　目	厕所便器冲洗、城市绿化	洗车、扫除	项　　目	厕所便器冲洗、城市绿化	洗车、扫除
浊度(度)	10	5	氨氮(以 N 计)(mg/L)	20	10
溶解性固体(mg/L)	1 200	1 000	总硬度(以 $CaCO_3$ 计)(mg/L)	450	450
悬浮性固体(mg/L)	10	5	氯化物(mg/L)	350	300
色度(度)	30	30	阴离子合成洗涤剂(mg/L)	1.0	0.5
臭	无不快感	无不快感	铁(mg/L)	0.4	0.4
pH 值	6.5~9.0	6.5~9.0	锰(mg/L)	0.1	0.1
BOD_5(mg/L)	10	10	游离子氯(mg/L)	管网末端不小于 0.2	
COD_{Cr}(mg/L)	50	50	总大肠杆菌群(个/mL)	10	5

2. 再生水回用于景观水体的水质标准（摘要）

景观水体分为两类：一类为人体非全身接触的娱乐性景观水体；另一类为人体非直接接触的观赏性景观水体。它们或全部由再生水组成，或部分由再生水组成（另一部分由天然水体组成）。

表4-17为我国建设部2000年颁布的中华人民共和国建设行业标准。

表4-17 再生水回用于景观水体的水质标准

项　　目	标　准　值		项　　目	标　准　值	
	人体非直接接触	人体非全身性接触		人体非直接接触	人体非全身性接触
基本要求	无漂浮物、无令人不愉快的臭和味	无漂浮物、无令人不愉快的臭和味	大肠菌群(个/L)	1 000	500
			余氯[1](mg/L)	0.2~1.0[2]	0.2~1.0[2]
			全盐量(mg/L)	1 000/2 000[3]	1 000/2 000[3]
色度(度)	30	30	氯化物(mg/L)	350	350
pH 值	6.5~9.0	6.5~9.0	溶解性铁(mg/L)	0.4	0.4
BOD_5(mg/L)	20	10	总锰(mg/L)	1.0	1.0
COD_{Cr}(mg/L)	60	10	挥发性酚(mg/L)	0.1	0.1
SS(mg/L)	20	10	石油类(mg/L)	1.0	1.0
总磷(mg/L)	2.0	1.0	阴离子表面活性剂(mg/L)	0.3	0.3
凯氏氮(mg/L)	15	10			

①为管网末梢余氯。

②1.0 为夏季水温超过 25℃时采用值。

③2 000 为盐碱地区采用值。

该标准适用于进入或直接作为景观水体的二级或二级以上城市污水处理厂排放的水。

(四) 地下水人工回灌水的水质标准

1. 地下水人工回灌水的水质要求

地下水人工回灌的回用水水质是人们十分关注的问题。鉴于水的地层渗透不能有效地去除水中的有机污染物，而且作为一种水处理手段，不恰当的回用水地下回灌可能造成含水层和地下水难以消除的近期和长期污染。因此，一些国家对回用水地下回灌十分慎重。对回用水回灌的严格控制，主要是避免污染地下水水源。

地下水人工回灌水的水质要求取决于当地地下水的用途、自然与卫生条件、回灌过程含水层对水质的影响及其他技术经济条件。回灌水的水质应符合以下条件：①回灌后不会引起区域地下水的水质变坏；②不会引起井管或滤水管的腐蚀和堵塞。

2. 地下水人工回灌水水质标准介绍

下面介绍上海市和北京市的地下水人工回灌水水质标准，以供回灌水地下回灌时参考。

表 4-18 列出了上海市地下水人工回灌水水质标准，表 4-19 列出了北京市地下水人工回灌水水质控制标准。

表 4-18 地下水人工回灌水水质标准（上海）

类　别	项　目	水质标准
物理指标	温度	冬灌时，越低越好，一般 < 15℃；夏灌时，越高越好，一般 > 30℃
	臭味	无异臭异味
	色度	无色，色度 < 20 度
	浑浊度	< 10 度
化学指标(除 pH 值外，均以 mg/L 计)	pH 值	6.5 ~ 8.0
	氯化物	< 250
	溶解氧	< 7
	好氧量	< 5
	铁	< 0.5(最好 < 0.3)
	锰	< 0.1
	铜、锌	< 1
	砷	< 0.02
	汞	< 0.001
	六价铬	< 0.01
	铅	< 0.01
	镉	< 0.01
	硒	< 0.01
	氰化物	< 0.01
	氟化物	0.5 ~ 1.0
	挥发性酚	< 0.002
细菌指标	细菌总数(个/L)	< 100
	大肠杆菌类(个/L)	< 3
	其他	不含放射性物质及水生物等

表 4-19 地下水人工回灌水水质控制标准（北京）

项　目	控制指数	
	指标	单位
浑浊度	10 ~ 20	mg/L
色度	40 ~ 60	度
高锰酸钾指数	15 ~ 30	mg/L
铁	0.3 ~ 1	mg/L
酚	0.002 ~ 0.005	mg/L
氰	0.02 ~ 0.05	mg/L
汞	0.001	mg/L
镉	< 0.01	mg/L
重油	0.005 ~ 0.01	mg/L
石油	0.3	mg/L
表面活性物质	0.5	mg/L
铬（六价）	0.05 ~ 0.1	mg/L
铅	0.05 ~ 0.1	mg/L
铜	3.0	mg/L
砷	0.05 ~ 0.1	mg/L
锌	5 ~ 15	mg/L
硫酸盐	250 ~ 350	mg/L
硝酸盐	50 左右	mg/L
六六六	0.05	mg/L
DDT	0.005	mg/L
大肠杆菌	1 000	CFU/100 mL
细菌总数	1 000 ~ 5 000	CFU/100 mL
有机磷	0	
水温	< 30	℃
pH 值	6 ~ 9	
硬度	不超过当地地下水指标	
总矿化度	不高于当地地下水指标	
氟化物	< 1.0	mg/L

第五章　水的再利用方式与节水考核指标

第一节　水的再利用方式

水的再利用方式如图5-1所示。

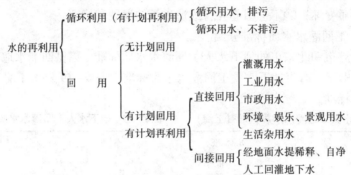

图5-1　水的再利用方式

由图5-1可见，水的再利用几乎包括了除工艺节水以外所有可以提高有效利用程度的途径，也是扩大可利用水资源范围的极重要的方式。

图5-1中所示的各种再利用方式，除未规定用水系统边界外，其基本含义与前面章节的定义相同。

所谓水的无计划回用，就是用过的水未经统筹计划与安排被任意地排回水体，而使其他用水部门被动地接受水体中尚未完全净化的部分污水或废水。实际上这种情况早已存在，在水污染比较严重的情况下，甚至司空见惯、习以为常。事实上，包括我国在内的世界不少城市的居民生活用水或工业用水都或多或少地接受着无计划回用水，使安全用水受到威胁。

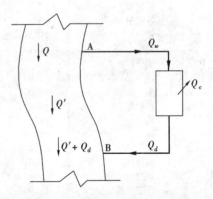

图5-2　河流取水-排水系统模型

一个水体对无计划回用水的承受能力，涉及其沿岸城市与工业布局、自水体取水的数量、污水与废水的排放量及其处理程度、水体自净能力等众多因素。下面用一简单的取水-排水系统模型（图5-2）来分析无计划回用中的一些水量关系。

图5-2中，Q 为河流的水流量，Q' 为城市取水后河流中的剩余流量，Q_d 的为排水量，Q_c 为耗水量，Q_w 为补充水量，存在下列的水量关系：

$$Q = Q' + Q_w \qquad (5-1)$$

$$Q_w = Q_c + Q_d \qquad (5-2)$$

城市下游污水排放点 B 以下的径污比 β 为：

$$\beta = \frac{Q'}{Q_d} = \frac{Q - Q_w}{Q_w - Q_c} \qquad (5-3)$$

若 Q_c 分别为 0、$0.1Q_w$、$0.2Q_w$，则可得径污比 β 与取水比 Q_w/Q 的关系曲线，如图 5-3 所示。

由图 5-3 中的关系曲线可见，当取水比为 0.4~0.5 时，河流的径污比仅为 2 左右，若排放污水的 BOD_5 平均以 40mg/L 计，按我国地面水水质卫生标准要求，如不考虑水体的自净能力，河流径污比至少应在 10 以上。另据有关资料，对含有较多工业废水的城市污水经生物处理后的出水，要求径污比为 20；对处理后的工业废水，要求径污比为 25。实际上，工业废水所含不同有毒有害成分对径污比的要求相差很大，如经生物处理后的石油化工废水要求为 60

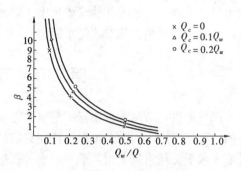

图 5-3 β 与 Q_w/Q 的关系曲线

~100、纸浆与造纸废水要求为 20~40、合成橡胶废水要求为 10~15、制氨废水要求为 15、化肥废水要求为 10、制革废水要求为 20（以上均按河水对废水完全稀释考虑）。可见，限制水的无计划回用，削减取水量和污水排水量，对保证地面水体的卫生要求和居民的用水安全具有十分重要的作用。

对于多个城市或工业企业所在的流域，污水或废水任意排放并无计划回用，其情况十分复杂，对水资源的开发利用所造成的影响也十分严重。目前，我国一些地区或流域开展的水资源或水环境系统规划，为有计划地进行水的再利用奠定了良好的基础。

有计划的水的再利用分为水的循环利用和有计划的回用两方面。

通常所说的水回用均指有计划的回用，应在保证合理开发利用水资源的基础上，充分考虑整个水资源（流域）系统范围内的社会、环境与经济效益。

有计划的水回用，有直接与间接回用两种形式。

水的直接回用，是将适当处理过的水，不经过天然水体缓冲、净化，直接用于灌溉、工业生产、水产养殖、市政、景观娱乐与环境及生活杂用。显然，随着用水对象的不同，对回用水水质要求也不相同。但总的讲，对回用水水质都有严格限制，因而直接回用水的处理费用较高。

水的间接回用，是将适当处理过的污水或废水，有计划地经天然水体缓冲、自然净化，包括较长时间的储存、沉淀、稀释、日光照射、曝气、生物降解、热作用等，使污水或废水再生。水的间接回用充分利用了自然界的净化作用，其直接处理费用相对较低，但自然净化的速度慢，需经历较长的时间与过程，要有较大的空间和环境容量。这一点，并非在所有的情况下都能得到保证。

应当强调，无论哪种水回用方式，如处置不当都可能构成对环境的污染或对用水安全造成危害，故须慎重从事。

水的回用与再生的概念不尽相同。前者只需要根据用水需要进行适当处理，使水质符合使用要求即可；后者则强调水的深度处理，使污水或废水的水质恢复到天然水质的水平，无害于人体接触。可以说，再生水是回用水的一种特殊形式。

另外，应注意水的再利用与重复利用的区别。从水的再利用的各种方式可以看到，水的再利用的范围极为广泛，而水重复利用则仅限于"节流"范围中水的循环利用及有计划的直接回用，但其范围与边界明确，便于计算考核。

由于在工业用水中冷却用水（主要为间接冷却水）占的比重很大，冷却水在使用过程中除水温变化外，一般无其他水质污染，因此在水的再利用方式中，首先应注重水特别是间接冷却水的循环利用，其次才是水回用。

第二节 节水考核指标

严格地讲，节水考核指标应是节水效果考核指标，是衡量城市与各用户用水（节水）水平的一种尺度。不同的考核指标往往只能反映节水状况的一个侧面，为了全面衡量城市用户的节水水平，通常需要用若干种节水考核指标进行评价。但任何考核指标都是相对某一用水系统而言，即应有确定的用水系统边界，并在一定测试时段内，各种水量的输入、输出应保持平衡。

一、产业结构的用水（节水）经济指标

（一）城市用水相对经济年增长指数≤0.5
城市用水相对经济年增长指数是指城市用水年增长率与城市经济（国民生产总值）年增长率之比。

计算公式为：

城市用水相对经济年增长指数 = 城市用水年增长率/城市经济年增长率

（二）城市取水相对经济年增长指数≤0.2～0.25
城市取水相对经济年增长指数指城市取水年增长率与城市经济（国民生产总值）年增长率之比。

计算公式为：

城市取水相对经济年增长指数 = 城市取水年增长率/城市经济年增长率

（三）万元国内生产总值（GDP）取水量降低率≥4%
万元国内生产总值取水量降低率是指基期与报告期万元国内生产总值（不含农业）取水量之差与基期万元国内生产总值取水量之比。

计算公式为：

万元国内生产总值取水量降低率 =（基期万元国内生产总值取水量 - 报告期万元国内生产总值取水量）/基期万元国内生产总值取水量 × 100%

二、计划用水管理指标

城市计划用水率≥95%

在一定计量时间（年）内，计划用水户取水量与城市非居民有效供水总量（自来水、地下水）之比。

计算公式为：

城市计划用水率＝城市计划用水户取水量/城市非居民有效供水总量×100%

三、工业节水指标

（一）工业用水重复利用率≥75%

工业用水重复利用率指在一定的计量时间（年）内，生产过程中使用的重复利用水量与总用水量之比。工业重复用水量指工业企业内部生产、生活用水中循环利用的水量和直接或经过处理后回收再利用的水量的总和。

计算公式为：

工业用水重复利用率＝重复利用水量/（生产中取用的新水量＋重复利用水量）×100%

（二）间接冷却水循环率≥95%

间接冷却水循环率指在一定的计量时间（年）内，冷却水循环量与冷却水总用水量之比。

计算公式为：

间接冷却水循环率＝冷却水循环量/（冷却水新水量＋冷却水循环量）×100%

（三）锅炉蒸汽冷凝水回用率≥50%

锅炉蒸汽冷凝水回用率指在一定计量时间（年）内，用于生产的锅炉蒸汽冷凝水回用水量与锅炉产汽量之比。

计算公式为：

锅炉蒸汽冷凝水回用率＝锅炉冷凝水回用量/（锅炉产汽量×年工作小时数）×水密度×100%

（四）工艺水回用率≥50%

工艺水回用率是指在一定的计量时间内，工艺水回用量与工艺水总量之比。

计算公式为：

工艺节水回用率＝工艺水回用量/工艺水总量×100%

（五）工业废水处理达标率≥75%

工业废水处理达标率指经处理达到排放标准的水量占工业废水总量的百分比。

计算公式为：

工业废水处理达标率＝工业废水处理达标量/工业废水总量×100%

（六）万元工业产值取水量递减率（不含电厂）≥5%

万元工业产值取水量递减率指基期与报告期万元工业产值取水量之差与基期万元工业产值取水量之比。

计算公式为：

万元工业产值水量递减率＝（基期万元工业产值取水量－报告期万元工业产值取水量）/基期万元工业产值取水量×100%

四、自建设施供水（自备水）考核指标

（一）自建设施供水管理率≥98%

指各城市法规及政府规定已经管理的自备水年水量与应管理的自备水年水量之比。

计算公式为：

自建设施供水管理率 = 已经管理的自备水年水量/应管理的自备水年水量 × 100%

（二）自建设施供水装表计量率达到100%

自备水纳入管理范围内已装表与应装表计量水量之比。

计算公式为：

自建设施供水装表计量率 = 自备水已装表计量水量/自备水应装表计量水量 × 100%

五、城市水环境保护考核指标

（1）城市污水集中处理率≥30%

指在一定时间（年）内，城市已集中处理污水量（达到二级处理标准）与城市污水总量之比。

计算公式为：

城市污水集中处理率 = 城市污水集中处理量/城市污水总量 × 100%

（2）城市污水处理回用率≥60%

指在一定时间（年）内，城市污水处理后回用于农业、工业等的水量与城市污水处理总量之比。

计算公式为：

城市污水处理回用率 = 城市污水处理后的回用水量/城市污水处理总量 × 100%

六、城市公共供水考核指标

（一）非居民城市公共生活用水重复利用率≥30%

指在一定计量时间（年）内，扣除居民用水以外的城市公共生活用水的重复利用水量与总用水量之比。

计算公式为：

非居民城市公共生活用水重复利用率 = 重复利用水量/（生活用新水量 + 重复利用水量） × 100%

（二）非居民城市公共生活用水冷却水循环率≥95%

指在一定计量时间（年）内，冷却水循环量与冷却水总用水量之比。

计算公式为：

非居民城市公共生活用水冷却水循环率 = 冷却水循环量/（冷却用新水量 + 冷却水循环量）× 100%

（三）居民生活用水户表率≥98%

指按宅院、门楼计算，已装水表户数与应装水表户数之比。

计算公式为：

居民生活用水户表率 = 已装居民生活用水（宅院、门楼）户表数/应装居民生活用水（宅院、门楼）户表数 × 100%

（四）城市自来水损失率≤8%

指自来水供水总量与有效供水总量之差和供水总量之比。

计算公式为：

城市自来水损失率 = （供水总量 – 有效供水总量）/供水总量 × 100%

第三节 用水（节水）发展状态与重复利用率变化的判断

城市用水部门多，用水种类、性质复杂，包括工矿企业、事业机关、公共设施及人民生活等用水。由于大型工矿企业多分布在城市，工业用水构成了城市取水量的主体，约占人民生活等用水的 72% ~ 78%，公共设施和居民生活用水约占 20%。

目前，我国的工业节约用水指标体系可归纳为两类七种指标，即工业用水复用类指标和工业取水水量类指标。工业用水复用类指标包括：重复利用率、间接冷却水循环率、工艺水回用率、蒸汽冷凝水回用率。工业取水水量类指标包括：单位产品新水量、万元工业产值新水量、附属生产人均日新水量。

鉴于我国的节水现状，不少行业由于技术、资金、人力等条件影响，有些节水指标的执行条件尚未成熟，而各工业行业由于生产工艺、产品种类不同，节水指标也有所不同。所以长期以来，城市工业节水效率缺乏一个科学合理的评价指标。当前一般采用工业水重复利用率和万元产值新水量这两项指标来衡量一个城市的工业节水效率，但这两项指标都不同程度地存在着局限性。

一、评价指标分析

工业水重复利用水量在全部用水量中所占的比重能综合地反映工业用水的重复利用程度，是评价工业企业用水水平的重要指标。提高重复利用率是节约用水的主要途径之一。但是重复利用率是反映工业企业生产、生活用水复用情况的综合指标，有时它还不能全面反映不同工业企业的用水水平。有些工业企业的生产用水占的比例较大，有些工业企业以生活用水为主，而生活用水的重复利用率一般较小。这两种情况的工厂，同样的重复利用率反映的节水情况可能是不同的。即使同样是以生产为主的企业，如果间接冷却水占生产用水的比例相对较大，由于间接冷却水较工艺水容易回收，重复利用率就可能高；而工艺水回用较困难，有些工艺水甚至因为回收技术、经济效益等原因而不能回用，重复利用率就可能低。在这种情况下，单用一个重复利用率指标就不能全面和客观地反映工业用水的节水效率。

由于工业新水量（V_f）受重复利用率（R）和总用水量（V_t）两项因素的影响，即 $V_f = V_t - V_t \cdot R$，重复利用率 R 不足以表现新水量的大小，例如工业规模相近的甲乙两城市，甲城市总用水量 10 亿 m³，重复利用率 70%，则年新水量为 3 亿 m³；乙城市在提高用水效率方面作了很大努力，使得年用水量减到 7 亿 m³，但重复利用率方面稍差，为 60%，年新水量为 2.8 亿 m³，尽管甲城市重复利用率高于乙城市，而新水量却仍是乙城市低。因此，不同城市间单用重复利用率作尺寸是很难反映实际节水效率的。

万元产值新水量（V_{wf}）的含义为平均创造万元工业产值实际取用的新水量。万元产值新水量是一项绝对综合经济效果的水量指标，它反映了工业用水的宏观水平，可用以纵向评价工业用水水平的变化程度（城市、行业、单位当年与上年或历年的对比），从中可看出节约用水水平的提高或降低。这项指标在生产工艺相近的同类工业企业范畴内能反映实际节水效率。但由于万元工业产值新水量受产品结构、产业结构、产品价格、工业产值计算等因素的影响很大，所以该指标的横向可比性较差，有时难以真实地反映用水效率和科学评价合理用水的程度。

就整个城市来说，工业结构不同，伴随着生产工艺不同，而生产工艺不同是导致工业行业万元产值新水量差异的重要原因，这样就使得城市与城市的节水效率由于工业结构等不同而不存在可比性。

二、评价方法

根据上述分析，就某个工业行业而言，采用万元产值新水量指标衡量节水效率较采用重复利用率更为合适。一个城市的万元产值新水量主要取决于各行业的万元产值新水量和该城市的工业结构，只有在城市间工业结构相同的条件下，才能用城市间万元产值新水量进行节水水平比较。而在城市范畴内需要解决的问题就是如何结合各城市工业结构的现状进行调整，使之达到同一个基点，创造可比的基本条件。

不同城市的同类工业行业的万元产值新水量是不同的，说明工业行业间存在着节水效率差距，但表现在全部行业总水平上还需进行综合平衡后才能下结论。为了进行节水效率评价，可引进一个节水效率评价参考系数，即分行业参考万元产值新水量。用分行业参考万元产值新水量分别乘以被评价城市评价年分行业工业产值，得出被评价城市评价年的分行业基准新水量，累计后得到被评价城市基准总新水量，同一年的被评价城市的工业实际新水量与之相比，其比值反映了被评价城市的节水效率与基准水平的差距。这个比值称为工业节水指数 R_t。由于被评价城市的工业行业都是以参考万元产值新水量计算出城市基准总取水量的，属于同一个水平的对照基准，不同的 R_t 值，表现了不同城市工业实际总新水量与基准总新水量的差距，这种差距正说明了各城市工业节水效率的定量差距。

第六章　城市用水定额体系

第一节　用水定额制定的原则与基本途径

一、用水定额

用水定额是指设计年限内达到的用水水平。它是确定设计用水量的主要依据，可影响给水系统相应的设施的规模、工程投资、工程扩建的期限、今后水量的保证等方面，所以必须慎重考虑。应结合现状和规划资料并参照类似地区或工业的用水情况，确定用水定额。

用水定额需从城市、工业企业生产情况、居民生活条件和气象条件等方面，结合用水调查资料分析，进行近远期水量预测。城市生活用水和工业用水的增长速度在一定程度上是有规律的，但如对生活用水采取节约用水的措施，对工业用水采取计划用水、提高工业用水重复利用率等措施，可以影响用水量的增长速度，在确定用水定额时应考虑这种变化。

居民生活用水定额和综合用水定额，应根据当地国民经济和社会发展规划及水资源的充沛程度，在现有的用水定额基础上，根据发展的条件综合分析确定。

二、用水定额的分类

用水定额的分类见图6－1。

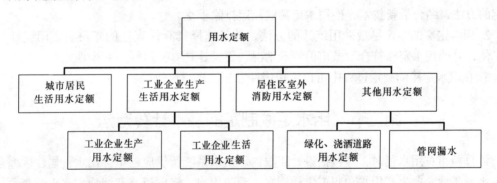

图6－1　用水定额分类图

根据上面所述，用水定额主要分为城市居民生活用水定额、工业企业生产生活用水定额、居住区室外消防用水定额以及其他用水的用水定额。其中，由于工业企业所消耗的水量最大，而且工业企业产生的污水污染最严重，所以从节水这方面来讲，工业企业生产生活用水定额为本章重点。

（一）城市居民生活用水定额

城市居民生活用水是指城市中居民的生活可能的用水量，宾馆、旅馆、招待所每个床位每人可能的用水量，医院、休养所、疗养所每个床位每人可能的用水量，公共浴室、理发美容院每人可能的用水量，影院、剧院、火车站、洗车、洗衣等等。以上的总和即为城市居民生活用水定额。

（二）工业企业生产用水和工作人员生活用水定额

工业生产用水一般是指工业企业在生产过程中用于冷却、空调、制造、加工、净化和洗涤方面的用水。工业企业内工作人员生活用水指员工生活和淋浴用水。

（三）消防用水定额

消防用水是火灾时的用水量。

（四）其他用水定额

包括绿化和浇洒道路用水以及未预见用水（比如管网漏水损失水量）。

三、用水定额计算的基本途径

在现代城市节水工程中，用水定额的制定是首先必须完成的项目，并且一直伴随着城市建设的发展。城市用水定额的制定和计算指导着城市建设的规模。城市建设离不开水，城市居民生活离不开水，城市工业、城乡农业也需要水。那么，如果用水定额计算结果过大，则水工程建筑物建设和运行的费用将成倍地增加；如果用水定额计算的结果过小，则城市居民、工厂将面临着用水危机。

虚拟定额制定法是以国家标准和规范规定的房屋、公共建筑和工业企业等生活用水最高日用水定额和生产用水最高日用水定额为理论依据，根据不同的城市条件，选取不同的时变化系数，进而求得用水定额。

四、用水定额制定的原则

1. 用水定额的制定要求具有科学性、先进性。在用水定额的制定中，尽量选择有效的、稳定的方法，结合最新技术，使用水定额的制定排除干扰。

2. 用水定额的制定尽量采用统计的方法，并且选择具有代表性的年份。运用统计方法可以使计算的用水定额符合某城市的特殊情况，使设计具有针对性，减少误差。

3. 在用水定额的制定过程中可以使用多种方法，进行比较确定。

第二节　用水定额制定的基本计算方法

计算城市总用水量时，应包括设计年限内该供水系统所供应的全部用水：居住区综合生活用水、工业企业生产用水和职工生活用水、消防用水、浇洒道路和绿地用水以及未预见水量和管网漏失水量，但不包括工业自备水源所需的水量。

一、城市居民用水定额的计算

城市居民生活用水量由城市人口、每人每日平均生活用水量和城市给水普及率等因素确定。这些因素随着城市规模的大小而发生变化。通常，住房条件较好、给水排水设备较完善、居民生活水平相对较高的大城市，生活用水定额也较高。

我国幅员辽阔，各个城市的水资源条件不尽相同，生活习惯各异，所以人均用水量有较大的差别。即使用水人口相同的城市，因城市的地理位置和水资源等条件不同，用水量也会

64

相差很多。一般来说，我国东南地区、沿海经济开发特区和旅游城市，因水资源丰富、气候较好、经济比较发达，用水量普遍高于水资源短缺、气候寒冷的西北地区。

影响生活用水量的因素很多，设计时，如缺乏实际用水量资料，则居民生活用水定额参照表6-1的规定选择。

表6-1　居民生活用水定额

L/（人·d）

城市规模 用水情况 分区	特 大 城 市		大 城 市		中、小城市	
	最高日	平均日	最高日	平均日	最高日	平均日
一	180～270	140～210	160～250	120～190	140～230	100～170
二	140～200	110～160	120～180	90～140	100～160	70～120
三	140～180	110～150	120～160	90～130	100～140	70～110

注：1. 特大城市指市区和近郊区非农业人口100万以上的城市；大城市指市区和近郊区非农业人口50万以上，不满100万的城市；中、小城市指市区和近郊区非农业人口不满50万的城市。

　　2. 一区包括：江苏、江西、浙江、福建、广东、广西、海南、上海、云南、贵州、四川、湖北、湖南、安徽、重庆；二区包括：北京、天津、河北、河南、山西、山东、黑龙江、吉林、辽宁、陕西、宁夏、内蒙古河套以东和甘肃黄河以东的地区；三区包括：新疆、青海、西藏、内蒙古河套以西和甘肃黄河以西的地区。

　　3. 经济开发区和特区城市，根据用水实际情况，用水定额可酌情增加。

计算公式为：

$$Q = qNf \qquad\qquad (6-1)$$

式中　q——居民生活用水定额；

　　　N——设计人口数；

　　　f——用水普及率，用水普及率表示城市中由市政管网供水的居民用户人口数与城市总人口数之比。

二、工业企业生产用水定额

工业用水指标一般以万元产值用水量表示。不同类型的工业，万元产值用水量不同。如果城市中用水单耗指标较大的工业多，则万元产值的用水量也高；即使同类的工业部门，由于管理水平的提高、工艺条件的改革和产品结构的变化，尤其是工业产值的增长，单耗指标会逐年降低。提高工业用水重复利用率、重视节约用水等可以降低工业用水单耗。随着工业的发展，工业用水量也随之增长，但用水量增长速度比不上产值的增长速度。工业用水的单耗指标由于水的重复利用率提高而有逐年下降趋势。由于高产值、低单耗的工业发展迅速，因此万元产值的用水量指标在很多城市有较大幅度的下降。

有些工业企业的规划往往不是以产值为指标，而以工业产品的产量为指标，这时，工业企业的生产用水量标准，应根据生产工艺过程的要求确定，或是按单位产品计算用水量，如每生产一吨钢要多少水，或按每台设备每天用水量计算，可参照有关工业用水定额。生产用水量通常由企业的工艺部门提供。在缺乏资料时，可参考同类型企业用水指标。在估计工业企业生产用水量时，应按当地水源条件、工业发展情况、工业生产水平预估将来可能达到的重复利用率。

计算公式为：

$$Q = q \times B(1 - n) \tag{6-2}$$

式中 q——城市工业万元产值用水量；

B——城市工业总产值；

n——工业用水重复利用率。

设计年限内生产用水的预测，可以根据工业用水的以往资料，按历年工业用水增长率来推算；或根据单位工业产值的用水量、工业用水量增长率与工业产值的关系，或单位产值用水量与用水重复利用率的关系加以预测。

三、工业企业生活用水定额

工业企业内工作人员的生活用水量和淋浴用水量可依据《工业企业设计卫生标准》。表6-2为工业企业内工作人员的淋浴用水量，工作人员生活用水量应根据车间性质决定，一般车间采用每人每班25L，高温车间采用每人每班35L。

表6-2 工业企业内工作人员淋浴用水量

分级	车间卫生特征			用水量 (L/人)
	有毒物质	生产性粉尘	其 他	
一 级	极易经皮肤吸收引起中毒的剧毒物质（如有机磷、三硝基甲苯、四乙基铅等）		处理传染性材料、动物原料（如皮、毛等）	60
二 级	易经皮肤吸收或有恶臭的物质，或高毒物质（如丙烯烃、吡啶、苯酚）	严重污染全身或对皮肤有刺激的粉尘（如炭黑、玻璃棉等）	高温、井下作业	60
三 级	其他毒物	一般粉尘（如棉尘）	重作业	40
四 级	不接触有毒物质及粉尘，不污染或轻度污染身体（如仪表、机械加工、金属冷加工等）			40

工业企业生活用水量计算公式为：

$$Q = \frac{A_1 B_1 K_1 + A_2 B_2 K_2}{3\,600\,T} + \frac{C_1 D_1 + C_2 D_2}{3\,600} \tag{6-3}$$

式中 A_1——一般车间最大班职工人数；

A_2——热车间最大班职工人数；

B_1——一般车间职工生活用水定额；

B_2——热车间职工生活用水定额；

K_1——一般车间职工生活用水量时变化系数；

K_2——热车间职工生活用水量时变化系数；

C_1——一般车间最大班使用淋浴职工人数；

C_2——热车间最大班使用淋浴职工人数；

D_1——一般车间淋浴用水定额；

D_2——热车间淋浴用水定额；

T——每班工作时数。

四、消防用水

消防用水只在火灾时使用，历时短暂，但从数量上说，它在城市用水量中占有一定的比例，尤其是中小城市，所占比例甚大。消防用水量、水压和火灾延续时间等，应按照现行的《建筑设计防火规范》和《高层民用建筑设计防火规范》等执行。

各种场合的火灾发生次数及用水量见表 6-3、表 6-4。

表 6-3　城镇、居住区室外的消防用水量

名　称	基地面积（km²）	附有居住区人数（万人）	同时发生火灾次数（次）	备　注
工　厂	≤100	≤1.5	1	按需水量最大的一座建筑物（或堆场）计算，工厂、居住区各考虑一次
工　厂	≤100	>1.5	2	按需水量最大的一座建筑物（或堆场）计算，工厂、居住区各考虑一次
工　厂	>100	不　限	2	按需水量最大的两座建筑物（或堆场）计算
仓库、民用建筑	不　限	不　限	1	按需水量最大的一座建筑物（或堆场）计算

注：城镇的室外消防用水量包括居住区、工厂、仓库（含堆场、储罐）和民用建筑的室外消火栓用水量。当工厂仓库和民用建筑的室外消火栓用水量计算，其值与本表计算不一致时，应取其较大值。

表 6-4　建筑物的室外消火栓用水量

耐火等级	建筑物名称和火灾危险性	建筑物体积（m³）					
		≤1 500	1 501~3 000	3 001~5 000	5 001~20 000	20 001~50 000	>50 000
		一次灭火用水量（t/h）					
一、二级	厂房　甲、乙、丙、丁、戊	10 10 10	15 15 10	20 20 10	25 25 15	30 30 15	35 40 20
	库房　甲、乙、丙、丁、戊	15 15 10	15 15 10	25 25 10	25 25 15	— 35 15	— 45 20
	民用建筑	10	15	15	20	25	30

五、其他用水

浇洒道路和绿化用水量应根据路面种类、绿化面积、气候和土壤等条件确定。浇洒道路用水量一般为每平方米路面每次 1~1.5 L。大面积绿化用水量可采用 1.5~2.0 L/(d·m²)。

城市的未预见水量和管网漏失水量可按照最高日用水量的 15%~20% 合并计算；工业企业自备水厂的上述水量可根据工艺和设备情况确定。

六、综合生活用水定额

城市总供水量除以用水人口得到的水量，也就是包括综合生活用水、工业用水、市政用水及其他用水的城市综合用水。运用综合生活用水定额计算时，可以减少计算量，只计算一次即可。

表 6–5　综合生活用水定额　　　　　　　　　　　　　L/（人·d）

城市规模 用水情况 分区	特 大 城 市		大 城 市		中、小城市	
	最高日	平均日	最高日	平均日	最高日	平均日
一	260~410	210~340	240~390	190~310	220~370	170~280
二	190~280	150~240	170~260	130~210	150~240	110~180
三	170~270	140~230	150~250	120~200	130~230	100~170

注：城市规模及区域的划分同表 6–1。

七、用水量的变化

无论是生活用水还是生产用水，用水量经常发生变化。生活用水量随着生活习惯和气候而变化，如假期比平日高，夏季比冬季用水多；从我国大中城市的用水情况可以看出，在一天内又以早晨起床后和晚饭前后用水最多。

工业生产用水量包括冷却用水、空调用水、工艺过程用水以及清洗、绿化等其他用水，在一年中水量是有变化的。冷却用水主要是用来冷却设备，带走多余的热量，所以用水量受到水温和气温的影响，夏季多于冬季。例如火力发电厂、钢厂和化工厂 6~7 月份高温季节的用水量约为月平均的 1.3 倍；空调用水用以调节室温和湿度，一般在 5~9 月时使用，在高温季节用水量较大；除冷却和空调外的其他工业用水量，一年中比较均衡，很少随气温和水温变化，如化工厂和造纸厂，每月用水量变化较少；还有一种季节性较强的用水——食品工业用水，在高温时因产量变大，用水量骤增。

用水定额只是一个平均值，在设计时还需考虑每日、每时的用水量变化。在设计规定的年限内，用水最多一日的用水量，叫做最高日用水量，一般用以确定给水系统中各类设施的规模。在一年中，最高日用水量与平均日用水量的比值，叫做日变化系数，根据给水区的地理位置、气候、生活习惯和室内给排水设施等因素的影响，其值约为 1.1~1.5。在最高日内，每小时的用水量也是变化的，变化幅度和居民数、房屋设备类型、职工上班时间和班次等有关。最高一小时用水量与平均时用水量的比值，叫做时变化系数，该值在 1.3~1.6 之间。大中城市的用水比较均匀，值较小，可取下限；小城市可取上限或适当加大。

在设计给水系统时，除了求出设计年限内最高日用水量和最高日的最高一小时用水量外，还应知道 24h 的用水量变化，据以确定各种给水构筑物的大小。

第三节　用水定额制定的主要步骤

一、制定思路

制定虚拟城市用水定额及其指标体系，首先应分析这些用水的影响因素，但是各种影响因素很多，如城市的大小、居民住房的卫生器具及用水设备的完善程度、器具类型和器具负荷人数、居民生活习惯和经济水平、气候条件、供水水压、用水计算办法和售水水价及供水资源满足程度等。这些影响因素之间的关系非常复杂，如果各单项用水因素都去建立数学模型，则需要大量的原始数据，这是现在无法达到的。

而纵观这些用水因素，涵盖了城市生活用水的各个部分，无论是居民还是学校、无论是企业还是机关，都由某些因素构成。因而在制定用水定额时，只要确定单个合理的用水定额，就可以根据用水因素的种类和服务对象数量确定出合理的计划用水指标。因此，从这个方面来说，虚拟定额制定法在某个时间范围内相对是稳定的，而只要根据城市发展不断修改就可以了。

二、虚拟定额制定法的理论与方法

虚拟定额一般是通过国家给出的指导数据，如各种规范和标准，根据某城市的日变化系数来确定的。如根据《建筑给水排水设计规范》中给出的最高日用水定额，再除以日变化系数得出虚拟定额。

整个城市的最高日生活用水定额应参照一般居住水平定出，如城市各区的房屋卫生设备类型不同，用水定额应分别选定。一般地，城市计划人口数并不等于实际用水人数，所以应按照实际情况考虑用水普及率，以便得出实际用水人数。

第七章 工业用水平衡及节约用水

第一节 概 述

水量平衡原理历来就用于给水排水工程的设计与计算。1977年，中国科学院自然资源考察委员会会同北京市节水办运用这一原理，对北京市的9个工业企业进行了水量平衡测试与工业用水情况调查，取得了良好的节水效果。此后，水量平衡测试作为加强工业用水（节水）管理的一种方法，逐步在国内一些城市推广应用并不断发展。1987年，原城乡建设环境保护部发布了《工业企业水量平衡测试方法》等标准，将工业企业水量平衡测试纳入了工业节约用水的轨道，显著地提高了我国工业企业与城市节约用水的管理水平。

一、工业企业水量平衡测试的目的

水量平衡也称水平衡，是指在一个确定的用水系统内，输入水量之和等于输出水量之和。

工业企业水量平衡是以工业企业为考核对象的水量平衡，即该工业企业各用水系统的输入水量之和等于输出水量之和。

工业企业水量平衡测试是指以工业企业为主要考核对象，通过对用水系统（包括其子系统）的实际测试，分析确定相应用水系统的各种水量值，根据其平衡关系分析用水的合理程度。

工业企业水量平衡测试是工业企业节约用水、合理用水和强化科学管理的重要基础工作之一，工业企业水量平衡测试有以下几个方面的目的：

1. 掌握工业企业用水现状，以实测数据为基础，确定工业用水水量之间的定量关系。

2. 进行工业企业用水合理化分析，为进一步提高水的有效利用程度，制定合理的技术、管理措施和用水规划提供依据。

3. 建立工业企业用水档案，健全工业企业用水计量仪表，提高工业企业用水管理人员的业务素质。

4. 为工业用水定额积累基础数据。

二、工业企业水量平衡测试的主要工作内容

（一）工业用水情况的调查、统计

调查、统计工业企业用水的基本情况，包括工业企业的基本概况、用水水源情况及厂区给排水管网情况等。

1. 工业企业基本情况

主要包括生产情况（如生产工艺、生产规模、生产类型、工艺技术改造及发展方向等）、生产用水情况（如历年的生产工艺及设备的用水数据资料、产品的用水定额情况等）。

2. 工业企业用水水源情况

调查了解各类水源的取水量，取水形式，进水管管径、水压、水量和水质等相关参数。这里的水源是指工业企业补给水的一切来源，除工业企业自备水源外，还包括城市市政给水管网来水及外部补给的回用水。

3. 厂区给排水管网情况

调查清楚厂区给排水管网的管径、走向、位置等，将已有的厂区给排水管网图根据当前的实际情况进行修改、复核，对于没有厂区给排水管网图的，要按一定的比例和给排水标准图例绘制管网图。

（二）配置水量计量装置

工业企业水量计量装置的设置应能保证进行水量平衡测试并达到给水系统正常运行管理的基本要求。

1. 所有水源应设一级计量水表；日（24 h）用水量达到 10 m^3 以上的用水单元（或用水系统）应设二级计量水表，水表的计量误差应小于 ±2.5%。

2. 配备的水表的精确度以及各用水单元水表的计量率、装表率和完好率须达到有关要求。

（三）划定测试单元，选择测试点，确定测试周期和时段

1. 测试单元的划分

测试单元的划分，应根据生产工艺流程、给水系统和生产辅助系统等方面的情况，自下而上从整个工业企业到单台用水设备逐层分解、划分。根据研究与测试的对象不同，用水单元的划分也不相同，一个用水单元可以是单台用水设备、单个车间或一个用水系统、一个企业。对于产品结构复杂的工业企业，在划分测试单元时还应特别注意初级产品、中间产品和最终产品之间的衔接关系，以便分摊水量。

一个用水单元的工业用水情况可通过绘制水量平衡图来直观、形象地表示出来，水量平衡图中的各种水量应符合水量平衡的要求或者说能够达到水量总体平衡（即对于同一个用水系统，输入水量之和等于输出水量之和）。

2. 测试点的选择

测试点的选择可在用水单元水量平衡图所示的各种水量的基础上进行，选定后在该点上安装计量仪表就可进行测试。对不同的用水单元，其测试点的选择是不同的，需根据具体情况分析确定。

3. 测试周期和时段的选择

水量平衡测试周期是指为建立一个完整的、具有代表性的水量平衡图而划定的时间范围，一般与工业生产的周期相协调。水量平衡测试时段是指为测定用水系统的一组或几组有效水量值所需的时间。一般一个水量平衡测试周期包含若干个具有代表性的水量平衡测试时段。工业企业水量平衡测试的周期和时段的选择主要取决于生产类型（三种类型）、生产规模、生产工艺、设备、产品结构、给排水系统状况和技术管理水平等因素及其他非生产性因素。确定其测试周期和时段的一般原则见表 7-1。

表7-1 水量平衡测试周期和时段的选择

生产类型	含 义	测试周期	测试时段
连续均衡型	该生产类型在生产过程中生产线上的物流基本上是均匀而稳定的,在前后工序之间也是一致的,如:火力发电厂、纺织厂、石油化工厂等	无生产或非生产性因素影响:测试周期较短;有某些生产或非生产性因素影响:测试周期较长	取正常生产条件下具有代表性的时段,每个时段水量测定次数不少于3次
连续批量型	该生产类型在生产过程中生产线上的物流与批量投料有关,不是均匀稳定的,前后也不一致,但生产是连续进行的,如:金属冶炼厂	测试周期可选择一个生产年度	选择测试时段的原则要求:①能反映正常生产条件下实际用水情况;②要便于测定计算;③每个时段需进行多次测定
非连续批量型	该生产类型的物流情况与连续批量型类似,但生产是间断进行的或呈规律的周期性或呈季节性,以致无规律性,如:小型轻工企业	测试周期可选择一个批量生产周期	

(四) 水量的实际测定

所需测定的水量主要有:补充水量或取水量、重复利用水量和排水量。前两类水量一般可由水表计量而得到,排水量一般由其他计量装置或方法测定。用水量、耗水量和漏失水量通常用间接方式确定。

整个水量测试工作原则上应自下而上按单元进行。水量测定的整个过程实际上也是水量自下而上逐级平衡的过程。上述第(一)、(二)项工作内容主要是对第一次开展水量平衡测试的情况而言,第二次或以后再进行测试时,可根据生产和用水的变化情况进行适当调整和补充。

第二节 水量(流量)测定方法及水量平衡测试的方式和步骤

一、水量平衡测试的方式

工业企业水量平衡测试的方式主要分为:一次平衡测试、逐级平衡测试和综合平衡测试。

(一) 一次平衡测试

一次平衡测试是指对工业企业的所有用水系统的水量测定工作均在同一时间同步进行,并获得水量平衡的一种方式。一次平衡测试只适用于用水系统比较简单、用水过程比较稳定的情况。一次平衡测试较容易取得水量之间的平衡,且测试时间短,便于组织开展,可快速得到结果。但是,由于用水系统和实际用水情况的复杂性及其他一些因素的干扰,在实际测定时一般难以在同一时间同步完成测试工作,一次平衡测试通常只作为逐级平衡测试的基础。

(二)逐级平衡测试

逐级平衡测试是指按划分出的工业企业水量平衡测试单元,自下而上,从局部到整体,逐级进行水量平衡的一种测试方式。为了保证最终的测试结果具有代表性,各级的各个用水系统的水量平衡测试都应在具有相同代表性的各测试时段内按一次平衡测试的方式进行。逐级平衡测试实际上是一个先"化整为零",再"积零为整"的过程。逐级平衡测试适用于具有可逐层分解的用水系统,且易于选取具有代表性测试时段的工业企业。此种方式所需的总的水量平衡测试周期较长,全部水量测试工作需在严密的计划安排下进行。

(三)综合平衡测试

综合平衡测试是指在较长的水量平衡测试周期内,在正常的生产条件下每隔一定的时间,分别进行水量测定,最后综合历次测试的数据得到水量总体平衡图的一种方式。该种方式适用于连续批量型或非连续批量型生产的工业企业,特别是难以确定具有代表性测试时段的工业企业。综合平衡测试的测试周期较长,可以结合日常管理进行,并可充分利用日常用水统计数据,简化水量平衡测试的组织工作,且所得的水量总体平衡数据稳定可靠。但是,综合平衡测试要求有较多的测定数据(样本容量),且数据的统计分析比较复杂。

二、水量平衡测试的主要步骤

1. 成立专门机构对水量平衡测试工作进行统一组织、协调和领导。
2. 对承担水量平衡测试工作的相关人员进行技术培训。
3. 对工业企业用水情况、给排水系统、用水设备情况及各类水源情况进行调查。
4. 划分测试单元,确定水量平衡测试周期、时段及方式,制定测试工作计划。
5. 确定测试点,并安装检测水量计量装置。
6. 检修溢漏输水管路和用水设备(原则上用水系统的渗漏水量应控制在系统补充水量的3%以内,且检测延续时间应不少于2 h)。
7. 进行水量平衡的实测。
(1) 若是第一次进行水量平衡测试,可先进行预测试;
(2) 按测试计划自下而上逐级测定各测试单元的水量参数(新水量、取水量、重复利用水量、排水量)和水质参数,并确定耗水量、渗漏水量及用水量;
(3) 根据水量平衡测试方式,对测试数据进行分析和整理,绘制相应的水量平衡图或水量总体平衡图。
8. 计算节水考核指标,并依据指标进行用水合理化分析。
9. 在上述测试和分析工作的基础上,根据企业实际情况制定合理化用水规划,编制水平衡测试报告。

三、水量(流量)测定方法

工业水量平衡测试中水量测定(计量)的方法主要有仪表计量法、容积法和堰测法。

(一)仪表计量法

1. 水表计量

水表计量是水量平衡测试中常用的方法，当前应用最广泛的是流速式水表。流速式水表靠水流直接推动叶轮，利用水流速度与叶轮转速成正比的原理进行水量计量，并由水表表盘指示累计水量。流速式水表按其叶轮构造的不同分为旋翼式和螺翼式两种，其中螺翼式又分为水平螺翼式和垂直螺翼式两种。流速式水表按计数机件所处状态不同又可分为干式和湿式两种，其中垂直螺翼式水表只有干式。

旋翼式水表的叶轮转轴与水流方向垂直，阻力较大，起步流量和计量范围小，多为小口径水表（DN15~150），适宜测量小流量；螺翼式水表的翼轮转轴与水流方向平行，阻力较小，起步流量和计量范围比旋翼式水表大，多为大口径水表（DN80~400），适宜于大流量的测定。两种水表一般都适宜在水温不高于40 ℃、水压不超过1 MPa的条件下工作。

干式水表的计数机件用金属圆盘与水隔开，湿式水表的计数机件和表盘浸没在水中，其机件比较简单，计量比较准确，阻力比干式水表小，使用比较广泛，但只适用于不含杂质的清水横管上。

选择水表时要使选择的水表口径与管道口径一致，水表的额定流量与管道中的工作流量相近，且水表的允许压力要大于管道的工作压力。

安装水表时需注意的是：旋翼式水表一般需水平安装，螺翼式水表可以水平、垂直或倾斜安装；表前表后均应安装阀门；不允许断水拆换水表的管段，应预设旁通管道；安装地点要考虑便于装卸和抄表。

同流量计相比，水表的结构简单、体积较小、灵敏度高、安装使用简便、价格较低，且在国内已实现标准化、系列化。对于水量平衡测试，使用水表计量，并以测试时段累计水量之差来进行统计分析是简便易行的。因此，一般情况下宜优先选用水表。但是，由于水表的直径有限，必须直接固定安装于管道上，有经常性和较大的水头损失，管理维护的工作量大，并且有些情况下并不适合安装使用水表，所以在实际测试中还需要其他计量装置或方法作为补充手段。

2. 压差式流量计计量

目前水量平衡测定中常用的压差式流量计主要有孔板、喷嘴、文丘里管、比托管、匀速管流量计等。其计量工作原理是利用孔板、喷嘴、文丘里管等节流部件不同断面的水压差或测压管（比托管、匀速管）前后的水压差同流量的平方成正比关系来计量流量的。

带有孔板、喷嘴和文丘里管等节流装置的压差式流量计的公称直径范围分别为：DN50~600、DN50~325和DN200~1 000，其相应的工作压力分别为：0.6~2.5 MPa、1~2.5 MPa和1 MPa。这类流量计的结构简单，节流装置已形成标准化、系列化，计量精度较高（约有相当于10%~20%所测压差的水流水头损失），但使用时必须固定安装于要测定流量的管段上。这种流量计较适于安装在工业企业的进户管，或用于含有一定杂质的水的计量。

比托管流量计的公称直径范围为DN200~1 000，其优点是结构简单，水头损失极小，使用时不需固定设于管道上，可实现不停水安装。但由于比托管通常只用于测量过水断面中心点处前后测压孔的水流压差（动压），而水流速度沿管道过水断面的分布往往是不均匀的，所以其测量的精度偏低。

3. 其他仪表计量

在水量平衡测定时可使用的流量计还有转子流量计、电磁流量计和超声波流量计等。

①转子流量计：可用于测量清洁非浑浊液体的流量，公称直径范围为DN15~100，具有

构造简单、维修方便、价格低等优点。

②电磁流量计：其特点是传感器内无活动部件、无水头损失、计量精度高、灵敏度高、使用范围广、防水性能好，适宜在地下或潮湿的环境下安装，可安装在水平、垂直或倾斜的管道上。

③超声波流量计：适用于任何管径及不同材料的管道，以及各类污水和废水的水量测定，其最大的优点在于流量计不与流体接触，使用时探头可安装于管道外壁，安装管理方便。

（二）容积法

容积法是利用已知容积的容器或水池，通过一定时间内流入该容器或水池的水量来推算（计量）水量或流量的方法。容积法具有操作简便、计量准确、对待测水水质适应性强等优点，可用于难以通过仪表测定水量的情况。

容积法测定水量的计算公式为：

$$Q = V/T \tag{7-1}$$

式中　Q——流量，m^3/s；

　　　T——测定时间，s；

　　　V——一定时间内流入容器或水池的水的体积，m^3。

（三）堰测法

堰测法是指用各种形式的计量堰来测定水流量的方法。根据计量堰溢流口的形状不同，计量堰通常可分为三角堰、梯形堰和矩形堰。堰测法主要用于测定明渠的水流量，其对水质没有特殊要求，但测量的精度较低。各种计量堰的流量计算公式如表7-2。

表7-2　各类计量堰流量计算

名　称	图　示	计算公式	符号含义
三角堰		$\theta = 90°$ 时 $Q = 1.343 H^{2.47}$	Q——过堰流量，m^3/s； H——堰顶水头，m
梯形堰		$\theta = 14°, b \geqslant 3H$ 时 $Q = 1.86 H^{3/2}$	Q——过堰流量，m^3/s； B——堰口底宽，m； H——堰顶水头，m
矩形堰		$B = b$，且 $b > 3H$ 时 $Q = 0.42\sqrt{2g}bH^{3/2}$ $= 1.86 bH^{3/2}$	Q——过堰流量，m^3/s； H——堰顶水头，m； B——上游渠道宽度，m； b——堰口底宽，m

在工业水量平衡测试的实际工作中，有时可能会受到一些因素的影响而使水量（流量）的直接计量难以按常规进行，以上三种方法可能难以满足测定要求。这时，可以根据实际情况，利用以下一些间接的方式来计量或确定出水量（流量）：

1. 按照水泵的特性曲线估算水量（流量）。
2. 按用水设备铭牌的额定水量和相应的运行参数估算水量（流量）。
3. 运用类比法和替代法估算水量（流量）。
4. 运用理论或经验数据估算水量（流量）。
5. 利用经验法和直观判定法估算水量（流量）。

第三节　工业节约用水指标体系及工业用水合理化分析

一、工业用水水源及分类

工业生产过程的全部用水的引取来源，称为工业用水水源。工业用水水源的分类如下：

（一）地表水

地表水指包括陆地表面形成的径流及陆地表面储存的水。如：江、河、湖、水库等的水。

（二）地下水

地下水指地下径流或埋藏于地下的，经过提取可被利用的淡水。如：潜水、承压水、岩溶水等。

（三）自来水

自来水指由城市给水系统供给的水。

（四）城市污水回用水

城市污水回用水指经过处理达到工业用水水质标准后又回用到工业生产中的城市污水。

（五）海水

海水指沿海城市的工业企业在生产中取作工业冷却或其他用途的海水。

（六）其他水

其他水指工业企业根据自身的条件和需要取用的上述五种水以外的水。

二、工业用水分类及定义

（一）工业用水的分类

工业用水是工、矿企业的各部门在工业生产过程中用于生产活动的水以及厂区内职工生活用水的总称。工业用水的分类见图7-1。

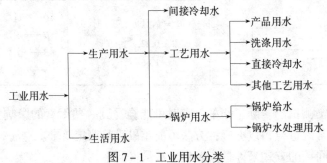

图7-1　工业用水分类

（二）工业用水的水量分类

按用水方式划分，工业用水的水量可分为用水量、取水量、耗水量、排水量、回用水量、循环水量、重复利用水量和漏失水量等，其定义请参照本书前面的章节。

三、工业节约用水指标体系

工业节约用水指标体系由工业节约用水水量指标和水率指标构成，这两类指标分别反映了工业节约用水的总体水平和分体水平。

（一）工业节约用水水量指标（各水量指标的定义请参照本书前面的章节）

1. 万元工业产值取水量

万元工业产值取水量是一项绝对的反映综合经济效益的水量指标，它宏观反映了工业用水的水平，并可用以纵向评价工业用水水平的变化程度。其主要作用表现为：从指标上可看出节约用水水平的提高或降低的情况。另外，在宏观评价大范围的工业用水水平时，此项指标也是简易实用的。

2. 万元工业产值取水量减少量

万元工业产值取水量减少量可在仅通过万元工业产值取水量难以准确了解用水变化情况时或在区域之间、行业之间及工业企业之间进行用水水平的横向比较时作为参考指标使用。由于万元工业产值取水量受产业结构、产品结构、产品价格、加工深度、工业产值计算等因素的影响很大，所以其横向可比性较差，有时难以真实反映用水效率，更难以科学地评价用水的合理程度。此时，用万元产值取水量减少量作为参考进行比较，可较为准确地了解工业用水的水平。

3. 单位产品取水量

单位产品取水量是指一定计量时间内生产单位产品所需要的取水量（包括生产过程中职工的生活用水），单位为 m^3/单位产品。

单位产品取水量是考核工业企业用水水平较为科学、合理的指标，它能客观地反映生产用水情况及工业生产行业或区域的实际用水水平，也可较准确地反映出工业产品对水的依赖程度，为用水部门比较科学、合理地分配水量，有效地利用水资源提供依据。单位产品取水量与产品取水的时间（如季节）、空间（如工序）分布状况有关。

4. 附属生产人均日取水量

附属生产人均日取水量是指在工业企业内的附属生产活动（包括职工在生产过程中的生活用水和厂区绿化用水）中每人每天的取水量，单位为 L/（人·d）。

附属生产人均日取水量是考核工业生产中为保证职工正常生活所需的生活用水及厂区绿化用水水平的指标，该指标也能反映工业生产中生产和生活用水的比例。由于其受地域、行业及生产环境条件等因素影响较大，一般只作为工业企业或地区行业内部的考核指标。

5. 城市污水处理工业回用量

城市污水处理工业回用量是考核城市污水再生和回用水平的重要指标。城市污水经处理后回用于工业生产，可减少工业企业的取水量，节省自来水的用量，还能减轻城市污水对环境的污染，具有开源节流和控制污染的双重作用。

（二）工业节约用水水率指标（各水率指标的定义请参照本书前面的章节）

1. 工业用水重复利用率

工业用水重复利用率能综合反映工业用水的重复利用程度，是评价工业企业用水水平的重要指标。提高工业用水的重复利用率是节约用水的重要途径之一。要减少企业的取水量，只有增加水的重复利用量。取水量减少了，排水量也会相应地减少，工业企业的外排水对水体的污染就会减轻。

2. 间接冷却水循环率

间接冷却水循环率是评价工业生产中间接冷却水循环使用程度的专项指标，也是工业用水重复利用率的一个重要组成部分。在工业用水中，间接冷却水所占的比例较大，使用后的水基本不受污染，一般只是水温升高，所以易于回用，且回用的成本较低。

3. 工艺水回用率

在工业生产中，工艺用水可作为生产原料、载体和溶剂，用途十分广泛。工艺用水的回用程度受行业特点的影响较大，不同工艺用水的污染程度差异很大，回收利用的途径和方法也不相同，回用的难度较高。采用工艺水回用率进行分析和考核，有助于发展工艺水回用技术，提高工艺用水的回用率，保护环境，提高企业经济效益。

4. 蒸汽冷凝水回用率

蒸汽冷凝水回用率是评价锅炉蒸汽冷凝水回收利用程度的专项指标，也是工业用水重复利用率的一个组成部分。

工业节约用水水率指标是评价工业用水重复利用程度的依据。一般在工业企业的总用水量稳定的情况下，这类指标越高，说明企业用水的合理程度越高，企业取用的新水补充量越少。因此，这类指标可作为考核和评价工业用水合理程度的的重要依据。

四、工业用水合理化分析

工业用水合理化分析是工业企业水量平衡测试的最终目的。通过合理化分析，可以发现工业企业在节约用水方面的不足以及节约用水的潜力，并确定、完善工业企业的节水技术措施和管理措施。

（一）工业企业水量平衡图的绘制

工业企业水量平衡图是由若干个用水单元水量平衡图依据其相互间的用水关系组合而成的表现水量平衡关系的示意图。它是评价工业企业用水水平与分析工业企业节水潜力的重要依据。水量平衡图的绘制要求为：

1. 要有统一的图例；

2. 图中要准确、清楚地反映各类用水的情况，包括水源情况、用水种类、各类水量、各用水单元的用水方式等；

3. 每个用水单元的各水量之间必须保持水量的平衡。

（二）工业用水考核指标的计算

1. 工业用水总量（单位：$10^4 \ m^3$）

工业用水总量 ＝ 自来水取水量 ＋ 自备水取水量 ＋ 工业用水重复利用量

2. 工业用水重复利用率

工业用水重复利用率 ＝（工业重复用水量 ÷ 工业总用水量）× 100%

3. 万元工业产值用水量（单位：m^3/万元）

万元工业产值用水量 ＝ 工业用水总量 ÷ 工业总产值

4．单位产品用水量（单位：m^3/单位产品）

单位产品用水量 = 工业生产与生活用水总量 ÷ 产品总量

5．间接冷却水循环率

间接冷却水循环率 =（循环使用的间接冷却水量 ÷ 冷却水总用量）× 100%

6．工艺用水回用率

工艺用水回用率 =（工艺用水的回收利用量 ÷ 工艺用水总量）× 100%

7．蒸汽冷凝水回用率

蒸汽冷凝水回用率 =（锅炉蒸汽冷凝水回用量 ÷ 锅炉蒸汽发汽总量）× 100%

（三）工业用水合理化分析

1．用水考核指标分析

(1) 本工业企业历年用水情况比较；

(2) 同区域同行业先进指标比较；

(3) 国内同行业先进指标比较。

2．生产状况分析

(1) 设计生产能力与实际生产负荷的比较；

(2) 辅助生产单位的专业化生产状况。

3．用水管理分析

(1) 规章制度的制定、执行情况；

(2) 定额管理和指标考核情况；

(3) 管理机构的现状。

4．用水设备分析

(1) 用水设备的先进性比较；

(2) 用水设备的运行情况。

5．用水状况分析

(1) 水温、水质分析；

(2) 消耗水分析；

(3) 排水分析。

6．节水潜力分析

(1) 有效利用水量分析；

(2) 损失水量分析。

第八章　水循环及循环冷却水节水技术

第一节　概　述

水的循环利用是一种经济合理的用水方式，是城市生活和工业企业节约用水的一项重要措施。实行水的循环利用、提高水循环率已成为节约用水的重点和努力方向。

一、城市公共用水中的循环用水

随着城市化进程的加快和居民生活水平的不断提高，空调冷却水的用量越来越大，科研所、机关、宾馆饭店、商店、副食冷库、医院、影剧院和文体场馆等都有相当多的空调冷却用水。由于这部分用水季节性较强，所以通常一次性使用后就排放掉了，造成很大的浪费。近十几年来，许多城市把空调冷却水的循环利用作为城市生活节水的主要工作来抓，制定了"消灭空调冷却水直排"的措施，收到了良好的节水效果。

经济的发展和城市机动车数量激增的同时，由于缺少实用的节水洗车设备而造成的水污染、水资源浪费现象日趋严重。目前，一种借鉴国内外水处理技术和设备形成的国内领先的洗车污水循环处理装置在许多城市得以应用。该装置可以对洗车后的水进行处理，使之循环利用，从而达到节水的目的。这对于节约水资源、改善生态环境、推动国民经济可持续发展有着重大意义。

另外，游泳池用水可循环利用，通过水泵将水抽到循环净水设备中，投放明矾（沉淀）、硫酸铜（防止藻类生长）及液氯（消毒），经过过滤、澄清、消毒后，净水重新流入游泳池，如此循环，不但可以保持游泳池水质的洁净，而且达到了节约用水的效果。

二、工业企业的循环冷却水

许多工业生产中都直接或间接使用水为冷却介质，因为水具有使用方便、热容量大、便于管道输送和化学稳定性好等优点。据估计，工业生产中约 70% ~ 80% 的用水是冷却水，如一个 105 kW 的火力发电站，冷却用水量达 900 m^3/h，一个年产 3 500 t 聚丙烯的化工设备，冷却水量达 3 000 m^3/h。工业冷却用水中的 70% ~ 80% 是间接冷却水。间接冷却水在生产过程中作为热量的载体，不与被冷却的物料直接接触，使用后一般除水温升高外，较少受污染，不需较复杂的净化处理或者无需净化处理，经冷却降温后即可重新使用。因此，实行冷却水尤其是间接冷却水的循环利用、提高冷却水的循环利用率成为工业节水的重点。

当然，目前我国工业冷却水的循环率还不高，约为 40% ~ 50%，与国外 70% ~ 80% 的先进水平相比差距较大，所以，在今后相当长的时间内，提高冷却水的循环率将是工业节约用水的主要努力方向。

第二节　工业循环冷却用水系统

一、冷却用水系统类型

在工业生产中，需要冷却的设备差异很大，归纳起来有以下类型：冷凝器和热交换器；电机和空压机；高炉、炼钢炉、轧钢机及化学反应器等。用水来冷却这些设备的系统即称为冷却用水系统。冷却用水系统通常分两种：直流冷却水系统和循环冷却水系统。

(一) 直流冷却水系统

直流冷却水系统流程如图8-1所示，在这种系统中，冷却水仅通过换热设备利用一次后就被排放掉了，所以，直流水又称为一次利用水。直流冷却水系统通常水量很大，水经换热设备后的温升很小，而排出水的温度也很低，水中各种矿物质和离子含量基本保持不变。该冷却水系统投资少、操作简便、对水质要求不高，但取水量大、运行费用高，不符合节水节能的要求。现在即使在水资源丰富的地区也不提倡采用这种系统（采用海水的直流冷却水系统除外）。而许多工厂原有的直流冷却水系统，也逐步改建为循环冷却水系统。

(二) 循环冷却水系统

在循环冷却水系统中，冷却水被反复多次使用。水经换热设备后温度升高，由冷却塔或其他冷却设备将水温降下来，再由泵将水送至冷却系统中重复使用，这样就大大提高了水的重复利用率，节约了大量工业用水。根据生产工艺要求、水冷却方式和循环水的散热方式，可分为密闭式和敞开式两种。

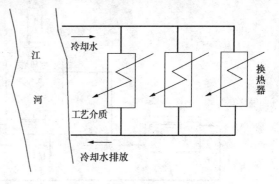

图8-1　直流冷却水系统流程

1. 密闭式循环冷却水系统

该系统流程如图8-2所示，冷却水通过换热器冷却工艺热介质，在换热过程中冷却水温度升高成为热水，热水在另一台换热设备——二次冷却器中通过和空气或水间接接触而冷却，冷却后的水由于温度降低，再循环使用。再循环过程中，冷却水不暴露于空气中，没有蒸发、风吹飞溅和浓缩的问题，所以水量基本上不消耗，补充水量很少，水中各种矿物质和离子含量一般也不发生变化。这种系统的

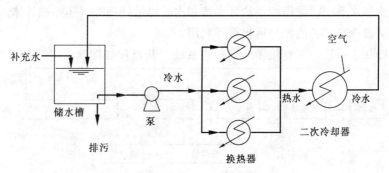

图8-2　密闭式循环冷却水系统流程

水质处理比较简单，维护较容易，而且补充水量极少，有利于水资源的节约。但是系统中的冷却水不存在蒸发冷却过程，只靠传导散热，冷却效率很低，循环系统的基建造价和能耗高，一般只用于发电机、内燃机或有特殊要求的单台换热设备。

2. 敞开式循环冷却水系统

在这种系统中，一方面，循环水带走物料、工艺介质、装置或热交换设备所散发的热量；另一方面，升温后的循环水通过冷却构筑物时与空气直接接触得以冷却，然后再循环使用。敞开式循环冷却水系统与直流冷却水系统相比，补充的新鲜水一般只是直流用水量的1/10左右，可节约大量冷却水，排污水量也相应减少，是目前应用最广泛的一种循环冷却水系统。根据循环水同被冷却物料、工艺介质或装置是否直接接触，敞开式循环冷却水系统可分为清循环、污循环和集尘循环三种类型。

清循环冷却水系统又称为间接循环冷却水系统，在此系统中，水是通过冷却器（热交换器）间接地冷却物料、工艺介质或装置的，循环水除水温升高外几乎无污染，所以，不必另设净水设备。但是，由于水在循环冷却过程中不断地蒸发时其中的盐类浓缩，因此需要排污和补充新水，以控制盐量平衡和浓缩倍数，此外也可进行水质稳定处理。图8-3为一种常见且最简单的清循环冷却水系统。

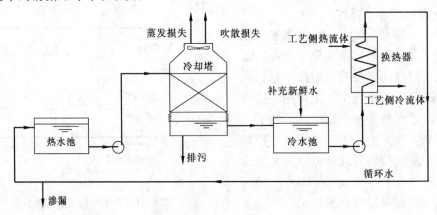

图8-3 敞开式循环冷却水系统流程

污循环冷却水系统实际上是一种直接冷却水系统，其流程如图8-4所示。在这种系统中，循环水直接同被冷却的物料或装置接触，如轧钢厂中的轧辊、轧道冷却和钢坯冷却等，因而使循环水夹带大量杂质、污垢，如轧钢厂污循环水中即含有大量的氧化铁、油、污垢等。对污循环冷却水系统，除需控制盐量平衡和水质稳定处理外，还需视具体情况对水进行除浊、除油及降温冷却之类的处理后再循环利用。

集尘循环冷却水系统也属直接循环冷却水系统，其流程如图8-5所示。它与污循环冷

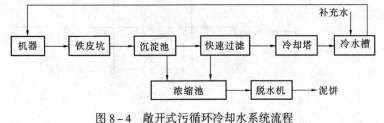

图8-4 敞开式污循环冷却水系统流程

82

却水系统的不同之处在于循环水除直接冷却物料外还兼有淋洗、吸附物料中杂质的作用。例如：煤气洗涤水可去除煤气中的灰尘、SO_2、SO_3 和 CO_2，生产硫酸过程中应用水淋洗 SO_2 气体使之冷却并去除灰尘。由于这类循环水的浑浊度很高，因此需加强水的澄清处理并调节 pH 值，然后再循环利用。

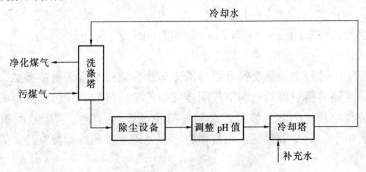

图 8-5　集尘循环冷却水系统流程

上述三种敞开式循环冷却水系统对冷却水质的要求是依次下降的。在适当条件下，如钢铁联合企业，可考虑将前一种排污水作为后一种系统的补充水，提高整个工业给水系统水的利用率。

二、冷却构筑物

在循环冷却水系统中，用来降低水温的设施即称为冷却设备或冷却构筑物。

对于敞开式循环冷却水系统，水的冷却需要与空气直接接触。根据水与空气接触方式的不同，冷却构筑物可分为冷却池和冷却塔两大类。

1. 冷却池

冷却池又分为天然冷却池和喷水冷却池两种。

天然冷却池是利用天然水体（水库、湖泊、海湾、河道、池塘等）冷却循环水的。在天然冷却池中，循环水除了与原有冷水掺和降温外，主要是通过水体表面与空气接触，以接触、辐射和蒸发传热的过程来散热，效率较低。为充分利用池面，应尽量使水分布均匀，减少死水区。有时为了方便运转管理和节约投资，将热水进口和冷水吸水口放在冷却池的同一地段，这时应设导流墙，把冷、热水流组织好。天然冷却池一般容积较大、水较深。如果水浅，易滋生水草，而且也不利于冷热水间形成异重流。异重流是由于冷水和热水的密度不同而形成的，热水浮于上面，冷水流于下层，两层间可相对流动。形成异重流可促进热水在水面扩散，有利于散热。水越深，冷热水分层越好。天然冷却池一般最小水深为 1.5 m，常水位时水深宜在 2.5 m 以上。水负荷可为 $0.01 \sim 0.1$ $m^3 /$（$m^2 \cdot h$）。

喷水冷却池是在池上架有配水管和喷水装置的冷却池，多数是利用天然水池或水库，也有采用人工水池的，池形多为矩形，小型池也可为圆形。矩形的长边垂直于夏季主导风向，矩形的宽度不宜超过 50m，这样也能使处在下风的喷嘴有较好的冷却效果。喷水冷却池会形成水雾和水凌，因此布置时要避免设在重要建筑和交通要道的主导风向的上风。喷头的型式很多，型式不同，性能也不一样，最好选用喷水量大、喷洒均匀、水滴较小、不宜堵塞且省材料、加工和更换简便的型式。喷头布置可呈梅花形、方格形、辐射形。为达到较好的冷却效果，喷头前的配水管中应维持 6～7m 左右的水压，使水能向上喷射成均匀散开的小水滴。水滴在空中与周围空气接触，通过蒸发和传导方式散热冷却，然后落入池中，经出水管引出再用，其冷却效率高于天然冷却池。喷水池四周外侧应设宽度不小于 5 m，以 2%～5% 底坡倾向喷水池的回水台，可减少冷却水量的风吹损失。喷水池设计水深一般为 1.5～2.0 m，超高 0.3～0.5 m，水流负荷为 0.7～1.2 m³/（m²·h）。喷头一般安装在喷水池正常水位以上 1.2～2.0 m 高度处，喷头间距 1.5～2.2 m，配水管间距 3～3.5m。

2. 冷却塔

冷却塔是将生产过程中经热交换升温后的冷却水，通过与空气直接接触，由蒸发、传导方式散热降温，或隔着换热器器壁与空气间接接触的单纯传导方式散热降温的塔型冷却构筑物。冷却塔内装有填料——淋水装置，水和气都经过填料，增大了接触面积，与冷却池相比，具有占地面积小、冷却效果好、水量损失小、处理水量和冷却幅宽较大等优点，因而应用很广。

冷却塔种类很多，根据循环水在塔内是否与空气直接接触，可把它们分成干式、干湿式和湿式三种类型。干式冷却塔中循环水不与空气直接接触，而是在安装于冷却塔中的散热器内被空气冷却，适用于某些密闭式循环冷却水系统或不允许水分或特殊污染物散失的场合。干湿式冷却塔一般是让温度高的循环水先通过装在塔顶的盘管，以此来加热将要出塔的湿空气，使湿空气"过热"，以免出塔后形成水雾或水凌，影响环境。热水出盘管后，再被引到配水装置，喷淋到填料上与空气进行直接换热。湿式冷却塔中水与空气则进行直接接触换热。

在这三种冷却塔中，最常用的是湿式冷却塔，本章将重点介绍。

根据塔内通风方式和塔体形式，湿式冷却塔分为自然通风式、机械通风式两类。自然通风冷却塔依靠塔体内外气体压差或风压促使空气与循环水对流，故塔身较高，它还可分为风筒式冷却塔和开放式冷却塔。机械通风冷却塔是借助分别设于塔体进口或出口的鼓风机或抽风机促使空气流动以冷却循环水的，故它又可分为抽风式冷却塔和鼓风式冷却塔。

根据水、气在塔内的流动方向，冷却塔可分为逆流式和横流式两类。所谓逆流式，即指水的流动方向与气的流动方向相反；而横流式则指在水气进行热湿交换的区段，气流是垂直于水流方向，作水平流动的。

根据塔内淋水装置的不同，冷却塔可分为点滴式、薄膜式、喷水式、点滴薄膜式等。图 8-6 是各种类型湿式冷却塔的结构示意图。

冷却塔的组成及各部分的作用见表 8-1。

表 8-1　冷却塔的组成部分及作用

编号	名　称	作　用	备　注
1	淋水装置	将热水溅散成水滴或形成水膜，增大水与空气的接触面积和时间，促使水与空气的热交换，使水冷却	分为点滴式和薄膜式两种，或称填料
2	配水系统	由管路和喷头组成，将热水均匀分布到整个淋水装置上，分布是否均匀，直接影响冷却效果与配水	分为固定式、池式和旋转布水系统等
3	通风系统	机械通风冷却塔由电机、传动轴、风机组成，产生设计要求的空气流量，保证要求的冷却效果	

编号	名　称	作　用	备　注
4	空气分配装置	由进风口、百叶窗、导风板等组成，引导空气均匀地分布在冷却塔整个截面上	
5	通风筒	创造良好的空气动力条件，减少通风阻力，并把塔内的湿热空气送往高空，湿热空气回流	机械通风冷却器又称出风筒
6	除水器	把要排除去的湿热空气中的水滴与空气分离，减少溢出水量损失和对周围环境的影响	又称收水器
7	塔体	外部围护结构。机械通风与风筒式的塔体是封闭的，起支承、围护和组合气流的功能	开放式的塔体沿塔高做成敞开，以便自然风进入塔内
8	集水池	位于塔下部或另设汇集淋水装置冷却的水，如集水池还起调节流量作用，则应有一定的储备容积	
9	输水系统	进水管把热水送往配水系统，进水管上设闸门，调节进水水量，出水管把冷水送往用水设备或循环水泵，必要时多台塔之间可设连通管	集水池设补充水管、排污管、放空管等
10	其他设备	检修门、检修梯、走道、照明灯、电气控制、避雷装置及测试需要的测试部件等	

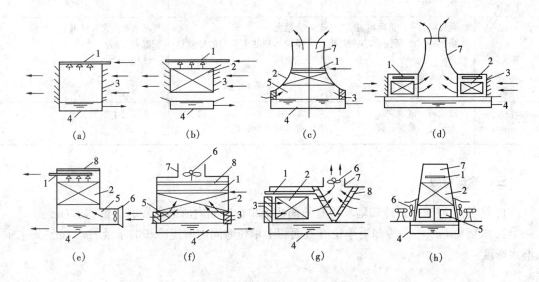

图8-6　各种类型湿式冷却塔示意

1—配水系统；2—淋水填料；3—百叶窗；4—集水池；5—空气分配区；
6—风机；7—风筒；8—除水器

上述冷却塔的各个组成部分的不同组合，可构成各种型式和用途的冷却塔。

常用冷却构筑物的比较见表8-2。

表 8-2　常用冷却构筑物比较表

名　称	优　点	缺　点	适　用　条　件
冷却池	取水方便，运行简单 可利用已有的河、湖、水库、渣池 造价低	受太阳辐射影响，夏季水温高 易淤、清理较困难	冷却水量大 所在地区有可利用的河、湖、水库、渣池，且距厂不远 夏季冷却水温要求不甚严格
喷水池	结构简单 就地取材，造价低	占地大 风吹损失大 有水雾，影响周围交通和建筑	有足够的开阔场地 冷却水量较少 有可利用的水池、渣池
自然通风冷却塔	冷效稳定 风吹水量损失小 维护简单 受场地建筑面积影响小	投资高，施工技术复杂 冬季维护复杂	冷却水量 >1 000m³/h 高温高压低气压地区以及水温差 ΔT 要求较高时不宜采用
机械通风冷却塔	冷效高而稳定 布置紧凑，可设在厂区建筑物和泵站附近 造价较自然通风塔低	电耗和维护费高 有一定噪声	气温湿度较高地区 对冷却水温及其稳定性要求严的工艺
逆流塔	冷效高 占地面积小 造价较低	通风阻力大 淋水密度低于横流塔 有专门进风口，塔体高，水泵扬程大	淋水密度小 温差 ΔT 大 冷幅 Δt 小 场地很不宽裕
横流塔	通风阻力小，进风均匀 塔体矮，水泵扬程小，电耗较省 配水方便	占地大 单位体积淋水装置的冷效低于逆流塔	淋水密度大，可用于大水量 温差 ΔT 小 冷幅 Δt 大
玻璃钢冷却塔	冷效高，占地少 造价低，布置灵活	水量小 强度和寿命稍差	宜用于小水量

三、冷却参数

1. 热负荷（H）——冷却塔单位有效面积上单位时间内所能散发的热量 $[kJ/(m^2 \cdot h)]$。

2. 水负荷（q）——冷却塔单位有效面积上单位时间内所能冷却的水量 $[m^3/(m^2 \cdot h)]$，即淋水密度。

$$q = \frac{Q}{F_m} \qquad\qquad (8-1)$$

式中　Q——冷却水量，m^3/h；

　　　F_m——淋水面积，m^2。

3. 冷幅宽（冷却温差 Δt）——冷却前、后的水温差，$\Delta t = t_1 - t_2$。Δt 表示降温绝对值的大小，但不能表示冷却效果与外界气象条件的关系。Δt 很大，散热很多，并不能说明冷却后水温就很低，故应结合其他参数一起考虑。

4. 冷幅高（$\Delta t'$）——冷却后水温 t_2 与当地湿球温度 τ 之差。$\Delta t' = t_2 - \tau$。τ 值是冷却水所能达到的最低水温，也称为极限水温。$\Delta t'$ 越小，即 t_2 越接近 τ 值，冷却效果越佳。

5. 冷却塔效率——冷却塔的完善程度，通常用效率系数（η）来衡量。

$$\eta = \frac{t_1 - t_2}{t_1 - \tau} = \frac{1}{1 + \dfrac{t_2 - \tau}{\Delta t}} \tag{8-2}$$

当 Δt 一定时，η 是冷幅高（$\Delta t' = t_2 - \tau$）的函数。$\Delta t'$ 越小，说明 t_2 越接近理论冷却极限 τ 值，式（8-2）中的分母越小，则效率系数 η 值越高。

6. 冷却后水温保证率——冷幅高（$t_2 - \tau$）表示了冷却效果，因此，选取 τ 值很重要。冷却塔通常按夏季的气象条件计算。如果采用最高的 τ 值，则塔的尺寸很大，而高的 τ 值在一年中只占很短的时间，其余时间冷却塔并未充分发挥作用；反之，如采用最低的 τ 值，塔体积虽然小了，但冷却效果经常不能满足要求。为此，需采用频率统计法选择适当的 τ 值。一般冶金、机械、石油、化工、电力等工业，可采用平均每年最热 10 d（或 5 d）的日平均 τ 值（即取一昼夜中 4 次标准时间：2 时、8 时、14 时、20 时的算术平均值，不少于近期 5～10 年连续观测资料），即 τ 的保证率为 90%（或 95%）。90% 是指夏季 3 个月（6 月、7 月、8 月）共 92 d 中，不能保证冷却效果的时间只有 92 d × 10% = 9.2d（取 10 d），其余时间均能保证。

第三节　循环水运行及水质

一、浓缩倍数

在敞开式循环冷却水系统的运行过程中，存在着水的蒸发、风吹和渗漏损失。因蒸发掉的水中不含盐分，所以循环水的溶解盐类不断浓缩，其含盐量也随之增加。为了维持系统的水量和盐量平衡，必须不断向系统补充新鲜水，同时向外排除一定的浓缩水。由于循环水的含盐量大于补充水的含盐量，因此将两者的比值称为浓缩倍数 K，即：

$$K = \frac{C_R}{C_M} \tag{8-3}$$

式中　C_R——循环水的含盐量，mg/L；

　　　C_M——补充水的含盐量，mg/L。

浓缩倍数是宏观表示循环冷却水系统中盐量（总含盐量的统称）平衡的一项重要水质控制参数。为了快速确定浓缩倍数，一般采用电导率或某种溶解离子浓度代替含盐量，要求选择的离子浓度除了随浓缩过程而增加外，不受其他外界条件（如加热、沉淀、投加药剂等）的干扰，通常选择 Cl^-、SiO_2、K^+ 等物质。

二、补充水量

在敞开式循环冷却水系统中，根据水量平衡，补充水量应是各项水量之和，即：

$$M = E + B + D + F \tag{8-4}$$

式中　M——补充水量，m^3/h；

　　　E——蒸发损失水量，m^3/h；

　　　D——冷却塔风吹损失水量，m^3/h；

　　　B——排污损失水量，m^3/h；

　　　F——渗漏损失水量，m^3/h。

（一）蒸发损失水量 E

蒸发损失水量与循环冷却水量、进出塔水温差和气温等有关。其计算方法可分为粗略估计水量和精确计算水量两种。

1. 粗略估计水量，可按式（8-5）计算：

$$E = K\Delta tR \qquad\qquad (8-5)$$

式中　R——系统中循环水量，m^3/h；

　　　Δt——冷却塔进出水的温度差，℃；

　　　K——系数，可按表8-3采用；

　　　E——蒸发损失水量，m^3/h。

表8-3　K值与气温的关系

气温（℃）	-10	0	10	20	30	40
K	0.000 8	0.001	0.001 2	0.001 4	0.001 5	0.001 6

2. 精确计算水量，可按式（8-6）计算：

$$E = G(x_2 - x_1) \qquad\qquad (8-6)$$

式中　G　　——进入冷却塔的干空气量，kg/h；

　　　x_2、x_1——分别为出塔和进塔空气的含湿量，kg/kg；

　　　E　　——蒸发损失水量，kg/h。

（二）风吹损失水量 D

风吹损失水量除与当地的风速有关外，还与冷却塔的型式和结构有关。一般自然通风冷却塔比机械通风冷却塔的风吹损失要大些。若塔中装有良好的收水器，其风吹损失比不装收水器的要小些。风吹损失通常以占循环水量 R 的百分率来估计。其值约为：

$$D = K_C \cdot R \qquad\qquad (8-7)$$

式中　K_C——风吹损失率，%，可按表8-4采用。

表8-4　CHIC值与冷却塔塔型的关系

塔　　型	喷水冷却池	敞开喷水式冷却塔	敞开点滴式冷却塔	机械通风冷却塔（有收水器）	风筒式冷却器
K_C（%）	1.5~3.5	1.5~2.0	0.5~1.5	0.1~0.5	0.5~1.0

（三）渗漏损失水量 F

良好的循环冷却水系统中，管道连接处，泵的进、出口和水池等地方都不应有渗漏。但如管理不善、安装不好时，渗漏在所难免。因此在考虑补充水量时，应视系统的具体情况而定。

（四）排污损失水量 B

排污损失水量的确定与冷却塔的蒸发损失水量和浓缩倍数有关。根据循环冷却水系统的含盐量平衡，可得出式（8-8）：

$$MC_M = (B + D + F)C_R \tag{8-8}$$

故

$$K = \frac{C_R}{C_M} = \frac{M}{B+D+F} = \frac{E+B+D+F}{B+D+F} = \frac{E}{B+D+F+1}$$

$$B + D + F = \frac{E}{K-1} \tag{8-9}$$

$$B = \frac{E}{K-1} - D - F \tag{8-10}$$

三、浓缩倍数与补充水量和排污水量的关系

循环冷却水系统的补充水量与浓缩倍数的关系式为：

$$M = E + B + D + F = E + \frac{E}{K-1} = \frac{KE}{K-1} \tag{8-11}$$

当系统中的管道连接紧密，不发生渗漏时，则 $F = 0$；当冷却塔收水器效果较好时，风吹损失 D 很小，如忽略不计，则式（8-10）可简化为：

$$B = \frac{E}{K-1} \tag{8-12}$$

当循环水系统正常运行时，热负荷基本不变，故蒸发量 E 大致不变，则补充水量 M 与 $E/(K-1)$ 成正比，排污水量近似与 $1/(K-1)$ 成正比。说明补充水量与排污水量和浓缩倍数有直接关系，浓缩倍数提高，则补充水量和排污水量都降低了。

下面用例子来实际看看敞开式循环冷却水系统的浓缩倍数 K、补充水量 M 和排污水量 B 三者之间的关系。

【例】 设循环冷却水系统的循环量 R 为 10 000 m³/h，冷却塔进、出的水温分别为 42℃和 32℃，空气温度为 30℃，风吹损失 D 按 0.1%R 计，不考虑渗漏损失 F。试求浓缩倍数 K 分别为 1.5～7 时的补充水量 M、排污水量 B。

解： $K = 1.5$ 时，

蒸发损失水量 $E = K\Delta tR = 0.0015 \times (42 - 32) \times 10000 = 150(\text{m}^3/\text{h})$

冷却塔风吹损失水量 $D = 10000 \times 0.1\% = 10(\text{m}^3/\text{h})$

排污水量 $B = \frac{E}{K-1} - D = 150/(1.5 - 1) - 10 = 290(\text{m}^3/\text{h})$

补充水量 $M = E + B + D = 150 + 10 + 290 = 450(\text{m}^3/\text{h})$

$K = 2、3 \cdots 7$ 时的 M 和 B 的计算均按同样的步骤进行，计算结果见表 8-5。

表 8-5 不同浓缩倍数下运行参数的计算值

计算项目 \ K	1.0（直流水）	1.5	2.0	3.0	4.0	5.0	6.0	7.0
冷却水的循环量 R(m³/h)	10 000	10 000	10 000	10 000	10 000	10 000	10 000	10 000
进出口水温差 Δt(℃)	10	10	10	10	10	10	10	10
蒸发损失水量 E(m³/h)	0	150	150	150	150	150	150	150

计算项目 \ K	1.0（直流水）	1.5	2.0	3.0	4.0	5.0	6.0	7.0
风吹损失水量 $D(m^3/h)$	0	10	10	10	10	10	10	10
排污水量 $B(m^3/h)$	10 000	290	140	65	40	27.5	20	15
补充水量 $M(m^3/h)$	10 000	450	300	225	200	187.5	180	175
排污水量占循环水量的百分比 $B/R(\%)$	100	2.90	1.40	0.65	0.40	0.275	0.20	0.15
补充水量占循环水量的百分比 $M/R(\%)$	100	4.5	3.00	2.25	2.00	1.875	1.80	1.75
$\Delta(M/R)/\Delta K(\%)$	—	—	97.00	0.75	0.25	0.125	0.075	0.05

将表 8－5 中的运行参数的计算值绘制在坐标图上，如图 8－7 所示。

从表 8－5 或图 8－7 中可以看出，随着浓缩倍数的增加，补充水量和排污水量都是降低的。从曲线变化趋势看，当浓缩倍数小于 3 时，两条曲线均较陡，即随着浓缩倍数的提高，补充水量和排污水量迅速减少，节水效果比较明显。如浓缩倍数由 1.5 提高到 2.0 时，节约的水量占循环水量的 1.5%；由 2.0 提高到 3.0 时，节约的水量占循环水量的 0.75%。而当浓缩倍数达到 4～5 以上时，两条曲线均变得平缓，即随着浓缩倍数的提高，补充水量和排污水量减少得少，节水效果不是太明显，如浓缩倍数由 4.0 提高到 5.0 时，节约的水量仅占循环水量的 0.125%。

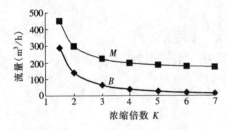

图 8－7　浓缩倍数 K 与补充水量 M、排污水量 B 的关系

四、浓缩倍数选择

补充水量与排污水量和浓缩倍数有直接关系，浓缩倍数提高，则补充水量和排污水量都降低。补充水量降低意味着节水，排污水量降低则意味着省药，因为加入循环水中的药剂是通过排污水流失的，同时小的排污水量和高的浓度可以在较小的设备里进行处理，这比对低的浓度、大的排污水量进行处理要容易得多，所以循环冷却水系统运行中应适当提高浓缩倍数，以提高经济效益。但是，过多地提高浓缩倍数，也会带来如下问题：

1. 会使循环冷却水中的硬度、碱度和浊度升得太高，水的结垢倾向增大很多，从而使结垢控制的难度变大。

2. 会使循环冷却水中的腐蚀性离子（例如 Cl^- 和 SiO_2^-）和腐蚀性物质（例如 H_2S、SO_2 和 NH_3）的含量增加，水的腐蚀性增强，从而使腐蚀控制的难度增加。

3. 会使药剂（例如聚磷酸盐）在冷却水系统内的停留时间增长而水解。

因此，冷却水的浓缩倍数并不是越高越好，最佳浓缩倍数应根据节水要求、水资源条件、水处理技术等，通过技术经济分析确定。

从节水的观点出发，也就是使补充水量降到合理的程度，浓缩倍数在 3 左右较合适。如果从节约药剂的观点出发，也就是使排污水量降到经济合理的程度，浓缩倍数在 5 左右较合适，所以，一般认为，浓缩倍数为 3～5 是经济合理的，可以通过调节排污水量或补充水量来控制。

五、循环冷却水水质

（一）循环冷却水的水质变化

循环冷却水在其运行过程中，补充水不断进入冷却水系统。此时，补充水中的一部分水被蒸发进入大气，另一部分则留在冷却水中被浓缩，并发生以下一系列的变化。

1. 二氧化碳含量降低

补充水中含有一定数量 Ca、Mg 的重碳酸盐类和游离 CO_2，它们在水中存在下列平衡关系：

$$Ca(HCO_3)_2 = CaCO_3\downarrow + CO_2\uparrow + H_2O$$

当它们的浓度符合上述平衡条件时，水质呈稳定状态；否则就不稳定。

一般空气中 CO_2 很少，其分压很低，循环冷却水在冷却塔内与大气充分接触时，水中 CO_2 逸出，破坏了水中的平衡，致使反应向右移动，使循环冷却水趋向于产生 $CaCO_3$ 沉积而结垢。

2. 碱度增加

随着循环冷却水被浓缩，冷却水的碱度会升高。当补充水被浓缩 K 倍时，循环冷却水的总碱度则相应增加为补充水总碱度的 K 倍，从而使冷却水的结垢倾向增大。

3. pH 值升高

补充水进入循环冷却水系统后，水中 CO_2 在曝气过程中逸入大气而散失，故冷却水的 pH 值逐渐上升，直到冷却水中的 CO_2 与大气中的 CO_2 达到平衡为止。此时的 pH 值称为冷却水的自然平衡 pH 值，冷却水的自然平衡 pH 值通常在 8.5~9.3 之间。

4. 浊度增加

补充水进入循环冷却水系统后，由于被不断蒸发浓缩，故水中的悬浮物含量和浊度增加。同时，循环水在冷却塔内与空气接触，把空气中的尘埃洗涤下来并带入循环冷却水系统，形成悬浮物。此外，冷却水系统中生成的腐蚀产物、微生物繁衍生成的黏泥都会成为悬浮物。这些生成的悬浮物约有 4/5 沉积在冷却塔集水池的底部，可通过排污被带出冷却水系统，还有约 1/5 的悬浮物则悬浮在冷却水中，使水的浊度增加。如果采用旁滤处理，则可使循环水的浊度控制在 10~15 mg/L（高限为 20 mg/L）。

5. 溶解氧浓度增大

补充水进入循环冷却水系统后，在冷却塔内的喷淋曝气过程中，水中的溶解氧大量增加，达到或接近该温度与压力下氧的饱和浓度，从而增加了循环水对设备的腐蚀性，因为冷却水中金属的腐蚀主要是属于氧去极化腐蚀。

6. 含盐量升高

循环水由于蒸发而被浓缩后，水中含盐量必然随着水蒸气的散失而增加，从而增大了循环水的结垢倾向和腐蚀倾向。

7. 微生物滋长

循环冷却水中的微生物既可能是由空气带入的，也可能是由补充水带入的。循环冷却水的水温通常在 32~42 ℃左右，水中含有大量的溶解氧，又往往含有氮、磷等营养成分，这些条件都有利于微生物的生长。冷却水系统中日光照及的部位可以有大量的藻类生长繁殖，日光照不到的地方，则可以有大量的细菌和真菌繁殖。微生物的大量繁殖会形成生物黏泥覆盖在换热器中的金属表面上，降低换热器的冷却效果，易引起垢下腐蚀和微生物腐蚀。

8．有害气体进入

循环冷却水在冷却塔内与工业大气反复接触时，大气中的 SO_2、H_2S 和 NH_3 等有害气体不断进入循环水中，使循环水对钢、铜和铜合金的腐蚀性增大。

9．工艺泄漏物进入

循环冷却水在运行过程中，冷却水系统中的换热器可能发生泄漏，从而使工艺物质（例如炼油厂的油类、合成氨厂的氨等）进入循环水中，使水质恶化或水的 pH 值发生变化，增大循环水的腐蚀、结垢或微生物生长的倾向。

10．水温变化

冷却水在循环过程中水温升高，除了降低钙、镁盐类的溶解度及部分 CO_2 逸出外，还提高了平衡 CO_2 的需要量，使水失去稳定性而具有产生水垢的性质。反之，循环水在冷却构筑物中降温，水中平衡 CO_2 的需要量也降低，如果需要量低于水中的 CO_2 含量，则此时水中的 CO_2 具有侵蚀性，使水失去稳定性而具有腐蚀倾向。

因此，在温度差比较大的循环冷却水系统中，有可能同时产生腐蚀和水垢，即在生产工艺冷却设备的冷水进口端（低水温区）产生腐蚀，而在热水出口端产生水垢。

（二）循环冷却水的水质标准

敞开式循环冷却水的水质标准（GB 50050—95）见表 8-6。

表 8-6　循环冷却水的水质标准

项　　目	单　位	要求和使用条件	允　许　值
悬浮物	mg/L	根据生产工艺要求确定 换热设备为板式、翅片管式、螺旋板式	≤ 20 ≤ 10
pH 值		根据药剂配方确定	$7.0 \sim 9.2$
甲基橙碱度	以 $CaCO_3$ 计，mg/L	根据药剂配方及工艺条件确定	≤ 500
Ca^{2+}	mg/L	根据药剂配方及工艺条件确定	$30 \sim 200$
Fe^{2+}	mg/L		< 0.5
Cl^-	mg/L	碳钢换热设备 不锈钢换热设备	$\leq 1\,000$ ≤ 300
SO_4^{2-}	mg/L	$[SO_4^{2-}]$ 与 $[Cl^-]$ 之和对系统中混凝土材质的要求按现行的《岩土工程勘察规范》（GB 50021—94）的规定执行	$\leq 1\,500$
硅酸	以 SiO_3 计，mg/L	$[Mg^{2+}]$ 与 $[SiO_3]$ 的乘积（Mg^{2+} 以 $CaCO_3$ 计）	≤ 175 $< 15\,000$
游离氯	mg/L	在回水总管处	$0.5 \sim 1.0$
石油类	mg/L	炼油企业	< 5（此值不应超过） < 10（此值不应超过）

第四节　提高工业用水循环利用程度的途径

在节约工业用水的各种途径中，以冷却水循环利用最为简便、经济并最易见成效。而目前在全国范围内就水资源和技术、经济条件而论，还有相当一部分应该循环利用的工业用水，特别是冷却水尚未循环利用。此外，在已有的循环用水系统中，运行不佳、未充分发挥作用以及循环率低的也还很多。故提高工业用水循环利用程度始终是节约用水工作的努力方向。

提高工业用水循环利用程度的主要途径，一方面是改直流用水系统（特别是冷却用水系统）为循环用水系统，另一方面是提高循环用水系统的运行效率与循环率。

一、改直流用水系统为循环用水系统

靠近大江、大湖的工业冷却用水，在条件允许时可采用直流冷却系统，除此之外，直流冷却系统一般均应改为循环冷却水系统。循环冷却水系统与直流冷却系统相比，不仅可取得很好的节水效果，而且可减少排水量和水污染、防止水体的热污染、提高热交换装置的传热效率和用水系统的可靠性，但需要较多的投资和运行费用。通常，在缺水地区改直流用水系统为循环用水系统应是首先考虑采取的节水途径，在水资源丰沛的地区则宜进一步通过经济技术分析确定。

二、选用高效节能和性能优良的冷却构筑物

冷却构筑物类型的选择应根据生产工艺要求、当地自然地理和其他具体条件确定。它关系到整个循环冷却水系统的费用、运行状况、节水效果和经济性运行管理问题，应慎重对待。为此要注重以下几个环节：

1. 选择水量损失小的冷却构筑物，通常以冷却塔为宜。对冷却塔而言，应尽量采用具有收水器且收水效果好的构造类型。

2. 在同类型冷却塔中应尽量选用冷却效率高的填料。这种新填料应具备单位体积的水气触面积大、水气接触时间长、亲水性好、有一定强度、气流阻力小等特点。

3. 机械通风冷却塔应具有高效低噪声风机。

4. 循环水量应与冷却塔的规格相匹配。原则上，当单塔循环水量在 500 m^3/h 以下时，宜选用玻璃钢冷却塔；500～1 000 m^3/h 时，宜选用 $\phi4.7$ m 钢筋混凝土塔；1 000～2 000 m^3/h时，宜选用 $\phi8$ m 钢筋混凝土塔；2 000 m^3/h 以上时，选用自然通风双曲线型冷却塔或其他类型冷却塔的复合形式为好。

5. 应根据运行使用条件校核冷却塔的特性参数，其校核计算可参阅相关文献。

三、控制循环水水质

控制循环水水质是保证循环冷却水系统正常或高效运行、提高水的循环率和节水效果的必要措施。如提高水的浓缩倍数、防止循环水质变化造成的危害，几乎都需通过控制循环水水质才能实现。由于循环冷却水系统中水质变化的影响主要是产生污垢、沉积和腐蚀，因此循环水水质控制的主要目标应为阻止污垢、控制腐蚀、杀灭水微生物或抑制其生长。应当说明的是，通常所谓的循环水水质稳定处理的目标范围，严格地说并不包括杀灭水中微生物或抑制其生长，故循环水水质控制和水质稳定处理的含义不尽相同。

四、循环冷却水排污

通过循环冷却水系统排污，可将水的浓缩倍数限制在适当范围。从这个意义上说，排污

也是循环水水质控制的一项重要措施。排污的另一重要作用是排除大量沉淀于集水池中的污泥。由空气带入循环水中的尘埃大多数都直接沉淀于集水池，其数量可观。因此，合理排污对提高循环水的利用程度也很有意义。

五、采用密闭式循环冷却水系统

密闭式循环冷却水系统的特点及其适用条件如前所述。尽管密闭式循环冷却水系统可使水的消耗减少到最低限度，极大地提高了水的循环率；但是，对循环冷却水的水质也提出了特殊的要求。除一般的水质稳定措施外，对于传热面热负荷高的设备，如高炉、转炉、加热炉、电炉、连铸机等，还需进行水的软化、除盐及脱氧处理。

六、采用高效、耐腐蚀的热交换装置

采用高效、耐腐蚀的热交换装置，进行热交换装置的优化组合。

第五节　循环冷却水系统的水质控制

冷却水长期循环使用后，会出现结垢、腐蚀、微生物滋生等问题，影响系统的正常运行。循环冷却水处理就是通过加化学药剂、改变运行条件、改变设备材料性能等水质处理的办法来解决这些问题。

一、沉积物控制

循环冷却水系统在运行过程中，会有各种物质沉积在换热器的传热管表面。这些沉积物习惯上统称为污垢，分为水垢和污泥两大类。污泥中又包括了淤泥、腐蚀产物和生物黏泥。

（一）水垢的控制

循环水中的水垢多属具有反常溶解度（水温升高溶解度降低）或难溶性的盐类物质，例如钙、镁、铁的碳酸盐、硫酸盐、硅酸盐以及磷酸盐等。当循环冷却水温度升高或蒸发浓缩时，这些盐类物质渐呈饱和与过饱和状态，并且在金属表面结晶析出而形成水垢。直流冷却水系统或不加阻垢剂的循环冷却水系统中，当补充水的硬度很大时，常产生这种垢。水垢都由无机盐组成，故又称为无机垢；由于这些水垢结晶致密，比较坚硬，故又称为硬垢。它们通常牢固地附着在换热器表面上，不易被水冲洗掉。大多数情况下，换热器传热表面上形成的水垢是以碳酸钙为主的。

控制水垢的方法有物理方法和化学方法。国内已使用的物理方法及其相应的装置有磁化器、高频改水器、电子水处理器、高压静电水处理器和超声波水处理器等，它们均是利用不同的物理场效应，改变水或水中杂质的某些物理化学性质，以阻抑水垢的形成。目前，物理方法多使用在单台设备或小型循环水系统中，其技术尚待掌握。对于大中型循环冷却水系统来说，采用化学处理方法较成熟、经济和有效。以下介绍水垢控制的各种化学方法，因为循环冷却水系统中最常见的水垢是碳酸钙，所以各种方法重点是解决碳酸钙水垢的问题。

考虑水垢控制方案时，要结合当地的水质情况、循环水量大小、预处理条件和药剂来源等方面因素，因地制宜地选择。

一种处理方法是对补充水进行软化，除去部分成垢离子。碳酸钙水垢的成垢离子是钙及

碳酸氢根离子，当循环水的补充水中钙离子含量及碱度含量较高时，可对补充水进行软化预处理，除掉部分硬度及碱度，以减轻或避免在循环水系统中生成碳酸钙垢。补充水常用的软化方法有离子交换法和石灰软化法。

另一种处理方法是加酸或通入 CO_2，降低 pH 值，稳定碳酸氢盐。可分为酸化法和碳化法。

还有就是投加阻垢剂，破坏成垢盐类的结晶生长。循环冷却水中析出碳酸钙等水垢的过程，就是微溶性盐从溶液中结晶沉淀的过程。从碳酸钙的结晶过程看，如果投加适量具有阻垢性能的药剂，破坏其结晶生长，就可避免结垢或减轻结垢程度，甚至使已附着的结垢物剥离。

（二）污泥控制

污泥主要是由尘土、杂物碎屑、菌藻尸体及其分泌物和腐蚀产物等构成，因此，控制污泥主要是控制循环水中悬浮物的含量、菌藻的增殖和金属的腐蚀。

污泥控制的方法首先要减少或切断污染源，即降低补充水的浊度，加强维修管理以减少换热器泄漏造成的污染，同时还需防止空气污染。也可采取旁路过滤、投加分散剂、控制循环冷却水的菌藻增殖和金属腐蚀等方法。

二、金属腐蚀控制

工业冷却水系统中的金属设备有各种换热器（水冷器、冷凝器、凝汽器等）、泵、管道、阀门等。由于换热器腐蚀后更换的费用较大，而换热器管壁腐蚀穿孔和泄漏造成的经济损失更大，因此循环冷却水处理的任务之一是防止或减轻水对金属设备的腐蚀。

循环水系统中的金属腐蚀一般可分为三种类型：化学腐蚀、电化学腐蚀及微生物腐蚀。金属腐蚀的控制方法很多，目前采用的主要有：药剂法——添加缓蚀剂、提高循环冷却水系统运行的 pH 值、阴极保护法、阳极保护法、选用耐腐蚀材料涂覆的换热器及使用防腐涂料涂覆换热器等。

三、微生物控制

循环冷却水中能产生危害的微生物种类很多，不同地区、不同水源、不同季节和不同的生产工艺，其出现的微生物亦不相同，一般常见的微生物主要是藻类、细菌、真菌。微生物的危害往往与污垢和腐蚀的危害并列为三大危害，三者比较起来，控制微生物是最重要的。若能控制微生物的繁殖，则整个冷却水的腐蚀和结垢就容易解决。反之，如果对微生物增殖不能有效地控制，不论使用何种高效的缓蚀阻垢剂都难以获得良好的效果。所以，要解决好结垢和腐蚀的问题，必须同时解决好微生物的危害问题。

敞开式循环冷却水系统中微生物控制一般有以下几种方法：

（一）混凝沉淀

用地表水作补充水时，一般需要进行前处理。在前处理过程中，常使用铝盐、铁盐等混凝剂或高分子絮凝剂（如聚丙烯酰胺）。这些药剂能在絮凝沉淀过程中将水中的各种微生物随生成的絮凝体一起沉淀后除去。据调查，此法可除去水体中所含微生物的 80% 左右。

（二）旁流处理

在循环冷却水系统的旁流处理中，一般采用石英砂或无烟煤等为滤料的旁滤池。旁滤池在除去水中大部分悬浮物的同时，也能除去大部分微生物和黏泥。通过旁流处理，可以在不影响冷却水系统正常运行的情况下除去水中大部分的微生物。

（三）控制水质

控制水质主要是控制冷却水中的氧含量、pH 值、悬浮物和微生物的养料。油类是微生物的养料，故应尽可能防止它泄漏入冷却水系统。如果漏入冷却水系统的油类物质较多，则应及时清除。

（四）清洗

进行物理清洗或化学清洗可以把冷却水系统中微生物生长所需的养料（如漏入冷却水中的油类）、微生物生长的基地（例如黏泥）和庇护所（例如腐蚀产物和淤泥）以及微生物本身从冷却水系统中的金属设备表面上除去，并从冷却水系统中排出。清洗对于一个被微生物严重污染的冷却水系统来说，是一项十分有效的措施。清洗还可使清洗后剩下来的微生物直接暴露在外，从而为杀生剂直接达到微生物表面并杀死它们创造有利的条件。

（五）对冷却塔进行防护

对冷却塔进行防护、改变微生物适宜生长的环境条件也能抑制或降低微生物的繁殖，如防止阳光照射、采用杀生涂料、木质冷却塔的防腐处理等。

（六）化学杀生法

化学杀生法是向循环冷却水系统中投加无机或有机的化学药剂，杀死或抑制微生物生长繁殖，从而控制微生物。这是目前控制微生物的通用方法。

杀生剂又称杀菌剂、抑菌剂或杀菌灭藻剂，冷却水系统中使用的杀生剂简称为冷却水杀生剂。

第六节　汽化冷却与空气冷却

汽化冷却和空气冷却是有别于水冷却的两种冷却方式。在适当的工艺条件下采用这两种冷却方式，可取得良好的节水效果。

一、汽化冷却

汽化冷却的应用已有数十年的历史，近些年来，随着节约水资源意识的加强，该项技术又受到重视并得以推广应用。其原理是根据水蒸发成蒸汽需吸收大量热量，并把热从高温设备中带走，从而达到冷却和保护设备的目的。按水的循环方式，汽化冷却系统可分为不设泵的自然循环和设循环泵的强制循环两种。

（一）自然循环汽化冷却系统

该系统如图 8-8 所示。其基本的组成部分包括下降管、上升管、分汽箱和冷却水管等。冷却水自下降管进入冷却水管，水在其中被加热和部分汽化后以汽水混合物的形式由上升管进入分汽箱。汽、水在分汽箱中分离后，汽被引出利用，水则重新由下降管被引至冷却水管。此系统中水的循环动力是下降管中水的相对密

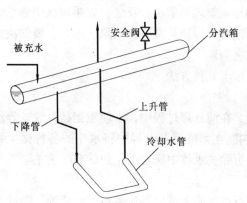

图 8-8　自然循环汽化冷却水系统

度与上升管中汽水混合物的相对密度不同而产生的压差,故称自然循环系统。

(二)强制循环汽化冷却系统

当汽化冷却系统中下降管与上升管的压差不足以提供水的循环动力时,常采用这种系统。

汽化冷却与水冷却的节水效果可通过某钢厂的参数说明,见表8-7。

可见,在适当条件下,汽化冷却的节水效果优于水冷却,且还具有节电的效果。汽化冷却的关键在于掌握好循环水量,循环水量应随热负荷的变化来调整,必要时可配合强制循环手段,以保证散热。

受水汽化条件的限制,在常规条件下汽化冷却只适用于高温冷却对象,即冷却对象要求

表8-7 汽化冷却与水冷却对比情况

	汽化冷却	水冷却
耗水量（m³/h）	15	40
耗电量（kW·h/h）	2.6	400
水电费（10元/年）	6.9	26.6

保持的工作温度为100℃,故多用于平炉、高炉、转炉和加热炉等高温设备;对于温度低于100℃的冷却对象,则无法进行汽化冷却。对于温度远远高于100℃,而操作温度低于100℃的冷却对象,可采取先汽化冷却后水冷却的方式,这样可节省冷却水量。

二、空气冷却

空气冷却系统是采用干式冷却塔作为循环水冷却的一种方式。它是一个密闭式的循环水系统,即循环水通过空气冷却器中的盘管和散热翅片与空气进行热交换,达到循环水的降温目的。

(一)优缺点

由于循环水换热不直接与空气接触,整个系统为密闭循环,故基本没有水的损耗,没有补充水水源的问题。另外,干式冷却塔不存在湿式冷却塔所具有的水雾气团现象,也不会发生淋水噪音,减少了对环境的污染,改善了空气的能见度。

空气的比热约为水的1/5,其传热系数约为水的1/20。由此,空气冷却与水冷却相比,其冷却设备庞大,占地面积大,一次性投资大;整个系统的控制、维护和自动化程度要求较高,故运行维修较复杂。

(二)适用范围及对象

适用范围大,冶金、化工、石化和电力等行业均可采用,尤其适用于水资源比较匮乏的地区;另外适用于中、低温冷却对象,高温时效果欠佳。

(三)分类

空气冷却系统分为干式冷却和加湿冷却两种。

干式冷却即为普通大气冷却系统,被广泛用于炼油厂和各种制冷设备。据统计,炼油厂如采用传统水冷却工艺,每吨原油加工需新水量50~100 m³;如改用干式空气冷却工艺,则可降至0.2~0.6 m³。

又如,我国东北地区某石油加工厂在催化装置顶部以10台PQX3-4空气冷却器代替原先的水冷却装置,减少约30%的总冷却水量。

再如,华北某大型火力发电厂的2台大型发电机组改用空气冷却系统,各配高125 m干式冷却塔(内装119组铝制扇形换热器),节约用水15 700 m³/d,循环水排污率也由原来的

0.46% 降至 0 。

加湿空气冷却，为空气冷却、水冷却和气化冷却并用的冷却方式。例如，利用喷淋空气冷却器表面的水蒸发吸收热量，其冷却效果远高于单纯的水冷却效果。表8-8为我国某石油化工厂催化裂化分馏装置由水冷却改为加湿空气冷却后的节水效果对比情况。

表8-8　水冷却与加湿空气冷却节水效果对比

冷却方式	冷却面积（m²）	新水量（m³/h）	循环水量（m³/h）
水冷却	1 020	168	100
加湿空气冷却	15 668	55	100

第七节　人工制冷和地下水回灌冷源储备的循环冷却水

一、人工制冷

人工制冷即冷冻机制冷。在冷却水系统或空调系统中，通常可用人工制冷降低冷却水温，以减少冷却水量或提高水的循环率，从而达到节约用水的目的。很显然，这种节水效果的取得是以一定的能耗及其他费用支出为代价的，除因生产工艺要求或受水资源限制而必须用人工制冷的情况外，对于是否用人工制冷方式应通过经济技术比较确定。

人工制冷量、循环冷却水量及相应的循环率，可根据系统的热量平衡与水量平衡计算确定，图8-9为某棉纺厂的人工制冷——空调用水系统示意图。

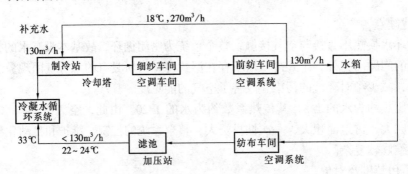

图8-9　人工制冷——空调用水系统

由于采用了人工制冷装置，该系统补充水量由原设计的 464 m³/h 减至 130 m³/h 左右，每年夏季总计可节水约 56×10⁴ m³，车间温度普遍降低 2 ℃以上。

表8-9为该厂上述制冷设备的经济技术指标与节水效果。

表8-9　人工制冷设备经济技术指标与节水效果

指标　　　　　制冷方式	制冷量 10⁷J/h （10⁴kcal/h）	冷冻水闭路循环量 （m³/h）	冷却水量 （m³/h）	可节约地下水开采量 （m³）
蒸喷制冷	836（200）	348	1 800	501 120
溴化锂制冷	1 296（310）	580	1 260	830 000

二、地下水回灌冷源储备的循环冷却水

(一) 冷源储备的意义

地下水人工回灌是通过各种人为措施将水引入地下含水层的做法的统称。地下水人工回灌的目的很多，这里着重介绍以冷源储备为目的的地下水人工回灌问题。

冷源储备，通常是在低温季节（如冬季）将地面的低温水回灌至地下含水层，以备高温季节（如夏季）供冷却水系统、空调系统或其他类似用水系统使用。由于取用水水温较原先使用的地面或地下水水温低，因而可以减少制冷量或冷却水量，还可节水、节能。

(二) 冷源储备的应用

目前，"冬灌夏用"的冷源储备方式已被我国上海、北京、天津、西安、郑州和江苏等一些省市的纺织厂广泛采用，并取得了显著的节水节能效益。

实行"冬灌夏用"时，除考虑回灌的低温水能替代制冷负荷、减少总制冷量外，还应该注意冷负荷的平衡和调度。例如，如果高温季节使用低温回灌水，按平均取水量为 $60~m^3/h$，制冷温差为 $10~℃$，则每小时可替代 $700~kW \cdot h$ 的制冷负荷；而在气温最高的时刻集中使用低温回灌水，制冷温差以 $12~℃$ 计，则每小时可替代 $840~kW \cdot h$ 的制冷负荷，从而提高了"冬灌夏用"的效益。此外，在人工制冷的基础上以低温回灌水调节制冷高峰负荷，使两种冷源合理搭配和调度，可取得更佳的经济效果。这是因为大多数制冷设备的制冷率都随冷却水温的上升而降低，即气温越高，制冷效率越低，制冷量也越小；但是如上所述，对回灌低温水，却是气温越高，可利用的温差越大，制冷效率越高。表 8-10 为某棉纺厂运用回灌低温水调节制冷高峰负荷前后两年同期用水量和空调能耗对比情况。

表 8-10　冷源储备对用水量与空调耗能的影响

对比项目 \ 月份	6	7	8	9	总用水量 (m^3)	备　注
用水量对比（m^3）	8 928	32 407	47 580	33 620	122 535	未用回灌水
	5 072	48 613	52 786	24 919	141 390	使用回灌水
单位电耗对比（$kW \cdot h/m^3$）	101.55	257.7	201.29	85.5		未用回灌水
	62	131.4	131.3	88.9		使用回灌水

由表 8-10 可见，虽然因集中使用回灌低温水使同期冷却水量有所增加，但单位电耗显著下降，如果单位电耗保持不变，同样也可取得相应的节水效果。两者综合权衡，即可使水资源得到合理利用。

(三) 地下水密闭循环回灌用水系统

地下水密闭循环回灌是近年来开发应用的一项利用大气冷源的新技术，它不同于一般的"冬灌夏用"的冷源储备之处在于地下水仅作为温度的载体被循环利用，而无水量消耗、无水质变化（水温除外）。

地下水密闭循环回灌用水系统由"冬抽夏灌井"、"冬灌夏抽井"、换热器和空气冷却器等组成，如图 8-10 所示。其运行方式为：冬季，自"冬抽夏灌井"抽取常温水（温度低于循环冷却水温）至换热器，对循环冷却水进行间接冷却，被加温的地下水经空气冷却器依靠低气温冷却后，再由"冬灌夏抽井"注入地下含水层并作为冷源储备。夏季，由"冬灌夏抽

井"抽取低温水至换热器用作间接冷却循环水,被加热的地下水再由"冬抽夏灌井"注入同一地下含水层。如此往复循环,利用冬季的大气冷源。

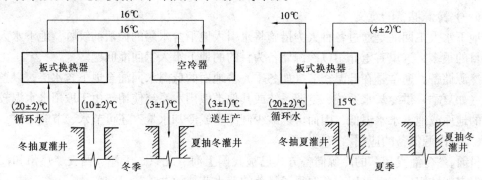

图 8-10 地下水密闭循环回灌系统原理

这种系统充分利用了冬季低气温和地下含水层等自然条件,既不消耗地下水,又节约了能源。

(四) 适于回灌储能的含水层水文地质条件

1. 水动力学条件:要求含水层颗粒细、地层平缓、地下水流速缓慢。

2. 渗透能力:要求含水层厚度大,储水容积大,具有一定的渗透性。

3. 地热条件:无异常的地温和增温影响。

4. 地质结构条件:回灌井处的地质结构要具有良好的覆盖层和止水层,以免回灌后各个含水层穿透,引起水质变化,发生水质污染和储能效果降低等现象。

第九章 污水处理利用

第一节 污水处理利用概况

随着全球工农业的飞速发展，用水量及排水量正逐年增加，而有限的地表水和地下水资源又被不断污染，加上地区性的水资源分布不均匀和周期性干旱，导致淡水资源日益短缺，水资源的供需矛盾呈现出愈来愈尖锐的趋势。在这种形势下，人们不得不在天然水资源（地下水、地表水）之外，通过多种途径开发新的水资源。主要途径有：第一，海水淡化；第二，远距离跨区域调水，以丰补缺，改变水资源分布不均的自然状况；第三，污水处理利用。相比之下，污水处理利用比较现实易行，具有普遍意义。

一、污水处理利用的意义

1. 污水处理利用可以缓解水资源的供需矛盾

如前所述，由于"全球性水资源危机正威胁着人类的生存和发展"，世界上的许多国家和地区已对城市污水的处理利用作出了总体规划，把经适当处理的污水作为一种新水源，以缓解水资源的紧缺状况。根据 2010 年发展规划，我国城市污水总量预计将达到 $684 \times 10^8 \ m^3/a$，城市污水处理率将增至 40% 左右，工业废水处理率也将有较大幅度提高。如果将处理后的污水作为可用水资源，其潜力是相当可观的。因此，推行城市污水资源化，把处理后的污水作为第二水源加以利用，是合理利用水资源的重要途径，可以减少城市新鲜水的取用量，减轻城市供水不足的压力和负担，缓解水资源的供需矛盾。这对缺水城市来说，意义更为重大。

2. 污水处理利用体现了水的"优质优用，低质低用"的原则

事实上，并非所有用途的水都需要优质水，而是只需满足一定的水质要求即可。以生活用水为例，其中用于烹饪、饮用的水只占 5% 左右，而对占 20% ~ 30% 的不同人体直接接触的生活杂用水则并无过高的水质要求。为了避免因市政、娱乐、景观、环境用水过多而占用居民生活所需的优质水，美国佛罗里达州规定：这些"用户"必须采用能满足其水质要求的较低水质的水源，即原则上不允许将高一级水质的水用于要求低一级水质的场合。这应是合理利用水资源的一条普遍原则。由此可以扩大可利用水资源的范围和水的有效利用程度。

3. 污水处理利用有利于提高城市（包括工业企业）水资源利用的综合经济效益

（1）城市污水和工业废水水质相对稳定，不受气候等自然条件的影响且就近可得，易于收集，其处理利用比海水淡化成本低廉，处理技术也较成熟，基建投资比远距离引水经济得多。

（2）除实行排污收费外，污水回用所收取的水费可以使污水处理获得有力的财政支持，使水污染防治得到可靠的经济保证。

（3）污水处理利用减少了污水排放量，减轻了对水体的污染，并能使部分被污染的水体

逐渐更新、复活，可以有效地保护水源，相应降低取自该水源的水处理费用。因为将被污染水源的水处理到合格的程度，不仅费用高昂，而且难度很大。

4. 污水处理利用是实现环境保护战略的重要措施

污水处理利用，同目前倡导的"清洁生产"、"源头削减"和"废物减量化"等环境保护战略措施是不可分的。事实上，污水回用也是污水的一种"回收"和"削减"，而且水中相当一部分污染物质只有在水回用的基础上才能回收。

二、城市污水回用概述

污水可以成为一种稳定的再生水源，回用于许多方面，比较现实易行，具有普遍意义。"污水资源化"将污水作为第二水源，是解决水危机的重要途径。

城市污水回用包括两种方式：隐蔽回用和直接回用。隐蔽回用一般是指上游污水排入江河，下游取用；或者一地污水回渗地下，另一地回用。直接回用则是指对城市污水加以适当处理后直接利用。污水直接回用一般需要满足三个基本要求：水质合格、水量合用和经济合算。

采用污水回用的可行性分析如下：

（一）技术可行性

专家指出，与用水量几乎相当的城市污水中只有 0.1% 的污染物质是完全可以经过处理后再利用的。现代污水回用已有百余年的历史，技术上已经相当成熟。在我国，国家"七五"、"八五"科技攻关计划都把污水回用作为重大课题加以研究和推广。1992 年，全国第一个城市污水回用于工业的示范工程在大连建成，并成功运行了十余年。目前北京、大连、天津、太原等大城市和一批中小城市在进行城市污水回用解决水荒上初见成效。《污水回用设计规范》已颁布实施，全国几十个大、中型污水回用工程正在建设之中，2000 年全国城市处理污水回用率约达 20%，对缓解北方和沿海城市缺水起到了一定的作用。

（二）经济效益可行性

城市污水处理厂一般均建在城市周围，在许多城市，污水经过二级处理后可就近回用于城市和大部分工农业部门，无需支付再生费用，以二级处理出水为原水的工业净水厂的治水成本一般低于甚至远低于以自然水为原水的自来水厂，这是因为取水距离大大缩短，节省了水资源费、远距离输水费和基建费。例如，将城市污水处理到可以回用作杂用水程度的基建费用，与从 15～30km 外引水的费用相当；若处理到可回用作更高要求的工艺用水，其投资相当于从 40～60km 外引水。而污水处理与净化的费用只占上述基建费用的小部分。另外，城市污水回用要比海水淡化经济，污水中所含的杂质少，只有 0.1%，可用深度处理方法加以去除；而海水则含有 3.5% 的溶解盐和有机物，其杂质含量为污水二级处理出水的 35 倍以上。因此，无论基建费用还是运行成本，海水淡化费用都超过污水回用的处理费用，城市污水回用在经济上具有较明显的优势。

（三）环境效益可行性

城市污水具有量大、集中、水质水量稳定等特点，污水进行适度处理后回用于工业生产，可使占城市用水量 50% 左右的工业用水的自然取水量大大减少，使城市自然水耗量减少 30% 以上，这将大大缓解水资源的不足，同时减少向水域的排污量，在带来客观的经济效益的同时也带来很大的环境效益。

目前，污水回用在全国已经得到推广，过去认为污水是脏水，只能排放、不能利用的观念已经被打破。全国每天排放约 1.1×10^8 m^3 城市污水，按国家要求，到 2000 年设市城市和建制镇污水处理率已不低于 50%，设市城市的污水处理率不低于 60%，重点城市污水处理率不低于 70%，预计 2010 年我国处理污水回用率将达到 60% 以上，这样可以稳定缓解城市水资源短缺的矛盾。所以，污水回用是合理利用水资源、保护水生态环境的基本方法，是造福子孙后代的长远方针。

第二节　污水回用类型和途径

一、水回用于工业

（一）国外城市污水的工业回用概况

国外城市污水回用于工业比回用于农业要晚一些，应用规模也比农业小。城市污水主要是回用在对水质要求不高但用水量大的冷却水。美国、英国、前苏联及日本等国应用城市污水作为发电厂等的冷却水已经几十年了。

美国水资源总量较多，城市污水回用工程主要分布于水资源短缺、地下水严重超采的西南部的加利福尼亚、亚利桑那、德克萨斯和东南部的佛罗里达等州，其中以南加利福尼亚成绩最为显著。美国于 20 世纪 30 年代就开始将城市污水回用作为工业冷却水。例如伯利恒钢铁公司因为海水入侵，地下水盐分增加，而改用巴尔的摩市污水处理厂二级出水作为直流冷却水，截至 1970 年，回用水量达 54.42×10^4 m^3/d。日本的水资源虽然较丰富，但人均水资源占有量低于世界平均水平，这种情况与其高度发达的经济和较高的国民生产总值是不相称的。从长远看，缺水已经成为定势，因此节约用水一直受到全社会的关注。早在 20 世纪 60年代，日本沿海和西南一些缺水城市，如东京、名古屋等就开始考虑将城市污水处理厂的出水经过进一步处理后回用于工业、生活杂用。日本 1986 年利用城市污水厂出水的工业企业在数百个以上。墨西哥把城市污水厂的出水较多地用于灌溉农田，并拟扩大工业回用水利用规模，计划从 38×10^4 m^3/d 增至 114×10^4 m^3/d。

（二）国内城市污水的工业回用概况

我国工业用水的重复利用率很低，与世界发达国家相比差距很大。据统计，1990 年我国的工业水循环利用率为 45% ~ 50%，只相当于美国 20 世纪 70 年代初或日本 60 年代末的水平。近年来，我国许多地方特别是北方地区，如天津、太原、沈阳、鞍山、大连、青岛等地都开展了污水回用的研究与应用，取得了不少好经验。

1992 年大连建成了我国第一个污水回用示范工程，它将城市污水厂的出水经深度处理后回用作为工业冷却水，处理规模为每天 1 万 t，采用的深度处理工业为常规的二级处理水再经过沙滤、杀菌工序，用户负责循环水的水质稳定处理。几年来的运行结果表明，经三级处理后的出水用作循环冷却水，在浓缩倍数为 2、投加一定量的水质稳定剂的情况下，循环冷却系统运转正常。1993 年大连的工业水价为 0.6 元/m^3，而经过三级处理后的城市污水厂出水的售价为 0.3 元/m^3，用户因使用回用水每年节省的水费是可观的。

太原市北郊污水净化厂兴建于 20 世纪 50 年代，主要接纳太原市北郊工业区的生活污水和部分工业废水。为开发城市污水资源，太原市政府决定将处理后的出水作为太原钢铁公司的工业冷却水，但因污水厂采用的是生物吸附－再生常规生物处理工艺，出水氨氮含量达不到太原钢铁公司提出的要求（5mg/L）。在这种情况下，1991年太原市城建委决定将污水厂的处理工艺改为 A^2/O 工艺，该工程1992年竣工投入生产。污水净化厂的污水进水水质为：BOD 为 $50 \sim 134$ mg/L，COD 为 $110 \sim 367$ mg/L，NH_4^+—N 为 $17 \sim 37$ mg/L，SS 为 $58 \sim 136$ mg/L；经 A^2/O 工艺处理后的出水水质为：BOD 为 $4.0 \sim 15.8$ mg/L，COD 为 $7.0 \sim 49.0$ mg/L，NH_4^+—N 为 $0.01 \sim 4.96$ mg/L，SS 为 $1.0 \sim 14.4$ mg/L。作为钢铁工业的冷却水，应满足：尽量控制水的硬度和碱度，防止结垢；控制水中的有机物、悬浮物和氨氮等污染物，防止由于沉积和微生物的生长而造成的粒泥和恶臭；控制溶解性固体及氯离子的含量，防止对冷却系统的设备及部件等产生腐蚀。根据太原钢铁厂循环冷却水系统的具体情况，回用水的水质为 COD <50 mg/L，BOD <10 mg/L，SS <10 mg/L，NH_4^+—N <5 mg/L，TP <2 mg/L。

近年来，北京、天津等一大批缺水城市都已经先后实施城市污水工业回用工程。

二、污水作为工业冷却水回用

（一）工业冷却水

在城市用水中，70%以上为工业用水，而工业用水中70%～80%用作水质要求不很高的冷却水，将适当处理后的城市污水作为工业用水的水源，是缓解缺水城市供需矛盾的途径之一。工业用水户的位置一般比较集中，且一年四季连续用水，因而是城市污水处理厂出水的稳定受纳体。工业冷却水的水质要求较低，经城市二级处理后的城市污水，再增加一些深度处理工序就可满足冷却水的水质要求。

根据生产工艺要求、水冷却方式和循环水的散热形式，循环冷却水系统可分为密闭式和开放式（这方面的内容可详见第八章相关章节）。

1．密闭式循环冷却水系统

密闭式循环冷却水系统的循环水不与大气接触，处于密闭状态。该系统一般由两个环节组成：其一是循环冷却部分，循环冷却水带走工艺介质或热交换器传出的热量；然后另一部分散热装置系统对升温后的循环水进行冷却。在密闭式循环冷却水系统中，循环冷却水几乎没有消耗，故可使用纯水以保证冷却装置的安全可靠性，但这种循环冷却水系统所需费用较高，故一般只适用于被冷却系统散热较小、所需求的工作安全可靠度大或者具有特殊要求的工业生产系统，如高炉的风口与冷却壁以及转炉的氧仓与烟罩等的冷却。

2．开放式循环冷却水系统

在开放式循环冷却水系统中，一方面循环水带走物料、工艺介质、装置或热交换设备所散发的热量；另一方面升温后的循环冷却水通过冷却构筑物与空气直接接触得以冷却，然后再循环使用。开放式循环冷却水系统是目前应用最广泛的循环冷却系统，根据循环水与冷却介质的接触情况，分为间接循环、污循环和集尘循环三种类型。

（1）间接循环冷却水系统

在这种系统中，循环冷却是通过热交换器间接地介质接触，冷却介质采用间接冷却方式，循环冷却水除水温升高外水质几乎无污染。但是，由于循环冷却水在与空气接触降温过程中不断地蒸发使其中的盐类浓缩，因此需要排污和补充新水，以控制盐平衡和浓缩倍数，此外，也需要进行水质稳定处理。

（2）污循环冷却水系统

它是一种直接循环冷却水系统，在这种系统中，循环水直接同被冷却的物料或装置接触，因而使循环水挟带大量杂质、污垢。

（3）集尘循环冷却水系统

集尘循环冷却水系统也属于直接循环冷却水系统，它与污循环的不同之处在于循环水除了直接冷却物料外还兼有淋洗、吸附物料中杂质的作用。例如，煤气洗涤水可去除煤气中的灰尘、SO_2、SO_3 和 CO_2，生产硫酸过程中应用水淋洒 SO_2 气体使之冷却并去除灰尘。由于这类循环水的浑浊度很高，因此必须加强水的澄清处理并调节 pH 值，然后再循环利用。

上述三种开放式循环冷却水系统对冷却水的水质要求是依次下降的，城市二级处理厂的出水根据不同的回用水质要求，有时需经进一步的处理后才能回用，有时可直接回用于开放式的循环冷却水系统。

水在使用过程中不可避免地都会带来一定的污染物。因此，回用水的水质情况是比较复杂的，回用水的水质指标应该包括给水和污水两方面的水质指标。

（二）工业冷却水水质

根据冷却水的使用特点，冷却用水要考虑的主要水质有：

1. 结垢

当水被蒸发时溶解性盐类浓缩并趋向沉淀。通常的沉积物为碳酸钙、硫酸钙、磷酸钙、硅酸镁等。当水温升高时，钙、镁盐类溶解度减小，并且容易在冷凝器表面上沉淀下来，形成硬垢，有碍于热交换，降低换热效率。污垢通常是盐类和细菌粒泥的混合物。

2. 堵塞

水中的悬浮物、大气中的飞灰及脱落的微生物膜，在水被蒸发浓缩时，会在循环管路和设备中沉积下来，使冷却水系统发生堵塞。

3. 腐蚀

水中含有一定的有机物和无机物，在一定的条件下会对管路和设备产生腐蚀。

4. 生物繁殖

循环水是热的、充氧的，水中若含有碳、氮和磷等物质，细菌繁殖就相当快，当受到阳光照射时，在冷却塔的边上会有藻类繁殖。

城市污水经过处理后，还含有少量有机和无机污染物，用处理后的城市污水作循环冷却水，可能会产生以下问题：

（1）泡沫

人们在日常生活中大量使用洗涤剂类的产品，该类产品中含有各类表面活性剂，在循环冷却系统中可能会产生泡沫，由于以前所使用的表面活性剂的亲油基团为支链的烷基，生物降解性能差，所以泡沫在循环冷却水系统中曾是一个较大的问题，现在所使用的洗涤类产品中的亲油基团生物降解性能好，泡沫的问题就少多了。

（2）氨

经过二级处理的废水中含有一定的氨氮，一般为 $10 \sim 20$ mg/L，氨对某些金属，特别是铜具有腐蚀性，当经过处理的污水作为冷却水回用时，要考虑冷却设备的腐蚀损害问题。另外，氨在循环水杀菌处理过程中会增加用氯量，在循环冷却水中可以通过解吸和硝化除氨。

（3）生物污泥

经过处理后的城市污水中还会含有少量的生物污泥和碳、氮和磷，因此，细菌剂藻类的繁殖在循环冷却水系统中是一个问题，一般在循环冷却水系统中投加杀菌剂或抑菌剂控制微生物的生长。

（4）磷酸钙垢

城市污水中磷的来源很广，如洗涤剂中的磷酸盐、某些工业排放的磷的化合物及农业生产过程中排放的磷的化合物，经过城市二级生物处理后的污水中磷的含量一般在 1mg/L 左右，磷酸盐和磷酸钙容易在循环冷却水系统的管路和设备上结垢，因此必须用酸化或除磷的办法进行控制。

（5）对健康的影响

尽管部分致病生物可以被中温、氯化和阳光所杀灭，冷却塔中被气体夹带的水雾中还可能会含有某些致病菌，从而引起疾病的传播。

城市污水回用到工业循环冷却水系统，其水质必须达到冷却水的水质要求。详见表8－6。

三、污水回用作其他工业用水

（一）其他工业用水的一般水质要求

对于多种多样的工业，每种工艺用水的水质要求和每种废水排出的水质，不可能有限定的要求，必须在具体情况具体分析的基础上进行调查研究确定。但是，可以给出几种水质参数，用来指出回用污水是否符合各种工业用户的一般要求。表9－1给出了几个工业种类对水质的一般要求。

表9-1　几种工业用水的水质要求　　　　　　　　　　　　　　　　　　mg/L

水　　质	工业工艺用水								
	纺织	木材	纸浆造纸	化学制品	石油煤炭产品	主要金属	食品罐头	瓶罐饮料	鞣革
硅（SiO_2）			50	50	60		50		
铁（Fe）	0.1		0.3	1.0	1.0		0.2	0.3	50
锰（Mn）	0.01		0.1	0.1			0.2	0.05	0.2
铜（Cu）	0.05								
钙（Ca）			20	70	75		100		60
镁（Mg）			12	20	30				
钠和钾					230				
氨（NH_3）					40				
碳酸氢根（HCO_3^-）				130	480				
硫酸根（SO_4^{2-}）				100	600				
氯（Cl）			200	500	300	500	250	500	250
氟（F）				5	1.2		1	1.7	
硝酸根（NO_3^-）					10				
溶解固体	100		100	1 000	1 000	1 500	500		
悬浮固体	5	＜3	10	5	10	3 000	10		
硬度（$CaCO_3$）	25		475	250	350	1 000	250		150
碱度（$CaCO_3$）			125	500	200	250	85		
酸度（$CaCO_3$）					75				
pH 值	6～8	5～9	4.6～9.4	5.5～9.0	6～9	5～9	6.5～8.5		6～8
色度	5		10	20	25		5	10	5
有机物									
MBAS						30			
温度（℉）			100		100				

一般来讲，工业部门愿意接受饮用水标准的水，有时工业用水水质要比饮用水水质要求更严格，例如，某些高压锅炉和某些工业的工艺用水。在这种情况下，工厂要按要求进行补充处理。从工业观点来看，主要的准则是：主水源应该稳定，水的预处理费用最低，一旦水质满足了稳定的要求，预处理步骤就保持常规不变了，城市污水回用于工业用水，回用水质应满足不同的工业用水要求，不适当的水质会引起三方面的重大问题：

1. 产品质量下降。由于生物活动造成污染，产品上发生污渍、腐蚀、化学反应和污染。

2. 设备损坏。设备由于被腐蚀、侵蚀、积垢而损坏。

3. 效率降低或产量降低。形成泥浆、积垢、气泡，滋生有机物。

以上三个方面问题都可以通过对典型的城市污水回收厂进行精心操作和控制来予以解决。

（二）造纸工业

纸浆和纸加工要用大量的水进行煮磨木屑、掷去纸浆、反复洗浆、输送纸纤维，以及漂白、精制和成型等工艺过程。

造纸工业中的水质标准各不相同，取决于生产工艺过程和最终产品所要求的质量。一般来说，悬浮固体必须尽量低，因为它们会对高级产品产生不良影响。硅、铝和硬度离子等物质会对工艺设备产生腐蚀或结垢，需保持低值，其浓度如表9-1所示。如果使用回收污水，则必须从工艺用水中去除微生物，因为它们会在纸上滋生黏性物和污点，并产生异味。

城市二级污水处理厂的出水，经过混凝沉淀、过滤后，可以除去污水中的大部分悬浮物，对水中的色度以及某些金属离子化合物和微生物也有较高的去除率，另外活性炭吸附对水中的悬浮物、色度及残余的有机物也有较好的去除率。化学氧化可以很好地控制水中微生物的数量。

（三）化学工业

化学工业是第二用水大户，其中80%左右的水是用来作冷却水的，因此要符合冷却水的水质标准。化学工业的工艺温度一般比蒸汽发电工业和石油工业高，从而也就要求较好的水质。此外，冷却水一般都处于热交换器外侧，由于水流速度慢而增加了积污垢的可能性，因此，许多化学工业要求的冷却水比补充水水质要高，冷却补充水中的悬浮固体不应超过5~10mg/L，含氯量高的水不能使用，因为热交换器中大量采用了不锈钢。

化学工业中工艺用水的要求不太明确，因为工艺过程和产品十分繁多，一般来说，化学工业要求的水应较软，色度低，悬浮物低，硅含量也应较低。但是，因为产品性质很不相同，水质要求变化也就很大，不能进行简单的归类。

（四）金属加工工业

金属加工工业的水质要求很不相同，取决于水是用于冷淬、热辊、冷辊或是用于淋洗，不论用于何处，用水标准都不太严格，不过某些淋洗水必须是软化水。

经二级处理后的城市污水只要经过简单的再处理就很容易满足大部分金属加工工业的用水水质，因此城市污水回用于金属加工工业是很有前途的。

（五）石油工业

石油工业可能会应用经处理后的城市污水，因为它的水量要求大，水质要求不太严格，炼油用水中大约97%是用于冷却水，另外的2%是锅炉供水，1%是工艺用水。炼油冷却用水应满足表9-1中冷却水的标准。对于工艺用水，pH值应在6~9之间，悬浮物应低于

10mg/L。因为水质一般容易满足，因此炼油厂用水的80%是回用水，只有20%是补充水。

城市污水处理厂的出水一般只需经过简单的混凝、沉淀、过滤及杀菌处理后就可回用于石油工业的冷却系统。

（六）纺织工业

与纺织工业供水有关的有三个主要问题：对纺织品加工过程适合的水质不能有引起污渍的化合物；适合发电厂锅炉供水的水质；不会造成金属槽及管道腐蚀的水质。

纺织工业用水的杂质可分为四类：浊度和色度、铁和锰、碱度、硬度。浊度和色度、铁和锰的存在主要是产生污点，希望能够去除。硬度会增加各种清洗操作中肥皂的用量，产生凝块沉积，肥皂滞留在纤维上，容易使面料沾污，不利于布料的操作，通常肥皂是不均匀沉积的，从而成为以后染料过程不均匀的原因之一，洗涤剂代替肥皂，缓解了这个问题；钙和镁离子会使某些染料产生化学沉淀，增加纺线捻丝操作中丝的断裂。碱度的重要性在于：如果碱度不够，会因添加石灰或苏打而形成不溶性的铁和锰的氢氧化物。

纺织印染工业对水质有其特殊的要求，城市污水回用于纺织印染行业必须用混凝沉淀、过滤或活性炭去除水中的悬浮固体、色度及部分残余有机物，采用专门的工序去除水中的铁和锰。

（七）采矿工业

采矿工业用水大部分用于采矿操作，该操作过程需要有洗涤水、泡沫浮选、浸洗回收矿等用水。对这些水尚未提出特殊的用水水质要求，由于采矿行业对水质要求一般不高，因此城市污水回用的可能性很大。为了降低城市二级污水厂出水的悬浮物和微生物，二级处理厂出水回用前必须经过一些简单的三级处理方式，如混凝沉淀、沙滤等工序去除悬浮物和微生物，采用化学氧化方法控制水中的微生物含量。

四、再生水回用于生活杂用水

生活杂用水包括城市绿化、建筑施工、洗车、扫除洒水、建筑物厕所便器冲洗等，其处理流程根据原水不同分为以下几点：

1. 当原水为城市污水厂二级处理出水时，工艺过程为：

污水厂二级处理出水──→混凝沉淀──→过滤──→消毒──→杂用水

2. 当原水为建筑物中不包括粪便污水的杂排水时，工艺过程为：

杂排水──→混凝沉淀──→过滤──→消毒──→杂用水或杂排水──→生物处理──→
过滤──→消毒──→杂用水

3. 当原水为建筑物中或建筑小区内包括粪便污水在内的生活污水时，工艺过程为：

生活污水──→生物处理──→过滤──→消毒──→杂用水或杂排水──→生物处理──→
混凝沉淀──→消毒──→杂用水

上述流程中都包括预处理：格栅、调节、除油脂、除毛发等。混凝沉淀也可用澄清、气浮代替。生物处理可分别选用活性污泥法、生物滤池、生物接触氧化法等。膜处理技术、活性炭吸附可选用。国内大型公共建筑常选用一体化定型设备，实质是上述流程的组合加工拼接。

下面列举日本的几个流程实例：

（1）东京千代田区某楼

杂排水──→格栅──→油水分离──→曝气槽──→过滤槽──→氯消毒──→再用于便所冲洗水

(2) 千叶县松户市某学校

生活排水──→格网──→调节槽──→生物转盘──→沉淀槽──→混凝沉淀槽──→过滤槽
──→氯消毒──→再用于便所冲洗水

五、再生水回用于景观水体

随着城市污水截流干管的修建,原有的城市河流湖泊常出现缺水断流现象,影响城市美观与居民生活环境,再生水回用于景观水体在美国、日本逐年扩大规模。再生水回用于景观水体要注意水体的富营养化问题,以保证水体美观。要防止再生水中存在病原菌和有些毒性有机物对人体健康和生态环境的危害。

天津市政工程设计院提出污水厂二级出水回用于景观河道的工艺流程如下:

二级出水──→二级河道凤尾莲净化──→景观河道段──→排水

景观河道段要进行辅助处理,包括:

接触灭藻──→投絮凝剂混合──→过滤──→消毒

六、再生水回用于农田灌溉

(一) 国外污水农业回用技术简况

以污水作灌溉用水在世界各地具有悠久的历史,在19世纪后半期的欧洲发展最快。当时许多河流的污染已经达到难以容忍的程度,将未处理的废水输送到郊区进行灌溉的所谓"污水田"处置,是当时普遍用于欧洲许多城市的仅有的污水处理方法。随着新的污水处理技术的发展和城市区域的扩大,郊区的土地逐渐被开发,这些比较陈旧的"污水田"系统被废弃。替代"污水田"的是厂内处理系统或经过科学设计的污水农业回用技术。

随着人口增加和工农业的发展,水资源紧缺日趋严峻,农业用水尤为紧张,污水农业回用在世界上,尤其是缺水国家和工业发达国家日益受到重视。下面就以色列、美国、日本等国的情况作一介绍。

以色列是节约用水特别是回用于农业方面最具有特色的国家。它地处干旱和半干旱地区,面积约 2×10^4 km^2,人口约 420 万,水资源总量不足 20×10^8 m^3,人均水资源占有量仅为476 m^3,严重缺水。

以色列十分重视水资源的合理应用,由于水质要求较低,故污水处理出水优先回用于农业灌溉,其回用水总量占全国城市污水的 70%(包括间接回用)。污水回用分就地回用和集中回用两种形式。前者是对一些数万人口的村镇污水利用氧化塘处理后就近回用于农业灌溉;后者是指城市污水经过较严格的集中处理后,或单独回用或汇入国家供水管路远距离输送至南部沙漠地区。即使对农业灌溉回用水,也应用节水型喷灌和滴灌技术。为保证人群健康,对农作物、蔬菜、果树的灌溉水质均制定了较为严格的水质标准并进行卫生检测。由于在全国实施节水和污水回用的政策,不但把污水变成回用水,而且在防止污染方面取得了很大的成绩,使一个旱灾频发极端缺水的国家,工业化了的农业却在不断发展,昔日大面积的沙漠地带变成了柑橘、橄榄、西瓜和各种蔬菜的种植园,成为旨在出口的农业生产区。在通往特拉维夫的公路两侧,昔日荒凉的沙漠变成了延伸到地平线的片片绿洲和金黄色的麦田。

以色列污水农业回用的成功做法是有一个全局性的周密的规划。在国家中部安装排污水管道，将污水引向南部沙漠。沿途建立各种形式的污水处理厂，将水净化到可以用于灌溉的程度。同时，在沙漠地带修建大型水库，在雨季可蓄水，也可以储存经过处理的污水，将其保存到最需要的旱季。

美国城市污水回用工程项目数和回用水量均以农业灌溉居多，目前回用于农业灌溉（包括景观用水）的项目有 470 多个，占回用水工程项目数的 88%，每年回用水量 5.81 亿 m^3，占总回用水量的 62%。在美国西部，污水的资源价值已经日益受到重视。

1986 年，日本的城市污水处理厂出水的直接回用已经达到 3 亿 m^3/a，虽然不到总取水量的 1%，但已经成为城市中一种稳定、可靠的水源，并制定了相应的水质标准。直接回用于农业灌溉的污水占的比重较小，仅为城市污水回用总量的 15%。原因是该国以水稻种植为主，需要限制灌溉水中的氮（特别是氨氮）含量，所以绝大部分的污水回用是污水处理厂的出水排入地面水体经过稀释缓冲后被间接回用。

在印度，随着人口增长和城市化速度加快，一些大城市，如孟买、加尔各答的水资源十分紧缺，水资源保护与污水回用很受重视。该国以城市污水和工业（主要为制糖、酿酒和食品加工）废水直接回用于农业灌溉应用较广。到 1985 年，至少有 200 多个农场利用城市污水进行灌溉，总面积达到 23 000 ha。由于相当一部分污水回用前没有经过处理，造成对农作物和人体的危害。近年，污水回用的卫生学问题已经受到关注，并建立了一些氧化塘和污水处理厂来处理污水，再回用于灌溉。

（二）我国污水农业回用的历史与现状

1. 我国水资源贫乏及农业缺水现状

我国水资源并不丰富，又具有空间和时间分布不均匀的特点。在水资源缺乏地区，时空分布不均匀性更为突出，造成城市和农业的严重缺水。

多年来，在广大缺水地区，水成为农业生产的主要制约因素。引污灌溉曾经成为解决这一矛盾的重要举措。从 20 世纪 50 年代后期起，在北方的一些缺水地区，如抚顺、沈阳、大连、石家庄、北京、青岛、西安等约 20 个城市进行了引污灌溉。这些城市的污水农灌初见成效。

我国早期引污灌溉农田的某些地区，由于污水未经过严格处理，灌溉用水中的污染物长期超标，致使这些地区的土壤、农作物、地下水都受到不同程度的污染，居民健康受到影响。据统计，全国有 1 300 万亩的土地受到不同程度的污染，污灌区有约 75% 的地下水遭到污染，对人体健康也有一定影响。

从国外和我国多年实行污水灌溉的经验可见，用于农业特别是粮食、蔬菜等作物灌溉的城市污水，必须经过适当处理以控制水质，含有毒有害污染物的废水必须经过必要的点源处理后才能排入城市的排水系统，再经过综合处理达到农田灌溉水质标准后才能引灌农田。总之，加强城市污水处理是发展污水农业回用的前提，污水农业回用必须同水污染治理相结合才能取得良好的成绩。

2. 我国缺水地区对污水农业回用要求的紧迫性

在水资源日益紧张之际，需水量却在持续增加。到 2030 年，即使人均用水量不增加，人口的增长也将使水的需求量比目前增加 1/4。

我国农业部门目前的灌溉用水需求约为每年 4 000 亿 m^3，预计到 2030 年将增加到 6 650 亿 m^3。

目前，我国取水量约85%用于灌溉，随着城市化人口的增长，上亿的居民从使用乡村水井转向带沐浴和冲厕的室内自来水系统，所以城乡住宅用水量也在增加。表9-2为专家对我国未来30年居民生活用水、工业用水和农业用水的增长预测情况。

从表9-2的预测值可见，目前占用水总量15%的非农业用水，如不采取措施，在今后30年间将增加约5倍，而约占目前总供水量85%的农业用水也将增加。显然，这种情形是不可能出现的，因为用水量不可能长期超过可持续的供水量。因此，我国水资源的

表9-2 中国用水量预测　　亿 m³/d

用水项目	1995 年	2030 年
居民生活用水	310	1 340
工业用水	520	2 690
农业用水	4 000	6 650

分配和适用方式正面临根本性的变化。随着我国集约化农业的发展，城市化和工业化进程加快，工业和城市居民用水与农业用水的矛盾将日益加深，对城市污水农业回用的要求将日益迫切，污水回用将是这些地区农业用水的重要来源。因此，有计划地发展城市污水处理后回用于农业灌溉，这不仅可缓解农业用水的短缺，还可减轻河流污染和利用水中的肥分资源。

3. 农业回用是城市污水回用的重要途径

国内外长期的实践表明，城市污水农业回用较之其他方面回用，具有以下的优点：

(1) 与其他用途相比，水质要求较低，需要的投资和基建费用较低。

(2) 在其他用途中需要去除的氮和磷等污染物，在农业回用中却是农作物需要的养分，调配得当，可以合理地将污水变为水肥资源。

(3) 农业回用比工业和市政回用水量大，容易形成规模效益。

(4) 农业回用送水渠道相对要求较低，再输送配水可以利用原有的农田灌溉渠道，不像工业用水，不同的水质要分不同的管网系统。

(5) 农业回用输送方式灵活，既可把城市污水集中输送到各个处理站点处理到符合水质要求后就地回用，也可以集中处理后送到农业区的水库储存，使之进一步自然净化和回用。

(三) 污水农业回用的水质要求

城市污水农业回用的最主要的条件是符合水质要求。如果用不符合水质要求的污水长期灌溉，就会给土壤、作物带来危害。会使土壤性状恶化，污染农业环境，不仅会使农作物减产，而且有害物质通过食物链的积蓄，还会危害人体健康，或污染地下水水源，使之不能长期可持续利用。从卫生学角度考虑，如果回用水存在各种病原体（病毒、细菌、原生动物、寄生虫卵），对作业人员、农产品消费者的健康会造成影响。因此，要求农业回用水不能有过量的有毒物质。尽管利用污水进行农业灌溉已有悠久的历史，由于各地的水资源条件不同，卫生学评价又比较困难，因此，至今没有较完善或较一致的农业回用水水质标准。

七、再生水回用于地下回灌

污水处理后向地下回灌是将水的回用与污水处置结合在一起最常用的方法之一。国内外许多地区已经采用处理后污水回灌来弥补地下水的不足，或补充作为饮用水原水。例如上海和其他沿海地区，由于工业的发展和人口的增加，已经使地下水水位下降，从而导致咸水入侵。污水经过处理后的另一种可能的用途是向地下回灌再生水后，阻止咸水入侵。污水经过处理后还可向地下油层注水。许多油田和石油公司已经进行了大量的注水研究工作，以提高石油的开采量。

污水回用分为短循环和地下回灌长循环。短循环是以工业、农业和城市中水回用为主。污水处理后在本系统内闭路循环重复使用或在局部范围内使用，对水质要求相对较低，且周期短。长循环是指污水经处理后向地下回灌，同原水源一起成为新的水源。长循环对回灌水水质要求高、循环周期长，但能提供高品位的用水——饮用水，是污水回用的重要发展方向。

地下回灌包括天然回灌和人工回灌，人工回灌建立回灌设施，加快了回灌渗滤速度。人工回灌形式分为：

（一）直接地表回灌

包括漫灌、塘灌、沟灌等，是应用最广泛的回用方式。

（二）直接地下回灌

即注射井回灌，适用于地下水位较深或地价昂贵的地方。

（三）间接回灌

如通过河床，利用水压实现污水的渗滤回灌等。

地下水回灌是扩大污水回用最有益的方式之一，它以土壤基质作为反应器，使再生的污水借助物理－化学和生物作用将其中的有机物和病原体进一步去除，使其水质与天然地下水没有大的差别，由于不受水文条件制约，将会带来污水回用的长远利益。地下水回灌可以水力阻挡海水入渗，扩大地下水资源的存储量，控制和阻止地面沉降及预防地震，保持取水构筑物的出水能力。城市污水回用已经在工业发达国家得到广泛应用。美国加利福尼亚州有200多个污水回用厂，它们为850多个用户提供回用污水，每年约3.3亿t回用量，回用水中约14％被回灌到地下水，1995年美国加利福尼亚州总循环水的27％用于地下回灌，而且成为污水回用的主要方式。

我国城市污水地下回灌技术的研究起步较晚，在"六五"至"八五"期间，曾针对不同目的开展了大量的实验研究，建立了土地处理系统，但也仅限于探讨处理方法，而少有实际应用的报道。

为阻止地下水污染，提供清洁水源，地下水回注水水质必须满足一定的要求，主要控制参数有微生物学指标、总无机物量、重金属、难降解有机物等。地下水回注水的水质要求因回灌地区水文地质条件、回灌方式、回用途径不同而有所不同。美国制定的地下水回灌标准较为严格和科学，得到广泛认可。

为了使一般污水处理厂的出水能应用于地下水回灌，必须对一般生化法处理后二沉池的出水进行深度处理。

国内外已经有许多用于回灌的二级污水处理出水的深度处理技术和研究报道，下面列出几项处理工艺流程：

工艺一：二级出水——→粉末活性炭——→沉淀——→好氧土壤渗滤

工艺二：二级出水——→沙滤——→臭氧氧化——→好氧土壤渗滤

工艺三：二级出水——→沙滤——→粒状活性炭过滤——→好氧土壤渗滤

工艺四：二级出水——→混凝沉淀——→沙滤——→粒状活性炭过滤——→好氧土壤渗滤

城市污水处理厂二级出水中的有机物主要是难以生物降解的有机物和有机卤化物。由于一些有机卤化物有一定的致癌作用，故在应用于水源水补充的回注水应用时，应给予足够的重视，故国外又提出如表9－3的回注水水质标准。

表 9 - 3   二级处理出水及回注水要求的水质

水　　质	DOC(mg/L)	COD(mg/L)	AOX(μg/L)
二沉池出水	6.5 ~ 8.0	15 ~ 28	60 ~ 80
回注水水质标准	3.0	8.0	30

利用臭氧和活性炭均可改善污水处理厂二级出水中难以生物降解的有机物的可生化性，从而起到去除水中有机污染物的作用。对于可吸收有机卤化物（AOX），由于其浓度低，加上水中其他相对高浓度有机物的竞争作用，臭氧和活性炭对其去除作用都不佳，只有在厌氧条件下，利用葡萄糖和谷氨酸作为厌氧细菌的能量来源，在共代谢的基础上才能分解 AOX。

污水处理后地下回灌无疑是一种具有广阔前景的回用技术，但其大规模推广应用之前，必须从技术、工程、环境、社会、法律、经济等多方面进行全面的经济和技术可行性分析，尤其是注重限制因素的综合评价。这些因素主要包括系统的运行与维护问题、公共健康与地下水污染问题、法律与经济问题等。

第三节　污水处理系统

表 9 - 4 列举了以回用为目的的城市污水处理（包括二级处理和深度处理）的八个方案。从表中的污水处理流程可以看出，处理系统由三个阶段组成：前处理技术、中心处理技术和后处理技术。

前处理技术是为了保证中心处理技术能够正常进行而设置的，它的组成根据处理技术而定，当以生物处理系统为中心处理技术时，即以一般的一级处理技术（格栅和初次沉淀池）为前处理，但当以膜分离技术为中心处理技术时，将生物处理技术也纳入前处理内。中心处理技术是各系统的中间环节，起着承前起后的作用，中心处理技术分为两类，一类是一般的二级处理，即生物处理技术（活性污泥法或生物膜法），另一类则是膜分离技术。后处理设置的目的是使处理水达到对回用水规定的各项指标。其中采用滤池去除悬浮物；通过混凝沉淀去除悬浮物和大分子的有机物；溶解性有机物则由生物处理技术、臭氧氧化和活性炭吸附加以去除，臭氧氧化和活性炭吸附还能够去除色度、臭味；杀灭细菌则用臭氧和投氯进行。投氯还可以防止在管壁上结垢。

表 9 - 4   城市污水处理系统

系　　统	前处理系统	中心处理系统	后处理系统
系统 1	格栅→初次沉淀池→	曝气池／生物膜法 → 二次沉淀池 →	滤池→臭氧氧化→杀菌→水池→
系统 2	格栅→初次沉淀池→	曝气池 → 二次沉淀池／生物膜法 处理设备 →	混凝投药→沉淀池→滤池→杀菌→水池→

系统	前处理系统	中心处理系统	后处理系统
系统3	格栅→初次沉淀池→	曝气池 / 生物膜法 处理设备 → 二次沉淀池	生物膜法 处理设备 →沉淀池→滤池→杀菌→水池→
系统4	格栅→初次沉淀池→	曝气池 / 生物膜法 处理设备 → 二次沉淀池	生物膜法 处理设备 混凝 投药 →沉淀池→滤池→杀菌→水池→
系统5	格栅→初次沉淀池→	膜分离法 →	活性炭吸附→杀菌→水池→

各处理系统一般都具有对原污水的水质、水量的变动有一定的适应性和易于维护管理的特征。表9-5所列举的则是表9-4所列各处理系统对各项指标所能达到的处理效果。

表9-5 城市污水回用处理系统的处理效果

中心处 理方式	处理系 统编号	处理水质						
		BOD (mg/L)	COD (mg/L)	SS (mg/L)	臭味	色度 (度)	浊度 (度)	pH值
生物处理	1	15左右	30左右	10以下	不使人感到不快	40以下，如采用 臭氧为30以下	20以下	
	2	10左右	20左右	10以下	不使人感到不快	30以下	15以下	5.8~8.6
	3	10以下	20以下	10以下	不使人感到不快	40以下	15以下	5.8~8.6
	4	10以下	20以下	10以下	不使人感到不快	30以下	15以下	5.8~8.6
膜分离处理	5	10以下	20以下	痕量	不使人感到不快	10以下	痕量	5.8~8.6
	6	10以下	20以下	痕量	不使人感到不快	10以下	痕量	5.8~8.6
	7	10以下	20以下	痕量	不使人感到不快	10以下	痕量	5.8~8.6
	8	10以下	20以下	痕量	不使人感到不快	10以下	痕量	5.8~8.5

第四节　污水处理单元技术

由于污水再生利用的目的不同，污水处理的工艺技术也不同。水处理技术按其机理可分为物理法、化学法、物理化学法和生物化学法等，污水再生利用技术通常需要多种工艺的合理组合，对污水进行深度处理，单一的某种水处理工艺很难达到回用水水质要求。

以再生水水质为目标，选择水处理单元工艺及方法，即为基本方法，主要有五种。

一、物理方法

污水（无论是生活污水还是工业废水）中都含有相当数量的漂浮物和悬浮物质，通过物理方法去除这些污染物的方法即为物理处理。采用的处理方法如下：

（一）筛滤截留

筛滤截留法主要是利用筛网、格栅、滤池与微滤机等技术来去除污水中的悬浮物的方法。

格栅由一组平行的金属栅条或筛网制成，安装在污水渠道、泵房集水井的进口处或污水处理厂的端部，用以截留较大的悬浮物或漂浮物，如纤维、碎皮、毛发、木屑、果皮等，以便减轻后续处理构筑物的处理负荷，并使之正常运行。

（二）重力分离

重力分离主要有重力沉降和气浮分离方法。

重力沉降主要是依靠重力分离悬浮物；气浮是依靠微气泡粘附上浮分离不易沉降的悬浮物，目前最常用的是压力溶气及射流气浮。

（三）离心分离

离心分离主要是不同质量的悬浮物在高速旋转的离心力场作用下依靠惯性被分离。主要使用的设备有离心机与旋流分离器等。

（四）高梯度磁分离

利用高梯度、高强度磁场分离弱磁性颗粒。

（五）高压静电场分离

主要是利用高压静电场改变物质的带电特性，使之成为晶体从水中分离；或利用高压静电场局部高能破坏微生物（如藻类）的酶系统，杀死微生物。

二、化学方法

化学方法是采用化学方法处理污水的方法。

（一）化学沉淀

以化学方法析出并沉淀分离水中的物质。

（二）中和

用化学法去除水中的酸性或碱性物质，使其 pH 值达到中性左右的过程为中和法。

（三）氧化还原法

利用溶解于废水中的有毒有害物质在氧化还原反应中能被氧化或还原的性质，把它转化为无毒无害的新物质，这种方法称为氧化还原法。

根据有毒有害物质在氧化还原反应中能被氧化或还原的不同，废水的氧化还原法又可分为氧化法和还原法两大类。在废水处理中常用的氧化剂有：空气中的氧、纯氧、臭氧、氯气、漂白粉、次氯酸钠、三氯化铁等；常用的还原剂有硫酸亚铁、亚硫酸盐、氯化亚铁、铁屑、锌粉、二氧化硫等。

（四）电解

电解质溶液在电流的作用下，发生电化学反应的过程称为电解。利用电解的原理来处理废水中的有毒物质的方法称为电解法。

三、物理化学法

（一）离子交换法
离子交换法是以交换剂中的离子基团交换去除废水中的有害离子的方法。

（二）萃取
以不溶水的有机溶剂分离水中相应的溶解性物质的方法。

（三）气提与吹脱
去除水中的挥发性物质，如低分子低沸点的有机物、CO_2、NH_3 等。

（四）吸附处理
以吸附剂（多为多孔性物质）吸附分离水中的物质，常用的吸附剂是活性炭。

（五）膜分离技术
膜分离技术是利用隔膜使溶剂（通常为水）同溶质或微粒分离的方法称为膜分离法。

1. 电渗析

以电动势为推动力的方法，在直流电场中利用离子交换树脂膜的选择性定向迁移、分离去除水中离子的膜分离技术。

2. 扩散渗析

依靠半渗透膜两侧的渗透压分离溶液中的溶质的膜分离技术。

3. 反渗透

是将溶液中的溶剂，在压力下用一种溶剂有选择透过性的半透膜使其进入膜的低压侧而溶液中的其他成分被阻留在膜的高压侧得到浓缩的过程。

4. 超滤

通过超滤膜使水溶液中的大分子物质同水分离的水处理技术。

膜分离法的特点是：

在膜分离过程中，不发生相变化，能量的转化效率高；一般不需要投加其他物质，可节省原材料和化学药品；膜分离过程中，分离和浓缩同时进行，这样能回收有价值的物质；根据膜的选择透过性和膜孔径的大小，可将不同粒径的物质分开，这使物质得到纯化而不改变其原有的属性；膜分离过程不会破坏对热敏感和对热不稳定的物质，可在常温下得到分离；膜分离法适应性强，操作及维护方便，易于实现自动化控制。

四、生物法

（一）活性污泥法

活性污泥法是污水处理最普遍有效的处理方法，活性污泥法是使微生物群体（又称为活性污泥）在曝气池内呈悬浮状态，并与污水充分接触而使污水得到净化的方法。所谓活性污泥，即是向污水中通入空气，经过一段时间后，污水中就会产生一种絮凝体，这些絮凝体由大量繁殖的微生物组成，它易于沉淀，与污水分离，并使污水得到澄清。

常用的活性污泥法处理单元技术有传统活性污泥法、阶段曝气活性污泥法、再生曝气活性污泥法、吸附－再生活性污泥法、延时曝气活性污泥法、高负荷活性污泥法、深水曝气活性污泥法、纯氧曝气活性污泥法等传统工艺；还有一些新工艺如：氧化沟法、间歇式活性污泥处理法、AB 法污泥处理工艺等。

（二）生物膜法

微生物在载体表面附着、生长形成生物膜，生物膜是由有生命的细胞和无生命的无机物组成的。污水与生物膜接触，污水中的有机污染物作为营养物质，为生物膜上的微生物所摄取，污水得到净化，微生物自身也得到繁衍增殖。

常用的生物膜法处理单元技术有生物滤池、生物转盘、生物接触氧化法与生物流化床等技术。

（三）生物氧化塘

氧化塘是利用水塘中的微生物和藻类对污水中的有机废水进行生物处理的方法。生物氧化塘技术主要是利用自然生物净化功能使污水得到净化的污水生物处理技术。污水在塘中缓慢地流动、较长时间地储留，通过在污水中存活微生物的代谢活动和包括水生植物在内的多种生物的综合作用，使有机污染物降解，污水得到净化。

生物氧化塘根据净化过程分为三类：好氧塘、兼性塘和厌氧塘。

（四）土地处理系统

污水土地处理系统，就是在人工控制的条件下，将污水投配在土地上，通过土壤—植物系统，进行一系列物理、化学、物理化学和生物化学的净化过程，使污水得到净化的一种污水处理工艺。

污水土地处理系统能够经济有效地净化污水；能够充分利用污水中的营养物质和水强化农作物、牧草和林木的生产，促进水产和畜产的发展；采用污水土地处理系统，能够绿化大地，整治国土，建立良好的生态环境，因此，土地处理系统也是一种环境生态工程。

常见的土地处理系统有慢速渗滤处理系统、快速渗滤处理系统、地表漫流处理系统、湿地处理系统和污水地下渗滤处理系统等。

（五）厌氧生物处理

是利用厌氧微生物分解水中的有机污染物，特别是高浓度有机物的生物处理技术。

第五节　污水回用的深度处理

深度处理也叫三级处理，是进一步去除常规二级处理所不能完全去除的污水中杂质的净水过程。随着环保要求的提高，以及因水资源紧缺污水再生利用的需要，过去认为二级处理是"完全"处理的观念已不正确。还有一些污染物质，如营养型无机盐氮磷、胶体、细菌、病毒、微量有机物、重金属以及影响回用的溶解性矿物质是二级处理不能完全去除的。这就需要二级处理后，选择一些单元技术进一步对二级出水进行后续处理。这些单元技术有的是从给水处理技术移植过来的，有的是单独针对污水处理的。由于处理对象与给水不同，因而不能简单套用给水技术。为了满足回用的水质要求，或者为了满足排放标准中某些指标（如对磷）的要求，深度处理提到了议程，它已是污水处理整套技术中的重要组成部分。

城市污水深度处理的基本单元技术有：混凝（化学除磷）、沉淀（澄清、气浮）、过滤、消毒。

对水质要求更高时采用的深度处理单元技术有：活性炭吸附、反渗透、除氮、离子交换、折点加氯、点渗析、臭氧氧化等，可选用一种或几种组合。

某种单元过程或单元组合的选择，取决于①处理后废水的用途；②原水水质与处理后目标水质；③单元工艺可行性与整体流程的适应性；④运行控制难度、设备国产化程度、固体和气体废物的产生与处置方法；⑤对工人健康的影响、生产的安全保障；⑥工程投资与运行成本。工艺流程的确定最好通过实验室试验，并借鉴国内外已经成功的运行经验，避免出现技术错误。

《城市污水回用设计规范》给出了深度处理单元技术的处理效率和目标水质（见表9-6、表9-7）。表9-8是根据有关参考文献改编的废水深度处理单元过程可达到的处理指标。在无试验资料情况下，各表所列数据可供参考。

表9-6 二级出水进行混凝沉淀、过滤的处理效率与目标水质

项 目	处 理 效 率（%）			目 标 水 质
	混凝沉淀	过 滤	综 合	
浊度（度）	50～60	30～50	70～80	3～5
SS（mg/L）	40～60	40～60	70～80	5～10
BOD_5（mg/L）	30～50	25～50	60～70	5～10
COD_{Cr}（mg/L）	25～35	15～25	35～45	40～75
总氮（mg/L）	5～15	5～15	10～20	
总磷（mg/L）	40～60	30～40	60～80	1
铁	40～60	40～60	60～80	0.3

表9-7 其他单元过程的去除效率　　　　　　　　　%

项 目	活性炭吸附	脱 氮	离子交换	折点加氯	反渗透	臭氧氧化
BOD_5	40～60	—	25～50	—	≥50	20～30
COD_{Cr}	40～60	20～30	25～50	—	≥50	≥50
SS	60～70	—	≥50	—	≥50	
$NH_4^- N$	30～40	≥90	≥50	≥50	≥50	
总 磷	80～90	—			≥50	
色 度	70～80	—			≥50	≥70
浊 度	70～80	—			≥50	

表9-8 废水深度处理单元过程可达到的处理指标

二级处理	深度处理	典型出水水质						
		SS	BOD_5	COD_{Cr}	总 氮	总 磷	浊度（度）	色 度
活性污泥法	无	20～30	15～25	40～80	20～60	6～15	5～15	15～80
	过 滤	5～10	5～10	3～70	15～35	4～12	0.3～5	15～60
	过滤、炭柱	＜3	＜1	5～15	15～30	4～12	0.3～3	5
	混凝沉淀	＜5	5～10	40～70	15～30	1～2	10	10～30
活性污泥法	混凝沉淀、过滤	＜1	＜5	30～60	2～10	0.1～1	0.1～1	10～30
	混凝沉淀、过滤、氨解析	＜1	＜5	30～60		0.1～1	0.1～1	10～30
	混凝沉淀、过滤、氨解析、炭柱	＜1	＜1	1～15		0.1～1	0.1～1	＜5
生物处理	无	20～40	15～35	40～100	20～60	6～15	5～15	15～80
	过 滤	10～20	10～20	30～70	15～35	6～15	＜10	15～60
	曝气、沉淀、过滤	5～10	5～10	30～60	4～12	4～12	0.5～5	15～60

一、混凝

混凝是向水中投加药剂，通过快速混合，使药剂均匀分散在污水中，然后慢速混合形成大的可沉聚体。胶体颗粒脱稳碰撞形成微粒的过程称为"凝聚"，微粒在外力扰动下相互碰撞、聚集而形成较大絮体的过程称为"絮凝"，"絮凝"过程过去称为"反应"。混合、凝聚、絮凝合起来称为混凝，它是化学处理的重要环节。混凝产生的较大絮体通过后续的沉淀或澄清、气浮等从水中分离出来。混凝基本去除或降低的物质如下：

1. 悬浮的有机物和无机物，可去除 1 μm 以上的颗粒，进而也去除了由这些颗粒，主要是生物处理流失出的生物絮体碎片、游离细菌等形成的 COD。

2. 溶解性磷酸盐，通常可降至 1 mg/L 以下。

3. 用石灰可去除一些钙、镁、硅石、氟化物。在碳酸盐硬度高的污水中，用石灰可去除更多的钙和镁。

4. 去除某些重金属，石灰对沉淀镉、铬、铜、镍、铅和银特别有效。

5. 降低水中细菌和病毒的含量。混凝处理对象是二级出水，二级出水中所含的物质与天然水所含的物质不同。天然水形成浊度的主要是泥沙等无机物，而二级出水中是胶体和菌胶团微粒，因而污水深度处理的混凝不同于给水处理的混凝。污水处理混凝的特点是：由于污水中生物微粒的存在，并且这种微粒与药剂相互间亲和力强，因而投加药剂后，絮凝过程可在较短时间内完成。

药剂混合通常用机械搅拌装置，停留时间为 15 ~ 60 s，絮凝时间宜为 10 ~ 15 min，对于石灰宜为 5 min，其速度梯度 G 值在 10 ~ 200 s^{-1}，总速度梯度 G_t 值在 10 000 ~ 100 000 s^{-1} 之间。絮凝可在单独的池中进行，也可在澄清池或气浮池反应区中进行。混凝过程需要投加混凝剂，它们是拥有高价正离子和良好吸附架桥能力的无机或有机物，当只靠混凝剂难以保证处理效果时，还要投加助凝剂。

传统混凝剂主要是硫酸铝，它的絮凝效果好，使用广泛。近年来聚合氯化铝也得到了广泛应用。其次是铁盐，如三氯化铁、硫酸亚铁等。助凝剂主要有聚丙烯酰、活化硅酸、骨胶等高分子药剂。

二、化学除磷

废水中的磷有三种存在形式，即有机磷酸盐、聚磷酸盐和正磷酸盐。磷主要通过人体排泄物、食堂粉碎机排入下水道的废食品和多种家用去污剂而进入污水中。有机磷存在于有机物和原生质细胞中，洗涤剂含有较多的聚磷酸盐，正磷酸盐是磷酸循环中最后分解的产物，它容易被生物法和化学法去除。

常规污水处理厂中的预处理和二级处理只能部分除磷，专门设计的生物除磷工艺可以取得较好的除磷效果，但有时也达不到排放标准。当出水水质对磷的要求很高时，或条件更适宜用化学法而不适宜用生物法时，通过技术经济比较，可以选用化学除磷，或者将生物除磷与化学除磷结合起来使用，经验表明，两种方法结合除磷可能更为经济。

化学法除磷就是向污水中投加药剂与磷反应，形成不溶性磷酸盐，然后通过沉淀过滤，将磷从污水中除去。用于化学除磷的常用药剂有三大类，即石灰、铝盐和铁盐。

投加石灰是国外早期常用的方法。石灰与磷酸盐反应生成羟基磷灰沉淀，其反应式如下：

$$5Ca^{2+} + 4OH^- + 3HPO_4^{2-} \longrightarrow CaOH(PO_4)_3 + 3H_2O$$

石灰首先与水中碱度发生反应形成碳酸钙沉淀：

$$Ca(OH)_2 + Ca(HCO_3)_2 \longrightarrow 2CaCO_3 + 2H_2O$$

然后，过量的钙离子才能与磷酸盐反应生成羟基磷灰石沉淀。因此，通常所需的石灰量主要取决于污水的碱度含量，而不取决于污水中的磷酸盐含量。

石灰的投加点有三种选择：一是在初沉池之前，在除磷的同时，也提高了初沉池有机物和悬浮物的去除率，从而减轻二级处理负担；二是投加到生物处理之后的二沉池中，将磷在生物处理之后去除，不影响生物处理本身对磷的需求；三是加到生物处理之后并带有再碳酸化的系统。再碳酸化是通入 CO_2 中和过高的 pH。投加铝盐除磷，其除磷反应式为：

$$Al(SO_4)_3(14H_2O) + 2H_2PO_4^- + 4HCO_3^- \longrightarrow 2AlPO_4 + 4CO_2 + 3SO_4^{2-} + 18H_2O$$

铝盐的投加点比较灵活，可以加在初沉池前，也可以加在曝气池和二沉池之间，还可以以二沉池出水为原水投加铝盐，和生物处理分开。最佳投药量不能按计算决定，因为除磷的化学反应是个复杂的过程，有些化合物的构成还不完全清楚，加上废水本身的复杂性，因此最佳投药量需要用实验确定，对于大型工程来说，还要经过中试、生产性试验等摸索到投药量规律，用以指导生产运行。

投加铁盐除磷，则氯化铁、氯化亚铁、硫酸亚铁、硫酸铁等都可用来除磷，但常用的是氯化铁($FeCl_3$)，其反应式为：

$$FeCl_3(6H_2O) + H_2PO_4^- + 2HCO_3^- \longrightarrow FePO_4 + 2CO_2 + 3Cl^- + 8H_2O$$

城市污水投加量大约在 $15 \sim 30$ mg/L Fe（$45 \sim 90$ mg/L $FeCl_3$）时可以除磷 $85\% \sim 90\%$。同铝盐一样，铁盐投加点可在预处理、二级处理或三级处理阶段，使用铁盐或铝盐除磷时，在处理厂出水中增加了可溶固体含量。在固液分离不好的处理厂中，铁盐会使出水略带红色。

化学除磷会显著增加污泥量，因为除磷时产生金属磷酸盐和金属氢氧化物絮体，它们是以悬浮固体形式存在，最终变为处理厂污泥。在初沉池前投加金属盐，初沉池污泥量增加 $50\% \sim 100\%$，全厂污泥量增加 $60\% \sim 70\%$。在二级处理中投加金属盐，剩余污泥量增加 $35\% \sim 45\%$，整个污水厂污泥增加 $5\% \sim 25\%$。化学除磷不仅使污泥量增加，而且因为污泥浓度降低 20% 而使污泥体积增大，在设计化学法除磷的污水厂时，要充分重视污泥处理与处置问题。

三、沉淀、澄清、气浮

(一) 沉淀

沉淀是在重力作用下，将重于水的悬浮物从水中分离出去的方法。颗粒在沉淀过程中，形状、尺寸、质量以及沉速都随沉淀过程的进展而发生变化，絮凝的沉淀物形成层状呈整体沉淀，有较明显的固 – 液界面，后期产生压缩现象，悬浮颗粒相聚于水底，互相支撑互相挤压，发生进一步沉降。

常用的沉淀池类型有四种：平流式沉淀池、辐流式沉淀池、竖流式沉淀池、斜板（斜管）沉淀池。大型沉淀池附带机械刮泥排泥设备。

当二级出水再混凝沉淀时，则平流沉淀池设计参数如下：①表面水力负荷:铁盐或铝盐混凝时，按平均日流量计的表面水力负荷不大于 1.25 $m^3/$ $(m^2 \cdot h)$；按最大时流量计的表面水力负荷不大于 1.6 $m^3/$ $(m^2 \cdot h)$。②停留时间：$2 \sim 4$ h。③池深：4.5 m。④池内流速：$4 \sim 10$ mm/s。⑤进水渠流速：$0.15 \sim 0.6$ m/s。⑥出水堰的溢流负荷：$1 \sim 3$ L/ $(s \cdot m)$。

（二）澄清

澄清池是一种将絮凝反应过程与澄清分离过程综合于一体的构筑物。在澄清池中沉泥被提升起来并使之处于均匀分布的悬浮状态，在池中形成高浓度稳定的活性泥渣层阻留下来，清水在澄清池上部排出。

正确选用澄清池上升流速，培育并保持稠密泥渣悬浮层，是澄清池取得良好效果的基本条件。国内外在污水深度处理上采用澄清池的较多，运行效果都较好。因生物絮体轻而易碎，所以污水澄清池上升流速要比给水澄清池低，以取 $0.4 \sim 0.6$ mm/s 为宜。

（三）气浮

气浮是向水中通入空气，使水产生大量的微细气泡，并促其粘附于杂质颗粒上，形成比重小于水的漂浮絮体，絮体上浮至水面然后刮开，以此实现固液分离。

气浮技术目前已经在工业废水处理、污泥浓缩以及给水除藻上得到应用。对于大水量的城市污水回用尚缺实践经验，但从生物絮体和化学絮体轻柔的特点看，采用气浮法来进行固液分离更合适些。

四、过滤

过滤是使二级生物处理或物理化学处理的出水通过颗粒滤料，将水中悬浮杂质截留到滤层上，从而使其澄清的过程。过滤可作为三级处理流程中间的一个单元，也可作为回用之前的最后把关步骤。过滤是保证处理水质的不可缺少的关键过程。

起初人们将给水处理中的过滤技术直接用于污水处理，但没有成功。因为污水处理滤池所截留的污泥黏而易碎，且很快在滤料表面积聚，形成泥封，当提高水头时污泥又很容易穿透滤层。针对污水处理的特点，经过多年的精心试验研究，人们开发出适用于污水的过滤技术，并应用到大规模污水处理厂中。

（一）过滤的作用

1.进一步去除污水中的生物絮体和悬浮物，使出水浊度大幅度降低。

2.进一步降低出水的有机物含量，连对重金属、细菌、病毒也有很高的去除率。

3.去除化学絮凝过程中产生的铁盐、铝盐、石灰等沉积物，去除水中的不溶性磷。

4.在活性炭吸附或离子交换之前，作为预处理设施，可提高后续处理设施的安全性和处理效率。

5.通过进一步去除污水中的污染物质，可以减少后续的杀菌消毒费用。

（二）滤池分类

1.按水流方向分为降流式滤池、升流式滤池、升降流结合滤池、水平流式滤池。

2.按滤料分为单层滤料滤池、双层滤料滤池、混合滤料滤池。

（三）过滤效果

污水经过不同类型工艺处理后的出水过滤效果见表9-9。

表 9 – 9　二级出水过滤效果

滤池进水类型	无化学混凝	经化学混凝（经双层或多层滤池）		
	SS（mg/L）	SS（mg/L）	PO_4^{3-}（mg/L）	浊度（JTU）
高负荷生物滤池出水	10 ~ 20	0	0.1	0.1 ~ 0.4
二级生物滤池出水	6 ~ 15	0	0.1	0.1 ~ 0.4
接触氧化出水	6 ~ 15	0	0.1	0.1 ~ 0.4
普通活性污泥法出水	3 ~ 10	0	0.1	0.1 ~ 0.4
延时曝气法出水	1 ~ 5	0	0.1	0.1 ~ 0.4
好氧/兼性出水	10 ~ 50	0 ~ 30	0.1	

五、活性炭吸附

在废水处理中使用活性炭，可去除水中残存的有机物、胶体粒子、微生物、余氯、痕量重金属等，并可用来脱色、除臭。

（一）活性炭的性能

活性炭是由煤或木材等材料经一次炭化制成的，其生产过程是在干馏釜中加热分馏，同时以不足量的空气使其继续燃烧，然后在高温下用 CO 使其活化，使炭粒形成多孔结构，造成一个极大的内表面面积，所形成的表面特性与所用原料和加工方法有关。由于活性炭表面积巨大，所以吸附能力很强。活性炭有颗粒状与粉末状之分，目前应用较多的是颗粒状活性炭。颗粒活性炭性能见表 9 – 10。

表 9 – 10　用于水处理的粒状活性炭的性能及规格

项　　目	太原新华厂 ZJ – 15（8#）	太原新华厂 ZJ – 25（2#）	北京光华厂 GH – 16	美　　国 Calgon filtrasorb 300
粒径（mm）	1.5	—	—	1.5 ~ 1.7
粒度（筛目）	10 ~ 20	10 ~ 20	10 ~ 20	—
机械强度（%）	70	> 85	≥90	70
碘值（mg/g）	> 800	> 700	> 1 000	900
真密度（g/cm³）	0.77	0.70	2	2.1
堆密度（g/L）	450 ~ 530	520	340 ~ 440	480
比表面积（m²/g）	900	800	1 000	950 ~ 1 050
总孔容积（mL/g）	0.80	0.80	0.90	0.85
水分（%）	< 5	< 5	—	2
灰分（%）	< 30	< 4	—	8

（二）活性炭吸附的应用

活性炭在污水处理中一般用在生物处理之后，为了延长活性炭的工作周期，常在炭柱前加过滤，典型的流程如下：

原水 ──→ 预处理 ──→ 生物处理 ──→ 过滤 ──→ 炭吸附 ──→ 消毒 ──→ 排出

活性炭吸附效果见表 9 – 11。

表 9-11 活性炭吸附的去除效果

项 目	单 位	科罗拉多泉处理厂			洛杉矶导试厂			大连市政污水		
		进水	出水	去除率 (%)	进水	出水	去除率 (%)	进水	出水	去除率 (%)
pH 值		6.9	6.9			7.5		7.4	7.8	
浊度	度	62	6	90	1.5	0.8	46	4.2	3.4	19
色度	度	39	18	54	30	< 5	83	46	19	59
COD	mg/L	139	39	72	29.9	10.7	64	65	44	32
BOD	mg/L	57	24	58	5.7	2.4	58	5.3		
总磷	mg/L	0.7	0.9		2.9	2.9		4.1	3.6	12
NH_4^+ N	mg/L	23.9	26.9		7.4	7.1	4	34.9	33.2	5
SS	mg/L	15	3	79	5.4	2.4	56	4.8	0.9	81

六、反渗透

反渗透技术开始于 20 世纪 50 年代美国佛罗里达大学的一个科学试验，随之膜技术得到迅速发展，而今遍布全球的设备已达到 $640 \times 10^4 \, m^3/d$ 的能力。目前反渗透技术已经应用到海水淡化、纯净水制取、污水的再生利用以及工业供水等多方面领域。70 年代美国 21 水厂成功地应用反渗透技术回收城市污水，然后注入地下，以防止海水入侵。

反渗透系统的组成为供水单元、预处理系统、高压泵入单元、膜装配单元、仪表及控制系统、渗透处理及储存单元、清洗单元。

第十章　建筑中水回用技术

水资源短缺是未来人类生存所面临的最严峻的挑战之一。解决水资源短缺的根本出路，除了尽快加强对水资源流域生态环境的恢复与保护，大力提倡节约用水外，最直接有效的措施就是增加水的重复利用。作为节水技术之一，建筑中水回用技术已日渐引起人们的关注。城市建筑小区的中水可回用于小区绿化、景观用水、洗车、清洗建筑物和道路以及室内冲洗厕所等。中水回用对水质的要求低于生活用水标准，具有处理工艺简单、占地面积小、运行操作简便、征地费用低、投资少等特点。近年来，城市建筑小区中水回用的实践证明，中水回用可大量节约饮用水的用量，缓和城市用水的供需矛盾，减少城市排污系统和污水处理系统的负担，有利于控制水体污染，保护生态环境。同时，面对国家实施的"用水定额管理"和"超定额累进加价"制度，中水回用将为建筑小区居民和物业管理部门带来可观的经济效益。随着建筑小区中水回用工程的进一步推广，其产生的环境效益、经济效益和社会效益将更趋明显。

第一节　概　　述

一、建筑中水回用概况

（一）国外的发展情况

中水技术作为水回用技术，早在 20 世纪中叶就随工业化国家经济的高度发展，世界性水资源紧缺和环境污染的加剧而出现了。面对水资源危机，日本早在 20 世纪 60 年代中期就开始污、废水回用，主要回用于工业农业和日常生活，称为"中水道"。70 年代的水荒和限水使节水和重复用水更受到重视，到了 80 年代，东京已建中水工程 200 多处，全国已有 473 项，之后平均每年新建 130 多处，到 1993 年全国有 1963 套杂用水再利用设施投入使用。在兴建中水设施的同时，还颁布了多项相关法规，形成了传统的生物处理和以滤膜技术的发展为基础的全设备化膜处理技术。美国和西欧发达国家也很早就推出了成套的处理设备和技术，他们比较崇尚物理化学处理方法，这些国家的处理设备比较先进，水的回用率较高。

（二）国内的发展情况

从20 世纪 70 年代末至 1987 年政发（60）号文（第一个中水文件）的发布，为技术引进吸收、试验研究阶段，主要进行对国外（主要是日本）中水技术的翻译、交流，外资合资中水项目的引进、消化。这一阶段实际应用工程虽少，但有关试验研究资料交流不少。80 年代初，随着我国改革开放后对水的需求的增加以及北方地区的干旱形势，促使中水回用技术得到发展，1987 年至 20 世纪末，是技术规范的初步建立和中水工程建设的推进阶段。从国内来看，北京市开展建筑中水技术的研究和推广工作较早，此外，上海、大连和太原等城市的中水设施建设也初见成效，但总体来看，建筑中水回用在我国仍处于起步阶段。

二、基本概念

中水的概念来源于 20 世纪 60 年代日本的"中水道"，意指水质介于上水（饮用水）和下水（污水）之间的一种水路系统。中水是对应给水、排水的内涵而得名的，翻译过来的名词有再生水、中水道、回用水、杂用水等，我们通常所称的中水（reclaimed water）是对建筑物、建筑小区的配套设施而言，又称为中水设施。

建筑中水是指把民用建筑或建筑小区内的生活污水或生产活动中属于生活排放的污水和雨水等杂水收集起来，经过处理达到一定的水质标准后，回用于民用建筑或建筑小区内，用作小区绿化、景观用水、洗车、清洗建筑物和道路以及室内冲洗便器等的供水系统。

建筑中水工程属于小规模的污水处理回用工程，相对于大规模的城市污水处理回用而言，具有分散、灵活、无需长距离输水和运行管理方便等特点。

三、建筑中水回用的意义

大量工程实践证明，建筑中水回用具有显著的环境效益、经济效益和社会效益。

1. 建筑中水回用可减少自来水消耗量，缓解城市用水的供需矛盾。

2. 建筑中水回用可减少城市生活污水排放量，减轻城市排污系统和污水处理系统的负担，并可在一定程度上控制水体的污染，保护生态环境。

3. 建筑中水回用的水处理工艺简单，运行操作简便，供水成本低，基建投资小。

应该指出，由于目前大部分地区的水资源费和自来水价格偏低，对于大多数实施建筑中水回用的单位来讲，其直接经济效益尚不尽如人意，但考虑到水资源短缺的大趋势及引水排水工程的投资越来越大等因素，各城市的水资源增容费用和自来水价格必将逐步提高，而随着建筑中水技术的日益成熟和设计、管理水平的不断提高，中水的成本将会呈下降趋势。可以预计，在许多缺水城市和一些正在或即将实施"用水定额管理"和"超定额累进加价"制度的地区，中水回用的经济效益将会越来越显著。

四、我国建筑中水回用在发展中存在的问题

1. 相关政策法规和技术规范不健全，未形成配套产业政策和法规体系。

2. 没有形成市场机制，在中水设施的建设过程中没有发挥好经济杠杆的作用。

3. 中水工程建设程序混乱，对于建筑中水，一些设计部门只做集水和供水管道设计，不做水处理部分的设计，从而造成设计、施工、安装调试、运行等环节相互脱节，工程质量低下。

4. 由于技术力量不足，设计经验欠缺，常常出现工程投入使用后运行不正常、出水水质不达标或运行成本高等问题，以致目前国内已建成的中水工程运行率不高，给中水工程的推广使用带来了负面影响。

5. 技术开发力度不够，运行管理水平较低。

第二节　建筑中水系统的类型和组成

一、建筑中水系统的类型

建筑中水系统是给排水工程技术、水处理工程技术及建筑环境工程技术相互交叉、有机结合的一项系统工程。中水系统不能简单地理解为污水处理厂的小型化，更不是给排水工程和水处理设备的简单拼接。

建筑中水系统按服务范围和规模可分为：单幢建筑中水系统、建筑小区中水系统和区域性水循环建筑中水系统三大类。

（一）单幢建筑中水系统

1. 中水水源

单幢建筑中水系统的中水水源取自本系统内的杂排水（不含粪便排水）和优质杂排水（不含粪便和厨房排水）。

2. 给、排水系统

对于设置单幢建筑中水系统的建筑，其生活给水和排水都应是双管系统，即给水管网为生活饮用水管道和杂用水管道分开，排水管网为粪便排水管道和杂排水管道分开的给、排水系统。

3. 特点

单幢建筑中水系统处理流程简单、占地面积小、投资少、见效快，适用于用水量较大，尤其是优质杂排水水量较大的各类建筑物。

（二）建筑小区中水系统

1. 中水水源

建筑小区中水系统的水源取自建筑小区内各建筑物排放的污水。

2. 给、排水系统

根据建筑小区所在城镇排水设施的完善程度确定室内排水系统，但应使建筑小区室外给、排水系统与建筑物内部给、排水系统相配套。

3. 特点

建筑小区中水系统工程规模较大、管道复杂，但中水集中处理的费用较低，多用于建筑物分布较集中的住宅小区和高层楼群、高等院校等。

目前，设置中水工程的建筑小区室外排水多为粪便、杂排水分流系统，中水水源多取自杂排水。建筑小区和建筑物内部给水管网均为生活饮用水和杂用水双管配水系统。

（三）区域性水循环建筑中水系统

1. 中水水源

区域性水循环建筑中水系统一般以本地区城市污水处理厂的二级处理水为水源。

2. 给、排水系统

区域性水循环建筑中水系统的室外、室内排水系统可不必设置成分流双管排水系统，但室内、室外给水管网必须设置成生活饮用水和杂用水双管配水的给水系统。

3. 特点

区域性水循环建筑中水系统适用于所在城镇具有污水二级处理设施，并且距污水处理厂较近的地区。

二、建筑中水系统的组成

建筑中水系统由中水原水系统、中水处理系统和中水供水系统三部分组成。

（一）中水原水系统

中水原水系统是指收集、输送中水原水到中水处理设施的管道系统和相关的附属构筑物。

（二）中水处理系统

中水处理系统是指对中水原水进行净化处理的工艺流程、处理设备和相关构筑物。

（三）中水供水系统

中水供水系统是指把处理合格后的中水从水处理站输送到各个用水点的管道系统、输送设备和相关构筑物。

第三节 水 质 与 水 量

一、中水原水的水质与水量

建筑中水原水是指用作中水水源而未经处理的水，主要是来自建筑物内部的生活污水。生活污水是由居民的生活活动而产生的，其水质、水量和污染物浓度与建筑物的类型、居民的人数、居民生活习惯、建筑物内部卫生设备的完善程度以及当地的气候条件等因素有关。

（一）中水原水的种类

1. 按水质划分

（1）优质杂排水。包括冷却排水、沐浴排水、盥洗排水和洗衣排水。其特点是有机物和悬浮物浓度较低，水质好，容易处理且处理费用较低。

（2）杂排水。包括优质杂排水和厨房排水。其特点是有机物和悬浮物浓度较高，水质较好，处理费用比优质杂排水高。

（3）生活污水。包括杂排水和厕所排水。其特点是有机物和悬浮物浓度均很高，水质差，处理工艺复杂，处理费用高。

2. 按用途划分

（1）冷却排水。主要是空调机房冷却循环水中排放的部分废水，其水温较高，污染程度较低。

（2）沐浴排水。主要指淋浴和盆浴排放的污水，其有机物和悬浮物含量均较低，但皂液含量高。

（3）盥洗排水。主要指洗脸盆、洗手盆和盥洗槽排放的废水，其水质与沐浴排水相近，但悬浮物浓度较高。

（4）洗衣排水。主要指宾馆洗衣房的排水，其水质与盥洗排水相近，但洗涤剂含量高。

（5）厨房排水。包括厨房、食堂和餐厅在炊事活动中排放的污水，其有机物浓度、浊度和油脂含量高。

（6）厕所排水。大便器和小便器排放的污水，其有机物浓度、悬浮物浓度和细菌含量高。

（二）中水原水的水质

对于各类建筑物和各种排水的水质，我国尚未进行系统的测试，在进行中水处理系统的相关设计时，可根据实际调查分析和测试来确定。如无实测资料，可按一般水质资料确定。

表 10-1　各类建筑物各种排水的污染物浓度

类别	住　宅			宾馆、饭店			办　公　楼		
	BOD （mg/L）	COD （mg/L）	SS （mg/L）	BOD （mg/L）	COD （mg/L）	SS （mg/L）	BOD （mg/L）	COD （mg/L）	SS （mg/L）
厕所	200~260	300~360	250	250	300~360	200	300	360~480	250
厨房	500~800	900~1 350	250						
沐浴	50~60	120~135	100	40~50	120~150	80			
盥洗	60~70	90~120	200	70	150~180	150	70~80	120~150	200

（三）中水原水的水量

中水原水的水量是影响水量平衡、水处理规模、投资费用、处理成本等的重要因素，也是中水系统合理、安全运行的保证。在实际工作中，测定各类建筑物的排水量是比较困难的，所以一般情况下排水量可按建筑物的用水量进行推算。目前，中水原水的水量大多按作为中水水源的给水量的80%~90%计。不同类型的建筑物的给水量不同，当没有准确资料时，可按人均用水量标准计算。

表 10-2　各类建筑生活给水量及占总用水量的百分比

类别	住　宅		宾馆、饭店		办　公　楼	
	水　量 [L/（人·d）]	占总用水量 （%）	水　量 [L/（人·d）]	占总用水量 （%）	水　量 [L/（人·d）]	占总用水量 （%）
厕所	40~60	31~32	50~80	13~19	15~20	60~66
厨房	30~40	21~23				
沐浴	40~60	31~32	300	71~79		
盥洗	20~30	15	30~40	8~10	10	34~40
合计	130~190	100	380~420	100	25~30	100

注：1. 本表摘自《建筑中水设计规范》（CECS 30—91）。

　　2. 洗衣用水量可根据实际使用情况确定。

二、中水供水的水质与水量

（一）中水供水水质

中水原水经过处理后，可回用作为小区绿化、景观、洗车、冷却设备补充、清洗建筑物和道路以及室内冲洗厕所等用水。但无论何种用途，都必须保证回用水水质满足该用途的水质要求，达到该用途的水质标准。

为保证中水作为生活杂用水的安全可靠，中水供水水质必须达到下列基本要求：

1. 卫生上安全可靠，无有害物质，主要衡量指标有大肠杆菌群数、细菌总数、余氯量、悬浮物量、化学需氧量和生化需氧量等。

2. 感观上无不快感，其主要衡量指标有浊度、色度、臭味、油脂和表面活性剂等。

3. 不会引起管道和设备的腐蚀和结垢，不会给管理和维修造成困难，主要衡量指标有硬度、pH值、蒸发残渣和溶解性物质等。

（二）中水水质标准

在国内，一些城市和地区结合地方特点颁发了各自的中水水质标准，但目前尚无统一的标准。国外的中水水质标准，由于各个国家的经济和技术条件不一样，所以目前世界上还没有一个公认的统一标准。表10-3为生活杂用水水质标准（CJ 25.1—89）。

表 10 – 3　生活杂用水水质标准（CJ 25.1—89）

项　　目	厕所便器冲洗、城市绿化	洗车、扫除	项　　目	厕所便器冲洗、城市绿化	洗车、扫除
浊度（度）	10	5	氨氮（以 N 计）（mg/L）	20	10
溶解性固体（mg/L）	1 200	1 000	总硬度（以 $CaCO_3$ 计）（mg/L）	450	450
悬浮性固体（mg/L）	10	5	氯化物（mg/L）	350	300
色度（度）	30	30	阴离子合成洗涤剂（mg/L）	1.0	0.5
臭	无不快感觉	无不快感觉	铁（mg/L）	0.4	0.4
pH 值	6.5～9.0	6.5～9.0	锰（mg/L）	0.1	0.1
BOD_5（mg/L）	10	10	游离余氯（mg/L）	管网末端水≥0.2	管网末端水≥0.2
COD_{Cr}（mg/L）	50	50	总大肠菌群（个/L）	3	3

（三）中水用水量

中水用水量是指建筑物内各种杂用水的总用水量。对于一般住宅和办公楼，中水可用于冲洗厕所、清洗路面、道路喷洒、绿化浇水、水景、洗车、冷却等。在确定中水的用水量时必须区分用途，按不同的用途来确定用量。如果没有实测资料，可参照表10-2确定，对于水景、绿化浇水、洗车、道路喷洒等中水用水量，可参照一般给水工程手册提供的用水定额资料确定。

三、水量平衡

（一）水量平衡的内容

建筑中水系统的水量平衡是指中水原水的水量、中水处理水量和中水用水量和给水补水量之间通过计算调整达到平衡一致，使中水处理系统的处理规模和处理方法趋于合理，并使原水收集、处理和中水供应等环节有机结合，从而使整个中水系统能够在中水原水量和中水用水量不是很稳定的情况下稳定、协调地运行。水量平衡应保证中水原水的水量稍大于中水用水量。水量平衡计算是系统设计和量化管理的一项工作，是选定建筑中水系统类别和水处理工艺，合理设计中水处理设备、构筑物和管道的重要依据。

水量平衡应从两个方面来进行，一方面是确定可集流作为中水原水的污水量，另一方面是确定中水的用水量。在中水原水量和中水用水量初步确定后，制定水量平衡图。水量平衡图的制定过程就是集流和使用项目增减调整的过程，调整后的中水原水量应达到"供大于求"，用作中水水源的原排水量应为中水回用量的 1.1～1.5 倍。

（二）水量平衡计算

1. 建筑物生活给水量

$$Q_d = \sum q \times n \times 10^{-3} \tag{10 – 1}$$

式中　Q_d——建筑物生活给水量，m^3/d；

q——单位用水定额，L/（人·d）；

n——用水单位，人。

2. 中水原水量

$$Q_y = \sum c \times b \times Q_d \qquad (10-2)$$

式中　Q_y——可集流的中水原水量，m^3/d；

Q_d——建筑物生活给水量，m^3/d；

c——可集流的中水原水量占给水量的百分数，%，一般为80%至90%；

b——可收集的原水占总原水量的百分数，%。

3. 冲厕用水量

$$Q_c = 1.2 \times b \times Q_d \qquad (10-3)$$

式中　Q_c——冲洗厕所的中水用水量，m^3/d；

b——冲洗厕所用水量占日用水量的百分数，%；

1.2——考虑漏损的附加系数；

Q_d——建筑物生活用水量，m^3/d。

4. 中水回用量

$$Q_z = Q_c + Q \qquad (10-4)$$

式中　Q_z——中水回用量，m^3/d；

Q_c——冲厕用水量，m^3/d；

Q——其他杂用水量，m^3/d。

5. 中水工程建成后的自来水需求量

$$Q_x = Q_d - Q_z \qquad (10-5)$$

式中　Q_x——工程建成后的自来水需求量，m^3/d；

Q_d——原来的生活用水量，m^3/d；

Q_z——中水用水量，m^3/d。

6. 中水工程建成后的排污量

$$Q_w = Q_x - Q_z + Q_c \qquad (10-6)$$

式中　Q_w——建成后的排污量，m^3/d。

（三）水量平衡图

水量平衡图是将水量平衡的结果用数字和框图的形式直观地表示出来。图中应注明给水量、排水量、集流水量、不可集流水量、中水供水量、溢流水量和生活用水补给量，并用箭头表示水的流动方向。水量平衡图并无定式，但要求以清楚准确地表达水量平衡值间的关系为准则，且能从图中看出设计范围中各种水量的来龙去脉、各水量值及其相互关系、水的合理分配及综合利用情况。如图10-1、图10-2所示。

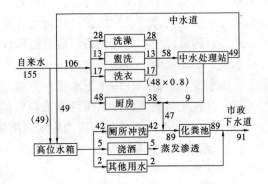

图10-1　单幢建筑中水工程水量平衡示意图（单位：m^3/d）

130

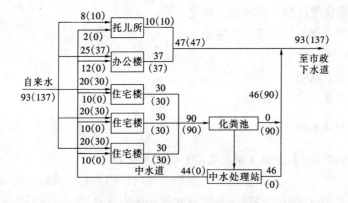

图 10-2 建筑小区中水工程水量平衡示意图（单位：m³/d）
注：括号中的数值为自来水和中水的用水量（或排出水量）之和。

（四）注意事项

1. 在进行水量平衡时应综合考虑不同处理设施的水量回收率、各项用水量的季节性变化、不同原排水的水质对处理过程的影响、不同用途的用水量及其排水量的变化等因素。

2. 采用何种类型的中水原水（水源），需根据不同的水量平衡方案，并经过技术经济比较才能确定。从水处理流程和工艺的繁简以及投资的多少考虑，一般应优先考虑采用不包含厕所排水和厨房排水的优质杂排水作为中水原水，其次才考虑不包括厕所排水但包括厨房排水的杂排水，应尽量不采用含有厕所排水的生活污水作为中水原水。

第四节　中水原水系统

一、中水原水系统的分类

根据中水原水的水质不同，中水原水系统分为分流制和合流制两类。分流制系统以优质杂排水或杂排水为中水水源，合流制则以综合生活污水为中水水源。

（一）合流系统及其特点

1. 优点

（1）水量较分流系统充足且水量稳定；

（2）不需专门设置分流管道。

2. 缺点

（1）原水水质差，含粪便和油污；

（2）水处理工艺复杂，必须经过可靠的一级、二级、三级处理程序；

（3）中水水质保障性差，用户接受程度低；

（4）中水处理过程对周围环境危害大。

（二）分流系统及其特点

1. 优点

（1）原水水质好，有机污染物含量低；

（2）水处理工艺流程简单，投资省，占地小；

（3）中水水质保障性好，易被用户接受；

（4）中水处理过程对周围环境危害小。

2. 缺点

（1）原水水量受限制，且不是很稳定；

（2）需专门设置一套分流管道。

二、分流制原水系统的组成

（一）建筑物室内污水分流（原水集流）管道和设备

建筑物室内污水分流（原水集流）管道和设备的作用是收集洗澡、盥洗和洗涤污水。集流的污水排到室外集流管道，经过建筑物或建筑小区中水处理站净化后回送到建筑小区内各建筑物，作为杂用水使用。室内集流的污水排到室外集流管道时，集流排水的出户管处应设置排水检查井，与室外集流管道相接。

（二）建筑小区污水集流管道

建筑小区污水集流管道可布置在庭院道路或绿地以下，应根据实际情况尽可能地依靠重力把污水输送到中水处理站。建筑小区集流污水管分为干管和支管，根据地形和管道走向情况，可在管网中适当的位置设置检查井、跌水井和溢流井等，以保证集流污水管网的正常运行以及集流污水水量的恒定。图 10－3 为某建筑小区集流污水管网布置示意图。

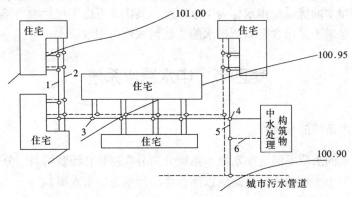

图 10－3　建筑小区集流污水管网布置示意图（单位：mm）

1—集流管道；2—粪便排水管道；3—排水检查井；4—溢流井；

5—溢流管段；6—事故排放管段

（三）污水泵站及压力管道

当集流污水不能依靠重力自流输送到中水处理站时，需设置泵站进行提升。在这种情况下，泵站到中水处理站间的集流污水管道，应设计为压力管道。

第五节　中水供水系统

中水供水系统的作用是把处理合格的中水从水处理站输送到各个用水点。凡是设置中水系统的建筑物或建筑小区，其建筑内、外都应分开设置饮用水供水管网和中水供水管网，以及两个管网各自的增压设备和储水设施。常用的增压储水设备（设施）有饮用水蓄水池、饮用水高位水箱、中水储水池、中水高位水箱、水泵或气压供水设备等。

一、中水供水系统的类型

中水供水系统按其用途可分为两类：

（一）生活杂用中水供水系统

该种系统的中水主要供给公共、民用建筑和工厂生活区冲洗便器、冲洗或浇洒路面、绿化和冷却水补充等杂用。

（二）消防中水供水系统

该种系统的中水主要用作建筑小区、大型公共建筑的独立消防系统的消防设备用水。

二、建筑小区室外中水供水系统

（一）室外中水供水系统的组成

室外中水供水系统的组成与一般给水系统的组成相似，一般由中水配水干管、中水分配管、中水配水闸门井、中水储水池、中水高位水箱（水塔）和中水增压设备等组成。

经中水处理站处理合格的中水先进入中水储水池，经加压泵站提送到中水高位水箱或中水水塔后进入中水配水干管，再经中水分配管输送到各个中水用水点。

在整个供水区域内，中水管网根据管线的作用不同可分为中水配水干管和中水分配管。干管的主要作用是输水，分配管主要用于把中水分配到各个用水点。

（二）室外中水供水管网的布置

根据建筑小区的建筑布局、地形、各用水点对中水水量和水压的要求等情况，中水供水管网可设置成枝状或环状。对于建筑小区面积较小、用水量不大的，可采用枝状管网布置方式；对于建筑小区面积较大且建筑物较多、用水量较大，特别是采用生活杂用－消防共用管网系统的，宜布置成环状管网。

室外中水供水管网的布置应紧密结合建筑小区的建设规划，做到全盘设计、分期施工，既能及时供应生活杂用水和消防用水，又能适应今后的发展。在确定管网布置方式时，应根据建筑小区地形、道路和用户对水量、水压的要求提出几种管网布置方案，经过技术和经济比较后再最终确定。

三、室内中水供水系统

（一）室内中水供水系统的组成

室内中水供水系统与室内饮用水管网系统类似，也是由进户管、水表节点、管道及附件、增压设备、储水设备等组成，室内杂用－消防共用系统则还应有消防设备。

1. 中水进户管

中水进户管又称中水引入管，是室外中水管网与室内中水管网之间的联络管段，一般从室外中水分配管段上引入。

2. 水表节点

水表节点是指在中水引入管上或在各用户的中水支管上装设的水表及其前后设置的闸门、泄水装置的总称，与一般生活给水水表节点相同。

3. 中水管道系统

中水管道系统由水平干管、立管和支管组成，其布设方式取决于所采用的供水方式。

4．管道附件

管道附件是指管路上的闸门、止回阀及各种水龙头和管件。

5．中水增压和储水设备

在室外中水管网的水压不能满足高层建筑或地势相对较高的供水点的中水水压要求时，必须在这些高层建筑或地势较高的供水点的中水管网系统上增设诸如水泵、高位水箱之类的设备，以保证安全供水。

6．室内消防设备

根据建筑消防规定，当建筑物需要设置独立消防设备时，可采用中水作为消防水源。室内消防设备一般采用消火栓，有特殊要求时，应专门设置自动喷水消防设备或水幕消防设备。

（二）供水方式

室内中水系统的供水方式一般应根据建筑物高度、室外中水管网的可靠压力、室内中水管网所需压力等因素确定，通常分为以下五种：

1．直接供水方式（见图 10-4）

当室外中水管网的水压和水量在一天内任何时间均能满足室内中水管网的用水需要时，可采用这种供水方式。这种方式的优点是设备少、投资省、便于维护、节省能源，是最简单、经济的供水方式，应尽量优先采用。该方式的水平干管可布设在地下或地下室的天花板下，也可布设在建筑物最高层的天花板下或吊顶层中。

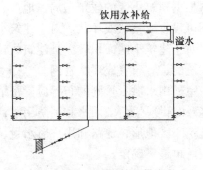

图 10-5　单设屋顶水箱的供水方式
管网示意图

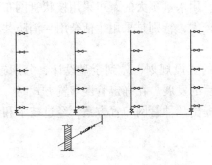

图 10-4　直接供水方式管网示意图

2．单设屋顶水箱的供水方式（见图 10-5）

当室外中水管网的水压在一天内大部分时间能够满足室内中水管网的水压要求，仅在用水高峰期时段不能满足供水水压时，可采用这种供水方式。当室外中水管网水压较大时，可供到室内中水管网和屋顶水箱；当室外中水管网的水压因用水高峰而降低时，高层用户可由屋顶水箱供给中水。

3．设置水泵和屋顶水箱的供水方式（见图 10-6）

当室外中水管网的水压低于室内中水管网所需的水压或经常不能满足室内供水水压，且室内用水不均

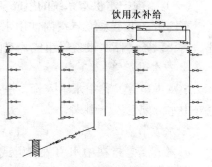

图 10-6　设置水泵和屋顶水箱的
供水方式管网示意图

匀时，可采用这种供水方式。水泵由吸水井或中水储水池中将中水提升到屋顶水箱，再由屋顶水箱以一定的水压将中水输送到各个用户，从而保证了满足室内管网的供水水压和供水的稳定性。这种供水方式由于水泵可及时向水箱充水，所以水箱体积可以较小；又因为水箱具有调节作用，可保证水泵的出水量稳定，在高效率状态下工作。

4. 分区供水方式（见图 10 – 7）

在一些高层建筑物中，室外中水管网的水压往往只能供到建筑物的下面几个楼层，而不能供到较高的楼层。为了充分利用室外中水管网的水压，通常将建筑物分成上下两个或两个以上的供水区，下区由室外中水管网供水，上区通过水泵和屋顶水箱联合供水。各供水区之间由一根或两根立管连通，在分区处装设阀门，在特殊情况时可使整个管网全部由屋顶水箱供水。

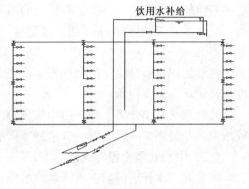

图 10 – 7　分区供水方式管网示意图

5. 气压供水方式

当室外中水管网的水压经常不足，而建筑物内又不宜设置高位水箱时，可采用这种供水方式。在中水供水系统中设置气压给水设备，并利用该设备的气压水罐内气体的可压缩性、储存、调节和升压供水。气压水罐的作用相当于屋顶水箱，但其位置可根据需要设置。

水泵从储水池或室外中水管网吸水，经加压后送至室内中水管网和气压罐内，停泵时，再由气压罐向室内中水管网供水，并由气压水罐调节、储存水量及控制水泵运行。

这种供水方式具有设备可设置于建筑物任意位置、安装方便，水质不易受到污染，投资省、便于实现自动化控制等优点。其缺点是供水压力波动较大、管理及运行费用较高、供水的安全性较差。

（三）室内供水系统的管道布置

室内供水系统的管道布置与建筑物的结构、性质、中水供水点的位置及数量和采用的供水方式有关。管道布置的基本原则如下：

1. 管道布置时应尽可能呈直线走向，力求长度最短，并与墙、梁、柱平行敷设。

2. 管道不允许敷设在排水沟、烟道和风道内，以免管道被腐蚀。

3. 管道不应穿越橱窗、壁橱和木装修，以便于管道维修。

4. 管道应尽量不直接穿越建筑物的沉降缝，如果必须穿越时应采取相应的保护措施。

第六节　中水处理系统

一、建筑中水处理工艺流程

（一）中水处理工艺流程的类型

中水处理的工艺流程按水处理的方法不同，可分为以生物处理为主、以物理化学处理为主和以膜处理为主三大类。

生物处理是指通过微生物的代谢作用，使污水中呈溶解状态、胶体状态以及某些不溶解的有机物和无机污染物质转化为稳定的、无害的物质，从而达到水质净化的目的。这种方法根据所用的微生物种类的不同，又可分为好氧生物处理和厌氧生物处理两大类。其中每一类又分为许多形式。

物理处理是通过物理作用分离、回收污水中呈悬浮状态的污染物质，在处理过程中不改变污染物的化学性质。根据物理作用的不同，物理法大致可分为筛滤截流法（如：格栅、格网、滤池等）、重力分离法（如：沉淀池、气浮池等）和离心分离法（如：旋流分离器、离心机等）。

化学处理是通过化学反应和传质作用来分离、回收污水中呈溶解、胶体状态的污染物质或将其转化为无害物质。

膜处理又叫膜分离，是利用特殊膜的选择透过性对水中溶解的污染物质或微粒进行分离或浓缩，并最终去除污染物，以达到净化水质的目的。

（二）中水处理流程的选择

中水处理流程应根据中水原水的水质、水量及中水回用对象对水质、水量的要求，经过水量平衡，提出若干个处理流程方案，再从投资、处理场地、环境要求、运行管理和设备供应情况等方面进行技术经济比较后择优确定。在选择中水处理流程时应注意以下几个问题：

1. 根据实际情况确定流程。确定流程时必须掌握中水原水的水量、水质和中水的使用要求，由于中水原水收取范围不同而使水质不同，中水用途不同而对水质要求不同，各地各种建筑的具体条件不同，其处理流程也不尽相同。选流程时切忌不顾条件地照搬照套。

2. 因为建筑物排水的污染物主要为有机物，所以绝大部分处理流程是以物化和生化处理为主的。生化处理中又以接触氧化的生物膜法为常用。

3. 当以优质杂排水或杂排水为原水时，一般采用以物化为主的工艺流程或采用一段生化处理辅以物化处理的工艺流程。当以生活污水为中水原水时，一般采用二段生化处理或生化物化相结合的处理流程。为了扩大中水的使用范围，改善处理后的水质，增加水质稳定性，通常结合活性炭吸附、臭氧氧化等工艺。

4. 无论何种方法，消毒灭菌的步骤及保障性是必不可少的。

5. 应尽可能地选择高效的处理技术和设备，并应注意采用新的处理技术和方法。

6. 应重视提高管理要求和管理水平以及处理设备的自动化。不允许也不能将常规的污水处理厂缩小后搬入建筑或建筑群内。

7. 应注意避免和消除中水处理过程给环境带来的噪声和臭味的危害。

8. 选用成套的设备，尤其是一体化设备时，应注意其功能和技术指标，确保出水水质。

（三）国内典型中水处理工艺流程及应用情况

1. 直接过滤

格栅──→调节池──→砂滤──→炭滤──→消毒──→出水

应用情况：应用较少，若原水水质较好且管理得当，出水水质也可达标，有的工程已通过验收。

优点：处理工艺简单、占地少、设备化程度高、设备密闭性好。

缺点：活性炭易饱和，需更换，原水水质不好时出水水质保障性差。

2. 混凝过滤

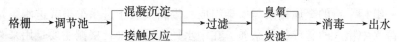

格栅 → 调节池 → 混凝沉淀/接触反应 → 过滤 → 臭氧/炭滤 → 消毒 → 出水

应用情况：有应用，有的工程已通过验收。

优点：过滤效果好、水质有保障，具有物理化学法的优点。

缺点：臭氧发生器耗电且保障性差。

3．混凝气浮

格栅 → 调节池 → 混凝气浮 → 化学氧化 → 过滤 → 消毒 → 出水

应用情况：应用较少，有的工程已通过验收，用户反映较好。

优点：处理效率高，过滤工序污染物负荷低，出水水质有保障。

缺点：气浮过程难于控制。

4．膜滤

格栅 → 调节池 → 混凝沉淀/接触氧化 → 膜滤 → 消毒 → 出水

应用情况：应用很少，国内仅有一例，日本应用较多。

特点：是有发展前途的工艺，但必须解决膜的质量和清洗问题。

5．接触氧化

格栅 → 调节池 → 接触氧化 → （沉淀）过滤 → （炭滤） → 消毒

应用情况：应用较多，部分工程已通过验收。

特点：去除有机污染物效果好，如管理得当则处理效果较稳定，但必须解决曝气的噪声问题。

6．生物转盘

格栅 → 调节池 → 生物转盘 → 沉淀过滤 → （炭滤） → 消毒 → 出水

应用情况：应用不少，但坚持运行且处理效果好的较少。

特点：在北方密闭环境下应用应解决臭味、挂膜及进口设备维修和配件更换问题。

7．A/O 或 A^2/O

格栅 → 缺氧水解 → 好氧曝气 → 沉淀 → 过滤 → 消毒

应用情况：用于含有粪便污水的处理，适用于小区中水处理。

特点：工艺条件、参数控制合理，管理得当则处理效果好，出水水质有保障，但有污泥处理的麻烦。

二、建筑中水处理单元

无论何种中水处理流程都是由若干个水处理单元组合而成的。每个水处理单元有不同的功能，不同的处理单元相互搭配可获得不同的处理效果。所以水处理单元的合理选择和搭配是整个中水处理流程能否按设计要求运行，出水水质能否达到设计要求的关键。

（一）格栅和格网

格栅和格网是中水前处理的重要环节，其作用是截留中水原水中漂浮和悬浮的机械杂质，如毛发、纸屑、塑料等固体废物，以免污水中的这类物质堵塞管道，并保证其他中水处理构筑物性能的发挥，从而提高中水处理效率。

1．格栅

格栅由一组相平行的金属栅条与框架组成，倾斜安装于进水渠道或进水泵站集水井的进口处，以拦截水中粗大的悬浮物及杂质。在中水处理系统中，格栅主要是用来去除可能堵塞水泵机组及管道阀门的较大悬浮物，以保证后续处理设施的正常运行。

以优质杂排水为原水的中水处理系统一般只设一道细格栅，栅条空隙宽度小于 10 mm；当以杂排水或生活污水作为原水时可设两道格栅：第一道为粗格栅，栅条空隙宽度为 10 ~ 20 mm，第二道为细格栅，栅条宽度为 2.5 mm。

目前，格栅一般都有成套产品可供选用，如无法选择到合适的成套设备，也可自行设计。

2. 格网

仅设置格栅往往还会有一些细小的杂质进入到后续的处理设备中，给处理带来麻烦。在格栅后再设置格网，可进一步截留这些杂质。格网的网眼直径一般采用 0.25 ~ 2.5 mm。

另外，当中水原水中含有厨房排水时，应加设隔油池（器）；当以生活污水作为原水时，一般应设化粪池进行预处理；当原水中含有沐浴排水时，应设置毛发清除设备。隔油池、化粪池和毛发清除设备均应设置于格栅/格网之前。

（二）调节池

调节池用于水量和水质的调节，是一座变水位的储水池，一般进水采用重力流，出水用泵送出。池中最高水位不高于进水管的设计水位，水深一般 2.0 m 左右，最低水位为死水位。

如果污水水质有很大变化，调节池兼起浓度和组分的均合调节作用，则调节池在结构上还应考虑增加水质调节的设施以达到完全混合的要求。

污水在调节池内的混合，有水泵搅拌、机械搅拌、空气搅拌等方式。水泵搅拌简单易行，混合也较完全，但动力消耗较多。空气和机械搅拌的混合效果良好，兼有预曝气的作用，但其空气管和设备常年浸于水中易遭腐蚀，且有可能造成挥发性污染物逸散到空气中的不良后果。在使用后两种方法时须采取必要的防护措施。

调节池的有效容积，一般采用 8 ~ 16 h 的设计小时处理流量，当地气温较高且集流较均衡时可取低限，否则应取高限。在中、小型中水处理工程中，设置调节池后可不再设置初沉池。

（三）生化处理

在建筑中水处理工艺中，生化处理的应用较多，应用比较广且技术相对成熟的工艺主要有接触氧化工艺、SBR 工艺和 A^2/O 工艺。这三种工艺在中水处理实际应用中的比较见表 10 - 4。

表 10 - 4　部分不同处理工艺的比较

项 目		常见生物处理工艺类型		
		接触氧化工艺	SBR 工艺	A^2/O 工艺
投资费用	土建工程	无需二沉池、预处理配斜管沉淀池，效率很高，土建量小	无需二沉池，池体一般较深，土建量较大	土建量最大
	机电设备及仪表	设备量稍大，自控仪表稍多	设备闲置浪费大，自控仪表稍多	设备投资一般
	征地费	占地最小，是传统工艺的 1/5 ~ 1/10	占地稍大，征地费较多	占地最大，征地费最多
	总投资	最小	较大	最大

138

项　目		常见生物处理工艺类型		
		接触氧化工艺	SBR 工艺	A²/O 工艺
运行费用	水头损失	约 3～3.5 m	约 3～4 m	约 1～1.5 m
	污泥回流	不需污泥回流	不需污泥回流	100%～150%
	曝气量	比活性污泥法低 30%～40%	与 A²/O 工艺基本相同	大
	药剂量	用于预处理，稍大	较低	较低
	处理后出水消毒	由于出水水质好，一般不需过滤，消毒剂消耗最少	一般需要过滤、消毒，消毒剂消耗量较大	一般需要过滤、消毒，消毒剂用量大
	电耗	很小	较高	最高
	总运行成本	较低	较高	最高
工艺效果	产泥量	产泥量相对活性污泥法稍大，污泥稳定性稍差	产泥量与 A²/O 相当，污泥相对稳定	产泥量一般，污泥相对稳定
	有无污泥膨胀	无	容易产生，需加生物选择性物质防止	容易产生，需加生物选择性物质防止
	流量变化的影响	受过滤速度的限制，有一定的影响	受每个处理单元的可接纳容积限制，有一定影响	受沉淀速度限制，有一定影响
	冲击负荷的影响	可承受日常的冲击负荷	受冲击负荷能力较强	受冲击负荷能力较强
	温度变化的影响	接触氧化池从底部进水，上部可封闭，水温波动小，低温运行较稳定	处理效果受低温影响较大	露天面积大，处理效果受低温影响较大
	出水水质	SS：15 mg/L 以下 BOD：10 mg/L 以下 COD：40 mg/L 以下 TNK：15 mg/L 以下	SS：30 mg/L 以下 BOD：15 mg/L 以下 COD：100 mg/L 以下 TNK：15 mg/L 以下	SS：30 mg/L 以下 BOD：15 mg/L 以下 COD：100 mg/L 以下 TNK：15 mg/L 以下

（四）混合反应

生活污水中含有许多胶体颗粒（粒径 0.1～1 μm），其成分复杂且多变，因而污水往往是浑浊的且会产生臭味。对此，比较有效的办法是向水中投加可产生混凝作用的化学药剂，使之与水中的这些杂质产生混合反应，把水中形形色色的胶体颗粒凝聚、絮凝，然后再经沉淀、过滤，使水变清。

在中水处理量较小时，一般不设置专门的混合反应设备，可依靠药剂槽与管道混合器或水泵前后的药剂投加系统，使药剂与水中杂质的混合反应在管道内或泵体内完成。在中水处理量较大时，应设置专门的混合反应器及搅拌装置。

（五）沉淀池

用沉淀池进行水处理，主要是依靠重力作用使水中比重较大的杂质或污染物质沉降到池底，以达到与水分离，使水得到净化的目的。沉淀池作为主要处理构筑物时，必须投加混凝剂。如果沉淀池作为生物处理后的二沉池，则混凝剂的投加与否，应视具体情况来确定。目前常用的沉淀池及其性能比较见表10-5。

表10-5　各种沉淀池的比较

池型	优　　点	缺　　点	适　用　条　件
平流式	1. 沉淀效果好 2. 对冲击负荷和温度变化的适应能力强 3. 施工简易，造价低	1. 池子配水不均匀 2. 排泥管不易设置，刮泥机浸在水中易锈蚀	1. 适用于地下水位高及地质较差的地区 2. 适用于大中小型污水处理厂
竖流式	1. 排泥方便，管理简单 2. 占地面积小	1. 池子深度大，施工困难，造价高 2. 对冲击负荷适应能力差 3. 若池径大则造价高	适用于处理水量不大的小型污水处理厂
辐流式	排泥设备已趋定型，管理简单	机械设备复杂，对施工质量要求高	1. 适用于地下水位较高的地区 2. 适用于大、中型污水处理厂
斜板斜管式	1. 水力负荷高，为其他沉淀池的1倍以上 2. 占地少，节省土建投资	斜板和斜管容易堵塞	1. 适用于室内或池顶加盖 2. 适用于小型污水处理厂

（六）气浮池

对于富含表面活性剂的洗浴废水，气浮池在混合反应后脱除絮体的效果比沉淀池好，但气浮池具有设备安装管理复杂、动力消耗大的缺点。

（七）过滤

水处理中的过滤是利用过滤料层截留、分离污水中呈分散悬浊状的无机和有机杂质粒子的一种技术。污水深度处理技术中普遍采用过滤技术。根据材料不同，过滤可分为孔材料过滤和颗粒材料过滤两类。过滤过程是一个包含多种作用的复杂过程。完成过滤工艺的处理构筑物称为滤池。目前市场上已有成套过滤设备和定型产品，可参照产品样本给定的性能进行选用。

（八）膜处理

膜处理法处理流程简单，运行管理容易，处理设备自动化程度高。但采用膜分离技术，首先必须做好水的预处理，以满足设备对进水水质的要求。其次还要根据分离对象选择分离性能最适合的膜和相关的组件。另外，在运行中应注意膜的清洗和更换。膜处理法在中水处理中已有应用实例。

（九）活性炭吸附

活性炭吸附主要用于去除常规方法难于降解和难于氧化的污染物质，使用这种方法可达到除臭，除色，去除有机物、合成洗涤剂和有毒物质等的作用。

（十）消毒

通过消毒剂或其他手段，杀灭水中致病微生物的处理过程，称为消毒。水中的致病微生物包括病毒、细菌、真菌、原生动物、肠道寄生虫及其卵等。生活污水经生物处理、混凝、沉淀、过滤等方法处理后，虽可去除水中相当数量的病菌和病毒，但尚达不到中水水质标准，需进一步消毒才能保证使用安全。消毒的方法包括物理方法和化学方法两大类，物理方法在废水处理中很少应用，化学方法中以氯消毒和臭氧消毒应用最多。常用的消毒剂有液氯、二氧化氯、次氯酸钠、漂白粉和臭氧等，其中前三种应用较多。

（十一）污泥处理

中水处理过程中产生的沉淀污泥、化学污泥和活性污泥，可根据污泥量的大小采用脱水干化处理或排至化粪池进行厌氧处理，也可根据实际情况采取其他的方法进行恰当的处置。

需要说明的是，建筑中水回用的范围通常只是单栋建筑物或建筑小区，工程规模一般较小，不宜选择复杂的工艺流程，应尽量选用定型成套的综合处理设备。这样就可简化设计工作，节省占地面积，方便管理，减少投资，且运行可靠，出水水质稳定。

三、中水处理站的设置

建筑物和建筑小区中水处理站的位置确定应遵循以下原则：

1. 单幢建筑物中水工程的处理站应设置在其地下室或临近建筑物处，建筑小区中水工程的处理站应接近中水水源和主要用户及主要中水用水点，以便尽量减少外线长度。

2. 其规模大小应根据处理工艺的需要确定，应适当留有发展余地。

3. 其高程应满足原水的顺利接入和重力流的排放要求，尽量避免和减少提升，建成地下式或地上地下混合式是合适的。

4. 应设有便捷的通道以及便于设备运输、安装和检修的场地。

5. 应具备污泥、废渣等的处理、存放和外运措施。

6. 应具备相应的减振、降噪和防臭措施。

7. 要有利于建筑小区环境建设，避免不利影响，应与建筑物、景观和花草绿地工程相结合。

第七节　安全防护和监测控制

一、安全防护

为了保证建筑中水系统正常运行和中水的安全使用，在确保回用的中水水质符合相应的卫生要求的同时，还应在建筑中水系统的设计、安装和使用过程中采取一些必要的安全防护措施。具体应注意以下几点：

1. 中水管道外壁应涂浅绿色标志，以区别于其他管道。中水水箱、水池、阀门、水表盖和给水栓均应有明显的"中水"标志。

2. 中水管道系统在任何情况下都不允许与生活饮用水的管道系统相接，以免误用或污染生活饮用水。

3. 室内中水管道宜明装敷设，不宜埋于墙体或楼面内，以便于检修。

4. 为避免误饮误用，中水管道上不得设置可直接开启使用的水龙头，便器冲洗宜采用密闭型设备和器具，绿化、浇洒、汽车清洗宜采用壁式或地下式给水栓。

5. 中水管道与生活饮用水管道、排水管道平行敷设时，管道间的水平净距离应不小于0.5 m；交叉敷设时，中水管道应设在生活饮用水管道下面、排水管道上面，管道间净距应不小于0.15 m。

6. 中水储水池（箱）的溢流管、泄空管不得直接与下水道连接，应采用间接排水的隔断措施，以防止下水道污染中水。另外，溢流管和排气管应设网罩防止蚊虫进入。

7. 中水管道宜采用耐腐蚀的塑料管、衬塑钢管或复合管。

8. 为保证中水系统发生故障或检修时不会造成供水间断，在中水供水系统中应设有生活饮用水应急补水设施。生活饮用水补水管出口与中水储水池（箱）内的最高水位间应有不小于 2.5 倍补水管管径的空气隔断，以保证中水不会向生活饮用水管倒流而造成污染。

二、监测控制

要保证中水处理系统的正常运行和中水的安全使用，除了工艺设计合理、设备稳定可靠外，在日常的运行和管理维护中还应进行必要的监测控制。

1. 选择和使用可靠的消毒剂，并在必要的位置设置监测仪表，严格掌握和控制中水的消毒过程，保证消毒剂的最低投加量及其与中水的有效接触时间。

2. 在中水系统的原水管和中水管的适当位置设置取样管和计量装置，并定期取样送检，以便及时监测和掌握水质和水量情况。监测和分析的主要指标有流量、余氯、pH 值和浊度等。

3. 在中水处理过程中往往会产生一定的臭味和噪声，为了减少操作人员直接接触的机会，应根据工程具体情况，采用必要的自控系统进行监测和操作。

4. 为确保中水系统的安全、稳定运行，运行管理和操作人员必须经过专门培训，取得一定资格后方可上岗。

第八节　中水回用工程实例

一、国内建筑中水应用实例

实例一：北京师范大学中水回用工程

1. 工程概况

（1）工程投资

该中水回用工程总投资 430 万元，其中土建 200 万元、设备 120 万元、管道 90 万元。

（2）中水站功能

①主要收集学生公共浴室全部、15 幢学生宿舍（13 万 m^2）盥洗间的废水和少量操场雨水，经过处理后用于 15 幢学生宿舍楼的冲洗厕所、西区绿化灌溉、冲洗两个大操场的塑胶跑道和天然草坪足球场。

②作为环境科学研究所的教学基地。

2. 工艺流程

污水──→格栅──→集水器──→毛发聚集器──→机械搅拌反应器──→初沉池──→曝气调节池──→一级接触氧化池──→二级接触氧化池──→中间沉淀池──→中间水箱──→高效过滤器──→消毒──→中水回用水池──→用水点

工艺流程中采用了生化处理工艺、生物处理与接触氧化，同时，采用了机械格栅、进口高效过滤器、噪声小的水下曝气机。中水站采用了自动和手动两种工作方式，由于中水站是学校的教学基地，电气自动化程度较高，同时设置了数字摄像设备、打印设备、投影设备和监视设备等。

3. 节水效益和经济效益

中水站设计每小时处理能力 25～30 m^3，日处理量 600 m^3，投入使用后年节水 20 万 m^3。设计中水处理成本，根据运行情况估算，每吨约 1.5 万元（含设备折旧费），如不包含折旧费，约合 1.0 元/m^3。

实例二：北京国际饭店中水回用系统

1. 工程概述

该中水工程于 2000 年 12 月开始施工，总投资 62 万元，项目利用地下室和原有仓库用地改建，占地面积 400 m^2，主要设备有：调节水箱、中水一体化设备、消毒系统、过滤系统、变频控制供水系统和清水箱，其中中水调节水箱位于主楼地下一层，系统于 2001 年 6 月开始投入运行。

中水原水来源于饭店职工浴室的淋浴水及盥洗水，用水量随季节的不同而变化，平均日用水量约 100 m^3。原水经过处理后全部达到回用水水质标准，用于饭店的绿化、洗车、地面清洗、冷却塔补水、机房冲洗、职工厕所冲洗及景观用水补水等，约占饭店日用水量的 5% 左右。中水系统投入运行至今，工作状态稳定，各种设备运行正常。

2. 中水工程的投入及效益

（1）设备折旧费：该中水项目投入资金 62 万元，折旧期 20 年，折旧费 84.93 元/d，合计处理成本为 0.84 元/m^3。

（2）电费：耗电量 72kW·h/d，合计处理成本为 0.468 元/m^3。

（3）药剂费：4 元/d，合计处理成本为 0.04 元/m^3。

（4）维修费：按设备折旧费的 40% 来计算，合计处理成本为 0.336 元/m^3。

（5）人工费：58 元/d，合计处理成本为 0.58 元/m^3。

（6）合计中水处理成本为 2.264 元/m^3。

（7）节约水费：按现行自来水费 4.8 元/m^3 计算，每天节约水费 253.6 元，每月节约 7 608元，每年节约 9.256 4 万元。

二、国外建筑中水应用实例

实例一：

应用单位：A 制造会社总部大楼。

中水用途：冲厕用水。

原水水质：生活杂排水，BOD 200 mg/L，COD 150 mg/L，SS 250 mg/L。

日处理量：140 m^3。

处理流程：原水──→油水分离器──→旋转转盘──→快滤活性炭吸附

出水水质：BOD 5 mg/L，COD 5 mg/L，SS 1 mg/L。

实例二：

应用单位：横滨国立大学。

中水用途：冲厕、冷却水。

原水水质：实验排水，BOD 20 mg/L，COD 150 mg/L，SS 250 mg/L。

日处理量：500 m³。

处理流程：原水 ⟶ 过滤 ⟶ 调节 pH 值 ⟶ 混凝沉淀 ⟶ 二次过滤 ⟶ 活性炭吸附 ⟶ 臭氧杀菌

出水水质：BOD < 0.5 mg/L，COD < 0.5 mg/L，SS < 0.5 mg/L。

实例三：

应用单位：日本住宅公寓芝山住宅区。

中水用途：冲厕、冲洗。

原水水质：生活杂排水。

日处理量：161 m³。

处理流程：原水 ⟶ 活性污泥处理 ⟶ 混凝沉淀 ⟶ 砂滤 ⟶ 臭氧杀菌 ⟶ 活性炭吸附

出水水质：pH 值 5.8～8.6，BOD 10 mg/L，COD 20 mg/L，SS 5 mg/L。

第十一章 建筑节水技术

本章从目前常用的建筑给水排水系统出发，根据调研和科研试验结果，结合我国现有的与建筑给水排水有关的设计规范和相关标准，重点介绍建筑生活用水浪费的原因及建筑节水的技术措施。

第一节 建筑给水系统超压出流的防治

建筑给水系统是将城镇给水管网或自备水源给水管网的水引入室内，经室内配水管送至生活、生产和消防用水设备，并满足各用水点对水量、水压和水质要求的冷水供应系统。

自20世纪70年代后期起，我国开始逐步调整产业结构和工业布局，并加大了对工业用水和节水工作的管理力度，工业用水循环率稳步提高，单位产品耗水量逐步下降。近些年来，我国的国民经济产值逐年增长，而工业用水量却处于比较平稳的状态。

相对于工业用水来说，我国的生活用水量呈逐年递增趋势，这虽然受到人口增长和人民生活水平提高等因素的影响，但也存在着水量浪费问题。我国已开始重视和规范生活用水，如2002年1月1日起实施《城市居民生活用水量标准》（GB/T 50331—2002，见附录1），作为考核城市居民生活用水量的指导性标准。历经几年讨论，《建筑给水排水设计规范》（GB 50015—2003）于2003年4月15日发布，并于2003年9月1日起实施。新的设计规范中，根据近年来我国建筑标准的提高、卫生设备的完善和节水要求，对住宅、公共建筑、工业企业建筑等生活用水定额都作了修改，定额划分更加细致，在卫生设备更完善的情况下，有的用水定额稍有增加，有的略有下降。这样就从设计用水量的选用上贯彻了节水要求，为建筑节水工作的开展创造了条件。但要全面搞好建筑节水工作，还应从建筑给水系统的设计上限制超压出流。

一、我国建筑给水系统超压出流现状

（一）超压出流现象及危害

按照卫生器具的用途和使用要求而规定的卫生器具给水配件单位时间的出水量称为额定流量。为基本满足卫生器具使用要求而规定的给水配件前的工作压力称为最低工作压力。《建筑给水排水设计规范》（GB 50015—2003）中规定的各种卫生器具的给水额定流量等值见附录2。

超压出流就是指给水配件前的压力过高，使得其流量大于额定流量的现象。如按照《建筑给水排水设计规范》（GB 50015—2003）的规定，一个洗涤盆水龙头在管径15 mm时，额定流量为0.15~0.2 L/s；若在上述相同条件下，因水压过高导致其出流量大于0.2 L/s时，即为超压出流。此时的出流量与0.2 L/s的差值为超压出流量，这部分流量未产生正常的使用效益，是浪费的水量。由于这种水量浪费不易被人们察觉和认识，因此可称之为"隐形"

水量浪费。这种"隐形"水量流失并不亚于"显形"的漏水量。

超压出流除造成水量浪费外，还会带来以下危害：

1. 水压过大，水龙头开启时，水成射流喷溅，影响人们使用。

2. 超压出流破坏了给水系统流量的正常分配。当建筑物下层大量用水时，由于其给水配件前的压力高，出流量大，必然造成上层缺水现象，严重时可导致上层供水中断，产生水的供需矛盾。

3. 水压过大，水龙头启闭时易产生噪声和水击及管道振动，使得阀门和给水龙头等磨损较快，使用寿命缩短，并可能引起管道连接处松动漏水，甚至损坏，造成大量漏水，加剧了水的浪费。

为避免超压出流造成的"隐形"水量浪费，并保证给水系统的正常工作，对超压出流造成的危害应引起足够重视。

(二) 建筑给水系统超压出流现状

为全面了解建筑给水系统超压出流状况，北京建筑工程学院建筑节水科研课题组对11栋不同高度、不同供水类型的建筑进行了螺旋升降式铸铁水龙头（简称"普通水龙头"）和陶瓷片密封水嘴（简称"节水龙头"）的超压出流实际测试。实测建筑包括居民住宅楼、高等学校学生宿舍楼、办公大楼等；楼体最高18层，最低6层；5栋建筑由外网直接供水，其余建筑分区供水，高区的供水方式有三种：水泵–水箱联合供水、变频调速泵供水、变频调速泵供水但在压力较大的支管上安装减压阀。

共对67个用水点进行了测试，测试结果表明：配水支管管径为15 mm的普通水龙头，若以半开状态、流量为0.2 L/s作为额定流量时，有37个测点的流量超过此标准，超标率达到55%；节水龙头若以半开状态、流量为0.15 L/s作为额定流量时，有41个测点的流量超标，超标率达61%。实际上，以水龙头在半开状态下的出流量是否超过额定流量作为判断水龙头超压出流的标准是最保守的方法，水龙头出流量的实际超标率远大于以上数值，因在全开状态下，水龙头的出流量远大于半开状态下的出流量。在全开状态下，有61个测点的出流量超过0.15 L/s，超标率达91%；即使以0.2 L/s作为额定流量时，也有50个测点的流量超标，超标率达75%。

实测中，普通水龙头半开和全开时最大流量分别为0.42 L/s和0.72 L/s，对应的实测动压值分别为0.24 MPa和0.05 MPa，静压值约为0.37 MPa；节水龙头半开和全开时最大流量分别为0.29 L/s和0.46 L/s，对应的实测动压值分别为0.17 MPa和0.22 MPa，静压值分别为0.3 MPa和0.37 MPa。两种水龙头在半开状态时，最大出流量约为额定流量的2倍；在全开状态时，最大出流量约为额定流量的3倍以上（普通水龙头和节水龙头都分别以0.2 L/s和0.15 L/s作为额定流量的标准）。

综合以上分析可以看出，我国建筑给水系统中超压出流现象是普遍存在而且是十分严重的，由此造成的水的浪费是不可低估的。

二、超压出流的防治技术

为减少超压出流造成的"隐形"水量浪费，应从给水系统的设计、安装减压装置及合理配置给水配件等多方面采取技术措施。

146

（一）采取减压措施，控制超压出流

对于新建建筑的给水系统，在设计中对住宅入户管（或公共建筑配水横支管）的压力有了限制性要求后，在设计的同时就要考虑减压措施。对于已有建筑，按照节水要求，也应在水压超标处逐步配置减压装置。因而减压装置的合理配置和有效使用，是控制超压出流的技术保障。主要减压措施如下：

1. 设置减压阀

上述超压出流实测建筑中有 3 栋 18 层住宅楼：北方交大拆迁 1 号楼，1~6 层由外网供水，7~18 层由变频调速泵供水；北京西直门外 24 号塔楼 1~3 层由外网供水，4~18 层由屋顶水箱供水；北京建工学院新宿舍楼 1~4 层由外网供水，5~18 层由变频调速泵供水，在 5~13 层住户支管上设减压阀。3 栋楼各楼层普通水龙头半开时的出流量见图 11-1。从图中看出，北京建工学院新住宅楼由于入户支管上设置了减压阀，各楼层出水量明显较小，且各层配水点水压、流量较均匀。在所测 9 个楼层中，普通水龙头半开状态下的平均出流量为 0.17 L/s，最大流量为 0.22 L/s，没有一层处于超压出流状态。可见，减压阀具有较好的减压效果，可使出流量大为降低。

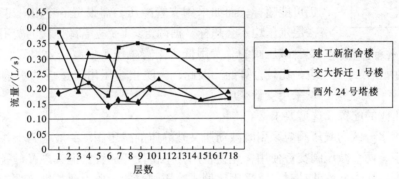

图 11-1　3 栋 18 层住宅楼普通水龙头半开时出流量对比

（1）减压阀的安装形式

①支管减压。即在各超压楼层的住宅入户管（或公共建筑配水横支管）上安装减压阀。这种减压方式可避免各供水点超压，使供水压力的分配更加均衡，在技术上是比较合理的，而且一个减压阀维修，不会影响其他用户用水，因此各户不必设置备用减压阀。缺点是压力控制范围比较小，维护管理工作量较大。

②高层建筑设置分区减压阀。当高层建筑的中间层不允许设置水箱时，可采用减压阀分区供水，如图 11-2 所示。这种减压方式的优点是减压阀数量较少，且设置较集中，便于维护管理；其缺点是各区支管压力分布仍不均匀，有些支管仍处于超压状态，而且从安全的角度出发，各区减压阀往往需要设置两个，互为备用。减压阀组宜设置报警装置，以便在处于工作状态的减压阀失效后能及时切换到备用减压阀。这些都增加了

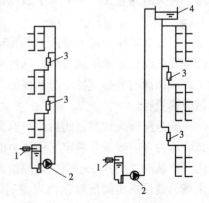

图 11-2　减压阀分区供水方式
1—水表；2—水泵；3—分区减压阀；
4—屋顶水箱

设备投资。

③高层建筑各分区下部立管上设置减压阀。高层建筑的每个分区大约有 10 ~ 12 层，每层楼给水管道承受的水压不同，为防止超压出流，可在每个分区给水立管的下部设置减压

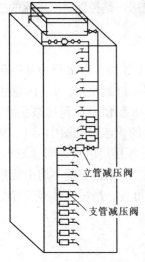

阀。这种减压方式与支管减压相比，所设减压阀数量较少。但各楼层水压仍不均匀，有些支管仍可能处于超压状态。

④立管和支管减压相结合。如图 11 - 3 所示，立管上的减压阀用于高层建筑给水分区减压，支管上的减压阀用于各区下部入户支管减压。这种减压方式可使各层给水压力比较均匀，同时减少了支管减压阀的数量。但减压阀的种类较多，增加了维护管理的工作量。

一栋建筑采用何种方式减压，除考虑减压效果外，还应尽量减少投资。以 14 层楼为例，假设 1 ~ 4 层由外网供水，5 ~ 14 层由屋顶水箱供水，其中 5 ~ 10 层处于超压状态。如采用立管减压，需设置 DN 50 减压阀 1 个，各层压力仍然不均匀，有的楼层水压仍可能超标；而如采用支管减压，需设置 6 个 DN 20 减压阀，各楼层水压均不会超标。据调查，1 个立管减压阀的费用并不比 6 个支管减压阀的总费用低。支管减压不但减压效果好，而且经济上也是比较合算的。因此，为防止超压出流造成的水量浪费，应尽量采用支管减压。

图 11 - 3 立管和支管减压相结合的减压方式

(2) 减压阀的配置及选型要求

①用于给水分区的减压阀应采用既减动压又减静压的减压阀。一般由两个并联的减压阀组成减压阀组，两个减压阀交替使用，互为备用，不得设旁通管，但宜设置报警装置。

②减压阀后压力允许波动时，宜采用比例式减压阀；阀后压力要求稳定时，宜采用可调式减压阀；生活给水系统宜采用可调式减压阀；消防给水系统宜采用比例式减压阀。

③减压阀前的水压宜保持稳定，阀前管道上不宜再接出支管供其他配水点用水。

④可调式减压阀的阀前与阀后的最大压差不应大于 0.4 MPa；且当公称直径大于 50 mm 时，宜采用先导式；小于等于 50 mm 时，宜采用直接式。比例式减压阀的减压比不宜大于 3:1。

⑤根据减压阀的入口压力和希望得到的出口压力及所需输送的流量，按照生产厂家提供的特性曲线选定减压阀直径，选择直径时还应考虑管道允许的流速值和噪声水平。一般情况下，减压阀的公称直径应与连接的管道直径相同，且出口端连接的管道直线长度不应小于 5 倍公称直径。

⑥减压阀失效时，阀后配水器具处的最大水压力不应大于配水器具产品标准规定的水压试验压力（一般按其额定工作压力的 1.5 倍计），否则应调整减压分区或采用减压阀串联使用（串联时，按其中一个失效的情况计算阀后最大水压力）。当单组减压阀不能达到减压要求或会造成减压阀出现汽蚀现象时，也应采用串联方式。比例式减压阀串联一般不多于二级；不同类型的减压阀串联时，比例式减压阀在前，可调式减压阀在后；两个减压阀串联时，中间应设长度为 3 倍公称直径的短管。

(3) 减压阀的安装要求

148

①减压阀前后应装设阀门和压力表。

②减压阀前应装设过滤器，过滤器宜采用 20~60 目格网。

③安装减压阀时应注意水流方向，不得装反。

④可调式减压阀宜水平安装，比例式减压阀宜垂直安装。减压阀水平安装时，阀体上的透气孔应朝下或朝向侧面，不得朝上，以防堵塞；垂直安装时，透气孔应置于便于观察和检查的方向。

⑤减压阀应设在便于过滤器排污和阀体检修的地方。

⑥为防止气体堵塞管道，减压阀出口端管道以上升坡度敷设时，在最高点应设置自动排气阀。在不由水箱供水的给水立管上设减压阀时，立管顶端应设置自动排气阀。

目前减压阀的种类和生产厂家都较多，新产品也在不断面世。在选择减压阀时，除要考虑技术要求外，还要考虑经济因素，经技术经济比较后，确定减压阀的种类。减压阀的安装，除参照上述安装要求外，还应按照产品说明选择所需配件并进行安装。

2.设置减压孔板

减压孔板是一种构造简单的节流装置，经过长期的理论和实验研究，该装置现已标准化。在高层建筑给水工程中，减压孔板可用于消除给水龙头和消火栓前的剩余水头，以保证给水系统均衡供水，达到节水的目的。上海某大学用钢片自制直径 5 mm 的减压孔板，用于浴室喷头供水管减压，使同量的水用于洗澡的时间由原来的 4 个小时增加到 7 个小时，节水率达 43%，节水效果相当明显。北京某宾馆将自制的孔板装于浴室喷头供水管上，使喷头的出流量由原来的 34 L/min 减少到 14 L/min，虽然喷头出流量减少，但淋浴人员并没有感到不适。

减压孔板相对减压阀来说，系统比较简单，投资较少，管理方便，但只能减动压，不能减静压，且下游的压力随上游压力和流量而变，不够稳定。另外，供水水质不好时，减压孔板容易堵塞。因此，可以在水质较好和供水压力稳定的地区采用减压孔板。

3.设置节流塞

节流塞的作用及优缺点与减压孔板基本相同，适于在小管径及其配件中安装使用。

(二) 采用节水龙头，减少水的浪费

上述超压出流测试中 67 个测点的普通水龙头和节水龙头在全开状态下的出流量对比见图 11-4。

从图 11-4 中看出，各测点节水龙头的出流量均小于普通水龙头的出流量，即在同一静水压力下，节水龙头具有较好的节水效果。经过对实测数据的分析可以得出：节水龙头与普通水龙头相比，节水量从 3%~50% 不等，大部分在 20%~30% 之间，并且在普通水龙头出水量越大（也即静压越高）的地方，节

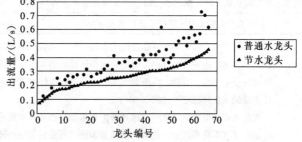

图 11-4 普通水龙头和节水龙头在全开状态下的出流量对比

水龙头的节水量也越大。因此，在建筑中（尤其在水压超标的配水点）安装使用节水龙头，也是控制超压出流、减少水量浪费的重要措施。

第二节　建筑热水系统的节水技术

随着人民生活水平的提高和建筑功能的完善，建筑热水供应已逐渐成为建筑供水不可缺少的组成部分。据统计，在住宅和宾馆饭店的用水量中，淋浴用水量已分别占到30%和75%左右。因此，科学合理地设计、管理和使用热水系统，减少热水系统水的浪费，是建筑节水工作的重要环节。

一、建筑热水供应系统无效冷水的产生原因

(一) 热水供应系统的无效冷水

建筑热水供应系统根据热水供应范围的大小，可分为集中热水供应系统和局部热水供应系统。集中热水供应系统供水范围大，热水集中制备，用管道将热水输送到各配水点。集中热水供应系统一般优先选用工业余热、废热、太阳能和能保证全年供热的城市热力网或区域性锅炉房供热，也可设专用锅炉房或热交换间，由加热设备将冷水加热后，供一幢建筑或建筑小区使用。目前我国的宾馆饭店、办公楼等公共建筑及一些新建的高档住宅楼多采用这种热水供应系统。局部热水供应系统供水范围小，热水由各用水点分散制备。目前我国的大多数住宅采用局部热水供应系统，由各户设置的家用燃气热水器或电热水器分散制备热水，以满足居民洗浴、盥洗和洗涤的要求。

生活用热水水温应满足人们使用的各种需求，水温过高，会使热水系统的管道、设备结垢速度加快，并易发生烫伤事故；水温过低，影响人们的正常使用。生活用热水锅炉、热水机组或水加热器出口的最高水温和配水点的最低水温见表 11 – 1，盥洗用、沐浴用和洗涤用的热水水温见表 11 – 2 （摘自《全国民用建筑工程设计技术措施（给水排水分册）》）。各种建筑中卫生器具热水用水定额及使用温度见附录3。

表 11 – 1　热水锅炉、热水机组或水加热器出口的最高水温和配水点的最低水温

水 质 处 理 情 况	热水锅炉、热水机组或水加热器出口的最高水温（℃）	配水点的最低水温（℃）
原水水质无需软化处理，原水水质需水质处理且有水质处理	75	50
原水水质需水质处理但未进行水质处理	60	50

注：1. 当热水供应系统只供淋浴和盥洗用水，不供洗涤盆（池）洗涤用水时，配水点最低温不可低于40 ℃。

2. 局部热水供应系统和以热力管网热水作热媒的热水供应系统，配水点最低水温为50 ℃。

3. 从安全、卫生、节能、防垢等考虑，适宜的热水供水温度为55～60 ℃。

4. 医院的水加热温度不宜低于60 ℃。

5. 当配水点最低水温降低时，热水锅炉和水加热器最高水温亦可相应降低。

6. 集中热水供应系统中，在水加热设备和热水管道保温条件下，加热设备出口处与配水点的热水温度差，一般不大于10 ℃。

表 11 – 2　盥洗用、沐浴用和洗涤用的热水水温

用 水 对 象	热水水温（℃）	用 水 对 象	热水水温（℃）
盥洗用（包括洗脸盆、盥洗槽、洗手盆用水）	30～35	洗涤用（包括洗涤盆、洗涤池用水）	≈50
沐浴用（包括浴盆、淋浴器用水）	37～40		

据调查和实际测试，无论何种热水供应系统，大多存在着严重的浪费现象，主要表现在开启热水配水装置后，不能及时获得满足使用温度的热水，往往要放掉不少冷水（或不能达到使用温度要求的水）后才能正常使用。这部分流失的冷水，未产生使用效益，可称为无效冷水，也即浪费的水量。

（二）建筑热水供应系统无效冷水产生的原因

无效冷水的产生是设计、施工、管理等多方面因素造成的。

1. 集中热水供应系统的循环方式选择不当

2003 年 9 月 1 日前执行的《建筑给水排水设计规范》（GBJ 15—88）提出了三种热水循环方式：干管循环（仅干管设对应的回水管）；立管循环（立管、干管均设对应的回水管）；干管、立管、支管循环（干管、立管、支管均设对应的回水管，简称"支管循环"）。同时，上述"规范"规定"热水供应系统较小、使用要求不高的定时热水供应系统，如公共淋浴室、洗衣房等一般不可设循环管"（"规范"条文说明第 4.2.10 条）。

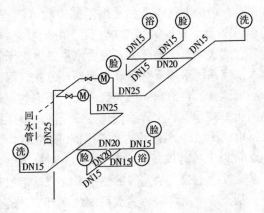

图 11-5　某公寓低区立管系统布置

同一栋建筑的热水供应系统选用不同的循环方式，其无效冷水量是不相同的。以北京市某 12 层公寓为例，该建筑共 13 层（包括一层设备区），热水供应系统分为两个区，1～6 层为低区，7～12 层为高区，每区有两根立管，均采用下行上给、立管循环方式，各层支管布置相同，低区立管系统布置（支管为第 6 层）如图 11-5 所示。

根据该建筑现有热水配水管线的布置，当采用各种循环方式及无循环方式时，各种热水系统理论无效冷水管道长度（以无对应回水管的热水配水管道长度计）见表 11-3。假设各种系统无设计、施工、管理缺陷，则理论无效冷水管道的滞留水量即为热水系统使用一次时产生的理论无效冷水量。若以每天使用一次热水计，采用支管循环方式、立管循环方式、干管循环方式和无循环方式时，该建筑热水系统年理论无效冷水量及年节水量（无循环方式与各种循环方式的年无效冷水量之差）见表 11-4。

表 11-3　某公寓热水系统理论无效冷水管道长度

管道公称直径（mm）	支管循环（m）	立管循环（m）	干管循环（m）	无循环（m）
15	0	470.3	470.3	470.3
20	0	108.8	108.8	108.8
25	0	410.5	419.5	419.5
32	0	0.8	27.8	27.8
40	0	0	24.0	24.0
50	0	0	40.6	112.3
70	0	0	0	7.0

项　　目	支管循环	立管循环	干管循环	无循环
理论无效冷水量（m³/次）	0	0.32	0.46	0.62
理论无效冷水量（m³/a）	0	116.59	166.24	227.46
理论节水量（m³/a）	227.46	110.86	61.22	0

若热水价格以 9.00 元/m³ 计，则该建筑采用支管循环、立管循环、干管循环和无循环方式时，理论上每年需多交纳的热水费（年理论无效冷水量与水费单价的乘积）依次为 0 元、1 049 元、1 496 元、2 047 元。由此可见，就节水效果而言，支管循环方式最优，立管循环方式次之；无循环方式浪费水量最大，干管循环方式次之。由于目前我国许多建筑集中热水供应系统采用干管循环和无循环方式，因而造成大量的水被浪费。

据调查，目前我国绝大部分公共浴室的定时热水供应系统为无循环方式。有的浴室与加热间相距较远，热水管线较长，每天洗澡前要排出大量无效冷水。如北京市某高校浴室，每天排出的无效冷水量约占洗浴用水量的 1/10。据估计，北京市高校一天的洗澡水量多达 6 000 m³ 以上，若以每天浪费 5% 计，则每年浪费的水量将达 10×10^4 m³ 左右。再加上机关、厂矿、社会上公共浴室等的热水系统，每年浪费的水量相当可观。

从上述分析可知，热水系统的循环方式是决定无效冷水是否存在及相对大小的重要因素。

2. 局部热水供应系统管线过长

住宅局部热水供应系统可使用电热水器、太阳能热水器或燃气热水器，目前大部分家庭使用的是燃气热水器。在使用燃气热水器时，可能产生大量无效冷水。从安全的角度考虑，家用燃气热水器多设置在厨房或邻近厨房的服务阳台中，如果厨房和卫生间不相邻，则从热水器出来的热水需经过较长一段支管才能引到卫生间的淋浴器。因无回水管，所以开启燃气热水器后，首先流出的是在管内滞留的冷水，一段时间后才能获得满足洗浴温度的热水。又因为有关规范对与家用热水器相连的热水管没有明确的保温要求，所以实际工程中，热水管几乎都未采取保温措施，因此在洗浴过程中，当关闭淋浴器后再次开启时，因管中水流散热，水温下降，又要放掉一些低温水，再次造成水量浪费，而且给人们使用带来不便。热水管道越长，水量浪费越大。以北京某住宅为例，热水管线平面布置如图 11－6 所示，由安装于厨房的燃气热水器引出的热水管绕经客厅至卫生间，供给洗脸及淋浴用热水，管线全长约 15 m，管径 15 mm，每次淋浴开始时放掉的理论无效冷水量为 $\pi \times 0.015^2 \div 4 \times 15 \times 10^3 = 2.65$ L。若以一户 3 人计，每周每人洗浴 2 次，则每年浪费的水量为 827 L。若以 3 000 户的居住小区计，每年浪费的水量达 2 481 m³。如再计入洗浴过程中放掉的低温水，浪费的水量将更大。

3. 热水管线设计不合理

循环方式确定后，热水管网设计质量的优劣直接影响无效冷水量的大小。如：设计时未考虑热水循环系统各环路阻力的平衡，循环流量在靠近加热设备的环路中出现短流，使得远离加热设备各环路配水管中的水温下降；热水管网布置或计算不合理，致使混合配水装置冷

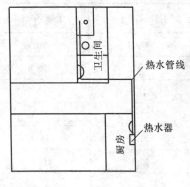

图 11－6　某住宅热水管线平面布置

热水进水压力相差悬殊，若冷水压力大，使用配水装置时，往往要放出许多冷水（热水压力大，则要放出许多超过使用温度的热水）后，才能将温度调节正常；横管坡度设计不合理等，这些都导致了水的大量浪费。

4. 施工质量差

如施工中横管未按设计的坡度敷设，导致管网滞气，循环流量不能保持正常流动，系统热损失得不到及时补偿；管道保温质量差使热损失增加。这些均使热水管道中的水温下降，产生无效冷水。

5. 温控装置和配水装置的性能不理想

温控装置是控制单管淋浴热水系统（即混合好的热水由一条管道输送至配水点，配水点不再调节水温的热水系统）水温的关键部件，但现有温控装置不够灵敏，洗浴水忽冷忽热，从而造成水的浪费。

热水系统的配水装置主要是淋浴器和水龙头。目前我国建筑双管热水系统冷热水的混合方式大多采用混合龙头式和传统的双阀门调节式。这两种方式一面调节水龙头手柄位置或阀门开启度，一面试水温，调节操作不方便，而且每次开启时，为获得适宜温度的水，都需反复调节，产生很多无效冷水。

6. 管理水平低

热水系统在使用过程中若管理不善，也将造成水的浪费。如管道保温层脱落、系统温控或排气装置失灵而没有及时发现和维修等，都直接影响热水系统保持所需水温，从而加大了使用中无效冷水的排放量。

二、建筑热水供应系统节水的技术措施

上述种种原因导致了热水系统水量的浪费。而且根据实地测试，实际无效冷水量一般均大于理论无效冷水量。以上述 12 层公寓为例，该建筑实际采用的是立管循环方式，立管中的水温应该得到保证，用户在使用热水时，只需放出支管中的冷水即可。若每户只开启一个洗脸盆水龙头（假设为最远处水龙头）时，每户支管的无效冷水量理论计算值为 5.24 L。而经过对第 6 层（低区热水系统最不利点）、第 7 层（高区热水系统供水最近点）和第 12 层（高区热水系统最不利点）洗脸盆出水情况的实际测试，每个洗脸盆放出的实际无效冷水量平均值为 9.62 L，是理论计算值的 1.84 倍。由此可见，热水系统的实际水量浪费现象是很严重的，是各种影响因素综合作用的结果。为尽快改善这种状况，当前应采取以下技术措施：

1. 对现有定时供应热水的无循环系统进行改造，增设热水回水管。

由于定时供应热水的无循环热水系统管线较简单，故改造工程投资少、工期短、收效快，较易施行。如北京某大学对学生浴室（共两层）的无循环热水系统进行改造，管道中滞留的冷水流入贮水池待用，系统水温达到使用要求后，关闭循环总管上的阀门，开放浴室。这项改造工程总计投资 4 000 元左右，根据水表计量的数据统计，每月可节约水量约 80 m^3，年节水量 960 m^3，若冷水价格以 3.9 元/m^3 计，每年可节约水费 3 774 元，13 个月即可收回投资，可见这一改造工程既可收到很好的节水效果，又可得到较好的经济效益。因此对现有定时供应热水的无循环热水系统，应进行改造，增设热水回水管。各地节水管理部门也应提出对无循环热水系统进行限期改造的要求。

2. 新建建筑的热水供应系统应根据建筑性质及建筑标准选用支管循环或立管循环方式。

建筑热水供应系统采用支管循环方式最为节水，但热水循环方式的选用还应考虑经济因素。仍以上述 12 层公寓为例，对采用各种循环方式时回水系统的工程成本进行概算，概算方法如下：

该公寓热水系统现采用立管循环方式，参照现有回水管路系统的布置情况，设计出各种循环方式的回水管道系统，即回水管道起点管径与相应配水管道管径相同，在循环流量增加后，回水管道管径也相应增大，同时比相应配水管道管径小 1 档或 2 档；回水管的各段管长与相应的配水管道相同。根据上述原则可计算出采用各种循环方式时回水系统所需的各种管径的管道长度，如表 11－5 所示。各种回水系统需设置的水表、阀门、循环泵等设施的规格和数量见表 11－6。由于各种循环系统均需设置加热设备及热媒系统，它们的差异不大，因而在成本计算中不予考虑。假设各种循环系统的管材均为镀锌钢管，回水管均设 20 mm 以内防结露保温层并刷厚漆一遍，根据北京市《建筑工程概算定额》及《建筑工程间接费及其他费用定额》，可计算出采用各种循环方式时回水系统的概算工程成本，计算结果见表 11－7。

表 11－5　回水系统所需的各种管径的管道长度

管道公称直径（mm）	支管循环（m）	立管循环（m）	干管循环（m）	管道公称直径（mm）	支管循环（m）	立管循环（m）	干管循环（m）
15	470.3	0	0	32	24.0	0	0
20	519.3	0	0	40	112.3	71.7	71.7
25	36.8	100.6	0	50	7.0	7.0	7.0

表 11－6　回水系统需设置的设施的规格和数量

循环方式	支　管　循　环					立　管　循　环		干　管　循　环	
设置类型	水表	丝扣阀门			管道泵	丝扣阀门	管道泵	丝扣阀门	管道泵
公称直径（mm）	20	20	32	40	出口≤32	25	出口≤25	25	出口≤25
单位	块	个	个	个	台	个	台	个	台
数量	48	48	12	4	4	16	4	16	4

表 11－7　回水系统工程成本及工程成本回收期

循环方式	支管循环	立管循环	干管循环
工程成本（元）	61 415	12 427	6 982
节约的热水费（元/年）	2 047	998	551
工程成本回收期（年）	30	12.5	12.7

根据表 11－4 中各种循环方式的年节水量的计算结果，热水收费单价以 9 元/m³ 计，则可计算出采用三种循环方式每年分别节约的热水费（年节水量与水费单价的乘积）及回水系统工程成本的回收期限（工程成本除以年节约热水量），见表 11－7。

从表 11－4 和表 11－7 的数据可知，采用支管循环方式虽然节水效果最好，但其工程成本最高，投资回收期也最长，为 30 年。

采用立管循环方式的节水量和工程成本均为采用干管循环方式的 1.8 倍，可见，与干管循环相比，立管循环节水效果较好，虽然工程成本较高，但工程成本回收期并不长，为12.5 年。与支管循环相比，立管循环具有较显著的经济优势。

采用干管循环方式，虽然回水系统的工程成本较低，但节水效果较差，且工程成本的回收期为 12.7 年，比立管循环方式还长。所以无论从节水的角度，还是从工程成本回收的角度看，干管循环方式均无优势。

无循环系统产生大量的无效冷水，不符合节水要求，同时也给人们的使用带来不便，应予淘汰。

《建筑给水排水设计规范》（GB 50015—2003）规定："集中热水供应系统应设热水回水管道，其设置应符合下列要求：①热水供应系统应保证干管和立管中的热水循环；②要求随时取得不低于规定温度的热水的建筑物，应保证支管中的热水循环，或有保证支管中热水温度的措施"。条文的第①条即规定应采用立管循环方式，第②条即规定应采用支管循环方式。此条文比原规范条文提高了要求，从节水的角度强调了凡集中热水供应系统应设热水回水管道，并提出了设置要求。

综合上述对各种热水循环系统的节水效果、经济效益和工程成本回收期的分析可以看出，新规范的这种规定既可满足一定的节水要求，又有一定的经济效益。新规范的实施，对新建建筑热水系统的节水将起到很大的促进作用。从现在起，设计人员在建筑热水系统设计中，应根据建筑物的具体情况选用支管循环方式或立管循环方式，不应再采用干管循环和无循环方式。

3. 尽量减少局部热水供应系统热水管线的长度，并应进行管道保温。

若建筑中不设集中热水供应系统，在进行建筑设计和热水管道设计时，应注意以下问题：

（1）住宅厨房和卫生间的位置，除考虑建筑功能和建筑布局外，还应考虑节水因素，尽量减少热水管线长度。

（2）在设计和施工中对连接家用热水器的热水管道进行保温，以保证热水使用过程中的水温，减少水量浪费。这一要求也应纳入有关规范和施工验收标准中，以规范家用热水管道的安装。

4. 选择适宜的加热和储热设备。

为了在不同条件下满足用户对热水的水温、水量和水压要求，减少水量浪费，应根据建筑物性质、热源供应情况等选择适宜的加热和储热设备。各种加热设备的适用条件如下，仅供参考。

（1）热水锅炉的适用条件

①被加热冷水的硬度在 150 mg/L（以碳酸钙计）以下；

②锅炉构造简单，方便水垢清理。

（2）蒸汽直接加热的适用条件

①具有合格的蒸汽热源；

②建筑对噪声无严格要求，如公共浴室、洗衣房、工矿企业生活间等建筑。

（3）容积式水加热器的适用条件

①热源供应不能满足设计小时耗热量的要求；

②建筑用水量变化较大，需储存一定的调节容量，要求供水可靠性高，供水水温、水压平衡；

③加热设备用房较宽裕。

（4）半容积式水加热器的适用条件

①热源供应能满足设计小时耗热量的要求；

②供水水温、水压要求较平稳；

③热水系统为机械循环系统；

④加热设备用房面积较小。

(5) 半即热式水加热器的适用条件

①热源供应能满足设计秒流量所需耗热量的要求；

②热媒为蒸汽时，其最低工作压力不小于 0.15 MPa，且供汽压力稳定；

③建筑用水较均匀；

④加热设备用房面积较小。

(6) 快速式水加热器的适用条件

①建筑用水较均匀；

②被加热冷水的硬度宜在 150 mg/L（以碳酸钙计）以下；

③热水系统设有储热设备。

对于医院热水系统加热设备的选择还有一些具体规定，详见《建筑给水排水设计规范》和《全国民用建筑工程设计技术措施（给水排水分册）》。

5. 严格执行有关设计、施工规范，建立健全管理制度。

对由于设计不当、施工质量差和管理不善造成的水量浪费现象，应通过严格执行有关设计、施工规范，建立健全管理制度加以解决。

(1) 高层建筑热水供应系统的竖向分区应与给水系统的分区一致。各区的水加热器、贮水器的进水，均应由同区的给水系统专管供应，以保证冷、热水压力相同，且供给水加热器的冷水管上不应分支供给其他用水。

(2) 水加热器宜位于热水系统的适中位置，尽量避免热水出水干管过长、阻力损失大而造成用水点处冷、热水压力不平衡。

(3) 热水供应系统的循环管道应尽量采用等程布置（如图 11 - 7 所示），避免循环流量在靠近加热设备的一路中出现短流，以保证热水系统的有效循环，减少无效冷水量。

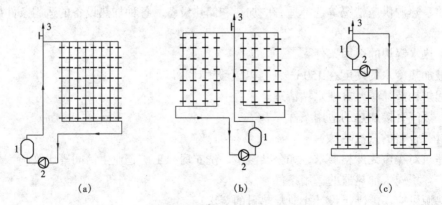

(a)　　　　　　　　　(b)　　　　　　　　　(c)

图 11 - 7　热水供应系统等程循环管道示意

1—水加热器；2—循环泵；3—排气阀

(4) 为保证水温，建筑热水循环系统应采用机械循环。循环水泵应选用热水泵，由泵前回水管的水温控制启闭，并宜设计备用泵。

(5) 在设有集中热水供水系统的建筑内，对用水量较大的公共浴室、洗衣房、公共厨房等用户，宜设置单独的热水管网，以免影响其他用户用水。热水为定时供应，且个别用户对热水供应时间有特殊要求时，宜设置单独的热水管网或局部加热设备。

（6）高层或多层高级旅馆的顶层如为高标准套间客房，为保证其供水水压的稳定，宜设置单独的热水供水管，即不与下层共用热水供水立管。

（7）卫生器具带有冷、热水混合器或冷、热水混合龙头时，应考虑冷、热水供水系统在配水点处有相同水压的措施，或设置恒温调压阀。

（8）为保证公共浴室淋浴器出水水温、水压的稳定，宜采用供给混合温水的脚踏式单管热水开式供应系统；淋浴器配水管上不宜分支供给其他用水点用水；多个淋浴器的配水管宜布置成环状；淋浴器应选用功能可靠的节水型产品。

（9）为保证水流畅通，上行下给式系统的配水干管最高处及向上抬高的管段应设自动排气阀，阀下设检修用的阀门。下行上给式系统可利用最高配水点放气，当入户支管上有分户水表时，应在各供水立管管顶上设置自动排气阀。

（10）热水系统的横管应有不小于 0.003 的坡度，以便放气和泄水。

（11）为保证热水系统安全运行，在闭式热水系统中，水加热器、热水锅炉等应设置压力式膨胀罐、安全阀和泄压阀等安全装置。

（12）在水加热设备的热媒管道上均应安装温度自动调节装置，根据水加热器出口水温，自动调控热媒流量，以保证出水水温基本稳定；热水锅炉和水加热器上均应安装温度计。

（13）在公共建筑中，按不同的用水部门分设热水水表；在集中供应热水的住宅中装设分户热水水表，若为支管循环系统，还应在回水支管上装设热水水表。

（14）热水管道应选用耐腐蚀和安装方便的管材，如薄壁铜管、不锈钢管、塑料热水管、塑料和金属复合热水管等。

（15）室外热水管道一般敷设在管沟内，若没有条件时，也可直埋，保温材料为聚氨酯硬质泡沫塑料，外设玻璃钢管壳。

（16）水加热设备、贮水器、热水供水干管和立管、机械循环的回水干管和立管、有冰冻可能的自然循环回水干管和立管，均应进行保温。做保温层之前，应对管道和设备进行防腐处理。部分常用保温材料的性能见表 11 - 8。

表 11 - 8 部分常用保温材料的性能

名　　称	密度 （kg/m³）	热导率 W/（m·K）	适用温度 （℃）	适　用　范　围
1~3 级膨胀珍珠岩	81~300	0.025~0.053	-196~+1 200	粉状，密度轻，适用范围广
沥青玻璃棉毡	120~140	0.035~0.04	-20~+250	适用于油罐及设备保温
沥青矿棉毡	120~150	0.035~0.045	+250	适用温度较高，强度较低
膨胀蛭石	80~280	0.045~0.06	-20~+1 000	填充性保温材料
聚苯乙烯泡沫塑料	16~220	0.013~0.038	-80~+70	适用于 DN 15~400 管道保温
聚氯乙烯泡沫塑料	33~220	0.037~0.04	-60~+80	适用于 DN 15~400 管道保温
软木管壳	150~300	0.039~0.07	-40~+60	适用于 DN 15~200 管道保温
酚醛玻璃棉板	120~140	0.03~0.04	-20~+250	适用于 DN 15~600 管道保温

（17）热水供、回水管和热媒水管常用的保温材料为岩棉、超细玻璃棉、硬聚氨酯等材料，其保温层厚度参见表 11 – 9。蒸汽管采用憎水珍珠岩管壳保温时，保温层厚度参见表 11 – 10。

表 11 – 9 热水供、回水管和热媒水管保温层厚度

管径 DN（mm）	热水供、回水管				热媒水、蒸汽凝结水管	
	15，20	25 ~ 50	65 ~ 100	> 100	≤50	> 50
保温层厚度（mm）	20	30	40	50	40	50

表 11 – 10 蒸汽管保温厚度

管径 DN（mm）	≤40	50 ~ 65	≥80
保温层厚度（mm）	50	60	70

（18）水加热设备、贮水器等采用岩棉制品、硬聚氨酯泡沫塑料等保温时，保温层厚度可采用 35 mm。

（19）保温材料应与管道或设备的外壁紧密相贴，并在保温层外面做保护层，以免保温层受损。

（20）在施工中要严把质量关，并严格按照规范进行施工验收。制定有关的维修管理制度，加强平时的巡视检查，发现问题及时进行检修。

6. 选择性能良好的单管热水供应系统的水温控制设备，双管系统应采用带恒温装置的冷热水混合龙头。

目前工业企业生活间、学校及许多单位的公共浴室采用单管热水系统，水温控制设备的好坏直接影响水量浪费的多少，因此应选择性能稳定、灵敏度高的单管水温控制设备，这样才能避免在热水使用过程中由于水温变化大而造成的水量浪费。生产厂家也应积极研制开发性能良好、经济耐用的新型水温控制设备。

在双管供水系统中，应逐步淘汰落后的配水装置，有条件的应尽量采用带恒温装置的冷热水混合龙头，以使用户在使用热水时能够快速得到符合温度要求的热水，减少由于调温时间过长造成的水量浪费。

7. 防止热水系统的超压出流

防止热水系统超压出流的方法与冷水系统相同，但应注意，当高层建筑热水系统采用减压阀来分区（或采用减压阀控制水压）时，减压阀不能安装在高低区共用的热水供水干管（或热水立管）上，如图 11 – 8 所示。这是由于减压阀阀芯部分的密封性能要求很高，相对地对管路的水质要求也较高，水中不能夹带一点可能影响密封圈工作的杂质，而热水相对冷水而言，容易产生水垢及杂质，而且温度高会影响密封环的寿命。若减压阀安装在干（立）管上，一旦损坏，影响供水范围较大。此外，若将减压阀置于干（立）管上，则减压阀处于热水循环系统中，将增大循环泵的功率和能耗。减压阀的正确安装方式见图 11 – 9、图 11 – 10 和图 11 – 11。

图 11 – 9 为高低区分设水加热器的系统。两区水加热器均由高区冷水系统供水，低区热水供水系统的减压阀设在低区水加热器的冷水供水管上。该系统适用于低区热水用户对水温要求较严、低区热水用水点较多，且有条件设置分区水加热器的建筑。

图 11-10 为高低区共用水加热器的系统。低区热水系统的减压阀分设在该区各用水支管上。该系统的低区部分只能实现干管循环,因此适用于低区热水用户对水温要求不严、热水用水点不多且分散的建筑,例如高层建筑低区设有洗衣房、厨房、理发室时可采用这种系统。

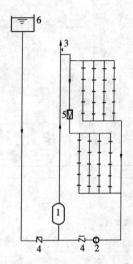

图 11-8　热水系统减压
阀错误安装示意
1—水加热器；2—循环泵；
3—排气阀；4—止回阀；
5—减压阀；6—冷水箱

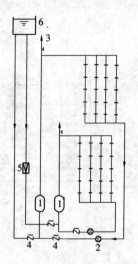

图 11-9　高低区分设水
加热器的系统
1—水加热器；2—循环泵；
3—排气阀；4—止回阀；
5—减压阀；6—冷水箱

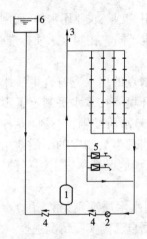

图 11-10　高低区共用水
加热器的系统
1—水加热器；2—循环泵；
3—排气阀；4—止回阀；
5—减压阀；6—冷水箱

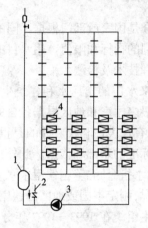

图 11-11　高低区共用热水
供水立管、低区分户热水支
管上设减压阀的系统
1—水加热器；2—循环泵；3—排
气阀；4—止回阀；5—减压阀；
6—冷水箱

图 11-11 为高低区共用热水供水立管、在低区分户热水支管上设减压阀的系统。该系统实现了立管和干管中的热水循环,使得配水点的出水水温较稳定,可减少无效冷水量,适用于只能设一套水加热设备或用水量不大的高层住宅、办公楼等建筑。

当建筑小区设有统一的集中热水供应系统时,宜采用如图 11-12 所示的热水供、回水系统,各幢建筑热水循环系统的循环泵分设在热水回水干管上。每幢建筑的热水循环管道应采用等程布置,各循环泵由所在回水干管上的温度控制。

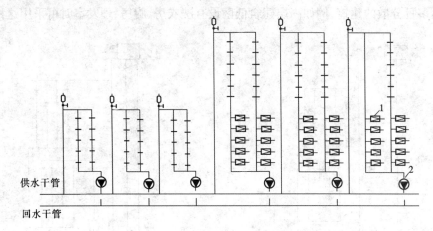

图 11－12　小区集中热水供应系统示意
1—减压阀;2—循环泵

第三节　建筑给水系统的二次污染

一、水质标准

水质标准是国家或部门根据不同的用水目的(如饮用、工业、农业用水等)而制定的各项水质参数应达到的指标和限值。用水目的不同,水质标准也不同。在制定水质标准时,还要考虑当前的水处理技术及检测水平。

城镇自来水厂的出厂水和建筑生活给水系统各配水点的出水应符合生活饮用水水质标准。世界上很多国家和地区根据各自的经济状况、自然环境和技术水平制定了不同的饮用水标准,其中最有代表性和权威性的是世界卫生组织(WHO)水质准则,它是世界各国制定本国饮用水水质标准的基础和依据。此外,影响较大的有欧盟理事会制定的生活饮用水水质条例(也称为饮用水指令)和美国饮用水水质标准。其他国家和地区基本以上述三种标准为基础,结合实际情况,制定本国或地区的饮用水水质标准。

世界卫生组织在 1993—1997 年分三卷出版了《饮用水水质准则(第二版)》,水质指标较多、较完整,但指标值并非是严格的限定标准,各国可根据自己的实际情况选择。

欧盟于 1995 年开始着手对旧的饮用水指令(1980 年版)进行修改,修改后的生活饮用水水质条例于 1998 年 12 月底实施,并要求成员国于 2003 年 12 月 25 日前确保饮用水水质达到标准的规定。该标准强调以用户水龙头出水达到水质标准为准;并规定每隔 5 年对指令进行修订,以使其能够及时适应各种变化,吸收饮用水水质对人类健康影响的最新研究成果。根据上述规定,最新饮用水指令于 2003 年 1 月 1 日起开始作为法律执行。

美国饮用水水质标准分为两级,新标准是 2001 年 3 月颁布的。一级为强制性标准,共有86 项指标,公共供水系统必须满足该标准要求;二级标准为非强制性标准,主要是控制会引起皮肤或感官问题的参数,共有 15 项。

随着水污染状况的加剧,当前各国都对有机污染物(包括加氯消毒副产物和农药等)和微生物学指标非常重视,如美国一级标准中有农药指标 19 项,消毒剂及消毒副产物指标 7 项,微生物学指标 7 项。这些指标的制定对给水处理技术提出了新的更高的要求。

表 11 – 11 生活饮用水卫生标准(饮用水水质不应超过本表所规定的限量)

项	目	标准(mg/L)
感官性状和一般化学指标	色	色度不超过 15 度,并不得呈现其他异色
	浑浊度	不超过 3 度,特殊情况不超过 5 度
	臭和味	不得有异臭、异味
	肉眼可见物	不得含有
	pH 值	6.5 ~ 8.5
	总硬度(以碳酸钙计)	450
	铁	0.3
	锰	0.1
	铜	1.0
	锌	1.0
	挥发性酚类(以苯酚计)	0.002
	阴离子合成洗涤剂	0.3
	硫酸盐	250
	氯化物	250
	溶解性总固体	1 000
毒理学指标	氟化物	1.0
	氰化物	0.05
	砷	0.05
	硒	0.01
	汞	0.001
	镉	0.01
	铬(六价)	0.05
	铅	0.05
	银	0.05
	硝酸盐(以氮计)	20
	氯仿[1]	60 μg/L
	四氯化碳[1]	3 μg/L
	苯并[a]芘[1]	0.01 μg/L
	滴滴涕[1]	1 μg/L
	六六六[1]	5 μg/L
细菌学指标	细菌总数	100 个/mL
	总大肠菌群	3 个/L
	游离余氯	在与水接触 30 min 后应不低于 0.3 mg/L,集中式给水出厂水应符合上述要求外,管网末端水不应低于 0.05 mg/L
放射性指标	总 α 放射线	0.1 Bq/L
	总 β 放射性	1 Bq/L

①为试行标准。

表 11 – 12 生活饮用水水质常规检测项目及限值

项	目	标准(mg/L)
感官性状和一般化学指标	色	色度不超过 15 度,并不得呈现其他异色
	浑浊度	不超过 1 度(NTU)[1],特殊情况下不超过 5 度(NTU)
	臭和味	不得有异臭、异味
	肉眼可见物	不得含有
	pH 值	6.5 ~ 8.5
	总硬度(以碳酸钙计)	450
	铁	0.2
	锰	0.1
	铜	1.0
	锌	1.0
	挥发酚类(以苯酚计)	0.002
	阴离子合成洗涤剂	0.3
	硫酸盐	250
	氯化物	250
	溶解性总固体	1 000
	耗氧量(以 O_2 计)	3,特殊情况下不超过 5[2]
毒理学指标	砷	0.05
	镉	0.005
	铬(六价)	0.05
	氰化物	0.05
	氟化物	1.0
	铅	0.01
	汞	0.01
	硝酸盐(以氮计)	20
	硒	0.01
	四氯化碳	0.002
	氯仿	0.06
细菌学指标	细菌总数	100 CFU[3]
	总大肠菌群	每 100 mL 水样中不得检出
	粪大肠菌群	每 100mL 水样中不得检出
	游离余氯	在与水接触 30 min 后应不低于 0.3,管网末稍水不应低于 0.05(适用于加氯消毒)
放射性指标[4]	总 α 放射性	0.5 Bq/L
	总 β 放射性	1 Bq/L

①表中 NTU 为散射浊度单位。
②特殊情况包括水源限制等情况。
③CFU 为菌落形成单位。
④放射性指标规定的数值不是限值,而是参考水平。放射性指标超过表中所规定的数值时,必须进行核素分析和评价,以决定能否饮用。

我国生活饮用水的现国家标准为自 1986 年开始实施的《生活饮用水卫生标准》（GB 5749—85），该标准共有 35 项指标（见表 11 – 11），与世界卫生组织及发达国家相比，我国标准中所定的项目较少。在建设部组织编制的《城市供水行业 2000 年技术进步发展规划》中，对最高日供水量超过 $100 \times 10^4 \, m^3$ 的第一类自来水公司应检测的水质指标定为 92 项，这对供水企业自身的技术进步和供水水质的提高起到了推动作用，但这并不是一个强制性标准。为保证生活饮用水的质量，卫生部颁布了《生活饮用水卫生规范》，于 2001 年 9 月 1 日起开始执行。该规范中包括了 34 项常规检测项目（见表 11 – 12）和 62 项非常规检测项目（见表 11 – 13），并对水源水质进行了规定。该规范比《生活饮用水卫生标准》中原有的一些指标更加严格，检测项目更加全面。规范的实施，对保证我国生活饮用水的卫生质量起到了重要作用，目前城市自来水厂的出水水质应执行该规范。

表 11 – 13　生活饮用水水质非常规检测项目及限值

项　　　目		限值(mg/L)	项　　　目		限值(mg/L)
感官性状和一般化学指标	硫化物	0.02	毒理学指标	乙苯	0.3
	钠	200		苯乙烯	0.02
毒理学指标	锑	0.005		苯并［a］芘	0.000 01
	钡	0.7		氯苯	0.3
	铍	0.002		1，2 – 二氯苯	1
	硼	0.5		1，4 – 二氯苯	0.3
	钼	0.07		三氯苯（总量）	0.02
	镍	0.02		邻苯二甲酸二（2-乙基己基）酯	0.008
	银	0.05		丙烯酰胺	0.000 5
	铊	0.000 1		六氯丁二烯	0.000 6
	二氯甲烷	0.02		微囊藻毒素 – LR	0.001
	1,2 – 二氯乙烷	0.03		甲草胺	0.02
	1,1,1 – 三氯乙烷	2		灭草松	0.3
	氯乙烯	0.005		叶枯唑	0.5
	1，1 – 二氯乙烯	0.03		百菌清	0.01
	1，2 – 二氯乙烯	0.05		滴滴涕	0.001
	三氯乙烯	0.07		溴氰菊酯	0.02
	四氯乙烯	0.04		内吸磷	0.03（感官限值）
	苯	0.01		乐果	0.08（感官限值）
	甲苯	0.7		2，4 – 滴	0.03
	二甲苯	0.5		三卤甲烷[①]	该类化合物中每种化合物的实测浓度与其各自限值的比值之和不得超过 1
	七氯	0.000 4			
	七氯环氧化物	0.000 2		溴仿	0.1
	六氯苯	0.001		二溴一氯甲烷	0.1
	六六六	0.005		一溴二氯甲烷	0.06
	林丹	0.002		二氯乙酸	0.05
	马拉硫磷	0.25（感官限值）		三氯乙酸	0.1
	对硫磷	0.003（感官限值）		三氯乙醛（水合氯醛）	0.01
	甲基对硫磷	0.02（感官限值）			
	五氯酚	0.009		氯化氰（以 CN⁻计）	0.07
	亚氯酸盐	0.2（适用于二氧化碳消毒）			
	一氯胺	3			
	2，4，6 – 氯酚	0.2			
	甲醛	0.9			

①三卤甲烷包括氯仿、溴仿、二溴-氯甲烷和一溴二氯甲烷共四种化合物。

随着人民生活质量的不断提高和饮用水净化技术的发展，对优质饮用水（亦称饮用净水）的需求量也越来越大，有些城市和居住小区已经建设了供应优质饮用水的直饮水供应系统。根据这种情况，为规范优质饮用水的供应市场，保证优质饮用水的质量，建设部颁布了《饮用净水水质标准》（CJ 94—1999），于 2000 年 3 月 1 日起实施，该标准见表 11 – 14。

表 11 – 14　饮用净水水质标准

	项　　目	限值（mg/L）		项　　目	限值（mg/L）
感官性状	色	5 度	毒理学指标	氟化物	1.0
	浑浊度	1NTU		氰化物	0.05
	臭和味	无		硝酸盐（以氮计）	10
	肉眼可见物	无		砷	0.01
				硒	0.01
一般化学指标	pH 值	6.0 ~ 8.5		汞	0.001
	硬度（以碳酸钙计）	300		镉	0.01
	铁	0.20		铬（六价）	0.05
	锰	0.05		铅	0.01
	铜	1.0		银	0.05
	锌	1.0		氯仿	30 μg/L
	铝	0.2		四氯化碳	2 μg/L
	挥发酚类（以苯酚计）	0.002		滴滴涕（DDT）	0.5 μg/L
	阴离子合成洗涤剂	0.20		六六六	2.5 μg/L
				苯并 [a] 芘	0.01 μg/L
	硫酸盐	100	微生物指标	细菌总数	50 CFU/mL
	氯化物	100		总大肠菌群	0 CFU/100 mL
	溶解性总固体	500		粪大肠菌群	0 CFU/100 mL
	高锰酸钾消耗量（COD$_{Mn}$，以氧计）	2		游离余氯（管网末梢水）（如用其他消毒法则可不列入）	≥0.05
	总有机碳（TOC）[①]	4	发射性指标	总 α 放射性	0.1 Bq/L
				总 β 放射性	1 Bq/L

注：饮用净水水质不应超过表 11 – 14 中规定的限值。

① 试行。

除生活饮用水标准外，还有各种工业用水、农业灌溉用水、渔业用水等水质标准。这些标准中，有的水质要求等同于或高于生活饮用水水质要求，如食品、饮料及酿造工业的原料用水及电子工业用水等；有的则部分指标低于生活饮用水水质要求，如冷却用水等。

二、建筑给水系统的二次污染

建筑给水系统二次污染是指建筑供水设施对来自城镇供水管道的水进行贮存、加压和输送至用户的过程中，由于人为或自然的因素，使得水的物理、化学及生物学指标发生明显变化，水质不符合标准，使水失去原有使用价值的现象。

据北京市卫生监督所统计，20 世纪 60 至 70 年代，北京市未发生过严重的水质二次污染事故，而 80 至 90 年代共发生严重的二次污染事故 30 起，且绝大部分是在 90 年代发生的，事故发生率呈上升趋势。另据调研统计，在给水系统的二次污染中，城市供水管网造成污染的比例约占 30%，居住区配水系统约占 30%，水池 – 水泵 – 水箱二次加压系统约占 40%，即建筑给水系统（包括居住区配水系统）造成的二次污染约占给水系统二次污染比重的

70%。二次污染事故的发生，使得建筑给水系统不能正常工作，造成用户用水困难，还可能严重影响居民的身体健康。同时，受到污染的水由于难以回收，将会被弃置；对供水系统的处理，也需要耗费大量的自来水，这些都造成了水的严重浪费。以北京市为例，该市有2 400多座水池－水泵－水箱二次供水高楼，供水人口 240 万，约占全市人口的 20%。假定水箱以平均 10 m^3 的容积计，如每个水箱每年出现一次因设计或管理不善等原因发生水质不符合国家饮用水水质标准的情况，导致水箱内的水被排放，那么每年浪费的水量就高达24 000 m^3。再加上清洗水箱所消耗的洁净水，浪费的水量就更大。

随着水源污染的日益严重、人们对水质要求的不断提高及水处理技术和检测水平的不断进步，饮用水水质标准也在不断修改和完善，总的趋势是对水质的要求更加严格，以使饮用水更加安全，我国新的《生活饮用水卫生规范》就体现了这一特点。一些受到轻微污染的建筑给水系统的供水水质能够达到《生活饮用水卫生标准》，但可能达不到《生活饮用水卫生规范》的要求，不达标的水不能使用，造成水的浪费。因而认真对待并积极防止建筑给水系统的二次污染，对节约用水有着十分重要的现实意义。

三、建筑给水系统二次污染的原因

造成用户用水端出现二次污染问题的原因有很多，主要是供水系统内部发生了化学或生物化学反应及外部渗入污染物所致，而生活饮用水二次污染的关键环节是二次加压系统（水池、水箱、气压罐、加压设备）和建筑物内部及小区的管网系统。从节约用水的角度出发，通过对实验数据和有关资料的分析，可以得出二次污染的原因。

（一）水池－水泵－水箱二次加压系统对水质的污染

水池－水泵－水箱二次加压供水方式是目前我国高层建筑中使用最为广泛的供水方式。有研究人员对我国《生活饮用水卫生标准》（GB 5749—85）的 35 项指标及《城市供水行业2000 年技术进步发展规划》中提出的全国第一类水质增加的水质项目"高锰酸钾指数（耗氧量）"和"亚硝酸盐"共计 37 项指标的检测数据进行了统计。结果表明，水池－水泵－水箱二次加压系统的水质平均合格率为 93.92%，其中亚硝酸盐合格率为 51.46%，高锰酸钾指数重点指标（余氯、浑浊度、细菌总数、总大肠菌群）全年综合合格率为 83.81%，其中余氯合格率仅为 51.24%，这表明二次加压供水系统中将近一半的水可能受到了细菌性污染。研究还表明，造成水质指标合格率下降的原因有市政管道、小区管道和建筑给水二次加压系统，其中二次加压系统约占一半。由此可见，水池－水泵－水箱二次加压系统在水的输送和贮存过程中对水质的污染还是比较严重的。二次加压系统造成水质污染的主要原因如下：

1. 生活、消防水池合建导致水质污染及水的浪费

近年来，虽然有些高层建筑开始采用生活贮水池与消防贮水池分建的方式，但现有高层建筑绝大部分采用的是两者合建的方式。生活、消防水池合建会带来以下问题：

（1）合建水池容积过大，水中余氯不足，造成细菌繁殖。生活用水与消防用水合建贮水池的有效容积按式（11－1）计算：

$$V_y = V_s + V_x + V_b \qquad (11-1)$$

式中　V_y——贮水池的有效容积，m^3；

　　　V_s——生活调节水量，m^3；资料不足时，可按日用水量的百分数估算，但不得小于

全日用水量的 8% ~ 12%；

V_x——消防贮备水量，m^3，按式（11 - 2）计算；

V_b——安全备用水量，m^3。

消防贮备水量应按式（11 - 2）确定：

$$V_X = 3.6 \left(Q_f - Q_L \right) \cdot T_x \tag{11 - 2}$$

式中 Q_f——室内消防用水量与室外给水管网不能保证的室外消防用水量之和，L/s；

Q_L——火灾发生时，市政管网可连续补充的水量，L/s；

T_x——火灾延续时间，h；根据建筑物性质不同，取 $T_x = 2 \sim 3$ h。

由于单位时间的消防水量较大，而合建贮水池要贮存 2 ~ 3 h 的消防水量，所以贮水池容积较大，其中生活用水储量一般不足总储量的 20%，因此对生活用水来说，水的贮存时间过长，有时长达 2 ~ 3 d。由于 2003 年 9 月 1 日前执行的《建筑给水排水设计规范》（GBJ 15—88）对生活用水的更新周期没有明确规定，因此合建水池容积过大，生活用水贮存时间过长，进而导致水质污染的问题并未得到解决。

水的贮存时间过长会导致水中余氯不足，造成细菌和藻类繁殖。如在夏季水温度较高时，钢板水箱中水的余氯含量迅速减少，12 h 后即为零，细菌快速繁殖，不宜直接饮用（检测结果见表 11 - 15）。即使在一般季节，自来水在水箱中贮存 24 h 后，余氯也降低为零。由此可见，贮水池（箱）容积过大，贮存时间过长，会造成水中余氯减少，导致水质的细菌性污染。

表 11 - 15　钢板水箱水质检测情况

贮存时间（h）	0	6	12	24	48
余氯（mg/L）	0.4	微量	0	0	0
浊度（NTU）	1.1	1.1	1.2	1.6	2.4
细菌总数（个/mL）	4	3	6	46	147
总大肠菌群（个/L）	< 3	< 3	< 3	5	18
总有机碳（mg/L）	1.08	1.09	1.09	1.17	1.23

细菌繁殖还是造成金属腐蚀的诱导原因，同时也导致水的浊度、色度、有机污染等指标上升。由表 11 - 15 可看出，水的浊度和总有机碳都随贮存时间的延长而有所增加。

（2）合建贮水池在消防试水或消防时有可能造成水质污染和水的浪费。为保证消防系统在火灾发生时能够正常工作，消防部门规定，电动消防泵每月要试水运行 5 ~ 10 min 做检查。试运行除了查看水泵运转、压力指标是否正常外，还需放水检查。对于合建水池来说，这部分放水难以处理，若放回合建贮水池则必然造成水质污染；目前一般直接排放到室外雨水井中，造成了水的浪费。

按照《建筑设计防火规范》的要求，作为室外消防给水系统水源的消防水池，应设供消防车取水的取水井或在消防水池上设取水口。当消防水池与生活水池合建时，若水池的消防车取水口密封不好或消防车取水管不干净，就会污染水池水质，导致水质不符合生活饮用水卫生标准，进而可能造成池水被排放。

2. 贮水池（箱）的制作材料或防腐涂料选择不当

以往的贮水池（箱）常采用钢筋混凝土、钢板等材料制作。钢筋混凝土水池（箱）除存在重量大等缺点外，还存在着清洗时表面材料易脱落、容易引起水质污染等问题。钢板水池（箱）的主要问题则是内外壁防腐涂料粘附不牢，脱落后水箱受到腐蚀，造成水中铁、锰含量增加等。据北京建筑工程学院建筑节水课题组对北京某住宅楼钢板贮水箱出水的水质分析，其铁含量为 0.13 mg/L，而刚进入该建筑给水管道中的铁含量为 0.04 mg/L，说明钢板贮水箱造成了水中铁含量增加。另据调查，北京的一些高层建筑原采用高位钢板水箱供水，因水箱受到腐蚀，水中铁含量增加，供水管道放出"红水"，居民反应强烈，现已改成变频调速泵供水。

水池（箱）水质污染的另一个原因是设计或施工单位没有按有关规定选用有卫生行政部门批件的设备及防腐涂料，采用的涂料不符合卫生标准。

3. 未按规范要求进行设计和施工

由于有些设计和施工单位未严格执行设计规范中有关防止水质污染的规定，使得有些水池（箱）本身存在缺陷，如有些水池（箱）的溢流管、通气管未加防护装置；水池（箱）进出水管布置不当，导致水流短路，产生局部滞水区，造成菌类繁殖；甚至出现过溢流管直接与污水管相连，造成严重的水质污染事故等问题。

4. 管道破裂等外部原因造成水池（箱）水质污染

当市政或小区自来水管因破裂、开口接管或其他原因维修时，管内带进泥沙等污染物，这些污染物极易在水池（箱）内沉淀，这些沉淀物既带来了菌类，又是菌类的生长基，如不及时清洗，就会造成水池（箱）水的污染。

5. 监督管理机制不完善、不合理

目前二次加压供水系统几乎全部由产权单位管理，由卫生防疫部门监督水质。产权单位在供水设施交付使用后缺乏有效的卫生管理，如有的水池（箱）盖破损、人孔关闭不严，水池（箱）周围卫生条件差，积水多，池体有渗漏现象等。卫生防疫部门对水质的监管力度不够大，缺乏经常性的抽查；监督管理部门自建水池（箱）清洗队伍，失去了监督制约机制。这些都为水的二次污染埋下了隐患。

（二）给水管道对水质的污染

建筑内部的给水管道将市政给水系统或二次加压供水设施送来的自来水送至室内各用水点。由于室内给水管道较长，零配件较多，因此室内给水管道对水质的污染问题不容忽视。

1. 设计或施工不当造成水质污染

如因设计或施工存在问题，使得给水管配水出口的最小空气间隙不满足要求，出水管口甚至被污水所淹没，生活饮用水就有可能因管内产生虹吸倒流而被污水污染；生活饮用水管道直接与大便器冲洗管相连，并用普通阀门控制冲洗；生活饮用水管道与非饮用水管道错误连接等，都可能导致生活饮用水被污染。

2. 埋地给水管道因渗漏而使饮用水受到污染

埋地给水管道若敷设在长期积水地段或防腐处理不当，就有可能因腐蚀、沉陷而产生孔洞或裂缝；埋地管道或阀门等附件连接不严密，就会出现渗漏现象。若存在上述状况，当饮用水断流、管道中出现负压时，被污染的地下水或阀门井中的积水就会通过渗漏处进入给水系统，造成水质污染。

3. 管道维修时污物、污水进入管道

4. 水在管道中滞留时间过长，造成水质污染

在居民区、学校、办公楼等处，用水主要集中在几个时间段，其余时间水在小区配水管及建筑内水管中基本处于停滞状态，有利于微生物随机碰撞后发生粘附并稳定增长。大量的水质监测数据表明，导致管网水质降低的主要原因是街坊内小口径管道，特别是建筑内部管道。成都市自来水总公司对停用不同时间的用户配水龙头最初放出的 1 L 水进行检验，水质检测结果见表 11 – 16（管材为镀锌钢管）。

表 11 – 16 用户管道不同滞留时间的水质检测结果

滞留时间（h）	0	12	24	48
色度（度）	0	15	40	70
浊度（NTU）	0.72	2.4	6.8	12.9
余氯（mg/L）	0.3	微	0	0
细菌总数（个/L）	6	15	87	230
总大肠菌群数（个/L）	< 3	< 3	7	16
总铁（mg/L）	0.095	0.28	0.47	1.35
锰（mg/L）	< 0.05	0.08	0.11	0.17
锌（mg/L）	0.052	0.056	0.074	0.102
总有机碳（mg/L）	1.10	1.28	1.47	2.09

从检测结果可以看出，随着自来水在用户管道内滞留时间的延长，上述各项水质指标逐渐变坏，滞留时间超过 24 h，水质严重恶化，且有异味，不宜饮用。但经过适当排放后，水质很快又恢复正常。各地的建筑给水系统均存在上述问题，如北京市的问卷调查显示，15%的被调查对象"每天清晨要先拧开水龙头，放一放水后再用"，显然水质污染造成了水的浪费。

5. 水在管道中的流程过长对水质产生不良影响

为考察水在管道中的流程长度对水质的影响情况，北京建工学院建筑节水课题组对某住宅楼的给水系统进行了水质分析。该住宅楼共 18 层，其中 1～3 层由外网直接供水，4～18层由水池－水泵－高位水箱二次加压供水，水箱出口设紫外线消毒器。该楼建于 1984 年，普通镀锌钢管供水，水池、水箱材质均为钢板，内衬树脂。生活和消防水池分建。

共采集了四个水样，取样点分别为：地下水池（1#，基本可代表外网供水）、1 层水龙头（2#，外网直接供水中流程最短的用水点）、18 层水龙头（3#，水箱供水中流程最短的用水点）、4 层水龙头（4#，水箱供水中流程最长的用水点）。水流流程长度由小到大的水样顺序依次为 1#、2#、3#、4#。

采样时间为上午 9:00～9:30，此时第一次用水高峰刚刚过去，管网内存水已经更新，除特殊情况外，隔夜水基本耗尽。采样时，1# 水样直接打开水池盖取水；采集其他水样，则先对水龙头进行消毒，然后拧开水龙头稍稍放水后再取水样。水样检测结果见表11 – 17。

表 11 – 17　北京市某住宅楼水样检测结果汇总表

取样编号	氯 仿 （μg/L）	细菌总数 （个/mL）	总大肠菌群数 （个/L）	铁 （mg/L）	余氯 （mg/L）	取样点位置
国家标准	60	100	3	0.3	管网末梢≥0.05	
1#	22.0	0	0		0.10	水池
2#	22.6	0	6①	0.04	0.09	1 层
3#	24.0	0	0	0.13	0.06	18 层
4#	24.1	0		0.41①	0.05	4 层

①表示数据超标。

从检测结果可看出，外网的水刚进入室内生活贮水池时，各项水质指标均优于国家标准，随着水流流程长度的增加，各项水质指标逐渐变坏：自来水中余氯含量随着流程长度的增加而逐渐降低，到管网末梢时已达国家生活饮用水卫生标准最低线；氯仿的检测结果正好与余氯相反，即随着自来水流程长度的增加，氯仿含量逐渐增加，但均未超标。其中，地下水池的水因未经过室内管道而有最小的氯仿含量和最高的余氯含量。

铁含量检测结果显示，由外网直接供水的 1 层和离水箱最近的 18 层出水铁含量达标，而二次供水的最远点 4 层铁含量已超标。显然，这是由于水经过较长的管线后才到达 4 层配水点，沿线管材造成了水中铁含量的增加，导致了水质污染。

从检测结果还可看出，2# 水的总大肠菌群数为 6 个/L，已超过国家标准，其原因可能是 2# 取样点是居委会办公室，9:00 取样时仍有部分隔夜水未全部放尽。这再次说明，水的滞留时间越长，水质污染越重。3# 水样的总大肠菌群数为 0，说明水池水经由水箱和 18 层用户室内管道后，细菌未能得到繁殖，这一点得益于水箱的紫外线消毒器且水箱出水至采样点流程较短；而 4# 水样的总大肠菌群数为 3 个/L，接近超标，这说明紫外线消毒器虽有一定的消毒效果，但对附着在管壁上的细菌消毒效果较差，若水流在管道中的流程过长，水质仍可能受到细菌性污染。

从以上分析可得出：水流流程的长短，直接影响供水水质。流程越长，水质污染越严重。

6. 给水管材对水质产生影响

在上述水的滞留时间和水流流程长度对水质影响的研究中，给水管均为镀锌钢管。由于钢管易腐蚀，使得管内壁粗糙不平，给细菌的滋生繁殖创造了条件，并导致出水中铁、锰、锌、色度、浊度增加甚至超标。据调查，个别建筑物有时从水龙头放出的是浑浊的"红水"。这说明管道材料是影响水质的重要因素之一。

第四节　建筑给水系统二次污染的控制技术措施

建筑给水系统的二次污染不但影响供水安全，也造成了水的大量浪费。为防止水质二次污染，应采取措施，将建筑给水系统二次污染的几率及造成的水量损失降低到最小程度。

一、在高层建筑给水中采用变频调速泵供水

变频调速泵供水直接用泵将水池内的水送到用户，不需要传统的水箱、水塔或气压给水

设备，减少了供水的中间环节，从而减少了发生二次污染的几率，且节能效果显著，占地面积小。我国有的地区已明令在特定情况下使用这种供水方式，如上海住宅设计标准中规定，住宅设计规模在 400 户以上时，要采用变频调速水泵集中供水。在其他城市，变频调速泵也得到了一定程度的应用。为防止水质二次污染，有条件时在高层建筑或建筑小区中应采用变频调速泵供水。由于停电会造成管道内无水，管内壁易形成锈蚀，因此采用这种供水方式必须保证双路供电。

二、新建建筑的生活饮用水池与消防水池及其他非生活用水水池分开设置

过去执行的《建筑给水排水设计规范》（GBJ 15—88）对生活饮用水池与消防水池及其他非生活用水水池没有作出分开设置的规定，因而大多数建筑的生活饮用水池与消防水池合建。为了防止水的二次污染，北京市卫生局于 1998 年 3 月发布了《北京市新建、改建、扩建生活饮用水供水设施预防性卫生监督管理办法》，该办法规定，生活饮用水与消防用水水池应单独设计。自 2003 年 9 月 1 日起实施的《建筑给水排水设计规范》（GB 50015—2003）规定，"生活饮用水池（箱）应与其他用水的水池（箱）分开设置"。生活饮用水池与消防水池及其他非生活用水水池分开设置有如下意义：

（1）与合建水池相比，单独设置的生活饮用水贮水池，容积可大大减小，水在当中滞留时间较短，因此可在很大程度上减轻由于水的贮存时间过长、细菌大量繁殖造成的对生活饮用水水质的污染。

（2）消防泵试水运转的排水可直接回到消防贮水池中，不必外排，从而达到节水的目的。

（3）生活、消防合建贮水池必须按规范要求采取有效措施防止消防贮水在未发生火灾时被动用，分建贮水池则不存在这一问题，且总贮水容积并没有随池数增加而变化，因此生活饮用水与消防用水分建贮水池不会过多增加造价。在实际工程中，分建贮水池对优化地下室设计、有效利用地下室面积、降低楼房造价起到积极作用。

为防止水的二次污染，应严格执行《建筑给水排水设计规范》（GB 50015—2003）的规定，在新建建筑及已有建筑改建和扩建贮水设施时，生活饮用水池与消防水池及其他非生活用水水池分开设置。

生活饮用水池与消防水池分开设置时，由于消防水池容积较大，池水平时不流动，因此还应采取措施确保消防贮水不致变质发臭，保证水质。

三、推广使用优质给水管材和优质水箱材料，加强管材防腐

我国建筑给水管材过去绝大多数使用的是镀锌钢管。镀锌钢管易腐蚀，使得管内壁粗糙不平，给细菌的滋生创造了条件，容易造成水质污染。为防止给水管造成水的二次污染，一些发达国家和地区已明确规定普通镀锌钢管不再用于生活给水管网。我国建设部等四部委也联合发布文件，要求自 2000 年 6 月 1 日起，在全国城镇新建住宅给水管道中，禁止使用冷镀锌钢管，并根据当地实际情况逐步限时禁止使用热镀锌钢管，推广应用新型管材。在建筑给水中，目前有铜管、不锈钢管、硬聚氯乙烯管（PVC－U 管）、氯化聚氯乙烯管（PVC－C 管）、聚丙烯管（PP－R 管）、交联聚乙烯管（PEX 管）、铝塑复合管（PAP 管）、钢塑复合管等新型管材可以取代镀锌钢管。硬聚氯乙烯等新型塑料给水管具有耐腐蚀、水流阻力小、

质量轻、运输安装方便、节省钢材等优点，与镀锌钢管相比，在经济上也具有一定优势。复合管除具有塑料管的优点外，还具有耐压强度高、耐热、可曲挠、美观等优点。铜管和不锈钢管虽然造价较高，但使用年限长，还可用于热水系统。应根据建筑性质和水质、水压及敷设条件，按下列规定选用合适的优质给水管材和水箱材料，并进行防腐处理：

（1）给水系统采用的管材和配件，应符合现行产品标准的要求；管道工作压力不得大于产品标准允许的工作压力；生活饮用水给水系统使用的管材应符合相应的卫生标准。

（2）埋地管道的管材，应具有耐腐蚀性和能承受相应地面荷载的能力。一般情况下，当管径大于 75 mm 时，可采用给水塑料管和复合管。

（3）室外明装管道一般不宜采用给水塑料管和复合管。

（4）室内明装管道或嵌墙敷设的管道一般可采用给水塑料管、复合管、薄壁不锈钢管、薄壁铜管等。

（5）采用塑料管材时，给水系统的压力不大于 0.6 MPa，且水温不超过所使用管材的要求。

（6）在有可能使管壁温度高于 60 ℃的环境中，不得使用硬聚氯乙烯管。

（7）给水泵房内的管道宜采用法兰连接的衬塑钢管或涂塑钢管及配件。

（8）由于镀锌钢管已逐步退出供水领域，因此也应逐步淘汰普通钢板水箱和水池。在新建、改建、扩建二次供水设施时，设计部门应优先选用组合式玻璃钢水箱、搪瓷钢板水箱、不锈钢水箱和内衬不锈钢组合水箱等获得卫生部门批准使用的水箱产品。建设单位不得要求设计部门设计、使用未经批准的各类水箱、水池。水池（箱）内浸水部分的管道宜采用耐腐蚀金属管材或内外壁涂塑焊接钢管及管件。

（9）明装和暗装的金属管材均应进行防腐处理，方法如下：

①铸铁管一般采用水泥砂浆衬里；钢管可采用钢塑复合管。

②埋地铸铁管宜在管外壁刷冷底子油一道、石油沥青两道；埋地钢塑复合管宜在管外壁刷冷底子油一道、石油沥青两道，外面加保护层，当土壤腐蚀性强时，可采用加强级或等加强级防腐；埋地薄壁不锈钢管宜采用管沟或外壁采取防腐措施，如管外加防腐套管或管外缠防腐胶带；埋地薄壁铜管应在管外加防护套管。

③明装铜管应刷防护漆；明装铸铁管外刷防锈漆一道、银粉面漆两道；当管道敷设在腐蚀性环境中时，管外壁均刷防腐漆或缠防腐材料。

四、严格执行设计规范中有关防止水质污染的规定

采用水池－水泵－水箱二次供水方式，虽然存在着二次污染问题，但也具有供水水量和水压较稳定可靠等优点，因而这种供水方式还将长期存在下去，为此应严格执行设计规范中有关水池（箱）本体、配管和构造设计以及防止管道系统回流污染和管理布置、连接等方面的规定，杜绝由于设计或施工不当引起给水系统的水质污染。《建筑给水排水规范》（GB 50015—2003）和《全国民用建筑工程设计技术措施（给水排水分册)》中有关防止水质污染的规定如下：

1. 防止池水滞留时间过长造成水质污染的规定

（1）生活饮用水水池（箱）内的贮水，48 h 内不能得到更新时，应设置水质消毒装置。

（2）单独设置的消防贮水池应隔一定时间向水中投加适量的氯酚等杀菌剂；有条件时每

年宜将贮水放空、更换一次。

（3）为避免消防水池的贮水成为长期不流动的死水，可将由自来水供给的空调循环水的补水、浇灌绿化等非饮用生活用水与消防用水合贮（但空调补水、绿化等用水要设置单独的供水系统）。该类水池（箱）的生活用水出水管应深入消防水位以下，距池（箱）底不小于150 mm，但出水管在消防水位处必须开有孔径不小于 25 mm 的孔眼（虹吸破坏管），以防消防贮水平时被动用，开孔方法见图 11 - 13。

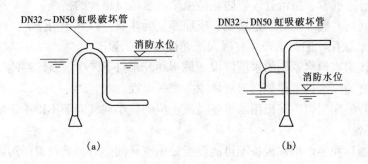

图 11 - 13　开孔方法示意

2．对水池（箱）本体及周围环境的规定

（1）建筑内的生活用水水池（箱）体应采用独立结构形式，不得利用建筑物的本体结构作为水池（箱）的池（箱）壁、底板及顶板。

（2）生活用水水池（箱）应不渗、不漏、不被污染；水池（箱）本体及池内爬梯、管道等材质、衬砌材料和内壁涂料等，不得影响水质，所用材料应有卫生部门的许可证书。

（3）生活用水水池（箱）与其他用水水池（箱）并列设置时，应有各自独立的池壁；两壁之间的缝隙渗水，应能自流排出。

（4）水池（箱）四周及顶盖上均应留有检修空间，池顶板距建筑楼板底的高度一般不宜小于 1.5 m。

（5）埋地式生活用水贮水池与化粪池、污水处理构筑物的净距不应小于 10 m；当净距不能保证时，可采取生活用水水池池底高于化粪池（或污水池）最高水位或化粪池（或污水池）采用防漏材料等措施。在生活用水水池 10 m 以内的范围内，不得有渗水坑和垃圾堆放点等污染源，在 2 m 以内不得有污水管或堆放污染物。

（6）生活用水水池（箱）宜设在专用房间内，其上方的房间不应有厕所、浴室、盥洗室、厨房、污水处理间等。

3．对生活用水池（箱）的构造和配管的规定

（1）水池（箱）应加盖防护并密封；人孔应配置加锁的密封盖；水池透气管不得进入其他房间。

（2）进水管口不得被淹没，进水管口的最低处与溢流口溢流缘之间的垂直空气间隙不应小于进水管管径，但一般不大于 150 mm，最小不应小于 25 mm。

当进水采用淹没出流方式时，管顶应钻孔，孔径不宜小于管径的 1/5。孔上宜装设同径的吸气阀或其他能破坏管内产生真空的装置（不存在虹吸倒流的低位水池除外，但进水管仍宜从溢流水位以上进入水池）。

（3）为避免出现死水区或水流短势，要使水形成推流式流动状态，进、出水管应设置在水池（箱）的不同侧，必要时应设置导流装置。

（4）水池（箱）的泄空管和溢流管不得直接与排水构筑物或排水管道相连接，应经过空气隔断设施，当排入排水明沟或设有喇叭口的排水管时，管口宜高于沟上沿或喇叭口顶0.2 m。溢流管的排水不得排入生活饮用水贮水池。通气管严禁与排水系统的通气管和通风道相连。

（5）人孔、通气管、溢流管应有防止昆虫爬入水池（箱）的措施。

（6）水池（箱）底部要有一定坡度，或局部呈漏斗状，以利于清洗。

4. 防止生活饮用水因管道产生虹吸回流而被污染的规定

（1）生活饮用水给水系统的水压应保证最不利配水点不产生"负压回流"现象。

（2）给水管的配水口不得被任何液体或杂质所淹没。

（3）给水管的配水口应高出用水设备溢流水位的最小空气间隙不得小于配水出口处给水管管径的2.5倍。

（4）特殊器具和生产用水设备不可能设置最小空气间隙时，就设置防污隔断器。

（5）严禁生活用水管道与大便器（槽）的冲洗管道直接相连，严禁以普通阀门控制冲洗。

（6）为防止生活饮用水被污染，从生活饮用水管道上接出下列用水管道时，应设置倒流防止器：

①从市政给水管道上直接吸水的水泵吸水管起端；

②市政给水管直接向锅炉、水加热器、气压水罐等有压容器或密封容器注水的注水管上；

③建筑给水管道接出消防用水管道时，在消防用水管道的起端；

④当游泳池、喷水池、循环冷却水集水池的充水（或补水）管出口与溢流水位之间的垂直空气间隙小于出口管径的2.5倍时，在充（或补）水管道上；

⑤垃圾处理部、动物养殖场的冲洗管道及动物饮水管道的起端；

⑥当绿地自灌系统的喷头为地下式或自动升降式时，其干管的起端；

⑦其他有可能出现倒流的管段上。

5. 管道布置、连接、敷设方面的规定

建筑小区和建筑内各种管道繁多，布置、连接和敷设时应根据管道的用途、性能等合理安排，避免因布置不当、管道损坏或错误连接而导致生活用水被污染，具体要求如下：

（1）不论自备水源的水质是否符合生活饮用水卫生标准，其供水管道均不得直接与市政给水管网直接连接。

（2）各给水系统（生活用水、直饮水、生活杂用水、工业给水等）应各自独立、自成系统，不得串接。在特殊情况下，必须以生活饮用水作为工业或其他用水的备用水源时，两种管道的连接处，应采取下列防止水质污染的措施：

①生活饮用水的水压必须经常高于其他水管内水的水压。

②在两种管道连接处的控制阀门之间增设平时常开的泄水阀，以保证管道间的空气隔断；或设置非饮用水水压过高时，能自动泄水、以防回流污染的隔断装置等，见图11－14。

（3）各种工程管线在庭院内的平面布置应根据管线性质和埋设深度确定，从建筑物向外

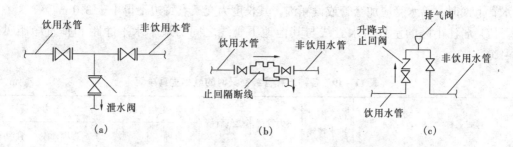

图 11 - 14　饮用水与非饮用水管道连接时的水质防护措施

(a) 设泄水阀；(b) 设止回隔断阀；(c) 设升降式止回阀

平行布置的次序宜为：电力电缆和通讯电缆、煤气管道、污染管道、给水管道、热力管沟、雨水管道。这些管线可布置在建筑物的一侧，也可布置在两侧。金属管不宜靠近直流电力电缆，以免腐蚀。

（4）居住小区的室外给水管道，应沿区内道路平行于建筑物敷设，并且宜敷设在人行道、慢车道或绿化带下。给水管道外壁与建筑物基础的水平净距一般不宜小于 3 m；受条件限制必须缩小间距时，当管径为 100～150 mm 时，不宜小于 1.5 m，当管径为 50～75 mm 时，不宜小于 1.0 m。室外给排水管道距建筑物、构筑物的最小水平净距一般可按表 11 - 18 确定。

表 11 - 18　室外给排水管距建筑物、构筑物的最小水平净距　　　　　　　　　　m

名　　称 \ 最小净距离	给水管		污水管	雨水管	排水管沟
	$d > 200$	$d \leqslant 200$			
建筑物	3～5	3～10	3.0	3.0	1.0
铁路中心线	4.0	4.0	4.0	4.0	4.0
城市型道路边缘	1.5	1.0	1.5	1.5	1.0
郊区型道路边沟边缘	1.0	1.0	1.0	1.0	1.0
围墙	2.5	1.5	1.5	1.5	1.0
照明及通讯电杆	1.0	1.0	1.0	1.0	1.5
高压电线杆支座	3.0	3.0	3.0	3.0	3.0

（5）各种埋地工程管线不应在垂直方向上重叠直埋敷设，并应尽量减少和避免相互间的交叉。在进行管线综合布置时，各种工程管线交叉时的最小垂直净距见表 11 - 19。

（6）生活给水管应尽量远离污水管，以减少生活用水被污染的可能性。室外给水管道和污水管道平行或交叉敷设时，一般可按下列规定设计：

①平行敷设：给水管在污水管的侧上方 0.5 m 以内时，当给水管管径≤200 mm 时，管外壁的水平净距不得小于 1.0 m；当给水管管径 > 200 mm 时，管外壁的水平净距不宜小于 1.5 m。

给水管在污水管的侧下方 0.5 m 以内时，管外壁的水平净距应根据土壤的渗水性确定，一般不宜小于 3.0 m，在狭窄地方可减少到 1.5 m。

②交叉敷设：给水管应尽量敷设在污水管的上面，且不允许有接口重叠。给水管敷设在

173

污水管下面时，给水管应加套管或设涵沟，其长度为交叉点每边不得小于 3.0 m。

(7) 居住小区的室外给水管线与其他地下管线之间的最小水平净距和垂直净距见表 11-20。

表 11-19　各种工程管线交叉时的最小垂直净距　　　　m

管线名称		给水管线	污、雨水排水管线	热力管线	燃气管线	电信管线		电力管线	
						直埋	管沟	直埋	管沟
给水管线		0.15							
污、雨水排水管线		0.40	0.15						
热力管线		0.15	0.15	0.15					
燃气管线		0.15	0.15	0.15	0.15				
电信管线	直埋	0.50	0.50	0.15	0.50	0.25	0.25		
	管沟	0.15	0.15	0.15	0.15	0.25	0.25		
电力管线	直埋	0.15	0.50	0.50	0.50	0.50	0.5	0.50	0.50
	管沟	0.15	0.50	0.50	0.15	0.50	0.50	0.50	0.50
沟渠（基础底）		0.50	0.50	0.50	0.50	0.50	0.50	0.50	0.50
涵洞（基础底）		0.15	0.15	0.15	0.15	0.20	0.25	0.50	0.50
电车（轨底）		1.00	1.00	1.00	1.00	1.00	1.00	1.00	1.00
铁路（轨底）		1.00	1.20	1.20	1.20	1.00	1.00	1.00	1.00

注：大于 35 kV 直埋电力电缆与热力管线最小垂直净距应为 1.00 m。

表 11-20　室外给水管线与其他地下管线之间最小水平净距和垂直净距　　　　m

种　类	给水管		污水管		雨水管	
	水平	垂直	水平	垂直	水平	垂直
给水管	0.5~1.0	0.1~0.15	0.8~1.5	0.1~0.15	0.8~1.5	0.1~0.15
污水管	0.5~1.0	0.1~0.15	0.8~1.5	0.1~0.15	0.8~1.5	0.1~0.15
雨水管	0.5~1.0	0.1~0.15	0.8~1.5	0.1~0.15	0.8~1.5	0.1~0.15
低压煤水管	0.8~1.5	0.1~0.15	0.8~1.5	0.1~0.15	0.8~1.5	0.1~0.15
直埋式热水管	1.0	0.1~0.15	1.0	0.1~0.15	1.0	0.1~0.15
热力管沟	0.5~1.0		1.0		1.0	
电力电缆	1.0	直埋 0.5	1.0	直埋 0.5	1.0	直埋 0.5
		穿管 0.25		穿管 0.25		穿管 0.25
通讯电缆	1.0	直埋 0.5	1.0	直埋 0.5	1.0	直埋 0.5
		穿管 0.15		穿管 0.15		穿管 0.15
通讯及照明电缆	0.5		1.0		1.0	
乔木中心	1.0		1.5		1.5	

注：1. 净距指管外壁距离，管道交叉设套管时指套管外壁距离，直埋式热力管道指保温管壳外壁距离。

2. 电力电缆在道路的东侧（南北方向的路）或南侧（东西方向的路）；通讯电缆在道路的西侧或北侧。一般均在人行道下。

174

（8）室外给水管道的覆土深度，应根据土壤冰冻深度、地面荷载、管道材质及管道交叉等因素确定。为防止地面活荷载和冰冻对管道的破坏，一般应满足下列要求：

①管道埋设在非冰冻地区。在机动车行道下的管顶覆土厚度：金属管道不小于 0.7 m，非金属管道不小于 1.0 ~ 1.2 m。在非机动车行道下的管顶覆土厚度：金属管道不宜小于 0.3 m，非金属管道不宜小于 0.7 m。

②管道埋设在冰冻地区。在满足上述要求的前提下，管顶一般敷设在冰冻线以下 200 mm 处。

（9）小区内敷设的金属给水管一般不做基础，直接敷设在未经扰动的原状土层上，但当通过回填垃圾、流沙层、沼泽地及不平整的岩石层等地段时，应做垫层或基础，以防管道损坏；非金属给水管一般做垫层或基础。

（10）敷设在室外综合管廊（沟）内的给水管道，应在热水、热力管道下方，冷冻管和排水管的上方。给水管道与各种管道之间的净距，应满足安装操作的需要，且不宜小于 0.3 m。

（11）生活给水引入管与污水排水管管外壁的水平净距不得小于 1.0 m。引入管在垂直及水平转弯处应设支墩。引入管和室内管道穿越承重墙或基础时，应预留孔洞，管顶上部净空间不得小于建筑物的最大沉陷量，一般不小于 0.1 m，孔洞中充填不透水弹性填料；穿越地下室或地下建筑物外墙时，应采取防水措施，一般做防水套管。

（12）为避免因管道损坏，水质受到污染，给水管道不得布置在建筑物的下列部位：

①不得敷设在烟道、风道、电梯井、排水沟内。

②不宜穿越伸缩缝、沉降缝和防震缝，当不得不穿越时，应设置补偿管道伸缩和剪切变形的装置，如采用波纹管、橡胶短管和补偿器等。

③建筑物内埋地敷设的给水管道应避免布置在可能受重物压坏处。管道不得穿越生产设备基础，在特殊情况下必须穿越时，应与有关部门协商处理。

④建筑内生活用水管道不得穿越大、小便槽和贮存各种液体的池体，并应避开毒物污染区。给水立管距大、小便槽端部外壁的距离小于 0.5 m 时，应采取防腐防护措施。

⑤给水管不得直接敷设在建筑物结构层。

（13）建筑物内埋地的生活给水管与排水管平行敷设时，管外壁的最小净距不得小于 0.5 m；交叉敷设时，给水管应在排水管上面，且垂直净距不得小于 0.15 m。当给水管必须敷设在排水管下面时，该段排水管应为铸铁管，且给水管宜加套管，套管与排水管外壁之间的最小垂直净距不得小于 0.25 m。

（14）给水管与其他管道同沟或共架敷设时，应满足下列要求：

①不得与输送易燃、可燃或有害气体和液体的管道同沟敷设。

②给水管应在冷冻水管、排水管的上方，在热水管和蒸汽管的下方。

③热水管、蒸汽管等热力管道必须进行保温。

（15）明装的塑料管应满足下列要求：

①应布置在不易受撞击处（若不能避免时，应采取保护措施），并不得布置在灶台上边缘。

②明设的塑料、铝塑复合给水立管距灶边的净距不得小于 0.4 m，当不能保证时，应采取隔热防护措施，但一般最小净距不得小于 0.2 m；距燃气热水器的边缘不得小于 0.2 m；

与供暖管道的净距不得小于 0.2 m。

③一些塑料管的特殊要求如下：

a. 聚丙烯管（PP - R 管）与其他管道的净距不得小于 0.1 m。

b. 交联聚乙烯管（PEX 管）与热源的距离不得小于 1.0 m，管道与燃气、燃油等明火加热设备的连接部位应采用耐腐蚀金属管件，加热器进出口应采用长度不小于 0.2 m 的耐腐蚀金属管道。

c. 氯化聚氯乙烯管（PVC - C）不得沿灶台边明设，不得与燃气热水器直接连接，而应采用长度不小于 0.15 m 的耐腐蚀金属管道连接。

（16）室内给水管道穿越楼板、屋顶和墙壁时，一般应预留孔洞或预埋套管，洞口和套管尺寸见表 11 - 21。

表 11 - 21　洞口和套管尺寸

管道名称	穿楼板	穿屋面	空（内）墙	备　注
PVC - U 管	孔洞大于管外径 50 ~ 100 mm		与楼板同	
PVC - C 管	套管内径比管外径大 50 mm		与楼板同	为热水管
PP - R 管			孔洞比外径大 50 mm	
PEX 管	孔洞宜大于管外径 70 mm，套管内径不宜大于管外径 50 mm	与楼板同	与楼板同	
PAP 管	孔洞或套管的内径比管外径大 30 ~ 40 mm	与楼板同	与楼板同	
铜管	孔洞比管外径大 50 ~ 100 mm			
薄壁不锈钢管	（可用塑料套管）	（须用金属套管）	孔洞比管外径大 50 ~ 100 mm	
钢塑复合管	孔洞尺寸为管道外径加 40 mm	与楼板同		

（17）高层建筑内的给水立管应采取下列保护措施：

①立管高度超过 30 m 时，宜设置金属波纹管，以补偿管道的伸缩。

②管径超过 50 mm 的立管向水平方向转弯时，应在向上转弯的弯头下面设支架或支墩。

（18）在非饮用水管道上接出水龙头时，应设置防止误饮、误用和误接的明显标志。

6. 对管道直饮水和饮用开水供应的有关规定

随着人民生活水平的提高，将会在更多的城市和建筑小区中设置供应饮用净水的直饮水系统。由于饮用净水不需加热而直接饮用，因而其水质的优劣更加受到人们的重视，为此应采取如下防止水质污染的措施：

（1）管道直饮水应采用市政集中式供水或其他符合卫生要求的水为原水，经过深度处理制备而成。处理后的出水和管道直饮水用户龙头出水应符合现行的《饮用净水水质标准》（见表 11 - 14）。

（2）直饮水管网系统应独立设置，不得与非直饮水管网相连。直饮水系统宜采用变频调速泵直接供水的方式。

（3）直饮水管道系统应保证管道内一定的水流速度，以防管内细菌繁殖和微粒沉积。管内流速可按表 11 - 22 选用。

表 11 – 22 直饮水管道的流速

公称直径（mm）	15 ~ 20	25 ~ 40	≥50
流速（m/s）	≤1.0	≤1.2	≤1.6

（4）直饮水系统应设循环管道，饮用净水在供、回水系统中各个部分的停留时间不应超过 4 ~ 6 h。若配水支管上不设循环管，则从立管接至配水龙头的支管应尽量短，以减少滞水管段长度，且支管上应设防回流阀，以防支管中的不洁净滞水流入立管。

（5）室内循环管道应为同程式布置，循环回水应经再净化或消毒后方可进入供水系统。

（6）小区集中直饮水供应系统中，宜尽量少采用埋地管道。水泵出水管道上、回水管起端应设倒流防止器。

（7）直饮水系统应严密，不泄漏、不渗水，以保证安全供水。

（8）直饮水系统的管材和管件表面应光滑，以防细菌滞留和繁殖，一般应优先选用薄壁不锈钢管。

（9）直饮水系统应设有进行消毒、置换系统内的水和进行水力强制冲洗的进出水口和控制附件。

（10）直饮水系统在正式运行前应进行彻底消毒和清洗，平时应定期投加消毒剂对管道进行消毒。

（11）开水供应系统中，开水器的溢流管和泄水管不得与排水管道直接相连；开水器的通气管要引至室外。

五、水箱、水池应定期清洗

由于各种原因，水箱、水池在长期使用后，在水箱（池）内会积存沉淀物质，这些沉淀物质本身包含菌类，同时又是菌类良好的生长基，为此应对水箱、水池定期清洗。在这方面北京市已作出了明确规定。1997 年 7 月 1 日起实施的《北京市生活饮用水卫生监督管理条例》规定，供水设施要定期清洗消毒。目前北京市规定高位水箱每年清洗一次，但就全国而言，许多省市对此没有规定。对生活水池的清洗目前还没有提到议事日程上来。要保证水箱良好的卫生条件，有效地防止和控制水的二次污染，今后应对水箱进行强制性清洗，并应加强对水箱清洗的监控力度，目前每年至少应清洗一次，今后再逐步增加水箱的清洗次数。有关部门对生活水池清洗的必要性及清洗周期应进行研究，并尽快制定标准，有条件的地方应尽快开展水池的清洗工作。

六、强化二次消毒措施

1. 在二次加压系统中设置消毒装置

由于《建筑给水排水设计规范》(GBJ 15—88)对二次加压系统设置消毒装置没有明确规定，故各地在这一问题上做法不一。

新的国家标准《建筑给水排水设计规范》(GB 50015—2003)规定："生活饮用水池（箱）内的贮水，48 h 内不能得到更新时，应设置水消毒处理装置。"这一规定虽较以前有了很大进步，但从本章第二节的讨论可知，水的细菌学指标随着水贮存时间的延长迅速恶化。水在钢板水池（箱）内停留 24 h 后，余氯就已经降低为零（见表 11 – 5），水质可能受到细菌性污染;水在水池(箱)内停留48 h后,将可能产生比较严重的细菌性污染。因此,新的设计规范在二次加压系统中设置的消毒装置的要求并不严格。

《全国民用建筑工程设计技术措施(给水排水分册)》规定:"当小区或建筑物采用二次供水方式时(除泵直接从外网抽水外),出水宜经消毒处理。"这一规定取消了关于池(箱)水停留时间上的要求,即凡采用二次供水方式时,出水都宜做消毒处理,这比新的建筑给水排水设计规范又严格了许多,但目前仍不是强制性要求。

在二次供水的消毒方面,北京市已率先作出了规定。《北京市生活饮用水卫生监督管理条例》要求,对于集中供水的饮用水,必须有水质消毒设备。目前北京市的水池-水泵-水箱二次供水系统中,一般均在水箱出口设置二次消毒装置。实践证明,这对防止高层建筑的水质污染起到了很好的作用,可有效地防止水致传染病的传播。因而,新建和改、扩建的二次加压给水系统应尽量按《全国民用建筑工程设计技术措施(给水排水分册)》的规定,在系统中设置二次消毒装置。消毒装置可采用紫外线消毒器、次氯酸钠消毒器或二氧化氯消毒器等。设置水箱时,应在水箱出口处设置消毒器;采用变频调速泵供水时,应在变频调速泵后设置消毒器。

2. 加强对消毒器的使用管理

据调查,由于尚未颁布有关消毒器日常维护管理的规范,因而不少单位对消毒器管理不善,消毒器并未起到应有的消毒效果。为解决这一问题,应加强对消毒器的使用管理。

(1)目前二次消毒大多采用紫外线消毒。紫外线消毒器长期使用后,石英玻璃套管会沉积水垢,降低紫外线照度,影响消毒效果,因而要定期清洗紫外线灯和石英玻璃套管。对其他二次消毒设施也应定期进行检修保养。

(2)紫外线灯在接近寿命期时,会渐渐失去消毒作用,因而必须定期更换灯管。

(3)从本章第二节流程长度对水质影响的讨论中可知,随着水流流程长度的增加,污染程度也在增加,因此应加大对流程最长的供水点的水质监测力度,以便真正掌握消毒设施的消毒效果,确保各配水点的水质符合水质标准。

七、加强对二次供水设施运行情况的监督管理

除上述技术措施外,还应建立和完善对二次供水设施运行情况的监督管理机制。

二次加压供水系统的管理单位,应加强经常性的检查,以便及时发现问题、及时检修,建立相对独立的水池(箱)清洗公司,以便二次供水设施的监管部门对其工作质量进行监督;卫生防疫部门应对水质进行经常性的抽查,加大监管力度,真正使管理和监督责任落到实处。

第十二章 海 水 利 用

经济的发展、人口的增加和城市化的加快，以及全球气候变暖加剧了降水的不均匀性，使现有的淡水资源明显不足，在很大程度上影响和制约着经济的发展。而地球表面积的70%为海洋覆盖，海水资源十分丰富。因此，综合开发利用海水资源，是解决城市淡水资源紧缺的一条重要途径。

第一节 海水的水质特征与保护

一、海水的主要成分

海水的化学成分十分复杂，主要离子含量均远高于淡水，尤其是 Cl^-、SO_4^{2-} 和 Mg^{2+}，其含量是淡水的数百倍乃至上千倍。海水中 Ca^{2+} 含量是淡水的数十倍，pH 值略高于淡水。海水中的盐分主要是氯化钠，其次是氯化镁和少量的硫酸镁、硫酸钙等，见表 12 - 1。

表 12 - 1 海水的盐分组成

盐的分子式	海水中的盐分含量（g/kg）	盐分质量含量（%）	盐的分子式	海水中的盐分含量（g/kg）	盐分质量含量（%）
NaCl	27.213	77.751	K_2SO_4	0.863	2.466
$MgCl_2$	3.807	10.877	$CaCO_3$	0.123	0.351
$MgSO_4$	1.658	4.738	$MgBr_2$	0.076	0.217
$CaSO_4$	1.260	3.600	合计	35.000	100.000

二、海水水质标准

我国《海水水质标准》（GB 3097—1997）按照海域的不同使用功能和保护目标，将海水水质分为四类：

第一类，适用于海洋渔业水域、海上自然保护区和珍稀濒危海洋生物保护区。

第二类，适用于水产养殖区、海水浴场、人体直接接触海水的海上运动或娱乐区，以及与人类食用直接有关的工业用水区。

第三类，适用于一般工业用水区、滨海风景旅游区。

第四类，适用于海洋港口水域、海洋开发作业区。

三、海水污染的防治

（一）海水保护区

根据我国《海水水质标准》（GB 3097—1997）的要求，海水保护的重点区域是：

1. 海洋渔业水域、海上自然保护区和珍稀濒危海洋生物保护区。

2. 水产养殖区、海水浴场、人体直接接触海水的海上运动或娱乐区，以及与人类食用直接有关的工业用水区。

3. 一般工业用水区、滨海风景旅游区。

4. 海洋港口水域、海洋开发作业区。

（二）海水污染的防治措施

随着生产的发展，开发和利用海水资源的活动日益频繁，为有效防止和控制海水水质污染，保障人体健康，保护海洋生物资源，保持生态平衡，从而保证海洋的合理开发利用，必须重视海水的保护，主要措施有：

1. 沿海各省、自治区、直辖市按照海洋环境保护的需要，规定保护的水域范围及其水质类型。

2. 工业废水、生活污水和其他有害废弃物，禁止直接排入规定的风景游览区、海水浴区、自然保护区和水产养殖场水域。在其他海域排放污染物时，必须符合国家和地方规定的排放标准。

3. 在沿海和海上选择排污地点和确定排放条件时，应考虑海水保护区的特点、地形、水文条件和盛行风向及其他自然条件。

4. 加强监督，由沿海各省、自治区、直辖市的环境保护机构负责监督执行。

第二节　海水利用范围

目前，海水主要在三个方面得到应用，即直接利用或简单处理后作为工业用水或生活杂用水，例如作工业冷却用水或用于洗涤、除尘、冲灰、冲渣、化盐碱及印染等方面；经淡化处理后提供高质淡水或再经矿化作为饮用水；综合利用，如从海水中提取化工原料等。本节主要介绍与节水有关的应用。

一、直接使用

海水有时可代替淡水直接使用。主要体现在以下方面：

（一）工业冷却水

1. 应用行业

工业生产中海水被直接用为冷水的量占海水总用量的 90% 左右。几个应用行业的主要海水冷却对象为：火力发电行业的冷凝器、油冷器、空气和氨气冷却器等；化工行业的吸氨塔、炭化塔、蒸馏塔、煅烧炉等；冶金行业的气体压缩机、炼钢电炉、制冷机等；水产食品行业的醇蒸发器、酒精分离器等。

2. 冷却方式

利用海水冷却的方式有间接冷却与直接冷却两种。其中以间接换热冷却方式居多，包括制冷装置、发电冷凝、纯碱生产冷却、石油精炼、动力设备冷却等。其次是直接洗涤冷却，即海水与物料接触冷却或直喷降温等。

在工业生产用水系统方面，海水冷却水的利用有直流冷却和循环冷却两种系统。海水直流冷却具有深海取水温度低且恒定、冷却效果好、系统运行简单等优点，但排水量大，对海水污染也较严重。海水循环冷却时取水量小，排污量也小，可减轻海水热污程度，有利于环境保护。

当工厂远离海岸或工厂所处位置海拔较高时，海水循环冷却较其直流冷却更为经济合理。我国现已采用淡水循环冷却的一些滨海工厂，代以海水循环冷却具有更大的可能性。如烟台市提出要全面应用海水循环冷却技术，国内电力系统也有采用海水循环冷却技术的实例。

3. 利用海水冷却的优点

（1）水源稳定。海水水质较为稳定，水量很大，无需考虑水量的充足程度。

（2）水温适宜。海水全年平均水温 $0 \sim 25$ ℃左右，深海水温更低，有利于迅速带走生产过程中的热量。

（3）动力消耗较低。一般采用近海取水，可减少管道水头损失，节省输水的动力费用。

（4）设备投资较少。据估算，一个生产 30×10^4 t 乙烯的工厂，采用海水作冷却水所增加的设备投资，仅是工厂设备总投资的 1.4%左右。

（二）离子交换再生剂

在工业低压锅炉的给水软化处理中，多采用阳离子交换法，当使用钠型阳离子交换树脂层时，需用 5% ~ 8%的食盐溶液对失效的交换树脂进行再生还原。沿海城市可采用海水（主要利用其中的 NaCl）作为钠离子交换树脂的再生还原剂，这样既省药又节约淡水。

（三）化盐溶剂

纯碱或烧碱的制备过程中均需使用食盐水溶液，传统方法是用自来水化盐，如此要使用大量的淡水，而且盐耗也高。用海水作化盐溶剂，可降低成本、减轻劳动强度、节约能源，经济效益明显。例如，天津碱厂使用海水化盐，每吨海水可节约食盐 15 kg，仅此一项每年可创效益约 180 万元。

（四）冲洗及消防用水

1. 冲洗用水

冲厕用水一般占城市生活用水的 15% ~ 40%。海水一般只需要简单预处理后，即可用于冲厕，其处理费用一般低于自来水的处理费用。推广海水冲厕后不仅可节约沿海城市淡水资源，而且可取得较好的经济效益。

香港从 20 世纪 50 年代末开始采用海水冲厕，他们通过对一个区域利用海水、城市中水和淡水冲厕三种方案的技术经济分析，最终选择了海水冲厕的方案。目前，每天冲厕海水用量达 35×10^4 m^3，预计 2010 年将达到 1.3×10^8 m^3/a，占全部冲厕用水的 70%。同时，从海水预处理、管道的防腐到系统测漏等技术方面均已取得成功经验，形成了一套完整的管理系统，此外，还制定了一套推广应用的政策，最终实现全部使用海水代替淡水冲厕的目标。

我国北方缺水城市天津市塘沽区，利用净化海水进行了几年单座楼冲厕试验，取得了成功的经验。1996 年已建设 10 000 m^2 居民楼海水冲厕系统，为成片居民小区利用海水冲厕作出了有益的探索。

2. 消防用水

消防用水主要起灭火作用，用海水作为消防给水不仅是可能而且是完全可靠的。但是，如果建立常用的海水消防供水系统，应对消防设备的防腐蚀性能加以研究改进。

以海水作为消防给水具有水量可靠的优势。如日本阪神地震发生后，由于城市供水系统完全被破坏，其灭火的水源采用的几乎全部是海水。

厦门博坦仓储油库位于海岸，海岸为岩岸深水港湾，海水清澈透明，取水不受潮汐涨落的影响，可采用天然海水作为消防水源，可谓拥有一座无限容量的天然消防水池。油库自1997年投入运行以来，消防输水干管24 h管内满水充压待命，每月定期进行一次消防演习，以确保发生火情时投入正常运行。该消防设施完全能够保障油库区和码头的防火要求。管道设备防腐和防海洋生物效果很好，检修设备解体时，管道内无发现海洋生物附着结垢及锈蚀现象，管内光洁如新。

（五）除尘及传递压力

1. 除尘用水

海水可作为冲灰及烟气洗涤用水。国内外很多电厂即用海水作冲灰水，节省了大量淡水资源。我国黄岛电厂每年利用海水 $6\ 200 \times 10^4\ m^3$，冲灰水全部使用海水。

2. 液压系统用水

传统的液压系统主要用矿物型液压油作为介质，但它具有易燃、浪费石油资源、产生泄漏后污染环境等严重缺点。它不宜在高温、明火及矿井等环境中工作，特别不适宜在有波浪暗流的水下（如舰艇、河道工程，海洋开发等）作业，因此常用海水代替液压油。

利用海水作为液压传动的工作介质具有如下优点：

（1）无环境污染，无火灾危险；

（2）无购买、储存等问题，既节约能源，又降低费用；

（3）可以省去回水管，不用水箱，使液压系统大为简化，系统效率提高；

（4）可以不用冷却和加热装置；

（5）海水温度稳定，介质黏度基本不变，系统性能稳定；

（6）海水的黏度低，系统的沿程损失小。

海水液压传动系统由于其本身的特点，能很好地满足某些特殊环境下的使用要求，极大地扩大了液压技术的使用范围，它已成为液压技术的一个重要发展方向。在水下作业、海洋开发及舰艇上采用海水液压传动已成为当前的主要发展趋势，受到西方工业发达国家的高度重视。

可采用海水液压传动的主要领域有：

（1）水下作业工具及作业机械手；

（2）潜水器的浮力调节；

（3）代替海洋船舶及舰艇上原有的液压系统；

（4）海洋钻探平台及石油机械上代替原有的液压系统；

（5）海水淡化处理及盐业生产；

（6）热轧、冶金、玻璃工业、原子能动力厂、化工生产及采煤机械；

（7）食品、医药、包装和军事工业部门；

（8）内河船舶及河道工程。

（六）海产品洗涤用水

在海产品养殖中，海水被广泛用于对海带、鱼、虾和贝类等海产品的清洗。只需对海水进行必要的预处理，使之澄清并除去菌类物质，即可代替淡水进行加工。这种方法在我国沿海的海产品加工行业已被广泛应用，节约了大量淡水资源。

（七）印染用水

海水中含有的许多物质对染整工艺起促进作用。如氯化钠对直接染料能起排斥作用，促进染料分子尽快上染。由于海水中有些元素是制造染料引入的中间体，因此利用海水能促进染色稳定，且匀染性好，印染质量高。经海水印染的织物表面具有相斥作用而减少吸尘，穿用时可长时间保持清洁。

海水的表面张力较大，使染色不易老化，并可减少颜料蒸发消耗和污染，同时能促进染料分子深入纤维内部，提高染料的牢固度。海水在纺织工业上用于印染，可减少或不用某些染料和辅料，降低了印染成本，减少了排放水中的染物，因此海水被广泛用于煮炼、漂白、染色和漂洗等生产工艺过程。

我国第一家海水印染厂于1986年4月底在山东荣成石岛镇建成并投入批量生产。该厂采用海水染色的纯棉平绒比淡水染色工艺节约染料、助剂30%～40%。染色的牢度提高两级，节约用水1/3。

（八）海水烟气脱硫

海水烟气脱硫工艺是利用天然的纯海水作为烟气中SO_2的吸收剂，无需其他添加剂，也不产生任何废弃物，具有技术成熟、工艺简单、系统运行可靠、脱硫效率高（理论脱硫效率可达98%）和投资运行费用低等特点。

工艺系统主要由吸收塔、烟气－烟气加热器（GGH）和曝气池（海水恢复系统）等组成，其主要原理是：经过除尘处理及GGH降温后的烟气由塔底进入脱硫吸收塔中，在塔内与由塔顶均匀喷洒的纯海水逆向充分接触混合，海水将烟气中的SO_2有效地吸收生成亚硫酸根离子SO_3^{2-}，经过脱硫吸收后的海水借助重力流入曝气池中，在曝气池里与大量的海水混合，并通过鼓风曝气使SO_3^{2-}氧化为SO_4^{2-}。海水中的CO_3^{2-}中和H^+离子，产生的CO_2在鼓气时被吹脱逸出，从而使海水的pH值得以恢复。水质恢复后的海水可直接排入大海。

二、海水淡化后的使用

海水淡化是指经过除盐处理后使海水的含盐量减少到所要求的含盐标准的水处理技术。海水淡化后，可应用于生活饮用、生产使用等各个用水领域。自然界海水量巨大，将其淡化将是解决全球淡水资源危机的最根本途径，但目前淡化的成本很高，影响了其广泛应用。

第三节　海水淡化

一、水的纯度

（一）纯度及其表示

在工业上，水的纯度常以水中含盐量或水的电阻率来衡量。电阻率是指$1\ cm \times 1\ cm \times 1\ cm$的体积的水所测得的电阻，单位为欧姆·厘米（$\Omega \cdot cm$）。理论上的纯水在25℃时的电阻率为$18.3 \times 10^6\ \Omega \cdot cm$。

（二）水的纯度类型

根据各工业部门对水质的不同要求，水的纯度可分为4种（见表12-2）。

表 12 – 2 水的纯度类型

序号	类型	含盐量	电阻率（Ω·cm）	序号	类型	含盐量	电阻率（Ω·cm）
1	淡化水	$n \sim n \times 100$	$n \times 100$	3	纯水	< 1.0	$1.0 \sim 10 \times 10^6$
2	脱盐水	$1.0 \sim 5.0$	$0.1 \sim 1.0 \times 10^6$	4	高纯水	< 0.1	$> 10 \times 10^6$

注：电阻率为 25℃ 时的电阻率。

1. 淡化水：系指将高含盐量的水经过局部除盐处理后，变成生活及生产用的淡水。海水及苦咸水的淡化即属此类。

2. 脱盐水：相当于普通蒸馏水，水中强电解质大部分已被去除。

3. 纯水：亦称去离子水，水中强电解质的绝大部分已去除，弱电解质如硅酸和碳酸等也去除到一定程度。

4. 高纯水：又称超纯水，水中的导电介质几乎已全部去除，而水中胶体微粒、微生物、溶解气体和有机物等也已去除到最低程度。

上述第一种水的制取属于局部除盐范畴，通常称之为苦咸水淡化，后三种水的制取则统称为水的除盐。

二、海水淡化的要求

我国海岸线长 1.8 万 km，有 6 500 多个岛屿，沿海地区居住着 4 亿多人，沿海城市生产总值为全国城市生产总值的 60% 以上，然而，14 个沿海开放城市中，就有大连、天津、青岛等 9 个城市严重缺水。缺水已成为阻碍城市发展的重要因素。据不完全统计，2000 年前后，沿海地区新增电力在 35 000 MW 以上，相应的锅炉用淡水量需日增 18×10^4 m³。可见，海水淡化在我国既是迫切需要，又有广阔前景。

随着海水含盐去除率的提高，处理成本将大幅度上升，因此，从技术经济方面综合考虑，对海水淡化技术的主要要求应是：

1. 处理后的水质能满足使用对象的需要。

2. 工艺先进，运行简单可靠，不污染环境。

3. 成本低，效益明显。

4. 设备防腐性能好，管理维护方便。

三、海水淡化工艺

海水的淡化，实际上是用化学、物理方法从溶液中将水和溶质分离的技术。有关技术还用于废水的回收和再利用，以及化工过程的分离、浓缩、提纯等。

目前，海水淡化的主要方法有蒸馏法、反渗透法、电渗析法和冷冻法等。据统计资料（不包括 100 m³/d 以下的装置），到 1984 年底，蒸馏法中的多级闪蒸工艺处理水量占总处理水量的 67.95%，是海水淡化的主要方法。其次是反渗透法，占总处理水量的 20.29%。

20 世纪 90 年代以来，出现了反渗透和多级闪蒸两种技术交替占据主导地位的现象。1997 年全世界海水淡化技术中，多级闪蒸淡化工艺占 44.1%，反渗透占 39.5%，多效蒸发、冷冻法和电渗析等其他方法仅占 16.5%。目前，中东和非洲国家的海水淡化设施均以多级闪蒸法为主，其他国家则以反渗透法为主。

(一) 蒸馏法

1. 基本原理和特点

蒸馏法是将含盐水（海水或苦咸水）加热气化，再将蒸汽冷凝成淡水的淡化方法。它是最早提出并付诸应用的海水淡化技术。

图 12-1 为三级（三效）蒸发淡化系统工作原理示意图。含盐水进入第一级蒸发器后被来自热源的蒸汽（一次蒸汽）加热气化，气化产生的二次蒸汽被引至第二级蒸发器，供加热来自第一个蒸发器的浓缩含盐水之用，同时又被冷凝成蒸馏水（淡化）。第二级与第三级蒸发器之间的汽、水流程与上段情况相似，如此类推。为了依次降低各级蒸发器中含盐水的沸点，系统中应用真空泵（或用射流器）由后向前依次在各级蒸发器中形成真空，其真空度亦依次减小。显然，蒸发器的级数越多，系统的热效率越高，水处理成本越低。

蒸馏法是海水淡化的成熟方法之一，几十年来一直保持着应用的优势，其优点主要有：

（1）不受原水浓度限制，更适用于海水作原料；

（2）淡化水纯度较高，尤其一次脱盐的效率是其他方法难以达到的；

（3）适合建造规模大的海水淡化厂（可达到百万吨级规模）。

该方法的主要问题是：

（1）结垢严重，使传热系数降低，效率下降；

（2）对设备腐蚀较重，使用寿命短；

（3）排放的浓热盐水对近岸生态产生一定影响。

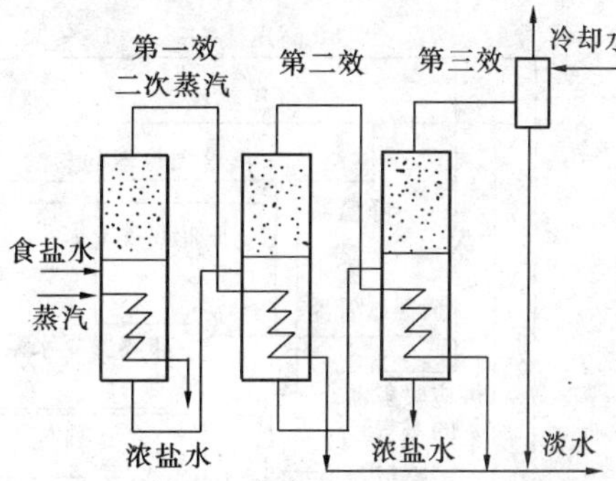

图 12-1 三级蒸发淡化系统工作原理

2. 几种常见蒸馏法简介

蒸馏法海水淡化工艺按照所采用设备、流程和能源的不同可分为多级闪蒸法、低温多效蒸法、压汽蒸馏法、太阳能蒸馏法和膜蒸馏法等类型。

（1）多级闪蒸海水淡化法。多级闪蒸技术为英国 R.S.Silver 教授于 1957 年发明，其原理是将海水加热到一定温度后引至压力较低的闪蒸室骤然蒸发，依次再进入压力更低的闪蒸室蒸发，产生的蒸汽承海水预期热管外冷凝而得淡水。热海水流经压力逐级降低的多个闪蒸室而逐级蒸发，因此称为"多级闪蒸"。与传统的蒸馏法相比，该法可大幅度降低能耗，是迄今应用广泛、较为成熟的海水淡化技术。在西方国家，规模为 2.3×10^4 m³/d 的淡化装置，淡化水成本为 1.53 美元/m³ 左右。应用该方法可进行淡化水的规模化生产，淡化水可作为沿海地区的稳定供水水源。如香港海水淡化厂，日产淡水 18×10^4 m³；沙特阿拉伯 Jubom 海水淡化厂，拥有 46 台单机，单机容量达 10×10^4 m³/d。多级闪蒸装置级数一般可达 30~40 级。图 12-2 是规模为 9 100 m³/d 的多级闪蒸再循环式海水淡化装置的系统流程图。该装置采用盐水再循环、蒸汽射流总体串联抽气工艺流程。蒸馏装置共由 25 级闪蒸室组成，分层布置（上层 14 级、下层 11 级）。该装置在最高海水温度下的运行工况如下：

生产能力	9 100 m³/d
造水比	8.0
循环比	12.8

浓缩比	1.5
海水入口水温	32.3 ℃
浓缩水出口水温	90.5 ℃
高压蒸汽量（1.4 MPa, 371 ℃）	29.6 t/h
低压蒸汽量（0.07 MPa, 128 ℃）	16.0 t/h
所需海水总量	2 730 m³/h
海水溶解性固体量	48 200 mg/L

该装置的主要优点是不受水的含盐量限制，适用于有余热（废热）可利用的场合。设备容量较大，故多设于沿海的火力发电厂和核电站。其缺点是设备费用高，系统设备及管路的结垢与腐蚀较严重。

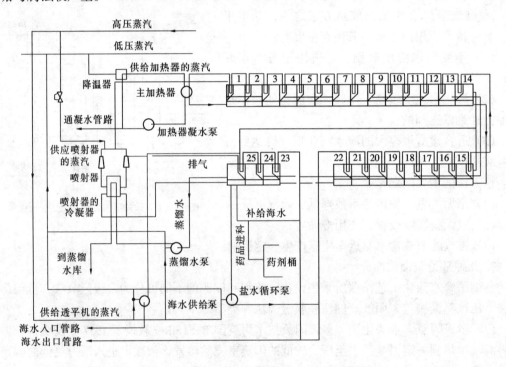

图 12-2　多级闪蒸再循环式海水淡化装置的系统流程

（2）低温多效蒸发海水淡化法。低温多效技术于 20 世纪 80 年代初正式用于工业性的海水淡化工程，20 世纪 80 年代中期出现了大型低温多效海水淡化装置，其原理是 75 ℃左右的低温蒸汽进入首效蒸发器，使其中的海水蒸发。产生的首效蒸汽作为下一效的蒸发热源，在热交换中冷凝为淡水，如此逐效蒸发，逐效淡化。该工艺具有耗能低、经济效益高的突出优势，目前已被许多国家和地区采用。以色列淡化工程技术公司制造的 AQUAPORT 设备，日产淡水能力 100～1 200 m³，以其热效率高、腐蚀速度低、结垢慢、能耗小等特点成为世界诸多海水脱盐装置的佼佼者，为世界上 40 多个旅游胜地的海水淡化厂所选用。法国国际海水淡化工程公司生产的低温多效蒸发装置日产淡水 9 000 m³，能耗小于 5.5 kW·h/m³。目前采用该技术的海水淡化装置单台产淡水能力已达 2×10⁴ m³/d。

（3）压汽蒸馏海水淡化法。压汽蒸馏技术虽发明较早，但在 20 世纪 70 年代初随着压汽、密封和传热技术的提高才开始迅速发展起来。该技术的原理是:经预热的海水至蒸发器中受热汽化,产生的二次蒸汽经压缩,提高其饱和温度和压力后,引入到蒸发器的冷凝侧换热,供给所需热量,冷凝水从蒸发器内抽出,并与进料海水换热而冷却。到1992年底,全世界共拥有压汽蒸馏海水淡化装置 766 套,淡化水总能力达 60.6×10^4 m^3/d。该系统最高操作温度为 62.5 ℃,淡化水耗电 11 $kW \cdot h/m^3$。法国国际海水工程公司开发的低温压汽蒸馏装置,其能耗已降至 10 $kW \cdot h/m^3$。目前采用该技术的海水淡化装置单台产淡水能力已达 2 000 m^3/d。

（4）太阳能蒸馏海水淡化法。该法利用太阳能为能源,从而节省了其他能源费用,投资少,但受气候和日照的影响较大。实践证明,在 800 m^2 有效面积上,可日产淡水 50 m^3。西班牙、葡萄牙、澳大利亚等国在岛屿上成功地使用了这一方法。

（5）膜蒸馏海水淡化法。该方法单位体积蒸发面积大、设备紧凑、操作简单、维修方便、性能稳定、产水量高,除可制备淡水外,还可用于强腐蚀性、变质稀溶液的浓缩等方面。存在的问题是热阻大、热利用率低。但若利用余热、废热、太阳能等廉价能源,可使热损失得到不同程度的补偿。日本田熊公司利用膜分离法及热全蒸发技术,成功开发了船用膜蒸馏淡化装置,日产淡化水 10 m^3。该装置利用柴油机冷却水废热制水,体积小,节能效益显著,可为岛屿和船只的淡水供应提供可靠的保证。

（二）反渗透法

1. 基本原理

反渗透是一项膜分离技术。其原理是：在纯水与咸水（海水）间用只让水分子透过、不允许溶质透过的半透膜分开，则水分子将从纯水一侧通过膜向咸水一侧透过，结果使咸水一侧的液面上升，直至到达某一高度处于平衡状态，这个过程称为渗透过程（如图 12-3 所示），此时半透膜两侧存在水位差或压力差，称为渗透压（π）。当咸水一侧施加的压力 P 大于该溶液的渗透压 π 时，咸水中的水分子将透过半透膜到纯水一侧，而盐分留在咸水一侧，形成了反渗透过程，结果使盐与水得以分离，完成了含盐水（海水）的淡化过程。

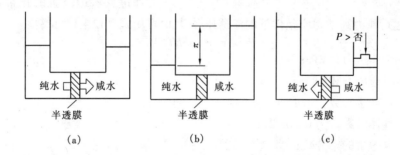

图 12-3 渗透与反渗透现象示意图

(a) 渗透；(b) 平衡；(c) 反渗透

反渗透技术在 20 世纪 60 年代发展起来，到 70 年代末投入工业性应用。目前，海水淡化规模已由最初的日产淡水不到 100 m^3 发展到现在的 5.68×10^4 m^3/d，单机容量已达日产淡水 9 000 m^3。

2. 半透膜的结构与性质

半透膜是实现海水反渗透淡化的关键材料，因而国内外反渗透技术的研究始终是围绕膜组件而进行的。它具有特定的微孔结构，其表面结构亲水分子排斥盐分，一般孔隙率大，压实性小，机械强度高，具有高的化学和生物稳定性。该材料质地薄而均匀，使用期长，性能衰变慢，加工制造方便。

目前用于淡化除盐的反渗透膜主要有醋酸纤维素膜（CA）和芳香聚酰胺膜等。CA 膜具有不对称结构。其表皮层结构致密，孔径 0.8~1.0 nm，厚约 0.25 μm，表皮层下面为结构疏松、孔径 100~400 nm 的多孔支撑层，期间还夹有一层孔径 20 nm 的过渡层。膜总厚度约为 100 μm，含水率占 60% 左右。

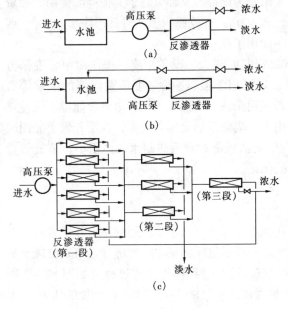

图 12-4　反渗透主工艺流程
(a) 单程式；(b) 循环式；(c) 多段式

CA 膜反渗透装置适用于含盐量小于 10 000 mg/L 的海水淡化。当进水含量超过 10 000 mg/L 时，应采用复合膜；如出水水质要求达到脱盐水或纯水的水平时，应采用反渗透 – 离子交换联合除盐系统。

3. 反渗透淡化装置工艺

根据半透膜的成型组装形式，反渗透装置分为板框式、管式（内压管与外压管式）、卷式和中空纤维式四种基本类型。反渗透淡化工艺流程由预处理、膜分离和后处理组成。预处理需达到一定的水质指标，以防止某些溶解固体沉积于膜面而影响产量，后处理是根据生产水的要求，分别进行 pH 值调整、杀菌、终端混合床、微孔过滤或超滤等工序。反渗透主工艺的流程见图 12-4。

4. 反渗透的压力与能耗

为保持反渗透装置的正常运行，须使盐水一侧的运行压力高于相应条件下的渗透压，其值可用式（12-1）计算：

$$P \geq \pi = ASRT/V \tag{12-1}$$

式中　P——工作压力，MPa；

π——渗透压，MPa；

A——含盐量常数，可取 0.000 537；

R——气体常数，为 0.008 21；

S——含盐量的千分数；

T——热力学温度，K；

V——水的克分子容积，为 0.018。

（三）电渗析法

电渗析法是在外加直流电场作用下，利用离子交换膜的选择透过性（即阳膜只允许阳离子透过，阴膜只允许阴离子透过），使水中阴、阳离子作定向迁移，从而达到离子从水中分离的一种物理化学过程。该法也属膜分离技术。

在阴极与阳极之间，将阳膜与阴膜交替排列，并用特制的隔板将这两种膜隔开（见图 12-5a）。电渗析槽被阳膜和阴膜分隔成三个室，中室（阴、阳膜之间）充以 NaCl 溶液。当两端电极接通直流电源后，水中阳离子不断透过阳膜向阴极方向迁移，阴离子不断透过阴膜向阳极方向迁移，结果使含盐水逐渐变成淡化水。

对于多对阴、阳膜组成的电渗析槽（见图12-5b），进入浓室的含盐水，由于阳离子在向阴极方向迁移中不能透过阴膜，阴离子在向阳极方向迁移中不能透过阳膜，于是，含盐水因不断增加由邻近淡室迁移透过的离子而变成浓盐水。这样，在电渗析器中，组成了淡水和浓水两个系统，在电极和溶液的界面上，通过氧化、还原反应，发生电子与离子之间的转换，即电极反应：

阴极还原反应为

$$H_2O \longrightarrow H^+ + OH^-$$

$$H^+ + 2e \longrightarrow H^2 \uparrow$$

阳极氧化反应为

$$H_2O \longrightarrow H^+ + OH^-$$

$$4OH^- \longrightarrow O_2 + 2H_2O + 4e$$

或

$$2Cl^- \longrightarrow Cl_2 + 2e$$

随着反应的进行，在阴极不断排出氢气，在阳极则不断产生氧气和氯气。阴极室呈碱性，在阴极上会生成 $CaCO_3$ 和 $Mg(OH)_2$ 水垢；阳极室溶液呈酸性，对电极造成强烈的腐蚀。

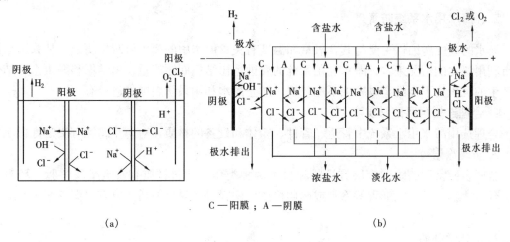

C — 阳膜 ；A — 阴膜

(a)　　　　　　　　　　　　　　　(b)

图 12-5　电渗析工作原理

电渗析技术在 20 世纪 50 年代初始于美国，当时用于苦咸水的淡化，1974 年日本率先应用于海水淡化工艺。

(四) 冷冻法

冷冻法的原理是：海水在结冰时，盐分被排除在冰晶以外，将冰晶洗涤、分离和融化后即可得到淡水。该法不需对原水做预处理，在低温下操作，结垢和腐蚀轻微，能耗低、污染少。由于还有一些技术问题没有解决，因而该法目前还难以进入实用阶段。

第四节　海水用水系统的阻垢、防腐与海生生物防治

海水因其特殊的水质和水文特性，以及生物繁殖场所等，会对用水系统的构筑物和设备造成一些危害。海水用水系统的结垢、腐蚀和海生生物蔓延繁殖一直是海水利用面临的突出问题，也是影响海水利用效果的主要原因，下面结合海水的特点作简单介绍。

一、海水用水系统阻垢

在海水用水系统中，当温度低于100℃时其水垢主要是碳酸钙沉积，温度高于100℃时有硫酸钙沉积。此外，在温度高于60℃时，还可能在石灰石等非金属材料表面形成水垢。

用于海水用水系统的阻垢方法有降低水的pH值、总碱度或减少其中钙、镁等构成硬度的离子浓度的热力学方法，以及投加阻垢剂的化学方法。具体有酸化法、软化处理法和投加阻垢法。此外，通过增加管壁光洁度、减少管道摩擦阻力等方法，也可起到一定的阻垢作用。

酸化法：通过降低水的pH值和总碱度减少结垢。

软化处理法：通过软化工艺减少海水中钙、镁离子含量以达到少结垢的目的。

投加阻垢剂法：向使用的海水中投加如羧酸型聚合物、聚合磷盐、含磷有机缓蚀阻垢剂等，以抑制垢在管道等金属表面沉积。

二、海水用水系统防腐

海水的高度腐蚀性主要与其含氧量和温度有关，但水中的离子可减少腐蚀。从我国沿海城市利用海水的情况来看，海水利用系统的腐蚀远比结垢问题严重，由结垢和海生生物结壳而产生的沉积物下面的金属腐蚀不能忽视。防止海水利用系统腐蚀的途径有：

1. 合理选用耐腐蚀材质

合理选用海水用水系统中管道、管件、箱体和设备的材质，对防止腐蚀有决定性影响。

2. 防腐涂层

金属表面常用的防腐涂层有涂料和衬里两种类型。涂料材质有富氧酚醛树脂、环氧树脂、环氧焦油或沥青、沥青等涂料或硬质橡胶、塑料等，衬里材质主要有水泥砂浆、环氧树脂等。

3. 电化学防腐

电化学防腐有牺牲阳极法和外加电源保护法两种。

（1）牺牲阳极法。在被保护的金属上连接由镁、铝、锌等具有更低电位的金属组成阳极，在海水中，被保护金属与阳极之间形成电位差，金属表面始终保持负电位并被极化，使金属不致腐蚀。这种方法只适用于表面积小且外形简单的金属物体防腐。

（2）外加电源保护法。将被保护金属同直流电源的负极相连，另用一辅助阳极接电源正极，与海水构成回路，使被保护金属极化，不致腐蚀。

4. 投加缓蚀剂

在使用的海水中加入缓蚀剂，可在金属表面形成保护膜，起到抑制腐蚀的作用。缓蚀剂有无机物和有机物两类，常见的无机缓蚀剂有：铬酸盐、亚硝酸盐、磷酸盐、聚磷酸盐、钼

酸盐及硅酸盐等；常见的有机缓蚀剂有：有机胺及其衍生物、有机磷酸酯、有机磷酸盐等。

5. 除氧

去除海水中的溶解氧也是防腐措施之一，除氧的方法一般有热力除氧、化学除氧、真空除氧、离子交换树脂除氧等。

三、海生生物防治

海水用水系统中的有机污垢可由水中的细菌、藻类、软体动物（海鞘、海葵等）和甲壳动物（贝类、牡蛎等）引起。目前防治海生生物繁殖的措施有：

1. 投加消毒剂

氯可杀灭海水中的微生物，可有效防治所有附着在管道和设备上的海生生物。对于藻类，可间歇投氯，剂量约 $3 \sim 8$ mg/L，每日 $1 \sim 4$ 次，余氯量宜保持在 1 mg/L 以上，持续时间 $10 \sim 15$ min，对于甲壳类海生生物，在每年春秋两季连续投氯数周，剂量为 $1 \sim 2$ mg/L，余氯量约保持 0.5 mg/L。当水温高于 20 ℃时要不间断地投氯。

为保护海洋环境，应限制过度使用氯消毒剂，可用臭氧代替，除具有防治海生生物大量附着外，还有脱肥，除臭，降低 COD、BOD 等功效。但臭氧处理费用较高，难以推广应用。

2. 电解海水

电解海水可产生次氯钠，它对海水中的微生物同样具有杀灭功效。一般连续进行，余氯量约为 $0.01 \sim 0.03$ mg/L。

3. 窒息法

封闭充满水的管路系统，使海生生物因缺氧及食料而自灭。主要用于防治贝壳类海生生物。此法简单易行、耗费少、效果好，但需使管路系统停止运行，可能影响生产。

4. 热水法

贻贝在 48℃的水中仅 5 min 即被杀灭。在每年 8～10 月份，隔断待处理的管段并向其中注入 $60 \sim 70$ ℃的热水，约 30 min 后即可用水冲刷贻贝残体，清洗管路。

5. 防污涂料法

在管壁上涂以专用防污涂料，可防止海生生物的繁殖。

第五节　海水利用实例

一、大亚湾核电站——海水代用冷却水

大亚湾核电站位于广东省深圳市西大亚湾北岸，是我国第一个从国外引进的大型核能建设项目。核电站由两台装机容量 100×10^4 kW 压水堆机组成，总投资 40 亿美元。自 1994 年上半年投入商业运行，年发电量均在 100×10^8 kW·h 以上，运行状况良好。在核电站旁边，还将建四台 100×10^4 kW 机组，到 2010 年全部投入运营。

大亚湾核电站冷却水流量高达 90 m³/s 以上，利用海水冷却。采用渠道输水，取水口设双层钢索拦网以防止轮船撞击。取水流速与湾内水流接近，以减少生物与其他物质的进入，泵站前避免静水区，减少海藻繁殖与泥沙沉积。

循环冷却水系统由循环水系统、循环水处理系统、循环水泵和重要厂冷却用水系统组

成。循环水处理系统的泵站入口设有粗拦污网、加氯及防水闸装置和带耙拦污网。循环水处理系统由海水电解氯车间与加氯装置组成。组成的次氯酸钠溶液注入泵站入口，以防治海生物对设备的堵塞。循环冷却水泵为带混凝土涡形式管的离心泵，提供汽轮机冷凝器的冷却水用海水。重要厂冷却用水系统是用来冷却核岛与常规岛的设备（包括核安全设备）。

为防治海水的腐蚀，与海水接触的设备如冷凝器传热管束、制氯电解室使用钛材料，滤风和循环水泵等用不锈钢制成；循环水管由玻璃纤维增强树脂衬里的碳钢制成；渣屑过滤器、各种阀门、管道以橡胶衬里；电解车间辅助装置多采用塑料；凝汽器、各种滤网和有关设备均设置阴极保护。

二、荣成万吨级反渗透海水淡化工程

山东省荣成市是资源性缺水城市，由于三面环海，无客水水源，开挖地下水会引起海水倒灌，城市内生产和生活用水长期严重短缺。1999—2000 年连续两年严重干旱，全年降水量仅 200 mm。因干旱缺水的影响，许多企业处于停产和半停产状态。为维持社会稳定，保证居民最低的生活用水需要，开始利用当地丰富的海水进行淡化，实施海水淡化工程。

海水中游离氯等氧化剂的存在会降低反渗透膜元件的性能，因此海水在进反渗透膜以前必须控制游离氯 < 0.1 mg/L。通过计量泵投加 1.5 ~ 2 mg/L 亚硫酸氢钠，海水中的余氯与亚硫酸氢钠反应，形成酸和中性盐，从而消除余氯对反渗透膜的影响。

反渗透海水淡化系统采用多组件并联单级式流程，为了提高系统运行的可靠性和机动性，首期 5 000 m³/d 海水淡化系统实行整体设计、按单机配置。在工艺配置上分为两个系列，即整个系统既可按单机运行，产淡水 5 000 m³/d，又可按单系列运行，产淡水 2 500 m³/d。

万吨级反渗透海水淡化工程的工艺流程如图 12 - 6 所示，分为海水取水、海水预处理、反渗透海水淡化、产品水后处理和系统控制五个部分。

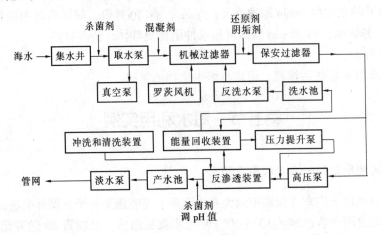

图 12 - 6 万吨级反渗透海水淡化工艺流程框图

万吨级反渗透海水淡化示范工程第一期——5 000 m³/d 海水淡化系统，于 2003 年 11 月初调试成功，投入试运行。并对海水、淡化水进行了分析测量。调试和检测结果表明，该系统运行参数稳定，各单元设备运行正常，操作简便，性能指标达到设计要求，产品水符合国家生活饮用水标准。

第十三章 工艺节水技术

第一节 概 述

在工业生产中，同一种产品由于采用的生产方法、生产工艺、生产设备和生产工艺用水方式不同，单位产品取水量也不同。工艺节水就是指由于工业生产工艺技术进步及生产经营管理变革，使生产用水得以合理利用的一种节水途径的统称，其内容非常广泛。

一、生产工艺节水的作用

（一）工艺节水的潜力

工艺节水是在水的循环利用和回用之外的又一重要节水途径。由于水的循环利用和回用具有较易实施、易取得立竿见影的效果等特点，因而较受重视。但节水潜力特别是循环用水的节水潜力，受生产条件限制，随着节水工作的深入开展将会逐渐降低。与此相反，工艺节水不仅可以从根本上减少生产用水，而且通常具有减少用水设备、减少废水或污染物排放量、减轻环境污染，以及节省工程投资和运行费用、节省能源等一系列优点。在水资源匮乏的情况下，随着节水工作的发展，工艺节水正越来越受到重视并具有广阔的发展前景。

实际上，在目前已被采用的属于工艺节水型的工业生产方法、工艺或设备中，多数是从提高产品质量、生产效率或节约能耗角度提出来的，单纯以节水为目的的只占少数。然而，相当一部分工业生产新方法、新工艺或新设备的开发应用，都不能不受到现代环境与发展战略的影响，因此多同属工艺节水型。

原则上讲，对任何一种工业行业，其一般生产过程都有可能采用工艺节水技术来减少生产用水，而且节水潜力较大。但是，为实行工艺节水，需改变生产方法、改革生产工艺，所涉及的问题多、情况复杂。通常对旧有工业企业实行工艺节水往往不如提高水的重复利用率简便，但是对新建或改建的工业企业，采用工艺节水技术往往比单纯进行水的循环利用和污水回用更为方便合理。一般情况下，各种节水途径宜从实际出发，结合运用以获得最佳节水效果。

（二）工艺节水效果

工艺节水效果是对生产同一产品的两种不同生产方法、生产工艺、生产设备或生产工艺用水方式而言。如生产某产品原单位产量的新水量为 W'_f，则工艺节水率（节水效果）为 $(W_f - W'_f)/W_f$。

应该看到，所谓工艺节水或工艺节水效果，对同一产品生产发展过程而言也是相对的。当新的生产方式、工艺、设备或工艺用水方式被普遍推广应用或被更新的生产方法、工艺、设备或工艺用水方式取代后，单位产品新水量 W'_f 即应被认为是正常用水水平，这时新的工艺节水率为 $(W'_f - W''_f)/W'_f$，其中 W''_f 为采用更新的生产方法、工艺、设备或用水方式后的单位产品新水量，如此类推。这样发展下去，某一产品、某一行业乃至整个社会的节水水平将不断提高。

二、影响生产工艺节水的因素

影响生产工艺节水的因素概括如下：

1. 生产布局、产业与产品结构及产品开发；
2. 原料品位、路线与原料政策；
3. 生产方式、方法和生产工艺流程；
4. 生产设备；
5. 生产工艺用水方式；
6. 生产工艺技术水平；
7. 生产组织与生产人员素质；
8. 生产规模与规模经济效应；
9. 水资源条件和环保要求；
10. 市场和政策。

可以说，上述任一因素变化产生的节约用水效果都属工艺节水范畴。有时人们可能更注重于第3、4方面的节水作用，故习惯称之为"工艺节水技术"。显然，工艺节水技术比较具体、直观，但并不包含工艺节水的全部内容。

第二节　逆流洗涤工艺节水技术

在工业生产用水中，洗涤用水仅次于冷却水的用量，居工业用水量的第二位，约占工业用水总量的 10%～20%，尤其在印染、造纸、电镀等行业中，洗涤用水有时占总用水量的一半以上，是工艺节水的重点。节约洗涤用水的方法很多，其中逆流洗涤工艺最为简便，而且节水效果显著、投资少、见效快、适用面宽，易于推广。

一、逆流洗涤工艺

水洗工艺在工业生产中应用广泛。在印染、造纸、电镀等行业中，加工产品需经过多次水洗工艺处理。如印染行业中的退浆、漂白、丝光染色、印花和化学处理等生产工序中都有水洗工艺。逆流洗涤是目前水洗工艺中节水效果显著、被普遍采用的一种工艺节水技术。

（一）水洗工艺种类

水洗工艺分为单级水洗和多级水洗两种。单级水洗工艺中，被加工的产品在一个水洗槽中经一次水洗即完成洗涤过程。多级水洗工艺中，被加工的产品需在若干个水洗槽中依次进行洗涤。

传统的多级水洗工艺中，各水洗槽均设进水管和排水管。在洗涤过程中，被加工产品依次经每个水洗槽进行洗涤，各水洗槽则连续加入新水并排出废水，水在其中经一次使用后即被排除。因各水洗槽之间的用水互不相关，故将这种多级水洗工艺称为分流洗涤工艺。

（二）逆流洗涤工艺

在逆流洗涤工艺中，新水仅从最后一个水洗槽加入，然后使水依次向前一个水洗槽流动，最后从第一个水洗槽排出。被加工的产品则从第一个水洗槽依次由前向后逆水流方向行进。逆流洗涤即因此而得名。

逆流洗涤工艺中，除在最后一个水洗槽加入新水外，其余各水洗槽均使用其后一级水洗槽用过的洗涤水。水实际上被多次回用，提高了水的重复利用率。因此逆流洗涤工艺与分流洗涤工艺相比，可以节省大量新水。

二、逆流洗涤工艺在其他行业中的应用

逆流洗涤工艺也可广泛应用于其他工业行业，如机械、造纸、食品等行业，并取得良好的节水效果，经济效益、环境效益显著。例如：

在某机械行业的电镀工艺中，清洗镀铬件时以逆流洗涤工艺取代分流洗涤工艺，并用纯水作水洗槽的被充水。在镀件经三级逆流喷洗后，水中铬酐浓度即显著提高，然后将这种洗涤废水作为电镀槽的补充水。这样，既补充了电镀槽中镀液的蒸发损失（因镀液温度高），节约99.5%的新水量，又回收了99.9%的铬酐，取得了良好的节水效果、经济效益和环境效益。

在造纸行业的制浆工艺中，采用多段逆流洗浆工艺，洗浆后的高浓度黑液可供用碱回收的原料，既能减少新水量，又有利于黑液的碱回收。

在城市与工业企业的水处理工艺中，已广泛采用离子交换树脂或其他水处理滤料的逆流再生和逆流反洗方法，以节省再生药剂、减少反洗水量、减少排污。

第三节　其他高效洗涤方法与洗涤工艺

节约洗涤用水的途径，除在适当条件下加强洗涤水的循环利用和回用外，最简捷有效的途径是提高洗涤工艺的洗涤效率。这一点不难从第二节逆流洗涤工艺中看到。此外，还有一些其他节水的高效洗涤方法和洗涤工艺，如高压水洗、新型喷嘴水洗、喷淋洗涤、气雾喷洗、振荡水洗、气水混合冲洗等。

一、高压水洗法

在造纸生产过程中，造纸机的铜网、毛布需不断用水冲洗。一般采用的洗涤方法是低压喷水管水洗，这种洗涤方法的洗涤效果差、用水量大，有时还会造成铜网堵塞，严重时需停机检修。其原因是冲洗强度不够、布水不均。

例如，某造纸厂低压洗涤改为高压洗涤：原直径 2~4 mm 的喷水管孔眼改用直径 1 mm 的喷嘴，水压由 0.14~0.4 MPa 增至 2~3 MPa，以增加水射流强度；此外使喷嘴往复运动冲洗，以确保冲洗均匀，其结果是喷嘴数仅为喷水孔数的 4%，但冲洗效率成倍提高，用水量下降至原洗涤方法的 2%。

高压水洗方法也用于其他场合以提高洗涤效果，如洗车、加工件的除砂或除锈等。

二、新型喷嘴水洗法

改善喷嘴的水力条件，也是提高洗涤效果的方法之一。

例如，某造纸厂冲洗铜网的喷水孔（直径 1.5 mm）改为扇形喷嘴，消除了喷水孔水力

条件差，铜网被粗浆嵌缝、堵塞筛孔、"糊网"等现象，提高了洗涤效果和产品质量（纸张质地均匀），减少了19%的冲洗水量。

在其他生产行业也有应用类似方法的许多例子，如农业灌溉、园林绿化中使用的各类新型喷嘴。

三、喷淋洗涤法

电镀件多采用水洗槽洗涤工艺（包括逆流洗涤工艺），近年来已开始以喷淋洗涤代替水洗槽洗涤。这种洗涤方法，是使电镀件以一定移动速度通过喷淋槽，同时用以一定速度喷出的射流水喷射洗涤电镀件。一般多采用二、三级喷淋洗涤工艺，用过的水被收集到贮水槽中并可以逆流洗涤方式回用。这种喷淋洗涤工艺的节水效果更好，节水率可达95%。例如，某厂电镀件清洗采用逆流间歇喷淋洗涤工艺（如图13-1所示）。其电镀件洗涤程序为：从电镀槽取出电镀件，在回收槽中回收电镀件带出的电镀液，在喷淋槽中进行喷淋洗涤，在冷水清洗槽中进行清洗、在热水烫干槽清洗烫干。洗涤水的流程是：用回收槽的水补充电镀槽中水的蒸发损失，以喷淋槽储水补充回收槽缺水，用冷水清洗槽的水作喷淋水，热水烫干槽的水供冷水清洗槽使用。全部洗涤过程做到水量平衡并完全以蒸馏水作新水补充，节水率高达99.5%。本洗涤工艺可回收全部铬酐，不产生电镀废水。

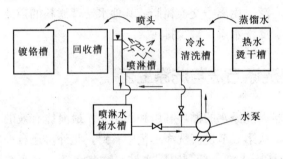

图13-1 逆流间歇喷淋洗涤工艺示意

上述逆流间歇喷淋洗涤工艺的特点是：

(1) 喷淋洗涤的冲刷力强，洗涤效率高；

(2) 在回收槽中截留回收了部分电镀液，减少了其后洗涤水的电镀液浓度；

(3) 喷水阀由行程开关控制，只在镀件进入喷淋槽时进行喷洗，杜绝了水的浪费；

(4) 采用逆流洗涤方式，控制了洗涤水量（小于补充水量）。否则，可考虑气雾喷洗方法，以达到水量平衡。

喷淋工艺目前已广泛用于车辆（汽车、列车）等的清洗。

四、气雾喷洗法

气雾喷洗法即由特制的喷射器产生的气雾喷洗待清洗的物件。其原理是：压缩空气通过喷射器气嘴时产生的高速气流在喉管处形成负压，同时吸入清洗水，混合后形成雾状气水流——气雾，再以高速洗刷待清洗物件。

气雾喷洗的工艺流程与喷淋洗涤工艺相似，但洗涤效率高于喷淋洗涤工艺，更省水。例如，某企业采用气雾喷洗工艺进行镀件清洗，单位镀件表面积仅需新水量5 L，而另一企业采用喷淋洗涤工艺时，单位镀件表面积需新水量10.5 L。

五、振荡水洗法

振荡水洗法是以机械振荡方法加强清洗物件与水的相对运动，以增大需清除物质的扩散系数，提高洗涤效果。

振荡水洗法可用于一些特定情况，如织物洗涤等。

六、气水冲洗法

与气雾喷洗法相似，气水冲洗是将一部分空气代替水进行冲洗，以减少冲洗水量，但不形成雾状气水混合物，有时气、水可交替使用。水处理过滤装置采用气水反冲洗法就是气水冲洗法的典型例子，目前已被广泛应用，其节水可达 30%～50%，冲洗效果良好。

水处理过滤装置冲洗的目的是在水、气的作用下使滤料层"膨胀"，同时使滤料颗粒互相碰撞摩擦，以去除被截留于滤料颗粒表面的杂质，恢复过滤装置的"截污"能力。显然，在这种情况下是可以用气水冲洗法的。

由于我国绝大部分水处理系统都设有各种类型的过滤装置，其反冲洗水量约占总处理水量的 3%～5%，因此减少水处理系统的自用水量（包括反冲洗水量）是不容忽视的。

在类似条件下也可考虑采用气水洗涤法。

七、高效洗涤工艺

所谓高效洗涤工艺，是指由某种高效洗涤方法或一些旨在提高洗涤效果的措施构成的整套洗涤工序。上述逆流洗涤工艺以及由喷淋法构成的喷淋洗涤工艺，均属比较通用的高效洗涤工艺。此外还有一些专门针对某一行业同产品生产过程紧密相关的其他高效洗涤工艺，下面结合具体产品的生产方法、生产工艺、生产设备或生产工艺用水方式进行讨论。

（一）高效转盘水洗工艺

高效转盘水洗工艺是合成脂肪酸生产中的氧化蜡水洗工艺。氧化蜡水洗的目的是去除其中的 $C_1～C_4$ 水溶性酸。提高氧化蜡水洗效果的主要途径是增加两相接触面积。原洗涤工艺主要依靠在瓷环填料塔中的静态沉降，洗涤时间长、效果差。而新的水洗工艺是在专用的转盘塔中，在逆流水洗时旋转转盘将分散相的蜡破碎成直径 1.5 mm 的蜡滴，以增加相间接触面积，提高水洗效率。这种洗涤工艺可节省 70%～80% 的洗涤水。

（二）高效印染洗涤工艺

高效印染洗涤工艺是由多种提高洗涤效果的方法和措施构成的专门工艺。这些方法、措施包括提高水温、延长织物与水的接触时间、机械振荡、浸轧、搓揉、逆流或喷射清洗等，由此形成多种成套的专用洗涤设备，如回形穿布水洗机、振荡平洗机、槽导辊水洗机和喷射水洗机等。

第四节　物料换热技术

在石油化工、化工、制药及某些轻工业产品生产过程中，有许多反应过程是在温度较高的反应器中进行的。原料（进料）通常需要预热到一定温度后再进入反应器参加反应。反应生成物（出料）的温度较高，在离开反应器后需用水冷却到一定温度方可进入下一生产工序。这样，用以冷却出料的水量往往较大并有大量余热未予利用，造成水与热能的浪费。如果将温度较低的进料与温度较高的出料进行热交换，即可达到加热进料与冷却出料的双重目的。这种方式或类似热交换方式称为物料换热技术。

采用物料换热技术，可以完全或部分地解决进、出料之间的加热、冷却问题，可以相应地减少用以加热的能源消耗量、锅炉补给水量（如用蒸汽加热时）及冷却水量。

物料换热技术在一些工业产业中已得到较广泛的应用，并取得较好的效果，例如，某厂生产维生素C的发酵连续消毒过程，原先是用蒸汽将培养基加热至130℃，维持5～8 min，用水冷却至50～60℃，在发酵罐内将培养基继续降温至30℃。后采用物料换热技术，将加温后需降温的培养基与起初需加温的冷培养基进行热交换。这样既节省了蒸汽又节约了冷却水，年节约蒸汽量816.7 t，节水2.25×10⁴ m³。该工艺流程如图13-2所示。

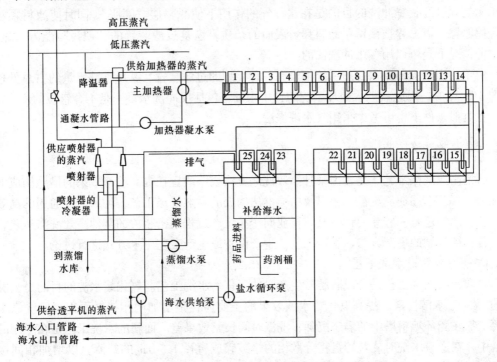

图13-2　某厂的物料换热工艺流程

又如，某厂以锅炉补充水（软化水）代替锅炉的煤气喷嘴、蒸汽取样器等所需的冷却水，不但减少了冷却水量，还使补给水水温比原先提高2～3℃。食品味精行业的连消、发酵工艺中，待冷却与待加温糖液之间也应用了物料换热技术。

第五节　节水型生产工艺

在工业生产中有许多生产方法或工艺具有节水作用，从节约用水角度可称为节水型生产工艺技术。节水型生产工艺技术不同于逆流洗涤工艺节水技术，以及其他特效洗涤方法与洗涤工艺、物料换热节水技术等，其节水效果的产生更侧重于生产方法或工艺的变革，而不是依靠生产工艺用水方式的变更，但两者同属工艺节水范畴。

一、煤炭行业节水型生产工艺

（一）采煤节水工艺

机采必须使用水来除尘、降温。可利用膜处理技术将矿坑排水处理回用，或者将矿坑排

198

水处理后用于地面工业生产冲厕，不仅消除了污水排放，而且可减少地面取用新水量。太原东山煤矿矿坑排水除用于采煤外，大部分用在发电和地面生活用水，节水量十分可观，每日达 5 000 m^3。

（二）选煤节水工艺

1. 选煤的主要目的

（1）除去原煤中的杂质，降低灰分，提高原煤质量，适用用户需要；

（2）把煤炭分成不同质量、规格的产品，供应用户对路的产品，以便合理利用煤炭，节约能源。

2. 选煤的方法

选煤方法很多，可分为两大类：湿法和干法。选煤过程在水、重液或悬浮液中进行时，叫湿法选煤。选煤过程在空气中进行时，叫干法选煤。在缺水地区应选用干法。

（1）重力选煤。依据煤和矸石的密度差别实现煤与矸石分选的方法。重力选煤又分跳汰选、重介质选、流槽选、斜槽选和摇床选等。

（2）浮游选煤（浮选）。根据煤和矸石表面润湿性的差别分选细粒煤的方法。

（3）特殊选煤。主要是利用煤与矸石的导电率、导磁率、摩擦系数、射线穿透能力等的不同，把煤和矸石分开。包括静电选、磁选、摩擦选、放射性同位素选和 X 射线选等。

我国选煤厂采用的最广泛的选煤方法是跳汰选，其次是重介质选和浮选，其他方法均用得较少。

3. 煤泥水处理

选煤厂的煤泥水处理若管理不好，将会流失煤泥和水，还会淤塞河道，污染环境。为此，选煤厂要尽量实现洗水闭路循环，杜绝排放污水。所谓洗水闭路循环，就是选煤厂的煤泥水经过充分澄清、浓缩，将水全部回收循环使用。这需要有足够的蓄水能力。

4. 洗煤节水除要选择干法选煤外，要科学控制各种用水量，使之达到用水平衡，真正零排放，亦即使整个系统补水量等于成品煤标准含水量。

（三）焦化煤气节水工艺

焦化煤气节水工艺具有下列特点：

（1）熄焦可使用厂内再生水进行或采取干熄焦法。

（2）化工生产车间冷却水可采用独立的冷水制取系统循环利用，以减少新鲜低温水的抽取量。

二、节水型印染生产工艺

（一）低给液染整

目前主要应用循环带转移给液法和"QS"法（吸墨水纸原理）。上海等地的厂家应用了该项技术，低给液染整工艺可降低给液率 15% ~ 40%，不但提高生产率 25%，还相应地具有节水、节能作用。

（二）冷轧堆工艺

采用冷轧堆工艺进行漂白比蒸汽漂白（使用双氧水）将节约 1/3 的能源。冷轧堆工艺用于活性染料染色和直接铜盐染料染色，可获得渗透性良好、布面均匀的染色效果，与轧染相比可省去汽蒸加热工序，节省能源和染料，也相应地减少了生产用水量。

冷轧堆工艺适用于小批量多品种生产。

（三）一浴法染色

采用一浴法染色可减少不必要的水洗，且有产量高、省工、节水、节能等特点。如腈纶染色时，染色和柔软处理可以同时进行。一浴法使用的染料为多种混合染料。为简化染料品种，单一染料的开发受到关注，单一染料可以同时染着两种纤维，因而更为节水。

（四）泡沫染整

泡沫染整技术是一种用空气代替水作为稀释介质的染整工艺，可节约用水 50% ~ 60%。同时可降低织物的吸水率，从而可减少织物烘干过程的能耗和相应的锅炉补给水（如用蒸汽）。泡沫染整主要是为节省染料而开发的一项新技术。

（五）泡沫上浆

泡沫的比表面积很大，可将少量高浓度浆液均匀地涂敷到较大面积的织物上去。采用泡沫上浆技术可节水 50% 左右。

（六）微波染色

染织物浸过染液后，经微波照射可使染织物上的水分子产生偶极旋转，分子间产生摩擦，使纤维内部温度迅速升高，染料分子聚合体迅速扩散为单分子，同时纤维的非晶体区松动，使染料分子迅速地渗透到纤维中去完成染色过程。微波染色的用水量仅为其他染色方法的 3% ~ 20%。这种方法用于小批量多品种生产过程。

（七）高能射线染色

高能射线染色，也可节能节水。

三、节水型制革生产工艺

（一）转鼓快浸工艺

传统的皮革浸水多在浸水池中进行，因要经常翻皮，故时间长、用水量大、劳动强度高。转鼓快浸工艺应用浸水促进剂，通过转鼓的转动作用，可大大缩短水浸时间，节约用水 40% 以上。

（二）酶脱毛工艺

酶脱毛工艺是利用酶的催化作用削弱毛根与胶原纤维的结合，使毛脱落，并可使胶原松散便于鞣制。它与传统灰碱法脱毛工艺相比，用水量小，所产生废水的污染程度也大为减轻，因此发展很快。目前主要有加温有浴、常温无浴和无碱堆置等方法。

（三）无浴鞣制工艺

鞣制是制革生产的主要工序之一。轻革无浴鞣制工艺与老工艺相比，可减少用水量80% 以上，废液中的铬减少约 95%。重革无浴鞣制工艺可节约用水 70% 左右，节约栲胶10%、红矾 30%，降低劳动强度。

（四）常温小浴染色工艺

以往的皮革染色加油通常是在 60 ℃左右的大量浴液中进行，用水量大。常温小浴染色新工艺是在 32 ℃的水中添加 1% 渗透剂的条件下染色加油，这种方法可节水 80% 左右。

四、食品饮料行业生产工艺

（一）节水型啤酒生产工艺

目前国内外啤酒生产工艺基本相似，生产流程大体如图 13-3 所示。

据分析，在啤酒生产过程中生产工艺用水量通常仅次于冷却用水量，约占总用水量的 10%～30%，洗涤用水量居第三位。值得注意的是，一些正在开发、推广应用的啤酒生产新技术，如各种麦汁制备新技术、麦汁冷却新技术、连续发酵（单罐发酵）工艺、露天大罐发酵工艺，以及新过滤包装工艺，从节约用水角度看几乎都属节水型生产工艺。其中，麦汁冷却新技术可大大减少冷却水量，其余各项新工艺则可减少生产工艺用水量或洗涤用水量。例如，仅单罐发酵工艺即可减少约 50% 的洗涤用水量。

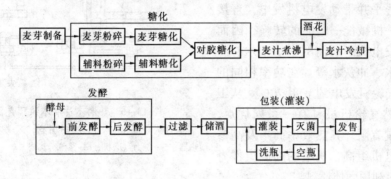

图 13-3　啤酒生产工艺流程

其他酿酒工艺节水情况与节水型啤酒生产工艺相似。此外，在酿酒工艺方面，醇化酶的研究开发将会从根本上改变酿酒生产工艺，如这种生产工艺得以实施，其节水效果是明显的。

（二）节水型味精生产工艺

在味精生产行业，采用一步冷冻法提取谷氨酸比采用锌盐法、等电离子交换法分别节水约 20%、50%。

五、节水型造纸生产工艺

我国造纸工业用水约占工业总用水量的 10% 左右，属用水量大、排污量大和污染严重的工业行业。造纸生产分制浆和造纸两部分，制浆用水量约占造纸总用水量的一半以上。制浆的方法很多，大体可分为化学法、机械法和化学-机械法三类，各具有不同的特点。

盘磨机械制浆是近些年来发展起来的一种新工艺。它是用盘磨机把木片直接磨制成浆的制浆方法，又分为普通木片磨木浆、热磨木片磨木浆和化学机械制浆等。这种制浆方法比化学制浆的单位用水量小，分别约为 20～50 m³/t 和 200～300 m³/t，可节水 80%～90%。此外还具有纸浆得率高、省料、成本低、原料适用性广泛和污染较轻等优点。典型的普通木片磨木浆生产流程如图 13-4 所示。

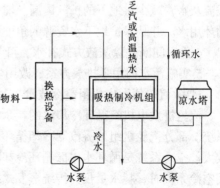

图 13-4　木片磨木浆工艺流程

热磨木片磨木浆生产流程（如图13-5所示）是在普通木片磨木浆生产流程之前增加了一道预热工序，以提高木浆质量、减少电耗。它是盘磨机械制浆的主要生产方法，发展前景好。

抄纸时应用盘磨机械浆可减少化学浆的配比，相应地减少造纸生产的总用水量。

六、电力行业节水型生产工艺

电力行业的万元产值用水量居其他工业行业之首，发电节水举足轻重。

（一）燃气轮机发电机组节水工艺

由于燃气轮机是由燃烧产生的高温高压燃气推动透平并带动发电机发电，直接实现化学能—机械能—电能的转换，因而不需汽轮机发电机组所需的锅炉用水、冷凝器冷却用水、冲灰水等。在功率相同的条件下，燃气轮机发电约节水70%。从工艺角度看，燃气轮机虽具有一系列优点，但单机组容量有限，其热效率尚不及高参数的汽轮发电机组高，机组的高温组件寿命较短，不能利用固体燃料。

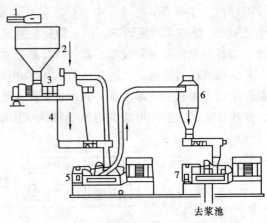

图13-5　热磨木片磨木浆工艺流程
1—从林片洗涤器来的木片；2—木片仓；3—螺旋给料器；4—预热器；5—压力盘磨机；6—浆汽分离器；7—第二段盘磨机

（二）核能发电节水工艺

核能发电中由于核能转化为热能无需烧煤，整个系统密封进行，所以可以省去除尘、出渣、冲灰等工艺用水。

（三）燃煤发电厂除尘冲灰节水

1.实施干式除尘、静电除尘，增加干粉自动回收系统，形成一条龙生产线，干粉可用于筑路、制砖、保温材料。发展干灰综合利用，不仅可节约国土资源，而且可大大节省用水。

2.采用新型节水型火电厂除灰系统，其特点是：灰渣分除、采用新型浓缩输灰泵（灰水比控制在1:1~1:3），灰浆在浓缩池内澄清后冲灰水可重复利用。

3.对稀浆输灰方式的冲灰水，可采用澄清法或渗漏法从灰场中回收，采用真空短路法截流灰水，减少对地下的扩散渗漏。辅设新型耐磨抗腐输灰管和回水双管路，进行远距离大循环用水。并从保护地下水资源的角度研究回水方案。

4 采用间断式除灰渣方式补水，可节水50%。

5 实施污水回用零排放方案，改用劣质水作为冲灰水，减少使用新鲜水。

（四）汽轮机发电机组空冷技术

汽轮机发电机组循环冷却水的耗水量占全厂总耗水量的70%以上，是最具节水潜力的系统。部分汽轮机组的凝汽器冷却循环水是敞开式凉水系统，空气与水直接对流，蒸发损失较大。空冷系统是循环水内部循环冷却凝汽器，而外部被大型空冷塔对流冷却，当汽轮机采用空冷系统时，耗水量仅为传统蒸发式冷却水塔耗水量的1/3，大大降低了火电厂对水源的依赖程度，为干旱缺水、少水而煤炭资源丰富的地区建设大型坑口电厂开辟了新天地。我国太原、大同等地均采用了空冷机组，运行几年，节水效果十分显著，其发电容量增加而总取水量却降低了。同时这种技术存在着不足：①基建投资大，是常规冷却水塔的水汽系统投资的 2~3 倍；②运行费用高，与常规水冷系统汽轮机组比较，年平均每发 1 kW·h 电，要多耗标准煤 10g 左右，但这可以从节水费用中得到补偿。

七、化工系统节水型生产工艺

(一) 硫酸制造节水工艺

1. 两转两吸酸洗工艺（硫铁矿）。如图 13-6 所示的生产流程中，被干燥加热的 SO_2 气体经转化器进行第一次转化，生成的 SO_2 气体再次被加热经转化器进行第二次转化，最后由第二次有效吸收塔吸收生成浓硫酸。这种生产工艺被称为两转两吸酸洗流程，具有工艺先进、转化效率高、用水少、环境污染轻等特点。

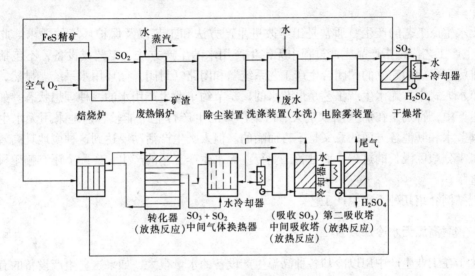

图 13-6 硫酸生产采用的两转两吸酸洗工艺流程

2. 非稳态二氧化硫技术（冶炼烟气）。该技术与两转两吸酸洗工艺都可提高原料转化率，减少污染，节省用水。

(二) 氯碱工业节水工艺

在氯碱工业中，以离子膜法取代隔膜法，以达到节水的目的。

隔膜法是在阴阳两极之间用多孔性石棉或聚合物制成的隔膜隔开，在阳极生成氯气，在阴极生成氢气和氢氧化钠电解液。其产物需经如下处理方能作为商品使用：电解液需去除残留的氯化钠并蒸发浓缩进一步制成固体烧碱，氯气需洗涤、干燥，氢气需去除氯化铵、氯、二氧化碳等杂质并干燥。离子膜法是以离子膜隔开阴阳极，其特点是耐腐蚀，可抵制阴离子向阳极迁移，但阳离子透过性好、电阻小，故可从阴极室获得高纯度的烧碱溶液和氢气，其耗水量小。

八、节水型水泥生产工艺

水泥生产有湿法、干法和半干法三种工艺。湿法生产工艺中，原料用水量为原料的

32% ~ 40%；半干法生产工艺中，原料用水量为原料的 12% ~ 15%；而干法生产工艺中，原料不用加水。如太原水泥厂采用了干法生产工艺，其运行效果良好，节水显著，所以干法生产工艺是水泥生产的发展方向。

九、钢铁冶炼行业节水型生产工艺

采用转炉炼钢工艺可比平炉炼钢工艺减少用水量 90%；在轧钢生产中采用中性电解除磷法，使钢材表面的氧化铁皮在电流作用下经反复氧化还原，逐渐溶解、消除，不但节水，还可消除因酸洗造成的酸雾和酸水污染；采用汽化冷却代替水可节水节能；采用钢水液态输送一体化生产可减少重复冷却和加热，实现节水又节能。

第六节　无水生产工艺

无水生产工艺的产生，通常是出于改进生产方法和工艺以及保护环境的要求。此处的"无水生产工艺"是指产品生产过程中无需生产用水的生产方法、工艺或设备，不包括以不向外排污为目标而建立的"闭合生产工艺系统"和闭路（封闭）循环用水系统。显然，在所有的节水方式中，无水生产工艺是最节水的，是节约工业生产用水的一种理想状态。如果在工业生产中，特别是在那些用水量大、污染严重的生产行业中能较普遍地采用无水生产工艺，其节水和其他各方面的意义是不言而喻的。但人类生产活动要达到这种境地且高效、经济，是十分艰巨漫长的过程，而且各工业行业无水生产工艺的产生，实际上还有赖于科学技术的进步。

现举例介绍几种无水生产工艺。

一、耐高温无水冷却装置

鉴于在工业生产中用以冷却各种高温生产设备的水量很大，如果这些生产设备的有关部件采用无需冷却的耐高温材料制造，则可不用冷却水。例如：

某钢厂在加热炉中用无水冷滑轨取代传统的水冷滑轨，节省了原装置的全部冷却用水。该无水冷滑轨用碳化硅刚玉加工而成，轨基用矾土水泥混凝土预制块砌筑，可耐 1 250 ~ 1 300 ℃高温。此外，还提高了加热炉的热效率，节省燃料 30%。

二、干熄焦工艺

在炼焦工艺中，用湿法熄焦不仅用水量大还产生废气、废水，污染环境。采用干法熄焦时，以不含氧的气体（如氨气）冷却灼热的焦炭，高温气体通过封闭循环水系统冷却后再重复利用，加热后的冷却水又被送至废热锅炉进行余热利用，这种熄焦工艺节水、节能且无污染。

三、无水造纸工艺

例如，采用气动工艺制木质纤维，用细孔筛分离出纤维层，然后用合成粘合剂粘合纤维素以制成书写、印刷用纸，包装纸，睡袋、床单、褓褓、尿布等。

又如在制浆原料加工中采用干法剥皮法（用刀或剥皮机）以节省湿法剥皮时所需的水

$(2 \sim 3 \ m^3/t)$。

四、无水印染工艺

比较典型的无水印染工艺有：溶剂漂染、溶剂染色、气相染色、光漂白等。

溶剂漂染是以溶剂代替水进行漂染，将退浆、煮炼和漂白三个工序合并，既简化生产工艺、不产生废水、提高产品质量，又不需用水。

溶剂染色是以有机溶剂代替水进行染色，不仅染色均匀，而且染色后不需水洗，可节约大量印染、洗涤用水。

气相染色是用染料或整理剂的蒸气或烟雾对织物进行染色、整理，以免用水作染色媒介，染色后无需水洗。气相染色操作简单、加工速度快，产品色泽鲜艳、质量好。目前我国各地采用的转移印花工艺即属气相染色工艺。

光漂白是用光代替漂白剂漂白织物，可节省漂白用水和洗涤用水，不排污，漂白速度快、工效高、质量好。

此外，干热染色、低压染色、气溶胶染色、溶剂上浆、磁性染色、高能射线染色均属无水印染工艺。

五、无水电镀

气相镀膜工艺是在高真空中使金属离子化并附着在被镀基材上形成一层金属膜。此工艺也称离子蒸镀工艺。另一种气相镀膜工艺是在减压气体容器内用镀料金属组成电极，在高电压作用下两极间发生弧光放电，使惰性气体离子化并射向阳极，形成阳极的原子喷射，然后在磁场电位作用下沉积，被镀基材表面构成镀膜。此外，也可采用特殊喷枪喷出 Cr 原子镀于镀件表面。

上述干法电镀工艺革除了镀件漂洗工序，因而无需洗涤用水，不排污、无污染。

六、无水混凝土养护

无水混凝土养护法是在构件表面覆盖黑色塑料薄膜，利用黑色体吸收太阳辐射热，同时使混凝土中的多余水分蒸发，以形成类似于蒸汽养护的状态。这种方法既省水又可提高混凝土的早期强度。

水泥地面无水养护法是在地表涂以专用水性涂料（主要成分为硅酸钠），养护新抹水泥地面，增加早期强度，可节约养护用水（$60 \ L/m^2$），提高工效。

七、无水发电工艺

利用自然风能、太阳能发电是节水与节能的最佳方式，高山、大草原、大沙漠风力发电潜力最大，同时永磁材料的发展为优化发电机结构带来很大的方便。

第七节　闭路系统、"闭合生产工艺圈"与工艺节水

一、基本含义

建立工业闭路系统或闭合生产工艺圈除具有节水意义外，主要是为了实现资源的有效、

综合利用，发展无废与少废工艺，以控制污染、保护环境，实现清洁文明生产。

（一）闭路循环用水系统

循环用水给水系统的基本特点是将使用过的水经适当处理（含冷却）后，重新用于同一生产用水过程。

根据循环水的用途和性质，循环用水系统可分为间接冷却循环用水系统、工艺循环用水系统（包括洗涤、直接冷却、冲灰等）、锅炉循环用水系统等独立闭路循环用水系统。

（二）闭合生产工艺圈

"闭合生产工艺圈"是在工业企业群内建立的更广泛的闭路系统。它要求在一定范围内对不同工业企业的生产工艺进行科学合理的布局组合，使之形成一种"闭合生产工艺圈"，从而使前一个生产过程产生的废水、废物成为其后生产过程的原料。如此类推，构成一个"闭合圈"。

闭路系统和"闭合生产工艺圈"的建立虽然并不完全依赖于生产方法、生产工艺和生产设备的变革，但又与生产方法、工艺和设备密不可分，因而具有工艺节水意义，应是工艺节水的主要方向之一。

应该看到，建立闭路系统和"闭合生产工艺圈"所涉及的是废气、废水、废液和废渣所引起的全部环境污染治理问题，而不单纯是废水和水污染治理问题。因此就其复杂性而言，有时远超过上述其他工艺节水技术。

二、举例说明

由于地区条件和工艺要求不同，闭路系统化也应是多方案的，鉴于这种情况，下面举例介绍工艺闭路系统（限于闭路循环用水系统）和"闭合生产工艺圈"的基本情况。

（一）工艺闭路系统

目前在化工、石油化工、水泥和纸浆造纸等工业生产工艺中，已有不少工艺闭路系统的例子。图 13-7 为煤气化生产工艺闭路循环用水系统方案。

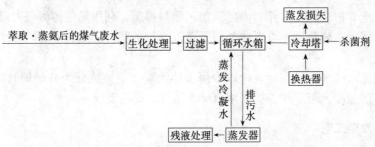

图 13-7　煤气化生产工艺闭路循环用水系统方案

建立这些闭路系统的一般程序是：

1. 了解生产工艺产生废物的情况，查明废物来源、排出量、废物性质，进行物料平衡计算并绘制流程图，这种流程图被称为负流程图。

2. 按负流程图控制废物产生，或改进单元操作，如改变原料、反应，改进设备与操作，以减少废物的危害性或使之易于处理。

3. 在需要排出废物的情况下，应尽量进行废物的点源处理，进行回收或再利用。对于无法利用的废物应酌情进行无害化处理，有关处理工艺应当作生产工艺的一个组成部分考虑。这种处理称为废物处理的"内包化"。

4. 必要时应将原生产工艺改为少废或无废单元操作或工艺。

该系统使萃取脱酚和蒸氨后的煤气废水经二级曝气生化处理、过滤后进入循环水箱，再经换热器、冷却塔后回流至循环水系统。循环排污水在冷却塔蒸发浓缩约 10 倍后再由蒸发器浓缩（约 10 倍）蒸发，蒸发冷凝水返回循环水系统，蒸发残液被送往气化炉，同原煤一起混后燃烧或另建一焚烧装置进行处理。

该闭路循环用水系统连同其前部的废水萃取蒸氨工艺，不仅可实现煤气厂废水的"零排放"，还可以回收废水中的酚、氨，完全避免水环境污染。由于单独设置了废水的生化处理单元，还可避免系统中的生物沉积和冷却塔对空气的污染等问题。

在石油化工及化工生产中类似的例子很多：如在以磺化法生产苯酚所排放的废液中回收酚钠并作为原料返回苯酚生产系统；在苯酚和氯碱生产过程中，设法将苯酚生产过程排放的含酚废水经处理后作为氯碱生产的原料；在某厂引进的大型硝酸磷肥生产系统中，对排放的生产废水进行处理，回收的污染物质作为原料返回生产系统，处理后的出水被循环利用等等。由此构成形形色色的工艺闭路系统。

应该看到，石油化工或化工生产用水量大，所排废水含有大量污染物质，实行工艺闭路系统化，特别是其中的生产用水的闭路循环，具有重要意义。

（二）"闭合生产工艺圈"

1. 石油炼制厂精制含硫量高的原油时需要脱硫。这时可考虑以脱下的硫制取亚硫酸氢铵，供给以麦（稻）草为原料的造纸厂制浆，所排出的蒸煮黑液可作氮肥。这样，石油炼制厂、制浆造纸厂和农业生产之间可组成一个"闭合生产工艺圈"，既消除了工业污染物（硫、黑液）的危害，又支援了农业。

2. 利用漂染厂的废碱液造纸，再用造纸厂废液代替蓖麻油作溶剂生产农药乳剂，使印染、造纸、农药厂组成以碱为中心原料的"闭合生产工艺圈"，从而避免了水污染，还可节约约 50% 的烧碱、数千吨苯、数百吨蓖麻油。

3. 利用含高硫原油脱硫获得的氨水，吸收硫酸厂或有色冶金厂产生的二氧化硫废气制取亚硫酸氢铵，再以亚硫酸氢铵供纸浆厂制纸浆，最后用纸浆厂产生的黑液作有机农肥，使原油炼制厂、硫酸厂或有色冶金厂、纸浆厂、农业生产组成"闭合生产工艺圈"。这样，可消除二氧化硫、造纸黑液对环境的污染，化害为利。

由以上例子可以看出，建立"闭合生产工艺圈"的关键在于加强对工业生产工艺的综合研究，从社会发展与环境保护角度进行全面规划，将各个单独的生产环节联结起来形成"闭合圈"，以求达到发展经济、节约资源（包括水资源）、控制污染、保护环境的目标。

显然，"闭合生产工艺圈"的实施会涉及很多技术、经济、社会和政策上的问题，其复杂性远超过厂际串联给水、城市污水回用所产生的各种情况。

三、工艺节水趋势的估计

随着生产、科学技术的进步和节水工作的开展，工艺节水将逐步成为节约工业生产用水的主要途径。但是，要全面宏观地定量估计工艺节水趋势，比估计水的重复利用率的增长变化幅度及相应的节水进程要困难得多。这是因为：

1. 工艺节水效果与节水型生产工艺的用水水平难以区分。由于工艺节水效果主要取决于生产方法、工艺、设备的变革，而一项新的工艺节水技术往往需要长时间的推广应用才能成为一种定型的节水型生产工艺，因此，很难确定采取某种节水措施初期所获得的节水效果，在何时、何种情况下应被认为是逐步定型的节水型生产方法、工艺或设备本身应具有的节水性能。

2. 工业行业门类繁多，生产方法与工艺千差万别，要想全面把握工艺节水技术的实施情况、进展及其节水效果是困难的。

3. 工艺节水技术的开发应用，几乎涉及所有科学技术的进步，并且还依赖于各工业行业生产技术的进步、发展和改革，目前尚难以单独准确评价后者对生产用水（节水）的影响。

4. 科学技术进步和工业技术发展是无止境的，同时又具有不同的时代特征，因此难以判定工艺节水进程。

5. 工艺节水进程与社会经济发展、资源（包括水资源）要求配置情况密不可分，而全面估计社会发展、资源（包括水资源）要求配置情况还十分困难。

基于上述原因，目前只能定性估计工艺节水趋势。

对于不同行业的工艺节水趋势，条件允许时可通过对各行业生产用水的总体研究进行分析。工业行业生产用水状况的总体研究有助于判明某类工业用水定额在某个范围或不同范围内的平均水平和平均先进水平，其影响因素、变化发展趋势、与同类工业用水水平相比的差距与原因，以及该工业行业节约用水的途径。应当看到，生产用水定额的变化基本上反映了工艺节水的发展变化。此外，应充分考虑生产经营管理和生产规模经济效益的影响。加强经营管理、提高规模经济效益，都可减少单位产品或单位产值取水量。

可以设想，如果已知一定时期内各主要生产行业的工艺节水趋势，则不难把握全面的工艺节水趋势。由此可见有计划地逐一开展行业生产用水总体研究的又一实际意义。

对于一个工业企业或一种工艺节水技术而言，其工艺节水趋势应针对具体情况作具体分析，通常能够作出适当的评价。

第十四章 节水器具与设备

第一节 节水器具设备的含义与要求

一、节水器具设备的含义

节水型器具设备是指低流量或超低流量的卫生器具设备，是与同类器具与设备相比具有显著节水功能的用水器具设备或其他检测控制装置。节水器具设备有两层含义：一是其在较长时间内免除维修，不发生跑、冒、滴、漏等无用耗水现象，是节水的；二是设计先进合理、制造精良、使用方便，较传统用水器具设备能明显减少用水量。

城市生活用水主要通过给水器具设备的使用来完成，而在给水器具设备中，卫生器具设备又是与人们日常生活息息相关的，可以说，卫生器具与设备的性能对于节约生活用水具有举足轻重的作用。因此，节水器具设备的开发、推广和管理对于节约用水的工作是十分重要的。节水型器具设备种类很多，主要包括节水型龙头阀门类，节水型淋浴器类，节水型卫生器具类，水位、水压控制类以及节水装置设备类等。这类器具设备节水效果明显，用以代替低用水效率的卫生器具设备可平均节省32%的生活用水。

二、节水器具设备的节水方法

1. 限定水量，如使用限量水表。
2. 限制水流量或减压，如各类限流、节流装置、减压阀。
3. 限时，如各类延时自闭阀。
4. 限定（水箱、水池）水位或水位实施传感、显示，如水位自动控制装置、水位报警器。
5. 防漏，如低位水箱的各类防漏阀。
6. 定时控制，如定时冲洗装置。
7. 改进操作或提高操作控制的灵敏性，前者如冷热水混合器，后者如自动水龙头、电磁式淋浴节水装置。
8. 提高用水效率。
9. 适时调节供水水压或流量，如水泵机组调速给水设备。
上述方法几乎都是以避免水量浪费为特征。

三、节水器具设备的基本要求

鉴于同一类节水器具和设备往往可采取不同的方法，以致某些常用节水器具和设备的种类繁多，效果不一，鉴别或选择时，应依据其作用原理，着重考察是否满足下列基本要求：

1．实际节水效果好。与同类用途的其他器具相比，在达到同样使用效果时，用水量相对较少。

2．安装调试和操作使用、维修方便。

3．质量可靠、结构简单、经久耐用。节水器具是否节水的第一要素是漏不漏水，只有质量可靠的产品才能保证长期使用不漏水。所以，质量好、经久耐用是节水型生活用水器具的基本条件和重要特征。

4．技术上应有一定的先进性，在今后若干年内具有使用价值，不被淘汰。

5．经济合理。在保证以上四个特点的同时具有较低的成本。

任何一种好的节水器具和设备都应比较完满地体现以上几项要求，否则就没有生命力，难以推广应用。

第二节　节水型阀门、水龙头与卫生器具

一、节水型阀门

（一）延时自闭冲洗阀

延时自闭式便池冲洗阀（如图14-1所示）是一种理想的新型便池冲洗洁具，它是为取代以往直接与便器相连的冲洗管上的普通闸阀而产生的。它利用阀体内活塞两端的压差和阻尼进行自动关闭，具有延时冲洗和自动关闭功能。同时具有节约空间、节约用水、容易安装、经久耐用、价格合理和操作简单少力及带有防污器，能防止水源污染等优点，但需有一定的正常水压。

目前见到的各种延时自闭冲洗阀的结构型式大多比较相似，虽型号名目繁多，但尚难明确划分构造类型。图14-2可说明延时自闭冲洗阀的基本组成部分和作用原理。按动压把时，波纹管被压缩，活塞开启通水；释放压把后，因缓冲装置的阻尼作用使活塞在波纹管弹力的作用下缓慢关闭（缓闭）而阻断水流。另外，在冲洗阀的出口侧设有空气阻断装置以防水流逆行污染。图14-3表示多数延时缓闭冲洗阀的基本构造和作用原理。这类冲洗阀主要

图14-1　延时自闭冲洗阀

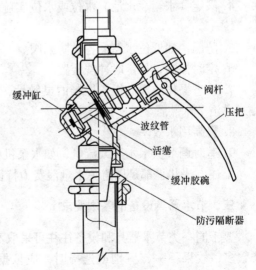

图14-2　延时自闭冲洗阀的基本组成部分和作用原理

是靠开启后活塞上下腔中水压缓慢趋于平衡的过程来实现延时缓闭功能的。水流由下腔进入上腔，受到活塞壁上阻尼孔的限制，其冲洗水量可由调整螺杆调节。它的规格有 DN20、DN25 两种。当水压为 0.05～0.4 MPa 时，冲洗强度为 0.7～1.8 L/s。当按动压把时间为 3～4 s 时，延时时间约 6～10 s。

（二）表前专用控制阀（如图 14－4 所示）

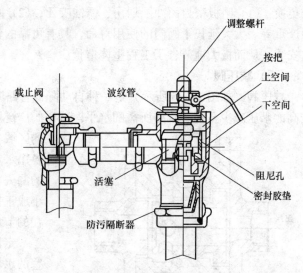

图 14－3　延时缓闭冲洗阀的基本构造和作用原理

主要特点是：在不改变国家标准阀门的安装口径和性能规范的条件下，通过改变上体结构，采用特殊生产工艺，使之达到普通工具打不开，而必须由供管水部门专管的"调控器"方能启闭的效果。从而解决了长期以来阀门人人可开关、部分单位、个人偷漏水、拒交水费、无节制用水，甚至破坏水表和影响管道安全等，而供管水部门要么束手无策，要么兴师动众切断管道，拆卸阀门，造成大量人力、物力浪费这一大难题。在单位或居民住宅的计量水表前安此阀门后，发生上述情况时，管理人员只需用"调控器"轻轻一拨，即可达到减压或限制用水的目的。

表前专用控制阀主要适用于城镇或大型企业供管水部门对单位或居民用水实施有效的措施控制，达到方便管理、节约用水的目的。

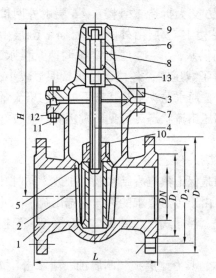

图 14－4　表前专用控制阀

1—阀体；2—闸板；3—阀盖；4—阀杆；
5—密封环；6—压套；7—垫圈；8—填料；
9—阀承盖；10—螺母；11—螺栓；12—螺母；
13—止动圈

（三）EKB 软密封闸阀

EKB（环氧树脂粉末静电涂装）是指环氧树脂粉末在高温及静电的作用下，经特殊处理在金属表面形成保护层，EKB 材料工艺与橡胶包覆技术的发展，使阀门在设计制造和应用上发生了巨大的变革，推动了阀门行业的进一步发展。其主要性能特点是：

1. 结构简结紧凑，拆装方便。

2. 壳体采用球墨铸铁，大大提高了产品的机械性能。

3. 密封性能优异，寿命长、免维护，保证零泄漏，防止内漏水，节约用水。

4. 启闭摩擦力极小，扭矩低。

5. 流阻系数极低。

6. 优异的高保洁、耐腐蚀性能，根据使用要求，阀门可内衬搪瓷。

7. 阀门通道无节流，畅通无阻，不流锈蚀及杂物。

8. EKB 软密封闸阀在闸板及阀杆密封上的独特设

计和整体 EKB 涂装的采用，彻底解决了传统水道闸阀由于下列三大因素影响而进行的维修和更换：（1）闸板密封面冲蚀划伤、锈蚀咬死；（2）阀杆填料弹性失效；（3）阀体各部件腐蚀严重等。大大延长了阀门的使用寿命，具有可靠的免维护特性，所以可以采取无阴井地埋式安装，从而极大地节省了工程整体造价。

（四）减压阀

减压阀（如图 14-5 所示）是一种自动降低管路工作压力的专门装置。它可将阀前管路较高的水压减少至阀后管路所需的水平。减压阀广泛用于高层建筑、城市给水管网水压过高的区域、矿井及其他场合，以保证给水系统中各用水点获得适当的服务水压和流量。鉴于水的漏失率和浪费程度几乎同给水系统的水压大小成正比，因此减压阀具有改善系统工况和潜在的节水作用。据统计，其节水效果约 30%。

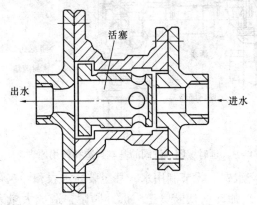

图 14-5　定比式减压阀的构造原理

定比式减压阀的原理是利用阀体中浮动活塞的水压比进行控制，进出口端减压比与进出口侧活塞面积成反比。这种减压阀工作平稳无振动；阀体内无弹簧，故无弹簧锈蚀、金属疲劳失效之虑；密封性能良好，不渗漏，因而既减动压（水流动时）又减静压（流量为 0 时）；特别是在减压的同时不影响水流量。

虽然水流通过减压阀有很大的水头损失，但由于减少了水的浪费并使系统流量分布合理，改善了系统布局与工况，因此从整体上讲仍是节能的。

例如超压出流实测建筑中的 3 栋 18 层住宅楼：北方交大拆造 1 号楼 1~6 层由外网供水，7~18 层由变频调速泵供水；北京西直门外 24 号塔楼 1~3 层由外网供水，4~18 层由屋顶水箱供水；北京建工学院新宿舍楼 1~4 层由外网供水，5~18 层由变频调速泵供水，在 5~13 层住户支管上设减压阀。由于入户支管上设置了减压阀，各楼层出水量明显较小，且各层配水点水压、流量较均匀。在所测 9 个楼层中，普通水龙头半开状态下的平均出流量为 0.17 L/s，最大出流量为 0.22 L/s，没有一层处于超压出流状态。可见，减压阀具有较好的减压效果，可使出流量大为降低。

（五）疏水阀

疏水阀是蒸汽加热系统的关键附件之一，主要作用是保证蒸汽凝结水及时排放，同时又防止蒸汽漏失，在蒸汽冷凝水回收系统中起关键作用。由于传热要求的不同，选用疏水阀的形式也不相同，疏水阀有倒吊桶式、热动力式、脉冲式、浮球式、浮筒式、双金属型、温控式等。

1. 倒吊桶式疏水阀。它利用水的浮力原理进行排水，具有耐磨损、耐腐蚀、耐水击、抗背压、处理污物能力强、使用寿命长等特点。倒吊桶式疏水阀的优点包括：

（1）部件耐磨损、耐腐蚀；

（2）可以自动持续排放空气和二氧化碳气体；

（3）对背压具有很好的适应性；

（4）无污物困扰，自我清洗。

2. 热动力式疏水阀。它的工作原理是利用进入阀体的蒸汽和凝结水对阀片上下两边产生压力差而使阀片升、落，达到阻气排水的作用。热动力式疏水阀的特点包括：

（1）体积小，重量轻，结构简单；

（2）使用寿命长，维护检修简便；

（3）能连续排水，能自动排出空气及随蒸汽带入的渣滓，排水量大，漏汽量少；

（4）凝结水量少或疏水阀前后压差过低时（＜0.04 MPa）会产生连续漏汽现象，阀板易磨损。

3. 浮子型双金属疏水阀（如图14－6所示）。其特点包括：

（1）体积小，重量轻，结构紧凑；

（2）连续脉冲排水，排水量大；

（3）对蒸汽质量要求高，阀瓣孔眼易堵，运行中有极少量蒸汽通过蒸汽孔眼漏泄；

（4）耐磨、耐腐蚀，正常情况下寿命在8 000 h以上；

（5）产品规格与型号系列化，应用范围广泛，法兰按标准连接，安装方便。

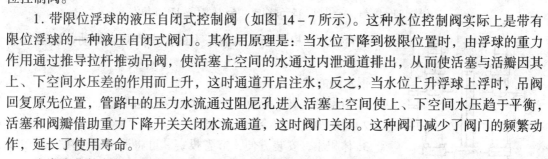

图14－6　浮子型双金属疏水阀

1—阀体；2—阀盖；3—密封螺母；4—密封套；5—止动螺塞；6—止动杆；7—固定转轴；8—调节螺母；9—密封杆；10—钢球；11—固定架；12—双金属片；13—排污螺塞；14—密封垫圈；15—过滤器

（六）水位控制阀

水位控制阀是装于水箱、水池或水塔水柜进水管口并依靠水位变化控制水流的特种阀门。阀门的开启和关闭借助于水面浮球上下时的自重、浮力及杠杆作用。浮球阀即为一种常见的水位控制阀，此外还有一些其他型式的水位控制阀。

1. 带限位浮球的液压自闭式控制阀（如图14－7所示）。这种水位控制阀实际上是带有限位浮球的一种液压自闭式阀门。其作用原理是：当水位下降到极限位置时，由浮球的重力作用通过推导拉杆推动吊阀，使活塞上空间的水通过内泄通道排出，从而使活塞与阀瓣因其上、下空间水压差的作用而上升，这时通道开启注水；反之，当水位上升浮球上浮时，吊阀回复原先位置，管路中的压力水流通过阻尼孔进入活塞上空间使上、下空间水压趋于平衡，活塞和阀瓣借助重力下降开关关闭水流通道，这时阀门关闭。这种阀门减少了阀门的频繁动作，延长了使用寿命。

这类水位控制阀的规格为DN 20～200，工作压力为0.05～0.4 MPa。

2. 水池水位差控制阀。水池水位差控制阀的主阀由一个浮球控制，当水位达到最高点时，阀门关闭；当水位降到最低点时，阀门开启。最高与最低水位之间的位差是可调的，本阀相对于普通浮球阀的优点是动作频率低、噪声低、使用寿命长，可避免系统频启动，减少故障。

（七）恒温混水阀（如图14－8所示）

混水阀主要用于机关、团体、旅馆以及社会上的公共浴室中，是为单管淋浴提供恒温热水的一种装置，也可以用于洗涤、印染、化工等行业中需要恒温热水的场合。

混水阀与单管淋浴器配合使用，可比门式双调节淋浴器节约用水30%～50%以上，该阀为自力式工作方式，即依靠流经阀内液体的压力、温度驱动混水阀自动工作，将进入混水阀的冷、热水调整成规定温度的水。它不需要外接电源，因此是一种节水节能的产品。这种混水阀只能用于热水与冷水的混合，而不能用于蒸汽与冷水的混合。

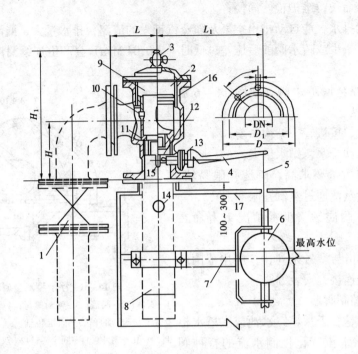

图 14 - 7　带限位浮球的液压自闭式控制阀

1—闸阀；2—上空间；3—排气阀；4—推导拉杆；5—吊绳；6—限位浮球；7—支架；8—进水管；9—活塞；10—阻尼孔；11—密封环；12—顶针；13—弹簧；14—孔眼；15—吊阀杆；16—活塞环；17—水箱体

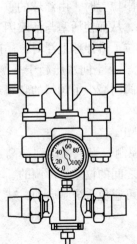

图 14 - 8　恒温混水阀

一台混水阀根据输入水源压力的大小能同时带动数套至数十套淋浴器同时工作。

混水阀的特点包括：

1. 恒温精度高，避免了洗浴时忽冷忽热的现象；

2. 有防烫伤、防冷激的功能；

3. 体积小，安装方便，节省投资。可将混水阀直接安装在墙面上，占空间小，是使用混水箱投资的 1/10 到 1/5；

4. 输出水温能在一定范围内设定，当季节、气候变化时，水温可以人为调整。

二、节水型水龙头

（一）延时自闭水龙头

延时自闭水龙头每次给水量不大于 1 L，给水时间 4～6 s，水压 0.1 MPa，管径 15 mm，最大流量不大于 0.15 L/s。

1. 延时自闭水龙头（如图 14 - 9 所示）的类型

214

按作用原理，延时自闭水龙头可分为水力式、光电感应式与电容感应式等类型。

(1) 水力式延时自闭水龙头（如图 14 - 10 所示）

延时自闭阀的构造形式多样，但基本原理相同，多数是直动式水阻尼结构，靠弹簧张力封闭阀口。使用时，按下按钮，弹簧被压缩，阀门打开，水流出。手离按钮，阻尼结构使弹

图 14 - 9　延时自闭水龙头

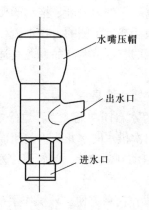

图 14 - 10　水力式延时自闭水龙头

簧缓慢释放，延时数秒，然后自动关闭，延时关闭时间可根据需要调整。有的增加续放功能，按下按钮向右旋，锁住按钮，持续放水，与普通龙头相同。旋回按钮，延时数秒，水流停止。

(2) 光电感应式与电容感应式水龙头

这种水龙头的启闭是借助于手或物体靠近水龙头时产生的红外线感应原理或电容感应效应及相应的控制电路执行机构（如电磁阀开关）的连续作用设计制造而成，有交直流两种供电方式。感应式水龙头有龙头过滤网。感应距离可自动调节，具有自动出水及关水功能。其优点是无固定的时间限制，使用方便，清洁卫生，用水节约。

尤其适用于医院或其他特定场所，以免交叉感染或污染。但价格高，需要电源，安装维修方便。

2. 延时自闭水龙头的适用范围和优缺点

延时自闭水龙头适用于公区建筑与公共场所，有时也可用于家庭。最大优点是可以减少水的浪费。据估计，其节水效果约为30%，但要求有较大的可靠性，需加强管理。

（二）磁控水龙头

磁控水龙头（如图 14 - 11 所示）是以 ABS 塑料为主材并由包有永久高效磁铁的阀芯和耐水胶圈为配套件制作而成。工作原理是利用磁性本身具有的吸引力和排斥力启闭水龙头，控制块与龙头靠磁力传递，整个开关动作全封闭动作，具有耐腐蚀、密封好、水流清洁卫生、节能和磁化水功能。启闭快捷、轻便，控制块可固定在龙头上或另外携带，对控制外来用水有很好的作用。从而克服了传统龙头因机械转动而造成的跑、冒、滴、漏现象。

（三）停水自动关闭水龙头（如图 14 - 12 所示）

当给水系统供水压力不足或不稳定时，引起管路"停水"，如果用户未及时关闭水龙头，则当管路系统再次"来水"时会使水大量流失，甚至到处溢流造成损失。这种情况在供水不足地区时常发生，停水自动关闭水龙头即是在这种条件下应运而

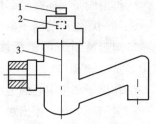

图 14 - 11　磁控水龙头

生的，它除具有普通水龙头的用水功能外还能在管路"停水"时自动关闭，以免发生上述情况。

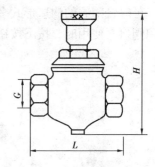

其工作原理是在管路"停水"时，靠阀瓣或活塞的自重或弹簧复位关闭水流通道，管路"来水"时由于水压作用，水流通道被阀瓣或活塞压得更加紧密，故不致漏水。如需重新开水龙头则需要靠外力提升、推动阀瓣或活塞打开通道，这时作用于阀瓣或活塞上下侧的力在水流作用下应处于平衡状态。它是一种理想的节水节能产品，尤其适用于水压不稳或定时供水的地区。

图 14-12　停水自动关闭水龙头

其主要功能是：

1. 停水自闭功能。当管道停水时，水龙头自动关闭，可防止管道再次供水时水龙头未关闭而造成的水患及水资源浪费。

2. 自动判断功能。当管道停水后再次供水时，如果水龙头处于开启状态，则自动关闭，不供水。

3. 操作简单方便。该操作手柄为提拉式，只需提起或压下，即可切断水源或开通水源，既省时又省力。

4. 使用寿命长。

三、节水型卫生洁具

(一) 节水型淋浴器具

淋浴器具是各种浴室的主要洗浴设施。浴室的年耗水量很大，据不完全统计，约占生活用水量的1/3。多年来建立的淋浴设施多采用单手轮或双手轮用截止阀控制启闭和调节水温，而洗浴又是一种持续的用水方式，用手轮调节水温比较麻烦，一旦打开淋浴开关后（调好水温）人们不愿频繁地开关操作，造成浴水大量流失。为了改变这一浪费现象，最有效的方法是采用非手控给水，例如，脚踏式淋浴阀，电控、超声控制等多种淋浴阀。

无论何种形式的淋浴阀，对其共同的要求是：

①耐压强度，应能承受 0.9 MPa 水压无损坏。

②密封性能，在通入 0.6 MPa 压力水时（逆水流密封的产品按其规定的最高使用压力值的 1.1 倍），出水口及阀杆密封处不准渗漏；顺水流密封入水口的淋浴阀，阀杆密封处应能耐 1 MPa 的压力水不渗漏。

③不得使用混有石棉或有其他有害添加物的材料做密封件及涂装。

④淋浴阀与人体接触部位应光滑、圆顺，不准对人体造成伤害。

⑤同一厂生产的同一型号产品的零部件应能互换。

⑥阀扣密封表面粗糙度不得大于 $R_a 3.2 \mu m$，阀杆滑动密封处表面粗糙度不得大于 $R_a 0.8 \mu m$。

⑦作用于踏板中心的力小于 30 N。

⑧淋浴阀全开，流出水头为 0.02 MPa 时，流量应不少于 0.12 L/s。流出水头为 0.2 MPa 时，流量应不大于 0.3 L/s。

节水型淋浴阀，除应满足上述 1~7 的要求外，其流量不应随给水压力的增高而波动太大，例如压力由 0.02 MPa 升至 0.2 MPa 时，流量变化宜在 0.12～0.2 L/s 之间。这样，既能满足淋浴的需要又能达到节水目的。

1. 机械式脚踏淋浴器（如图 14-13 所示）

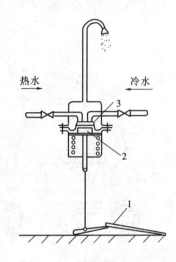

当人站在淋浴喷头下方，利用人的重力直接作用或通过杠件、链绳等力传递原理开启阀门时，有水；人离阀闭，水自停，达到节水的目的。从淋浴阀结构上可分为单管和双管，单管是控制已经调好为 35～40℃ 水温的混合水，双管是通过分别装设于冷、热水管路上的两个截止阀（有的用安装于冷、热汇合处的单柄调节阀），调冷、热水混合比，取得满意的水温。单管式淋浴阀需与经人工监测混合或自动化控温混合的配水装置配套使用，公共浴室中的所有喷头水温一致，洗浴者方便，节水显著。双管式淋浴阀，冷、热水在阀体内混合，可省去一套混合装置，冷、热水混合比调整好之后，一般可以不动，只是在不同的人有不同的水温要求时再作微调。双管式淋浴阀有设备简单、投资省、占地少、可因人而异调节水温的优点，但

图 14-13 机械式脚踏淋浴器

其要求冷、热水压力相对稳定，冷、热水压力差≤0.15 MPa，热水最高温度 75 ℃。因此，选用单管式还是双管式，要根据自身条件确定。脚踏淋浴器与传统的淋浴阀相比节水量可达 30%～71%。现推广使用的隔膜式脚踏阀，漏水少、免维修、使用寿命长。

2. 电磁式淋浴器

电磁式淋浴器也简称"一点通"。整个装置由设于莲蓬头下方墙上（或墙体内）的控制器、电磁阀等组成。使用时只需轻按控制器开关，电磁阀即开启通水（"一点通"以此得名），延续一段时间后电磁阀自动关闭停水，如仍需用水，可再按控制器开关。这种淋浴器节水装置克服了沿袭多年的脚踏开关的缺点，脚下无障碍，其节水效果更加显著。据已经使用的浴池统计，其节水效率约在 48% 左右。

考虑到浴室的环境条件，电磁式淋浴器的控制器采用全密封技术，防水防潮；采用感应式开关；其使用寿命不少于 500×10^4 次。采用电磁式淋浴节水装置的初次投资虽稍为偏高，

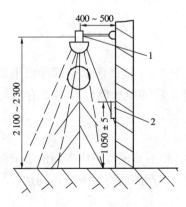

图 14-14 红外传感式淋浴器（单位：mm）

但在节水节能效益方面可于 5～6 个月内回收全部投资。

电磁式淋浴器的控制电压为 12～36 V，电磁开关的功率仅 0.5 W，工作压力为 0～0.15 MPa，适用于单管（冷热水混合管路）系统。

3. 红外传感式淋浴器（如图 14-14 所示）

红外传感式淋浴器类似反射式小便池冲洗控制器，红外发射器和接收控制器装在一个平面上，当人体走进控制有效距离之内，电磁阀开启，喷头出水。人体离开控测区，电磁阀关闭，喷头停止出水。目前只有单管式，适用于混合水。无需动手动脚，既美观又卫生、安全。但有的产品在冬季使用时，因室内雾气重而发生误动作（类似人体进入探测区）。其主要性能指标是有防水、防雾的消除

误动作功能。

（二）坐便器

1. 节水型坐便器（如图 14 - 15 所示）

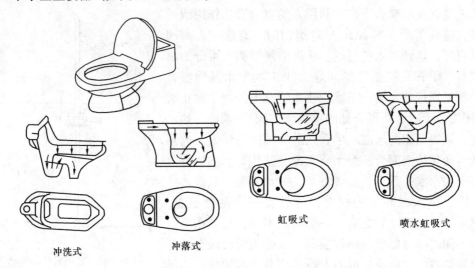

虹吸式

喷水虹吸式

冲洗式

冲落式

图 14 - 15　节水型坐便器

（1）节水型坐便器的类型

坐便器即抽水马桶，始于英国，是 19 世纪的伟大发明。其用水量是由坐便器本身的构造决定的，冲洗用水量发展变化的情况为：17 L—15 L—13 L—9 L—6 L—3 L/6 L。坐便器是卫生间的必备设施，用水量占到家庭用水量的 30% ~ 40%，所以坐便器节水非常重要。

坐便器按冲洗方式分为三类，即虹吸式、冲洗式和冲洗虹吸式。

虹吸式坐便器是靠虹吸作用，把脏物全部吸出，在冲水槽进水口处有一个冲水缺口，部分水从这里冲射下来，加快虹吸的作用。虹吸式坐便器为使冲洗水冲下时有力、流速大，所以，用水量较大，噪音也较大。

冲洗式坐便器采用直冲式冲洗，杂音较大。

目前，坐便器从冲洗水量和噪声上有很大改进，产生了节水型坐便器，节水型坐便器在市场上已有几十个款式。

（2）节水型坐便器的特点

①冲水噪音小，噪音峰值小于 45 dB。

②节水性能好，便器每次冲洗周期，大便冲洗水量不大于 6 L，试件能够全部冲出坐便器，并通过横管冲入排污立管。便器内表面能够被全面冲洗，后续冲水量≥2.5 L，存水弯水封水已被置换。

③高档产品具有抗菌效果。

④自洁性能好，便器坐圈有特殊设计的喷射孔，在污物排出后，便器的内表面能够全部被冲洗，且存水弯全部被施釉，使脏物很难附着在管道内壁上，产品的使用寿命得到延长。

2. 感应式坐便器

感应式坐便器是在满足节水型坐便器的条件下改变控制方式，根据红外线感应控制电磁阀冲水，从而达到自动冲洗的节水效果。其功能与特点如下：

（1）节水。便器每次使用后冲水量为 6 L。

（2）卫生。一切冲洗动作由机器自动完成，无需人为操作，冲洗彻底、不留异味，并可有效避免细菌交叉感染。

（3）省电。直流产品使用 4 节 5 号碱性电池供电时，每天使用 100 次，2 年内无需更换电池。

（4）安装特性。藏墙式安装设计，长方体外形，适合标准墙体的安装。

（5）维护方便。内设易清洗的过滤装置，非专业人员即可进行维护。

（6）可调冲水。机器在水压较低的环境使用时，为使清洗彻底，可按说明书指导，半冲水时间调整为 8 s，另外可根据需要调整人离开感应范围后至开始冲水的时间间隔。

（7）定时冲水。当便器长期处于不使用的状态，冲水阀将每隔 24 h 自动冲水一次，以防存水弯中存水干涸，导致臭气回窜。

（三）小便器

1. 节水型小便器（如图 14 – 16 所示）

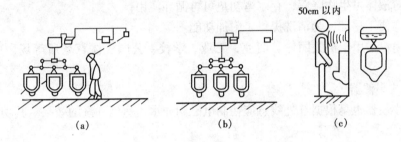

图 14 – 16　节水型小便器
(a) 感应控制方式；(b) 计时控制方式；(c) 个别冲洗方式

男厕所的小便器分为同时冲洗和个别冲洗两种方法。

（1）同时冲洗方法

①感应控制方式：光电传感器可反馈小便器的使用，当达到调整好的时间和设计好的条件时，电磁阀和冲洗阀工作，使数个小便斗同时进行冲洗。

②计时控制方式：根据白天和黑夜或假日冲洗时间的不同，冲洗间隔和使用情况不同，任意选定冲洗时间，按选定好的时间，由计时器定时统一控制，使数个小便斗同时进行冲洗。

（2）个别冲洗方法

采取感应控制方式，即以各小便器安装的红外线等光电传感器反馈小便器的使用情况，电磁（阀）闸及时工作，进行个别冲洗。

2. 免冲式小便器（如图 14 – 17 所示）

（1）原理：小便槽用不透水保护涂层预涂过，以阻止细菌生长和结垢，

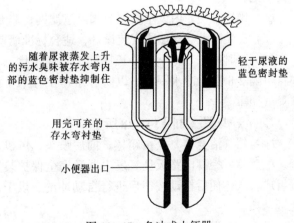

随着尿液蒸发上升的污水臭味被存水弯内部的蓝色密封垫抑制住

轻于尿液的蓝色密封垫

用完可弃的存水弯衬垫

小便器出口

图 14 – 17　免冲式小便器

避免细菌和结垢所产生的臭气扩散。

塑料存水弯初垫与标准污水管线相连,用226 g的蓝色液体密封垫填满。必要时,存水弯衬垫可移动。

蓝色密封垫TM是一种特别精细的可生物降解的存水弯液体,轻于尿液。因此,较重的尿液快速通过蓝色密封垫,存水弯液体浮于表面,密封存水弯和污水,这样可以阻止臭味进入大气中。28 g蓝色密封垫将提供最少500次卫生实用的操作。

(2)特点:

①高效的液体存水弯衬垫,可免除臭味;

②不用水,节省了水和污水费用;

③无水,减少污水管结垢,安全卫生;

④无冲洗阀,免除了阀门和修理或更换费用;

⑤维护工作量小;

⑥表面防水除层,无锈斑产生;

⑦存水弯液体可生物降解,存水弯初垫可再循环使用;

⑧存水弯便于移动,为清洗提供了附加功能。

(3)用途:适用于机关团体、商业、工业、学校、公园、体育场所等场所的卫生间使用。

3.感应式小便器

感应式小便器也是根据红外线感应控制电磁阀冲水,达到冲洗的效果。其功能与特点如下:

(1)节水。在使用频率高处,平均每次冲水量为1.2~3 L;在使用频率低处,每次冲水量为2~4 L。

(2)卫生。冲洗动作由机器自动完成,无需人为操作,冲洗彻底、不留异味,并可有效避免细菌交叉感染。

(3)智能。采用微电脑控制,根据小便斗的使用频率及每次使用时间的长短,进行智能化冲水控制,可有效节约水量。

(4)省电。直流产品使用4节5号碱性电池供电时,若每天使用100次,则2年内无需更换电池。

(5)维护方便。内设水量调节阀及过滤网,非专业人员即可调节水量和清洗过滤网。

(6)安装特性。藏墙式安装设计,适合标准墙壁的安装。

(7)定时冲水。当小便斗长期处于不使用状态,冲水阀将每隔2 h自动冲水一次,以防存水弯中存水干涸,导致臭气回窜。

(四)净身器(如图14-18所示)

净身器(洁身器)是由箱体、前后喷头、风机、节流阀、电热管、控制电路板臭氧发生器及安全保护装置等部分组成。人体便后按动按钮后进行自动冲洗、烘干,实现无纸揩擦。

掀起洁身器上盖时,电路接通,温度指示灯和加热指

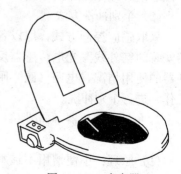

图14-18 净身器

220

示灯同时亮起，电热管开始加热。当坐圈中的水温达到预选温度时，控温电路自动切断加热电源，电热管停止加热，加热指示灯熄灭；当水温低于预选温度时，控温电路自动接通加热电源，电热管加热。同时设有过热保护和卸荷阀，水温过高或水压过大时起保护作用。

臭氧发生器每次掀开上盖时自动开启，4~5 min自动关闭。

臭氧释放原子氧，它是强氧化剂，能除臭、消毒、灭菌。

四、节水型水箱配件

(一) 水箱配件的作用与要求

水箱配件是坐便器的主要工作部件，其作用是控制水箱进水及进水量，执行水箱排水冲洗便器。要求开关灵活、严密不漏水、进水噪声低、防虹吸有补水管、材料耐老化。国内旧的便器，特别是背挂式坐便器，水箱配件大多为上导向直落式排水结构，质量差，定位不准，漏水严重，国家1988年已淘汰了该配件。新推广的节水型水箱配件，如图14-19所示。国家标准要求：

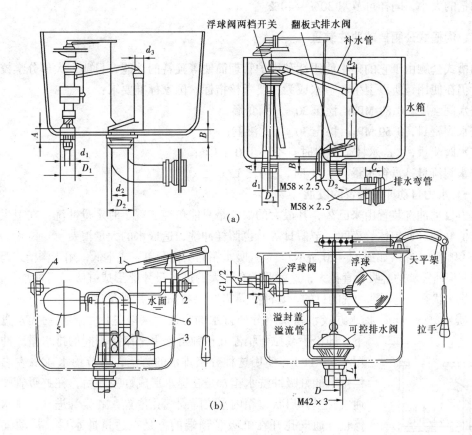

图14-19 节水型水箱配件

(a) 节水型低位水箱；(b) 节水型高位水箱

1—挑杆；2—进水阀；3—下水主体；4—孔堵；5—浮球；6—水位线

进水阀强度，0.9 MPa；稳压30 s，无变形；

进水阀密封，0.6 MPa；稳压30 s，无渗漏；

进水噪声，0.3 MPa时，≤50 dB；

进水阀应有防虹吸装置及补水管；

排水阀密封，水箱水位180 mm；

排水阀流量，9 L水时，≥1.5 L/s。

（二）水箱配件的组成和类型

水箱配件由三部分构成：进水阀、排水阀、控制开关。

进水阀的形式有浮球式、浮筒式、压力自锁式等；排水阀的形式有翻球式、翻板式、虹吸式、吸盘式、液控式等；控制开关的形式有侧挑式、顶盖式和水压式等。水箱配件按排水量分为双档式和单档式。

这几种进水阀的进水口都设有水箱下部，淹没在水中，以降低进水噪声，因此，必须有防虹吸装置，以防给水管路出现负压时水箱水倒流污染水源。而且都设有水箱水位调节装置，以控制水量，达到节水的目的。

节水型水箱配件是利用旋钮或套筒式按钮使挑杆排水部件——翻球翻转的高度不同来控制排水量的大小，同样可节水30%～40%。

五、沟槽式公厕自动冲洗装置

沟槽式公厕由于它的集中使用性和维护管理简便等独特的性能，目前，大部分学校、公共场所仍在使用，所以卫生和节水成为主要考核指标。国家标准要求：

进水阀强度，0.88 MPa；稳压30 s，无变形；

进水阀密封，0.59 MPa；稳压30 s，无渗漏；

进水阀流量，2 m水柱全开启时，不小于0.1 L/s；

排水阀流量，水箱水量为11 L时，≥1.5 L/s。

（一）水力自动冲洗装置的发展

水力自动冲洗装置由来已久，其最大的缺点是只能单纯实现定时定量冲洗，在卫生器具使用的低峰期（如午休、夜间、节假日等）也照样冲洗，造成水的大量浪费。

1. 单虹吸水箱（如图14-20所示）。单虹吸水箱的结构简单、成本低，用于沟槽式蹲式便器冲洗，但所需要的虹吸管直径大，这就要求有较大的进水量才能形成虹吸进行冲洗，否则，会成长流水状态，达不到冲洗的目的。其冲洗周期为3～4 min，用水量达每日10～30 m³。

2. 提水虹吸水箱。提水虹吸水箱采用分档排水的方法，一般是用手柄拉动提水盘，拉下立即松手或拉下稍停几秒钟再松手来控制不同的排水量。冲大便用水7～11 L，使用这种分档排水的方法，可节约水40%左右。两档排水的虹吸冲洗水箱，是在提水形成虹吸以后，在虹吸管腰部的通气孔呈开启状，箱内水位降到气孔位置，虹吸管进气，排水立即停止。通气孔开在虹吸管顶端的，是在适量冲水后，拉动气孔手柄，开启通气孔，水流立即停止。排大水量时，使通气孔封闭，水箱水位降至虹吸管进水口，排水停止。

图14-20　单虹吸水箱

3. 虹吸阀冲洗水箱（如图14-21所示）。虹吸阀冲洗水箱用于公共厕所，排水虹吸水箱达到一定水位时，小水流形成虹吸。形成压差后，橡胶膜开启进行排水，该虹吸阀必须有可靠的质量，缺点是无人使用时照样冲洗。

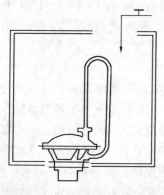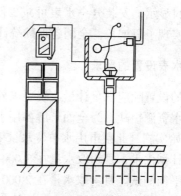

图 14 - 21　虹吸阀冲洗水箱　　　　图 14 - 22　槽式公厕冲洗节水器安装示意

（二）感应控制冲洗装置（如图 14 - 22 所示）

感应控制冲洗装置的原理及特点：采用先进的人体红外感应原理及微电脑控制，有人如厕时，定时冲洗；夜间、星期天及节假日无人如厕时，自动停止冲洗。

感应式控制冲洗器适用于学校、厂矿、医院等单位沟槽式厕所的节水型冲洗设备。

应用此产品组成的冲洗系统，不仅冲洗力大，冲洗效果好，而且解决了旧式虹吸水箱一天 24 h 长流不停，用水严重浪费的问题。每个水箱每天可比旧式虹吸水箱节水 16 t 以上，节水率超过 80%。

（三）压力虹吸式冲洗水箱

压力虹吸式是一种特制的水箱，发泡塑料纸做的浮圈代替了进水阀的浮球及排水阀的提水盘。拉动手柄，浮圈被压下降，箱内的水位上升至虹吸水位，立即排水，有效水量 7 L，比标准水箱（11 L）少用水 36%。这种水箱零件少，经久耐用。它不能分档，适用于另设小便器的单位厕所的蹲式大便器。

（四）延时自闭式高水箱

延时自闭式高水箱按力大时，排水时间长，排水量大；按力小时，排水时间短，排水量小。其排水量可控制在 5 ~ 11 L，节水近 40%。

第三节　合理设置和使用水表

水表是累计水量的仪表，是节水的"眼睛"和"助手"，是科学管理和定额考核的重要基础，是关系到城市供水企业的经济收入和城市千家万户利益的重要贸易结算工具，同时也是水量衡测的主要监测工具。从管理角度看，安装普通水量计量仪表，对加强供水与节水管理、克服"包费制"存在的弊病、促进节水，具有积极的意义。水表主要有旋翼式、螺翼式和容积式水表及超声波流量计、电磁流量计、孔板流量计等。

为充分发挥水表对节水工作的促进作用，水表的设置和使用应考虑以下要求。

一、取消用水"包费制"，按户安装水表

取消用水"包费制"，实行分户装表计量收费，是国内外节约用水的一条成功经验，节水效果十分显著。北京市从 1981 年开始在居民楼安装分户水表，1981—1982 年对几个小区的调查资料显示，安装分户水表可减少使用水量 40% 左右，全市 1982—1984 年连续三年居民用水量实现了负增长。全国各地的统计数字也表明，这一措施取得了巨大的节水效果。

二、水表设置的要求

水表的设置除应满足计量收费要求外，还应满足大量平衡测试和合理用水分析的要求。

由于水资源短缺，为全面了解各用水单位的用水和水量漏失及水量浪费情况，北京市自 1988 年开始实施《北京市用水单位水量平衡测试管理规定》，规定中要求："凡本市行政区域内实行计划供水，月均取水量在 2 000 t 以上（含 2 000 t）的用水单位，均应按照本规定进行水量平衡测试。月均取水量在 2 000 t 以下的用水单位，应进行合理用水分析工作。"全国许多城市也作出了类似规定。对一个单位或一个建筑小区来说，节水工作的开展通常是从水量平衡测试开始抓起的，进行水量平衡测试是效果非常明显的节水措施之一。如上海某大学通过安装水表进行水量平衡测试，查出了漏水隐患，对管网进行全面改造后，每月节水 $(4 \sim 5) \times 10^4$ t，年节约水费 100 多万元。因此，定期开展水量平衡测试和用水分析工作，对合理制定用水计划、加强用水管理、发现漏水隐患、实现节约用水，有着十分重要的作用。而合理设置水表是开展上述工作的基础。但目前在给水系统设计中，水表的设置往往只考虑水量计量要求，而未考虑水量平衡测试的需要，因而许多单位的水表数量不足，在进行水量平衡测试时，需要断管安装水表，给测试工作带来不便。

三、采取措施，提高水表计量的准确度

由于选型和水表本身的问题，目前使用的水表的计量的准确性普遍不高。1992 年有关部门对在装用户水表的准确度进行了调查测试，对 10 个城市 1 432 只在装水表（口径 15 ~ 200 mm）拆回校验，发现符合国家计量检定规程中允许的示值误差限 ±4% 要求的占 60.9%，偏快的占 33.4%，偏慢的占 5.7%，平均偏快 4.3%。其中大量用于住宅用水计量的 15 mm 小口径水表的合格率仅为 61.4%。这些数字表明，我国在装水表的准确度还是比较差的。而这种情况近十年来并没有根本性的改变，20 世纪 80 年代安装的住户水表一般仍在使用。最近有研究人员对口径 15 ~ 25 mm 在装水表的准确度进行了测定，结果只有 60% 的水表符合示值误差限 ±4% 的要求，与 10 年前基本无区别。

1. 水表前加装过滤器

按照规范要求选择水表型号并正确安装后，影响水表计量准确度的主要原因之一是管网水质的影响，主要表现在水中夹带的固体杂质（如沙粒、锈垢及水中某些无机物或有机物结成的水垢等）堵塞了水表滤网的部分进水孔和叶轮盒进水孔，导致水流速度加快，流量计量偏大；水中杂质还可导致水表顶尖磨损，造成水表计量不准确。

在水表前安装过滤器，可以解决上述问题，提高水表计量的准确度并减轻水表磨损，延长水表的有效使用年限。有研究发现，国外在给水系统的阀门、水表、用水器具前大量使用过滤器并定期清洗，以减轻或消除水中存留的杂质的负面影响。

2. 限制水表的使用年限

根据我国《计量法》和国家技术监督局的有关规定，对贸易结算用的生活水表只做首次强制检定，限制使用，到期更换。但是，由于各地对上述规定并未采取有效措施加以落实，

致使目前全国建筑中的水表大多数无限期使用。许多国家和地区对水表的使用年限都有明确规定，如在水质较好的日本大阪，水表的使用期限为8年；新加坡的经验是，15 mm水表每7年换表，可使85%的水表维持在±3%的精度内，而大水表根据情况可采用2～4年的换表周期；韩国水表的使用年限为7年，拆换下来的机芯全部报废处理。因此，各地应根据国家对水表的使用要求，根据当地水质情况，对水表使用年限作出限制性规定，到期强制更换。使用期限可以采用；口径15～20 mm的水表不得超过6年，口径25～50 mm的水表不得超过4年。

3．强化水表的采购管理及使用前的强制检定

加强对水表及其零配件的采购监管是保证水表计量准确性的重要措施。目前生产水表的厂家众多，产品质量参差不齐，同一厂家同一型号的水表质量也有所不同。因此，必须对要购进的水表实行抽样检定，不合格的产品坚决不买、不用，保证计量的准确性及严肃性。水表生产厂家对水表零配件的采购工作同样重要。

水表在运输过程中，由于装卸、震动可能引起精度误差，为保证水表投入使用时的计量精度要求，同时也是对厂家产品质量的进一步检定，按照国家有关规定，水表使用前必须进行严格的首次强制检定，验收合格后方可通水使用。不能因为水表出厂时合格率高而使首次强制检定流于形式。

四、加强对水表的维护管理

一些建筑物或小区引入管上的水表安装在漏天或长期浸泡在脏水中，水表已经失灵，无法准确计量水量。家庭内的水表大多数安装在厨房、厕所内，水表的工作环境湿度大，也比较脏，很多水表落满尘土、油污。这些都给水表的使用寿命带来一定的负面影响。为保证水表能够正常工作，除应严格按照设计和施工规范要求进行水表安装外，在水表安装完成后，自来水公司和物业管理部门应经常进行检查，以便及时发现和解决水表使用过程中出现的问题，保持水表良好的工作环境。

五、采用节水型水表

（一）插入式水表

1．原理

插入式水表（如图14－23所示）是利用缩小的速度式水表的叶轮计量机构，插入到具有同被测管道相同口径的"筒形"外壳内，利用流过管道的水流，推动"筒形"外壳内作用于叶轮计量机构中的叶轮，并经机械传动机构传至指标机构。由于设计中使叶轮在规定的流量范围内，转速与管道内的瞬时流量成正比，转动圈数与流过管道的水的总量成正比，因此，指标机构记录和指示了叶轮的转数，从而记录和指示管道内的流量。

2．种类

插入式水表按叶轮计量机构中使用的叶轮种类不同，又分为插入旋翼式水表和插入螺翼式水表，它们实际上是旋翼式水表和水平螺翼式水表的变形，但又具有机芯阻流面积小的共同点，因此，都具有压力损失减小的特点。目前，插入式水表具有防堵塞、耐磨损、阻力小等优点，故为自备井专用水表。

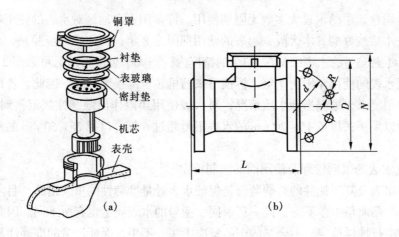

铜罩

衬垫

表玻璃

密封垫

机芯

表壳

(a)　　　　　　　　　　(b)

图 14 - 23　插入式水表

（二）容积式水表

1. 原理

容积式水表里，计量元件是"标准容器"。当水流入水表时，随即进入"标准容器"，"标准容器"充满水之后，在水流压力差的推动下，将其内的水向水表出水口送去，并同时带动计算器运动。"标准容器"再重新充满水，并送向出水口。如此反复，"标准容器"不停地"量"水，计数器记录下"标准容器""量"水的次数，达到计量目的。不满不流、滴水可计，所以计量精度高。

2. 产品

DH 容积活塞式水表是目前国际上先进的水流计量器具。它采用无毒无害的优质材料组成，不受电磁感应影响，技术含量高、品质稳定持久、不污染水质、不生锈，是理想的旋翼式水表的替代产品。它设计的止回阀，使水永远不会倒流，对水量的浪费起到了一定的克制作用。

六、发展 IC 卡水表和出户远传水表

目前分户水表普遍设置在居民家中，不可避免地带来如下一些弊端：入户查表给居民生活带来不便；居民进行室内装修时，为求美观，常常将水表遮蔽，给查表和水表的维修、管理工作带来很大困难。此外，据实地调查，有的分户水表没有铅封，有的住户甚至将水表反接、倒装，使水表反转，出现偷漏水现象。

为避免上述现象发生，近几年，我国住宅设计开始将水表相对集中设置。有的建筑将水表分层集中设置在专用的水表间（箱）内；有的统一集中设置在设备层、避难层、屋顶水箱间或一楼楼层内；或把水表设于管井内，从设置水表的房间至每户安装一根专用水管。这些设计方案的思路实质上都是在供水管线上作文章，其结果是造成供水管线增加和成本提高，还增加了施工难度、降低了建筑面积的有效利用率。此外，住户验看水表也很不方便。

为更好地发挥水表的计量和对节水工作的促进作用，应积极推广使用 IC 卡水表和出户远传水表。新实施的《建筑给水排水设计规范》（GB 50015—2003）对此作出了规定：住宅的分户水表宜设置在户外，并相对集中；对设在户内的水表，宜采用远传水表或 IC 卡水表

等智能化水表。

IZS 系列 IC 卡智能冷水表（如图 14－24 所示），是机电一体智能化的高新技术产品，是
一种先付费后供水的水表，可以杜绝用水而不交水费
的现象，促使人们节约用水。此外，IC 卡水表还根据
需要配置其他节水功能，如对水管损坏或打开龙头后
无人关闭而大量跑水等情况设置自动关闭阀门的功
能。推广使用 IC 卡水表，必须保证它的安全性，即
水表必须具有良好的防盗水、防环境损坏和抗人为攻
击的能力。其全部技术性能符合国家标准 GB/T 788—
1996 B 级（等效 ISO 4064）标准。

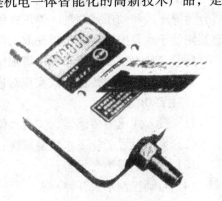

图 14－24　磁卡水表

（一）主要功能

1. 加密功能。自动识别 IC 卡密码，实行一表一
卡的数据处理。

2. 显示功能。LCD 液晶显示用水量、剩余水量、本次购买水量。

3. 提示功能。剩余水量小于 3 m^3 时，执行器进入半关闭状态。

4. 关断功能。剩余水量为零时，执行器自动关闭。

5. 防窃功能。反向水流亦按正向水量；打开外壳，自动关闭。

6. 高容量、长寿命进口电池，使用期达 8 年。

（二）应用

专用售水管理系统，实现销售、管理现代化。安装方便，长度尺寸与旧式水表一样，可直
接现场更换。因此，磁卡水表是智能化小区的标志，更是水表发展的趋势。它的应用将彻底变
革传统的抄表收费方式，即变被动为主动，可从自动交费的方式上提高人们的节水意识。

在经济发达的国家和地区，出户远传水表发展较快，一般不需要管理人员进入居民住所
去核查水、电、煤气的用量。东京多摩新城新建的居民区通过电话线，用电子计算机集中进
行抄表工作，每户查表只需 2 s。采用出户远传水表，可以科学、合理地将各类用水实行直
接、可靠、准确、自动化的记录和管理，改进目前普遍存在的用水量难于统计和统计不准确
等问题。

从上述分析不难看出，使用 IC 卡水表和出户远传水表，可节省抄表人员数量，保障住
户安全，节约管材，取消水表专用管井或水表专用房间，增加建筑物有效面积。出户远传水
表还可方便地实施定额用水考核，及时发现水表或系统故障，从长远看综合效益非常突出。
因此，我国的水表出户技术应朝着远传水表系统的方向发展。

第四节　水的显示及控制装置

一、水位传感控制装置

水位传感控制装置通常由水位传感器水泵机组的电控回路组成。水箱、水池或水塔水位
变化可通过传感器传递至水泵电控回路，以控制水泵的启停。它是确保水塔（或水池）不溢
流，减少水的浪费和保证水泵安全运行的重要手段。所以，水位的控制是节水的重要保证措

施之一,应根据供水设施情况合理选择水位监测控制装置。

水位传感控制可分为电极式、浮标式、压力式、超声波探测式等类型。压力式传感器又可分为静压式和动压式两种。静压式传感器常设于水箱、水池或水塔的测压管路,动压式传感器则装于水泵出水管路,以获取水位或水压信号。

(一) YWJK-1 无线遥测水塔水位监控仪(如图14-25所示)

该仪器利用无线传输方式实现对远距离水塔或水池水位的测量和控制。

1. 主要功能

(1) 投入式压力传感器,实现水位连续测量、连续数字显示;

(2) 灵活设置上、下水位警戒线;

(3) 水位超限声光报警;

(4) 自动控制水泵开停;

(5) 具有对讲功能;

(6) 0~5 V电压输出,可供微机采集;

(7) 发送机具有交直流两用电源,当停电时,外接电源自动接入,仪器仍正常工作。

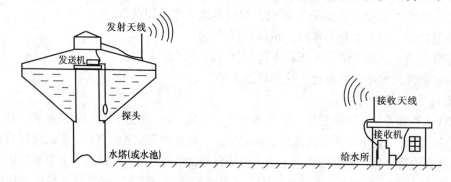

图14-25 无线遥测水塔水位监控仪

2. 技术指标

(1) 电源:AC 220 V ± 10%,50 Hz;

(2) 测量范围:0~10 m;

(3) 测量精度:< ±0.05 m;

(4) 分辨率:0.01 m;

(5) 遥测距离:0~10 km。

(二) WK-A 深井水位测仪(如图14-26所示)

1. 连续测量动静水位变化;

2. 量程:0~200 m;

3. 测量精度:±0.01 m;

4. 压力探头:普通型、高温型;

5. 探头体积:ϕ34 mm×120 mm, ϕ19 mm×120 mm。

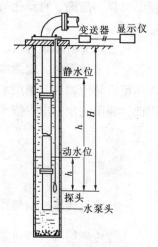

图14-26 WK-A 深井水位测仪

(三) WK-3 液位数字监控仪(如图14-27所示)

该仪器由投入式压力探头、变送器、显示控制仪组成,安装简单、使用灵活,是浮球式、电容、接点式水位测量的换代产品。

228

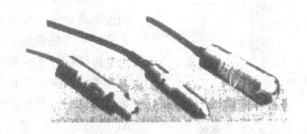

图 14 – 27　WK – 3 液位数字监控仪

1．主要功能

（1）水位连续数字显示；

（2）水位超过上、下警戒线声光报警；

（3）自动控制水泵的开停；

（4）有 0～5 V 及 0～20 mA 模拟信号输出；

（5）二级制信号传输。

2．主要指标

（1）测量范围：0～10 m；

（2）测量精度：＜±0.05 m；

（3）分辨率：0.01 m；

（4）遥测距离：0～4 km；

（5）显示仪开口尺寸：1 500 mm×75 mm。

（四）KEY 浮动开关（如图 14 – 28 所示）

KEY 浮动开关是利用重力与浮力的原理设计而成，结构简单合理。主要包括浮漂体、设置在浮漂体内的大容量微型开关和能将开关处于通、断状态的驱动机构，以及与开关相连的三芯电缆。液位的控制高度是由电缆在液体中的长度及重锤在电缆上的位置决定的。

特点是性能稳定可靠（不因液面的波动而引起误动作）。同时，它还具有无毒、耐腐蚀、安装方便、价格低廉、使用寿命长等优点。可与各种液泵配套，广泛用于给水、排水及含腐蚀性液体的液位自动控制。1 kW 及 1 kW 以下的单相泵，可将 KEY 浮动开关直接串联在电

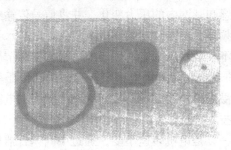

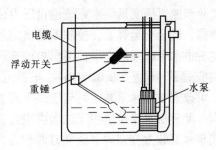

图 14 – 28　KEY 浮动开关

路中直接控制；1 kW 以上的泵，可将 KEY 浮动开关串联在电控箱的控制电路中。

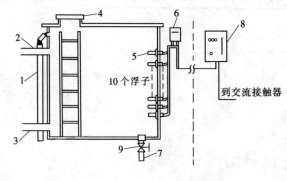

图 14－29　远距离水位控制器
1—溢出管；2—进水管；3—出水管；4—检修口；
5—浮子（10个）；6—发射器（1个）；7—排污口；
8—显示控制器（1个）；9—截止阀（1个）

（五）远距离水位控制器（如图 14－29 所示）

该议器是专为水塔、水池及高位水箱的远距离显示、控制而开发研制的。采用先进的单片机控制，并配以专用浮子，解决了传统探针式探头易上锈、结污垢影响准确性的问题，并具有手动与自动控制相兼容的优点，是传统水位控制器的换代产品。

技术指标：

1．工作电压：交流 220 V；

2．控制电路电压：交流 220 V；

3．控制电路电流：≤5 A；

4．平均功耗：＜5 W；

5．工作环境温度：0～45 ℃。

（六）通用型水位控制器（如图 14－30 所示）

该控制器专用于水塔、水池、高位水箱水位的控制，在水位的下限自动开启水泵或电磁阀，在水位的上限自动关闭水泵或电磁阀，是传统水位控制的理想换代产品。

1．主要特点

采用高质量浮子式水位传感器，性能可靠。不存在极式传感器的电解极化现象，产品可靠性好。

2．技术指标

（1）工作电压：交流 220 V；

（2）控制负载能力：220 V，2 A；

（3）平均功耗：＜1 W；

（4）工作环境温度：－10～45 ℃。

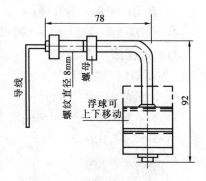

图 14－30　通用型水位控制器

二、变频恒压给水装置

变频调速恒压变量供水系统通过压力传感器感知管网内的压力变化，并将信号传输给供水控制器，经分析运算后，控制器输出信号给变频器，由变频器控制电机，从而改变水泵转速。这种供水系统在严格保证泵出口或管网内最不利点水压恒定（恒压值可根据实际情况设定）的前提下（误差±0.01 MPa），根据用水量的变化，随时调节水泵转速，达到恒压变量供水，可改变在用水量减小时超压供水或为稳压溢流排放的状况，从而大幅度地节约电能和用水量。此种供水系统适用于二次供用自备井的技术改造。

实现水泵装置变速调节通常有两种方式：其一，是电机转速不变，通过中间耦合器进行水泵变速调节，如采用液力耦合器。这是一种滑差传动方式，可实现无级变速，但传动过程

230

有一部分能量损失。另一种方式是调节电机转速，调节方法有改变电机定子电压、定子级对数、转子电阻调速等。

变频调速恒压变量供水系统不需水塔、高位水箱及气压罐就可做到高质量安全供水，占地面积小、投资少、全自动控制，不需专人值班。目前，给水控制系统由工频与变频软启动睡眠运行状态。如图 14-31 所示。

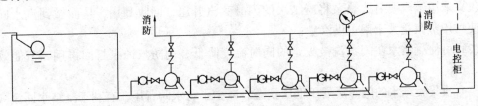

图 14-31　XHGS、HGS 系统变频调速恒压供水设备示意

第五节　蒸汽冷凝水回收装置

锅炉蒸汽冷凝水是高品位的可回收水，具有节水和节能的双重意义，蒸汽冷凝水回收装置配置性能的好坏直接关系到冷凝水的回收。我国的蒸汽冷凝水回收率较低，节水潜力很大，各用水单位由于蒸汽点压力不同等因素，给回收带来不便，应科学地选择回收系统。

一、密闭式凝结水回收装置

密闭式凝结水回收装置（如图 14-32 所示）适用于工业企业间接用水及各种采暖的凝结水回收。优点如下：

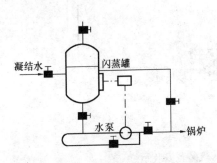

图 14-32　密闭式凝结水回收装置

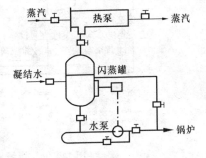

图 14-33　热泵式凝结水回收装置

（1）设备整体性好，配带电柜，无需做基础；

（2）安装简单，只要把进出水管连通，电源接好，便可实现全自动化运行；

（3）采用闪蒸罐与引射器联动的专利技术，实现二次蒸汽通过引射装置被凝结水泵送出的水作为动能带走，降低了凝结水泵的工作温度热负荷，减少了电功率的消耗，使高温凝结水在密闭系统中可以完整回收，节能、节水效果明显；

（4）每小时回水量满足 0.5～100 t，适合在各种工况中运行，并始终能保持回水系统的顺畅；

（5）对于安装位置有特殊要求的，可以按要求随时调整设备的外形尺寸；

(6) 可直接打入锅炉。

二、热泵式凝结水回收装置

热泵式凝结水回收装置（如图 14 – 33 所示）具有独特的"热泵"抽吸闪蒸汽技术，是凝结水回收装置的换代产品。优点如下：

（1）采用蒸汽喷射式热泵将凝结水的闪凝蒸汽升压、回收利用，从而做到汽水同时回收，使可用蒸汽量大于锅炉供汽量；

（2）可使凝结水在闪蒸汽被吸走的同时温度降低，用防汽蚀泵打回再用，节能效果显著；

（3）收集凝结水的闪蒸罐处于低压状态，减少了疏水阀背压，有利于凝结水回流（即不"憋"汽），使系统运行良好；

（4）由于闪蒸汽被回收利用，可取消结构复杂的疏水阀，节省费用及人工。

三、压缩机回收废蒸汽装置

1. 废蒸汽回收压缩机（如图 14 – 34 所示）的性能及特点

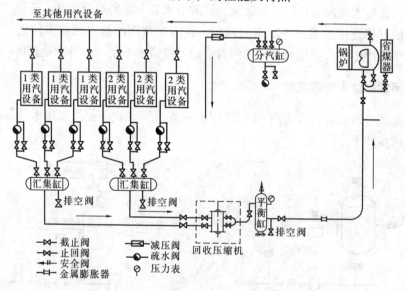

图 14 – 34　压缩机回收废蒸汽装置安装示意

该机采用了耐高温、耐磨损的新材料，无油耐磨效果佳，主要零部件经高科技技术处理，回收高温水和汽，不带油，具有独特的内张密封性，平稳可靠，运行费用低，维护简单。设有自动仪表控制，不易出故障，节能高达 25% 以上。

2. 废蒸汽回收压缩机工作原理

废蒸汽回收压缩机是由机械传动系统带动压缩系统工作，将高温汽水混合物加压，使其达到锅炉运行时压力稍高的压力压进锅筒，即达到回收节能的目的。

3. 废蒸汽的回收方法及回收管路走向

在用汽设备的排汽管路上安装回收压缩机，再把回收出口管路接至锅炉的锅筒或省煤器出口即可。使锅炉汽—用汽设备—回收机—锅炉，形成全封闭循环回收系统。

四、恒温蒸汽压力式回水器

恒温蒸汽压力式回水器（如图 14 – 35 所示）由钢制的集水罐与加压罐形成主体构造，集水罐与加压罐成逆止的单向连通。在加压罐上设置了液位继电器开关来控制两只交替工作的蒸汽电磁阀。当凝水进入集水罐后靠重力流向加压罐，此时上下连通的排汽电磁阀打开，导通集水罐与加压罐。当加压罐的水位到一定值时，由液位继电器控制，使蒸汽电磁阀打开（排汽电磁阀此时关闭），将一定压力的蒸汽进入加压罐。水位处于下位时，进汽电磁阀即关闭，排汽电磁阀打开，此时加压罐的工作废汽的热量混于水中，蒸汽体积变小。在排汽电磁阀上下连通下，集水罐的凝结水靠重力又进入加压罐，重复上述的工作程序，因此形成了间断汽压回水和连续收水的工作状态。集

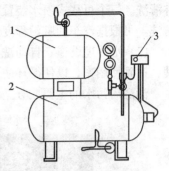

图 14 – 35　恒温蒸汽
压力式回水器示意
1—集水罐；2—加压罐；3—控制器

水罐上部的凝结水入口设置了一台可恒温的疏水阀（温控阀），它可将继续做功的蒸汽节流，只让定温度的凝结水进入，因此可起到阻汽排水的恒温作用。

该回水器的工作方式为水拉控制，用蒸汽压力的动力输送水，依靠温控阀来截汽收水，因此形成了一个完善的自动回水装置，可承担与离心水泵相同的工作。它是一种不会形成汽蚀的"无轮泵"承担着高温水的回收输送。

第六节　其他节水设备

一、自动洗车机

1. 作用

自动洗车机适用于各类客车、货车、面包车、轿车等车辆的外部清洗，是城市公共交通公司、运输公司、企业单位、部队等大型车队整洁车容车貌、降低劳动强度、改善洗车工作条件的必需设备。

2. 组成

自动洗车机成套设备包括：滚刷式（或喷水轮式）自动洗车设备及污水处理回用系统。

（1）洗车机

①滚刷式自动洗车机。其清洁台具有 4 支直径 1 200 mm 的大径滚刷（2 支长刷、2 支短刷），低压泵、高压泵各一台。

当车辆由驾驶员缓慢通过清洗车道时，清洗装置随车的行进按程序依次启动。首先，喷淋管工作，对车顶、车前、车后低压冲洗；接着，喷水轮工作，对汽车底盘、车轮实施高压清洗；然后是滚刷清洗装置工作，对两侧车身刷洗；最后是喷淋管工作，将车身残留的污水洗干净。

②喷水轮式自动洗车设备。主要是为清洗各类货车、客车两用车和专用车辆而设计的。清洗的重点是汽车的底盘、驾驶室及车身等。

清洗台由清洗平台、传动机构、固定式喷管架、三个可移式喷水轮架及其传动机构组成。

当车辆开上清洗台时，启动传动机构，使可移式喷水装置移至合适位置，对汽车实施喷淋清洗。三个可移式喷水装置同步来回清洗底盘及车体两侧，车前、车顶由固定式喷水装置清洗。可根据汽车的脏污程度进行定点定位重复多次喷洗，直到清洗干净。

（2）水处理设施。自动洗车成套设备的污水处理系统，是对清洗后的污水进行净化处理，达到回用率，以便循环使用。

清洗后污水的主要成分是泥沙、残留货物、润滑油与水的混合物等。

该系统采用自然沉淀法，即利用它们的比重不同进行分离。主要由预沉池、斜管沉淀池、清水池构成。

污水由排水沟流入预沉池进行预沉，沉淀那些颗粒大、沉降速度快的砂粒、杂物。同时去除油污的浮渣，油污采用隔板由排油槽排出。初步处理的水再流入斜管沉淀池，使较小的黏土颗粒再次沉淀，然后使澄清的水经过过滤器流入清水池，待循环使用，循环利用率可达90%。

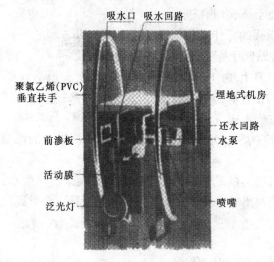

图 14-36　节水型过滤机

（图中标注：吸水口　吸水回路　聚氯乙烯(PVC)垂直扶手　埋地式机房　前渗板　还水回路　水泵　活动膜　泛光灯　喷嘴）

二、节水型游泳池过滤机

节水型泳池过滤设备系膜过滤技术。其特点是：使用胶膜（PVC）材料和独特的进出水设计及低动力水泵，且无需埋设管道，减少了渗漏。可以达到 6 μm 的过滤精度，且每次反冲洗用水量只需几升到几十升。如泳池运行正常，能保证一年只换一次水，节水效果显著。图 14-36 为节水型过滤机。

234

第十五章 城市雨水的利用

第一节 城市雨水利用的意义和现状

降雨是自然界水循环过程的重要环节，雨水对调节和补充城市水资源量、改善生态环境起着极为关键的作用。雨水对城市也有许多负面影响，例如雨水常常使道路泥泞，直接影响市民的工作和生活；排水不畅时，可造成城市洪涝灾害等等。因此，通常要通过城市排水设施及时、迅速地将其排除。

实际上，雨水作为自然界水循环的阶段性产物，其水质优良，是城市中十分宝贵的水资源，通过合理的规划和设计，采取相应的工程措施，可将城市雨水加以充分利用。这样，不仅能在一定程度上缓解城市水资源的供需矛盾，而且还可有效地减少城市地面水径流量，延滞汇流时间，减轻雨水排除设施的压力，减少防洪投资和洪灾损失。

城市雨水利用就是通过工程技术措施收集、储存并利用雨水，同时通过雨水的渗透、回灌，补充地下水及地面水源，维持并改善城市的水循环系统。

一、雨水利用的作用

（一）节约用水

将雨水用作中水或中水补充水、城市消防用水、浇洒绿化用水等方面，可有效地节约城市水资源量，缓解用水与供水的矛盾。

（二）提高排水系统的可靠性

在城市发展过程中，不透水地表面积不断扩大，建筑密度日益提高，使地面径流形成时间缩短，峰值流量不断加大，产生洪涝灾害的机会增大、危害加剧。合理有效的雨水利用可减缓或抑制城市雨水径流，提高已有排水管道的可靠性，防止城市型洪涝，减少合流制排水管道雨季的溢流污水，减轻污水处理厂负荷，改善受纳水体环境，减小排水管中途泵站提升容量等，并使其运行的安全性提高。

（三）改善水循环

通过工程设施截留雨水，并入渗地下，可增加城市地下水补给量。该措施对维持地下水资源的平衡具有十分积极的作用。沿海城市通过增加雨水下渗量，还可有效地防止海水入侵现象发生。

（四）改善城市水环境

雨水可将城市屋顶、路面及其他地面上的污染物带入受纳水体，对水环境造成极大的威胁，特别是初期雨水，其污染物含量更高，对受纳水体的污染更加严重。雨水的利用可削减雨季地面径流的峰值流量，降低雨水径流排出量，减少城市排水管道（合流制）的雨季溢流污水量，减轻污水处理厂的负荷，极大地改善受纳水体的环境质量。

（五）缓解城市地面沉降

城市过度开采地下水，会导致地面沉降。通过工程措施增加城市雨水的入渗量，或将其用作人工回灌水补给地下水，对有效地缓解地面沉降的速度和程度均具有积极作用。

（六）具有经济和生态意义

雨水适于冲厕、洗衣物，故这类生活水不必再用生活饮用水。雨水属软水，适宜作锅炉和冷却用水，可节省软化处理费用。雨水渗透可节省雨水管道投资。

雨水的储留可以加大地面水体的蒸发量，创造湿润的气候条件，可减少干旱天气，利于植被的生长，改善城市的生态环境。

二、国内外雨水利用的发展概况

（一）国外雨水利用的发展概况

雨水利用具有悠久的历史，早在 4 000 年以前，古代中东的纳巴特人就在涅杰夫沙漠，把从岗丘汇集的雨水径流由渠道分配到各个田块，或将径流储存到窖里，以供农作物利用，获得了较好的收成。阿富汗等干旱、半干旱地区的国家也推广使用了纳巴特人的雨水利用方法。

自 20 世纪 70 年代以来，美国、墨西哥、印度、澳大利亚等国对雨水利用十分重视，对雨水的集水面进行了大量研究，如墨西哥利用天然不透水的岩石为集水面；美国利用化学材料（塑料薄膜、沥青纸等）处理集水面以提高集水效率。目前，德国、日本等许多发达国家采用铁皮屋顶集流，将汇集径流储存在蓄水池中，再通过输水管道灌溉庭院的花、草、树木，洒水，洗车和卫生间用水等。80 年代初期，世界各地悄然掀起了雨水利用的高潮，国际雨水集流系统协会（International Rainwater Catchment Systems Association，IRCSA）应运而生。该协会于 1982—1997 年间在世界各地召开了八次国际雨水收集大会。

（二）我国雨水利用现状

我国在雨水利用方面取得了一些进展。甘肃省水利部门利用雨水集流水窖抗旱，取得显著的效果；河南省针对豫西黄土丘陵区的特点，总结推广了方格田蓄水灌溉技术，即利用深厚土壤的蓄水能力，充分蓄存天然降水，供非雨季作物生长，同时补充灌溉地下水，达到了提高作物产量和水分利用率的目的；湖南、湖北、安徽等地的雨水蓄积，垾塘田生态系统，黄、淮、海流域的节水农业等，都取得了一定成果。

我国的海岛地区，虽然雨量丰富，但地域狭窄，河流短小，雨后径流很快入海，难以修筑较大的地表水拦蓄工程。而岛上缺少深厚的土层，地下水也很缺乏，使得岛上居民生产和生活用水都十分困难。因此，尽量集蓄雨水，促进雨水利用，便成为一条解决海岛地区缺水的捷径。如广东省第一大岛——南澳岛，兴建小型蓄水工程，开渠引泉，并引洪入库，充分增加雨水的利用率，已利用雨水灌溉农田 499 ha，供工业、生活用水 659 万 m³，促进了南澳县经济的迅速发展。西沙群岛的永兴岛也利用雨水集流方式解决了部分用水问题。

我国有些建筑已建有完善的雨水收集系统，但无处理和回用系统。目前，我国雨水利用多在农村的农业领域，城市雨水利用的实例还很少。随着城市的发展，可供城市利用的地表水和地下水资源量日趋紧缺，加强城市雨水利用的研究，实现城市雨水的综合利用，将是城市可持续发展的重要基础。

三、影响雨水利用的因素

城市雨水利用是一个复杂的系统工程，涉及城市基础条件、雨水利用基础理论、技术设施、经济手段、政策与管理等各个方面，只有全方位协调，才可能有效地推广应用，并取得良好的经济与环境效益。

（一）城市基础条件

主要是指城市基础设施状况和居民生活习惯。城市排水系统是以及时排除雨水于城外为目的的，而城市雨水利用则主要通过储留使用、就地入渗、人工回灌等措施将雨水最大限度地留在城市加以利用。这两个相反过程的设施有所不同，如果要实现城市雨水的有效利用，就要对现有排水系统进行必要的改造，并注意雨水利用与排除的相互协调，避免造成对城市环境的影响。

居民生活用水习惯对城市雨水利用有着不可忽视的影响。长期以来，城市自来水以其方便、清洁、水质优良等特点受到居民的青睐，而雨水与自来水相比，水质较为混浊，用水要受到季节的影响，并且需设置两套供水管道，单从用水习惯角度考虑，居民对雨水利用将难以接受。

（二）基础理论研究

城市雨水的合理利用涉及许多复杂的基础理论问题。如各城市可利用的雨水量及其合理调配；城市雨水利用对地表水和地下水的影响；城市雨水利用对城市生态环境的影响；雨水利用系统的水力计算及设计参数的合理确定；各城市空气污染对雨水水质的影响以及雨水水质对地表水、地下水的影响；各地气候、气象、地质、水资源状况等条件下适宜的雨水利用技术等。这些基础理论问题在城市雨水利用工程实施前都要首先加以研究解决。

（三）技术设施研究

目前，国外城市的雨水利用技术主要有雨水直接收集储存利用、处理后利用、利用天然洼地和水塘等储留，或者渗入地下补给地下水。经过近十多年的研究与应用，已初步形成了一套较成熟的系统计算方法和设计思想，并已开发出许多实用设施。然而，由于各城市的降雨特点差别很大，水资源状况、地质条件、城市大气污染程度、雨水水质、城市排水设施和技术经济总体发展水平等各方面的差异，对雨水利用方案、具体的技术设施、合理的设计计算标准、相应的维护管理等都需要有针对性地加以研究。

（四）经济问题

城市雨水利用工程的公共设施或场所属公用事业项目，需要政府投资。但对一些小范围、小规模的雨水利用设施，如宾馆饭店的中水系统，工厂企业、居民住宅小区内的雨水利用设施，都属于企业、商业行为或私有投入问题。要通过经济杠杆作用来协调企业与政府的投资关系，并通过一系列优惠政策鼓励企业与个人投资于雨水利用工程。

（五）政策与管理

城市雨水利用是一个跨学科、跨行业的系统工程，涉及水资源管理、供水、节水、防洪、排水、城市规划及园林绿化等许多领域和管理部门。因此，必须制定有关的法规，建立统一的规划与管理政策机制。

第二节　城市雨水的水质

一、天然雨水的水质特征

（一）天然雨水的水质成分及变化

1. 天然雨水的化学成分

雨水中含有多种离子和气体（O_2、CO_2、N_2及惰性气体等），化学组分较为复杂。雨水中的离子成分主要来源于：

（1）由海面飞溅的浪花蒸发后形成的盐晶，在大气对流作用下使其上升到很高的高度，并溶于雨水中；

（2）含有盐晶的陆地扬尘矿物微粒的溶解；

（3）喷发到大气中的含有易溶物质的火山喷发物，包括气体与尘埃；

（4）人类释放的各类大气污染物质。

2. 天然雨水水质的变化

（1）降水过程的水质变化。雨水水质在降水过程中会发生明显的变化。雨水可对大气水产生稀释作用，在雨滴降落时又将空气中各种成因的悬浮可溶盐粒溶解。据计算，1 L雨水在其下降过程中将洗涤 3.26×10^6 L空气。因此，降落到地面的雨水成分不仅取决于大气水成分，同时可取决于空气中可溶杂质的量及其化学成分，另外还与降水量大小、降水时的条件，如雨云高度、风向、雨前的气温及降水的形式等有密切关系。

（2）地区性变化。天然雨水水质的地区性变化十分明显。这是由于雨水中大多数离子来自在大气中残留时间很短的气溶胶颗粒和反应性气体的溶解。因此，在降雨量季节差别大的地区、物质向大气中输入速度变化大的地区，雨水的组成差别也大。

（二）酸雨及其危害

1. 酸雨的形成过程

城市大气污染条件下，酸雨成为当前全球性的环境污染之一。正常的雨水接近中性，其pH值最低可为5.5～5.6。一般将pH值小于5.5的雨或雪称为酸雨。

酸雨主要是由于人为排放的二氧化硫和氮氧化合物转化而成的。它的形成是一种复杂的大气化学和大气物理现象，主要有以下四个过程：

（1）水蒸气冷凝在含有硫酸盐、硝酸盐、碳酸盐和有机物等的凝核上；

（2）在形成云雾时，空气中的二氧化硫、氮氧化物、二氧化碳等污染物都被小水滴吸收；

（3）气溶胶颗粒物在形成云雾过程中互相絮凝；

（4）在降雨或降雪时，空气中的一次污染物和二次污染物被冲洗在雨水中。

2. 酸雨可造成的危害

（1）植物淋失。酸雨中硫盐和硝酸盐浓度增大，pH值降低至5.6～3.6时，植物的角质层和表皮细胞会受到伤害，而使植物中的无机化合物，如钾、镁、锰等宏量和微量元素，以及糖类、氨基酸、有机酸、维生素等有机物失去。

（2）土壤淋失。土壤溶液的化学成分变化取决于一系列复杂的吸附、置换、固定、风化和分解反应过程。pH值可显著地改变上述一系列平衡过程。当酸雨渗入土壤后，土壤溶液的化学平衡被破坏，淋失与土壤粒子结合的钙、镁、钾等金属元素。同时，酸雨可抑制土壤中有机物的分解和氮的固定，使土壤贫瘠化。

（3）改变地表水的环境，影响生物的生存。得不到中和的酸雨可使土壤、湖泊、水库、河流水酸化，底泥中的金属会被溶解进入水中，对水生物产生毒害作用。同时，长期酸化的水体可导致水生生物的组成结构发生变化，如耐酸的藻类和真菌增多，有根植物、细菌和无脊椎动物减少。

(4) 腐蚀城市设施。酸雨的酸性可对钢筋混凝土构件、铁质设备产生侵蚀和腐蚀作用，同时，对城市雨水的直接利用将产生十分不利的影响。

二、城市路面径流雨水的水质

（一）路面径流雨水的水质特征

雨水的水质常受到汽车尾气、轮胎磨损、燃油和润滑油、铁锈及路面磨损的影响而受到污染。城市路面径流的主要污染物 COD、SS 、N、TP 和部分重金属的初期浓度和加权平均浓度都比屋面的高。

（二）影响路面径流雨水水质的因素

不同时期、不同城市的路面，其径流雨水的水质具有明显的差异。通常取决于以下两个因素：

1. 路面污染物数量因素，如汽车的交通量、各类车辆的构成比、燃料类型、车况、路况和载货状况等。

2. 路面污染物积累的因素，包括两场降雨的时间间隔、风速、风向、大气稳定度、降雨强度、降雨历时等。

三、屋面雨水水质及影响因素

（一）屋面雨水水质

屋面初期径流雨水水质混浊，色度大。主要污染物为 COD 和 SS ，而总氮、总磷、重金属和无机盐等污染物的浓度则较低。

（二）影响屋面雨水水质的因素

屋面雨水水质一般与降雨强度、降雨历时、屋面材料及坡度、季节与气温等因素有关，污水收集利用和污染控制时应充分考虑这些因素。

1. 降雨特征

降雨强度和降雨历时是影响屋面雨水水质的重要因素，因为雨水既是溶解污染物的溶剂，又是冲刷屋面污染物的动力源泉。天然雨水溶质含量较少，因而具有很高的活性。雨水到达屋面时，形成对屋面的冲刷力，强化了污染物溶入雨水的过程。屋面雨水中的污染物主要来源于屋面的沉积物和屋面材料的可溶出物质。降雨初期，雨水首先将与屋面结构较为疏松的表面沉积物冲刷带入雨水中，随后再将与屋面材料附着较紧密的沉积物冲刷。随着降雨历时的增加，表面沉积物越来越少，此时雨水对屋面材料产生冲刷，并将其中可溶性物质溶入雨水中。由于屋面材料材质致密，以后的溶解过程较为缓慢，表现为雨水中污染物含量趋于稳定。

2. 屋面材料及坡度

屋面材料中的可溶性物质在降雨过程中可溶入屋面雨水径流中。对典型的坡顶瓦屋面和平顶沥青油毡屋面雨水径流进行比较，后者的污染明显严重。

坡顶瓦屋面由于易于冲刷，初期径流的 SS 浓度可能较高，取决于降雨条件和降雨的间隔时间，但色度和 COD 浓度一般均明显小于油毡屋面。如遇到暴雨，强烈的冲刷作用把积累在平顶屋面上的颗粒物冲洗下来，则初期雨水中的 SS 也会达到较高浓度。

两种屋面初期径流的 COD 浓度一般相差 3~8 倍左右，随着气温升高，差距将增大。由于沥青为石油的副产品，其成分较为复杂，许多污染物质可能溶入雨水中，而瓦屋面不含溶解性化学成分。

此外，屋面材料的新旧程度对屋面雨水的水质也有很大影响。一般旧材料老化后污染严重，而新材料的污染相对较小。

3. 季节与气温

研究发现，4~5月份和夏季降雨初期，径流中的COD浓度最高，同时测定的天然雨水中的COD和SS浓度一般较低，说明每场雨的初期径流中较高浓度的污染物来自屋面，主要原因是经过漫长的冬春旱季，屋顶积累的大量沉积物和污染物被降雨冲刷溶解所致。

进入夏季后，气温升高和日照增强，一些易于受热改性的屋面材料，如黑色的沥青油毡等，极易在太阳的暴晒下吸热变软，且容易老化，分解出有机物质，因而使雨水水质恶化。一般日照越强烈，气温越高，屋面材料的分解越明显，屋面雨水径流中的COD也越高。

4. 大气污染程度

屋面雨水中的污染物除来源于对屋面材料和屋面沉积物的溶解外，还来源于降水本身的污染物。当大气严重污染后，降水的化学成分将十分复杂。一方面，降水中的污染物增多，使屋面雨水中的污染物起始值增大；另一方面，受污染的雨水（如酸雨）增强了对屋面材料的腐蚀，增大了其中污染物的溶出量。

四、地面雨水径流的水质

（一）地面雨水径流的形成过程

地面雨水径流是直接降落到地面的雨水径流和屋面、路面径流的混合水流。径流的形成过程包括降水、蓄渗、坡地漫流和集流四个基本过程。降雨的大小及其时间和空间上的分布，决定着径流的大小和变化过程。蓄渗阶段的降雨全部消耗于植物和屋面截留、土壤下渗、地面填洼以及流域蒸发，当降雨强度逐渐加大而超过下渗强度时，开始形成细小水流，并开始了坡地漫流过程，然后雨水径流集于地形低洼处。

（二）雨水径流水质及影响因素

在径流形成的过程中，雨水径流将冲刷屋面、路面、草地以及其他裸露的地面等，因此地面径流的水质要受降水水质、屋面水质、植物叶面沉积物、地面污染物等控制。特别是当径流流经地面固体和液体污染物时，其中的污染物被溶解于地面径流中，径流水会受到污染。

第三节　雨水利用技术、设施及设计要点

一、雨水收集系统

（一）雨水收集系统的分类

雨水收集系统是将雨水收集、储存并经简易净化后供给用户的系统。依据雨水收集场地的不同，分为屋面集水式和地面集水式两种。

（二）雨水收集系统的组成

屋面集水式雨水收集系统由屋顶集水场、集水槽、落水管、输水管、简易净化装置（粗

滤池)、储水池和取水设备组成。

地面集水式雨水收集系统由地面集水场、汇水渠、简易净化装置(沉沙池、沉淀池、粗滤池等)、储水池和取水设备组成。

二、雨水收集场

(一) 屋面集水场

屋顶是雨水的收集场,但在其他影响条件相同时,屋面材料和屋顶坡度往往影响屋面雨水的水质。因此,要选择适当的屋面材料。一般可选用黏土瓦、石板、水泥瓦、镀锌铁皮等材料,而不宜收集草皮屋顶、石棉瓦屋顶、油漆涂料屋顶的水,因为草皮中会积存大量微生物和有机污染物,石棉瓦在水冲刷浸泡下会析出对人体有害的石棉纤维,有些油漆和涂料不仅会使水有异味,在雨水作用下还会溶出有害物质。

(二) 地面集水场

地面集水场是按用水量的要求在地面上单独建造的雨水收集场。为保证集水效果,场地宜建成有一定坡度的条型集水区,坡度不小于1:200。在低处修建一条汇水渠,汇集来自各条型集水区的降水径流,并将水引至沉沙池。汇水渠坡度应不小于1:400。

场地地面及汇水渠要做好防渗处理,最简单的办法是用黏土夯实,也可用其他防水材料如塑料膜、膨润土等,但应注意不能增加水的污染。

(三) 集水量计算

在确定年降雨量、径流系统和集水面积后,可按照式(15-1)计算:

$$W = PF\psi/1\,000K \tag{15-1}$$

式中　W——屋面或地面积水量,m^3/a;

　　　P——年降雨量,mm;

　　　ψ——径流系数(屋面取0.9,地面取0.6~0.8);

　　　F——集水面积(以水平投影面积计),m^2;

　　　K——面积利用系数,一般采用1.2。

三、雨水储留设施

(一) 城市集中储水

城市集中储水是指通过工程设施将城市雨水径流集中储存,以备处理后用于城市杂用水或消防等方面的工程措施。

储留设施由截留坝和调节池组成,前者在我国的一些城市早有应用,如北京1988年以来修建了50多座橡胶坝来拦截雨水。由于截留坝受地理位置等自然条件限制,难以在城市大量采用。

从雨水利用角度考虑,雨水调节池具有中水利用、防灾(消防等)、初期雨水处理前的储水和调节功能。但目前我国对这方面的研究和应用都很少。从国外的一些经验看,城市集中储留雨水具有节水和环保双重功效,如德国从20世纪80年代后期开始,修建了大量的雨水调节池来储存、处理和利用雨水,有效地降低了雨水对污水处理厂的冲击负荷和对水体的污染。

(二) 分散储水

分散储水是指通过修筑小水库、塘坝、水窖(储水池)等工程设施,把集流场所拦蓄的雨水储存起来，以备利用。

1. 小水库、塘坝及涝池

这类储水设施中的水易于蒸发和下渗，储水效率较低。国外一些地方采用在水面上覆脂族醇等液态化学制剂，也有采用轻质水泥、聚苯乙烯、橡胶和塑料等制成板来抑制蒸发，但这些方法成本较高。目前许多国家正着手研究一些廉价、绝热且能避免太阳能进入水体的反射材料，以便能在水库等水面上覆盖而抑制蒸发。

2. 水窖（储水池）

是一种相对较好的储水设施。常见的水窖有红胶泥水窖、三合土或二合土抹面水窖，也有混凝土薄壳水窖。研究表明，红胶泥水窖年损失水量 9.35 m³，保存率为 75.4%，投资少，储水成本为 0.23 元/（m³·a），但寿命短；混凝土薄壳水窖年损失水量仅 1.08 m³，保存率达 97.1%，储水成本为 0.41 元/（m³·a），虽一次性投资高，但寿命长。

水窖（储水池）的容积与一年中非降雨天数、用水量定额及用水人口等因素有关，可用式（15－2）求得

$$V = MTNq/1\ 000 \qquad\qquad (15-2)$$

式中 V——水窖（储水池）的容积，m³；

     M——容积利用系数，取 1.2～1.4；

     T——每年非降雨的平均天数，d；

     N——用水人数，人；

     q——用水量定额，L/（人·d）。

四、雨水的简易净化

（一）屋面集水式的雨水净化

舍去初期雨水径流后，屋面集水的水质较好，因此采用粗滤池净化，出水消毒后便可使用。

粗滤池一般为矩形池，池子结构可由砖或石料砌筑，内部以水泥砂浆抹面，也可为钢筋混凝土结构。粗滤池顶部应设木制或混凝土盖板。池内填粗滤料，自上而下粒径由小至大，可选石英粗沙和砾石，自上而下粒径依次为 2～4 mm、4～8 mm、8～24 mm，每层厚 150 mm。出水管管口处装有筛网。其构造如图 15－1 所示。

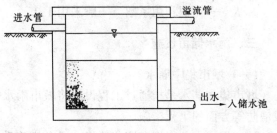

图 15－1 粗滤池构造图

当发现出水变混浊或出水管出水不畅，或水从溢流管溢出时，应清洗滤料。

消毒剂可选用液氯和二氧化氯复合剂等。

（二）地面集水式的雨水净化

地面集水式雨水收集系统收集的雨水一般水量大，但水质较差，要通过沉沙、沉淀、混凝、过滤和消毒处理后才能使用（见图 15－2），实际应用时可根据原水水质和出水水质的要求对上述处理单元进行增减。

图 15-2 地面集水式雨水收集系统

五、雨水渗透

（一）雨水渗透的功能与方法

1. 雨水渗透的功能

雨水渗透是通过人工措施将雨水集中并渗入补给地下水的方法。其主要功能有：

（1）可增加雨水向地下的渗入量，使地下水得到更多的补给量，对维持区域水资源平衡，尤其对地下水严重超采区控制地下水水位持续下降具有十分积极的意义；

（2）雨水渗入地下时，增加了包气带或土壤的水分含量，可有效地改善植被的生长条件，对于维护城市生态环境起到积极作用；

（3）可缓解暴雨洪峰对城市所造成的危害，有利于城市防洪；

（4）可减少城市合流制排水系统及污水处理厂的负荷；

（5）可减少城市地面雨水径流对水体的污染，改善水体环境；

（6）雨水储留设施增大了水面的面积，强化了水的蒸发，从而提高了城市空气的湿度，改变了气候条件，同时可提高空气的质量。

2. 雨水渗透的方法

根据雨水渗透的设施，渗透方法可分为散水法和深井法两种基本类型。散水法是通过地面设施如渗透检查井、渗透管、渗透沟、透水地面或渗透池等将雨水渗入地下的方法。深井法是将雨水引入回灌井直接渗入含水层的方法。

日本从 20 世纪 80 年代初便开始雨水渗透技术的研究，到 1996 年初为止，仅东京就建设渗透检查井 33 站 450 个，渗透管沟 286 km，透水地面铺装 495 000 m²。研究和应用表明，渗透设施对涵养雨水和抑制暴雨径流的作用十分显著，采用渗透设施通常可使雨水流出率减少到 1/6。另外，东京、横滨对雨水渗透现场的地下水进行了连续监测，未发现由于雨水入渗而引起地下水污染现象。

深井法人工回灌雨水于地下含水层，对缓解地下水位持续下降具有十分积极的意义。国外人工补给地下水量占地下水总开采量的比例，德国为 30%，瑞士为 25%，美国为 24%，荷兰为 22%，瑞典为 15%，英国为 12%，部分补给水源采用了雨水。我国利用雨水人工回灌地下水的实例还很少。如果利用汛期雨水进行回灌，不仅可以增加地下水补给量，而且会对城市防洪起到积极的作用。

（二）雨水渗透设施

1. 多孔沥青及混凝土地面。表面沥青重量比为 5.5% ~ 6.0%，空隙率为 12% ~ 16%，厚 6 ~ 7 cm。沥青层下设两层碎石，上层碎石粒径 2.5 ~ 5 cm，空隙率为 38% ~ 40%，其厚度视所需蓄水量而定，主要用于储蓄雨水延缓径流。混凝土地面的构造与多孔沥青地面类似，只是将表层改换为无砂混凝土，其厚度约为 12.5 cm，空隙率 15% ~ 25%。

2. 草皮砖。草皮砖是带有各种形状空隙的混凝土铺地材料，开孔率可达 20% ~ 30%，一般在空隙中种植草类植物。草皮砖地面因有草类植物生长，能有效地净化雨水径流。试验证明，草皮砖对重金属如铅、锌和铬等有一定的去除效果。植物的叶茎根系能延缓径流速度，延长径流时间。草皮砖地面的径流系数为 0.05~0.35。雨水的入渗量取决于植物的种类和密度，以及其基础碎石层的蓄水性能和地面坡度等因素。

3. 地面渗透池。当有天然洼地或贫瘠土地可利用，且土壤渗透性能良好时，可将汛期雨水集于洼地或浅塘中，形成地面渗透池。该渗透设施入渗量大，但占地面积也较大，适用于郊区或其他土地允许的城市建设。由于池塘面积较大，水面蒸发量也较大，因而对调节城市空气湿度有积极作用，但在夏季不免会滋生大量的蚊蝇。

4. 地下渗透池。地下渗透池是利用碎石空隙、穿孔管、渗透渠等储存雨水的装置，它的最大优点是利用地下空间而不占用日益紧缺的城市地面土地。由于雨水被储存于地下蓄水层的孔隙中，不会滋生蚊蝇，也不会对周围环境造成影响。

5. 渗透管。渗透管一般采用穿孔管材或用透水材料如混凝土管制成，横向埋于地下，在其外围填埋砾石或碎石层。汇集的雨水通过透水管进入四周的碎石层，并向四周土壤渗透。渗透管具有占地少、渗透性好的优点。它便于在城市及生活小区设置，可与雨水管系统、渗透池及渗透井等综合使用，也可单独使用。

6. 回灌井。回灌井是利用雨水人工补给地下水的有效方法。主要设施有管井、大口井、竖井等及管道和回灌泵、真空泵等。目前国内的深井回灌方法有真空（负压）、加压（正压）和自流（无压）三种方式。

六、屋面雨水的利用方式

（一）利用雨水的中水系统

目前建筑中水技术已得到大量的应用。许多建筑，尤其是高层建筑中都设计了中水利用系统。与建筑污水相比，雨水具有水量大且水质好的优势。因此，应充分利用现有的建筑中水系统，经过简单改造后将雨水纳入其中，使其成为建筑物中居民用水的供水水源之一，以节省相应的自来水水量。

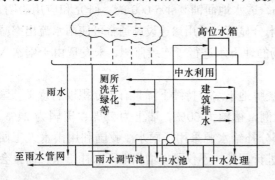

图 15-3 为利用雨水的建筑中水系统工艺流程示意图。利用屋面收集雨水后，通过雨水排水管输至地下的雨水调节池，该池容积按该建筑的雨水利用量设计。当降雨量较大时，多余的雨水便排入小区的雨水管网。雨水调节池的雨水经简单处理后送入中水池，与建筑排水的中水处理水混合，通过中水供水系统送至用户，用于冲洗厕所、洗车、浇洒绿地等。

图 15-3　利用雨水的建筑中水系统工艺流程示意

把屋面雨水纳入中水系统在技术上是可行的，但雨水的季节性波动和随机性很大，因此雨水调节池的容积一般较大，同时也要增大中水池的容积，这会造成经济上的不合理。因此，该雨水利用工艺适用于雨水季节性波动较小的地区或自来水供应严重不足的城市。

（二）独立的雨水利用系统

从屋顶收集的屋面雨水径流经处理后，可用于浇洒绿地、冲厕、洗车或景观用水等。工艺流程如图 15-4 所示。

初期屋面雨水水中污染物如 COD、BOD_5 和 SS 等含量较高，需经弃流设备加以弃流。之后的雨水径流水质稳定，污染物含量也较低，经加药混凝、过滤和消毒处理后，达到用户水质标准要求。

图 15-4　独立的雨水利用系统工艺流程

随原水和出水水质的不同，雨水处理工艺中的处理单元可作增减，例如浊度低于 10 度时可不加混凝剂而直接过滤。

屋面材料对雨水径流的水质影响很大。如流经油毡屋面，雨水的水质污染较重，直接过滤对 COD、SS 和色度的去除效果很差，但投加混凝剂后效果可明显提高。在对北京城市屋面雨水的混凝处理效果的研究中，试验采用聚合氯化铝、硫酸铝、三氯化铁三种混凝剂，最佳投药量分别为 5 mg/L、6 mg/L 和 6 mg/L。结果表明，投加聚合氯化铝时出水效果最好且投加量最少，说明聚合氯化铝是较为理想的雨水处理混凝剂。

研究表明，在最佳投药条件下，经初期弃流的屋面雨水径流流经上述处理工艺流程后，COD 可去除 65% 左右，SS 可去除 90% 以上，色度可去除 55% 左右，出水水质一般可满足生活杂用水的水质要求。

（三）雨水渗透自然净化利用系统

雨水渗透自然净化利用系统是指利用雨水渗透设施将雨水渗入地下，以补给地下水的雨水利用系统。该系统将屋面雨水的人工处理与自然净化相结合，对维持城市地下水资源平衡、改善城市水环境和生态环境以及城市防洪和节水等方面具有极大的促进作用。

土壤及含水层对污染物具有自然降解能力。试验表明，油毡屋面上的雨水经厚度为 1 m 的天然土层后，COD 的去除率可达 60%；经厚 1 m 的人工土层后，COD 可去除 70%~80%。许多研究也证明，利用该系统处理雨水对地下水未造成污染。

七、雨水利用设计的要点

（一）可利用雨量的确定

雨水在实际利用时会受到许多其他因素的制约，如气候条件、降雨季节的分配、雨水水质、地形地质条件以及特定地区建筑的布局和构造等。因此，在雨水利用时要根据利用的目的，通过合理的规划，在技术和经济可行的条件下使降雨量尽可能多地转化为可利用雨量。

由于降雨相对集中的特点，应以汛期雨量收集为主，考虑气候、季节等因素，引入季节折减系数 α。同时根据雨水水质分析可知，初期降雨雨水水质较差，污染严重，应考虑初期弃流，因此需引入初期弃流系数 β。可利用雨量的计算可参考式（15-3）。

$$Q = \psi \cdot \alpha \cdot \beta \cdot A \cdot (H \cdot 10^{-3}) \tag{15-3}$$

式中　Q——屋面年平均可利用雨量，m^3；

ψ——径流系数（取 0.9）；

α——季节折减系数；

β——初期弃流系数；

A——屋面水平投影面积，m^2；

H——年平均降雨量，mm。

其中季节折减系数 α 考虑了当地气候、季节等因素的影响。初期弃流系数 β 根据当地降雨和水质资料确定。对北京地区，α、β 可分别取 0.85 和 0.87。

由于道路径流水量受到较多因素的影响，其可利用雨量也参考式（15-3）计算，但 α、β 取值不同，需根据当地气象特点、道路路面材料及坡度等确定。

（二）雨水利用的高程控制

城市住宅小区和大型公共建筑区进行雨水利用尤其是以渗透利用为主时，应将高程设计和小区平面设计、绿化、停车场、水景布置等统一考虑，如使道路高程高于绿地高程，道路径流先进入绿地再通过渗透明渠经初步净化后进入后续渗透装置或排水系统。屋面径流经初期弃流装置后，通过花坛、绿地、渗透明渠等进入地下渗透池和地下渗透管沟等渗透设施。在有条件的地区，可通过水量平衡计算，也可结合水景设计综合考虑。

对任何种类的渗透装置，均要求地下水最高水位或地下不透水岩层至少低于渗透表面 1.2 m，土壤渗透系数不小于 2×10^{-5}，地面坡度不大于 15%，离房屋基础至少 3 m 以外，同时还应综合考虑表层以下的土壤结构、土壤含水率、道路上行人及车辆交通密度等。

（三）渗透设施的计算方法

雨水渗透设施有多种计算方法，目前较为常用的主要有两种：一种是在美洲获得广泛应用，由瑞典 Sjoberg 和 Martensson 提出的计算法；另一种在欧洲较为多用，即德国 Geiger 提出的计算法。以下简单介绍这两种计算方法。

1. Sjoberg - Martensson 法

（1）设计径流量。对某一渗透设计，首先要确定其服务面积的大小和组成，再根据各组成面积的径流系数计算出服务面积的平均径流系数。此外还应设计重现期，对大于此重现期的降雨，渗透设计会发生溢流。设计径流量即是在设计重现期条件下进入渗透设施的径流量，亦即渗透设施的设计进水量。

对某一设计重现期 P，结合所在地区的暴雨强度公式，根据式（15-4）可以求出不同降雨历时相应的设计径流量，并可得到径流量与降雨历时曲线。此曲线与坐标轴所围成的面积即为降雨总径流量 V_T，V_T 的计算公式见式（15-5）。

$$Q = \psi q F \tag{15-4}$$

式中　Q——雨水设计流量，L/s；

　　　ψ——径流系数，其数值小于1；

　　　F——汇水面积，$10^4 \ m^2$；

　　　q——设计暴雨强度，L/（$s \cdot 10^4 m^2$）。

$$V_T = \int_0^T 3\,600\, \frac{q_p}{1\,000}(\overline{\varphi} A + A_0)\mathrm{d}t \tag{15-5}$$

式中　V_T——重现期为 P，降雨总历时为 T 的全部降雨径流量，亦即设计进水量，m^3；

　　　T——整个降雨过程历时，h；

　　　t——某一降雨历时，h；

246

q_p——重现期 P，降雨历时为 t 时的暴雨强度，L/（s·ha）；

A——服务面积，ha；

A_0——渗透设施直接承受降雨的面积（若此值较小可忽略不计），ha；

φ——平均径流系数。

且

$$\overline{\varphi} = \frac{\varphi_1 A_1 + \varphi_2 A_2 + \cdots + \varphi_n A_n}{A_1 + A_2 + \cdots + A_n} = \frac{\sum\limits_{i=1}^{n} \varphi_i A_i}{\sum\limits_{i=1}^{n} A_i} \qquad (15-6)$$

式中 φ_i——各种地面的径流系数；

A_i——各种地面的面积，ha。

为简化计算，用式（15-7）代替式（15-5），式中各符号同前。

$$V_T = Q_T t = 3\,600\,\frac{q_p}{1\,000}(\overline{\varphi}A + A_0)T \qquad (15-7)$$

式（15-7）与式（15-5）有一定的差距。瑞典的 Sjoberg 和 Martensson 于 1982 年提出了一个 1.25 的系数，将式（15-7）演变为式（15-8）后，简化计算的结果与实际较符合。

$$V_T = 1.25\left[3\,600\,\frac{q_p}{1\,000}(\overline{\varphi}A + A_0)T\right] \qquad (15-8)$$

（2）设计渗透量。渗透设施在降雨历时 t 时段内的设计渗透量 V_P 可按式（15-9）计算。

$$V_p = kJA_s 3\,600 t \qquad (15-9)$$

式中 V_p——降雨历时 t 时段内的设计渗透量，m^3；

k——土壤渗透系数（m/s），为安全起见，乘以 $0.3 \sim 0.5$ 的安全系数；

J——水力坡度（若地下水水位较深，远低于渗透装置底面时，$J = 1$）；

A_s——有效渗透面积，m^2；

t——降雨历时，h。

设计渗透量 V_p 与降雨历时 t 之间呈线性关系。

（3）设计存储空间。渗透设施的存储空间为其设计径流量与设计渗透量之差。即对于某一重现期，要提供一定量的空间以将未及时渗透的进水量暂时存储，所需存储空间为 V，即 V_T 和 V_p 之差的最大值，见式（15-10）。

$$V = \max[V_T - V_p] \qquad (15-10)$$

假设地下水位远低于渗透装置底面，则 $J = 1$；按式（15-8）简化计算径流量，则有

$$V = \max\left\{1.25\left[3\,600\,\frac{q_p}{1\,000}(\overline{\varphi}A + A_0)t\right] - 3\,600 k A_s t\right\} \qquad (15-11)$$

式中各参数意义同前。

为简化计算，设 $B = \overline{\varphi}A + A_0$

$$D = \frac{V}{B} \qquad (15-12)$$

$$E = \frac{1\ 000 k A_s}{B} \tag{15-13}$$

将式（15－11）整理后，得

$$D = \max[4.5 q_p t - 3.6 E t] \tag{15-14}$$

式中　D——单位有效径流面积所需的存储空间，m^3/ha；

E——单位有效径流面积所需的渗透流量，$L/(s \cdot ha)$。

2. Geiger 计算法

Geiger 计算法用于渗透管沟的计算公式如式（15－15）、式（15－16）：

$$L = \frac{A 10^{-7} q_p t 60}{bhS + \left(b + \frac{h}{2} \right) t 60 \frac{k}{2}} \tag{15-15}$$

$$S = \frac{d^2 \frac{\pi}{4} + S_k \left(bh - \frac{\pi}{4} D^2 \right)}{bh} \tag{15-16}$$

式中　L——渗透沟长，m；

A——汇水面积，m^2；

q_p——对应于重现期为 P 的暴雨强度，$L/(s \cdot ha)$；

t——降雨历时，min；

b——渗透沟宽，m；

h——渗透沟有效高度，m；

S——存储系数，即沟内存储空间与沟有效总容积之比；

k——土壤渗透系数，m/s；

d——沟内渗透管内径，m；

D——沟内渗透管外径，m；

S_k——砾石填料的储存系数。

可将式（15－15）改写为

$$LbhS = L \left(b + \frac{h}{2} \right) t 60 \frac{k}{2} = A 10^{-7} q_p t 60 \tag{15-17}$$

式（15－17）左边第一项为渗透沟的存储空间，第二项为 t 时段内的渗透量，右边为 t 时段内的降雨量近似计算值。由此可看出，Geiger 公式与 Sjoberg－Martensson 公式的基本思路是一致的，均出于降雨量、渗透量和储水量三者之间的水量平衡。

Geiger 法的计算过程也是一个试算过程，首先拟定渗透沟的宽、高及布置形式，再根据不同的降雨历时和相应的暴雨强度计算出一系列所需沟长，从中选取最大值 $L_{\max}$。

我国城区的雨水渗透利用尚在研究阶段，由于雨水径流中带有较多悬浮颗粒，易于造成渗透装置的堵塞，故推荐选用计算偏安全的 Sjoberg－Martensson 法，并在应用时视具体情况作适当修正，如在计算渗透设施进水量时扣除初期弃流量及其上游渗透设施的渗透量等。

（四）雨水渗透装置

雨水渗透是通过一定的渗透装置来完成的，目前常用的雨水渗透装置有以下几种：渗透浅沟、渗透渠、渗透池、渗透管沟、渗透路面等，每种渗透装置可单独使用也可联合使用。

1. 渗透浅沟为用植被覆盖的低洼，较适用于建筑庭院内。

2．渗透渠为用不同渗透材料建成的渠。常布置于道路、高速公路两旁或停车场附近。

3．渗透池是用于雨水滞留并进行渗透的池子。对有着良好天然池塘的地区，可以直接利用天然池塘，以减少投资。也可人工挖掘一个池子，池中填满砂砾和碎石，再覆以回填土，碎石间空隙可储存雨水，被储藏的雨水可以在一段时间内慢慢入渗，比较适合于小区使用。

4．渗透管沟为渗透装置的一种特殊形式，它不仅可以在碎石填料中储存雨水，而且可以在渗透管中储存雨水。

5．渗透路面有三种，一种是渗透性柏油路面，一种是渗透性混凝土路面，另一种是框格状镂空地砖铺砌的路面。临近商业区、学校及办公楼等的停车场和广场多采用第三种路面。

雨水渗透受降雨和入渗两方面的影响，渗透设施的设计类似于其他各种贮存池的设计，也有存贮空间的概念。渗透设施设计的主要目的是空纳来水并使其尽可能不发生溢流。在渗透过程中，如果进水量超过了渗透设施的渗透能力，为了保证不发生溢流，将多余的水量存贮下来所需要的空间称为存贮空间，对于大部分的渗透设施来说，其填料和管道部分的有效空间即是该设施的存贮空间。渗透装置的设计进水量与设计渗透量之差为渗透装置的存贮空间。

（五）初期弃流装置

雨水初期弃流装置有很多种形式，但目前在国内主要处于研发阶段，在实施时要考虑其可操作性，并便于运行管理。初期弃流量应根据当地情况确定，北京地区屋面雨水初期弃流建议采用 2 mm。

（六）雨水收集装置的容积确定

如果雨水用作中水补充水源，首先需要设贮水池，该池收集雨水并调节水量。该贮水池容积可通过绘制某一设计重现期下不同降雨历时流至贮水池的径流量曲线求得：画出曲线后，对曲线下的面积求和，该值即为贮水池的有效容积。

（七）其他处理装置的设计计算

其他雨水处理装置，如混凝沉淀、过滤、消毒等，可参考《给水排水设计手册》进行设计计算。

第四节　雨水利用中的问题及解决途径

一、大气污染与地面污染

空气质量直接影响着降雨的水质。我国严重缺水的北方城市，大气污染已是普遍存在的环境问题。这些城市的雨水污染物浓度较高，有的地方已形成酸雨。这样的雨水降落至屋面或地面，比一般的雨水更易溶解污染物，从而导致雨水利用时处理成本增加。

地面污染源也是雨水利用的严重障碍。雨水溶解了流经地区的固体污染物或与液体污染物混合后，形成了污染的雨水径流。当雨水中含有难以处理的污染物时，雨水的处理成本将成倍增加，甚至出现经济上难以承受的现象，致使雨水从经济上失去了其使用价值，影响了雨水的利用。

改善城市水资源供需矛盾是一个十分宏大的系统工程，它涉及自然、环境、生态、经济和社会等各个领域。它们之间相辅相成，缺一不可。要重视大气污染和地表水污染的防治，根治地面固体污染源。

二、屋面材料污染

屋面材料对屋面初期雨水径流的水质影响很大。而目前我国城市普遍采用的屋面材料（如油毡、沥青）中有害物的溶出量较高。因此，要大力推广使用环保材料，以保证利用雨水和排除雨水的水质。

三、集水量保证率

降雨过程存在季节性和很大的随机性，因此，雨水利用工程设计中必须掌握当地的降雨规律，否则集水构筑物、处理构筑物及供水设施将无法确定。

降雨径流量的大小主要取决于次降雨量、降雨强度、地形及下垫面条件（包括土壤型、地表植被覆盖、土壤的入渗能力及土壤的前期含水率等）。在干旱和半干旱的黄土高原区，年降雨量一般在 250~550 mm 之间。黄土的结构疏松，水稳性团粒含量较高，水的稳定入渗速率较大（一般在 0.5 mm/min 以上），因此小强度的降雨很少能产生径流。

据统计，黄土高原区多年平均次降雨量 < 5 mm 的降雨占全年降雨量的 20% 左右，< 10 mm 的降雨占 40% 左右，而平均日降雨量 > 5 mm 的天数每年不足 30 d。如此少的降雨量还有消耗于地表植被的拦截、土壤入渗和蒸发，因此每年能产生径流的降雨次数并不多。

为增大雨水的集流量，需用产流条件较好的材料做成集水面。一般在坡度为 5%~15% 时，以混凝土为材料的集水面，其集水效率为 55%~86%（相当于产流系数 ϕ 为 0.55~0.86，下同）；以塑料薄膜覆沙的集水面，其集水效率为 36%~47%；原土夯实的集水面，其集水效率为 19%~32%。

因此，在确定雨水利用设施的规模时，不仅要考虑设计频率下的降雨量，还要考虑降雨强度、次降雨量等特性，更要重视产流汇流条件对集水量保证程度的影响。

四、雨水渗透工程的实施

雨水渗透工程是城市雨水补给地下水的有效措施。在工程设计与实施中，要注意渗透设施的选址、防止渗透装置堵塞和避免初期雨水径流的污染等问题。

（一）渗透设施的选址要求

1. 为使雨水有效下渗，渗透设施应选在土壤渗透率不小于 2×10^{-5} m/s、地面坡度不大于 15% 的地方。

2. 地下水最高水位或地下不透水岩层至少低于渗透表面 1.2 m，以保证雨水的入渗水力坡度，同时可使雨水得以净化。

3. 渗透设施要远离房屋或其他建筑物，以防止雨水渗入，引起基础的不均匀沉降。

4. 渗透设施要与周围环境相协调，保持城市建筑风格。

（二）渗透装置的堵塞

屋面及地面的初期雨水径流中常夹杂大量的悬浮颗粒和杂质，极易堵塞渗透装置或土壤层。北京建工学院材料实验室曾以自制的无砂混凝土块（孔隙率 18%，渗透系数 0.85 cm/s）

做堵塞试验。方法是向试块中灌入多种浓度的含泥沙试验浊水，测定其渗透系数。渗透系数减小幅度越大，说明试块堵塞越严重。试验表明，当试验浊水 SS 为 1 000 mg/L 时，试块的渗透系数不变；当浊水的 SS 增至 3 000 mg/L 时，渗透系数减少 8%；当 SS 增至 4 000 mg/L 时，渗透系数减少 25%。

初期雨水中 SS 的含量可达 2 000～3 000 mg/L，如果让这部分雨水径流进入渗透设施，必然会造成一定程度的堵塞，因此应尽量弃去初期雨水径流。同时，要加强对渗透装置的维护，定期清理。

五、初期雨水弃流量

屋面和地面的初期雨水径流中污染物浓度很高，而这部分水量所占比例又很小，因此，雨水的收集利用应考虑舍弃这部分水量，以减少对后续设施的影响。

初期雨水弃流量的合理确定关系到雨水收集利用系统的经济性和安全性。弃流量偏大时，虽然进入雨水利用系统的后续雨水径流水质稳定，但造成了雨水资源的浪费；弃流量偏小时，虽充分利用了雨水量，但水质不好，增加了雨水处理成本和难度，甚至有些杂质还会堵塞处理和利用设施，影响设施的正常运行。

屋面雨水的初期径流水质与屋面材料和屋顶坡度及降雨量有很大的关系，因此，初期弃流量可由降雨曲线和水质变化曲线来确定，径流中 COD 和 SS 浓度达到相对稳定时所对应的降雨量即为初期弃流量。

地面雨水的初期径流比屋面径流水质成分复杂，因此准确确定初期雨水弃流量较为困难，但可参照屋面雨水初期弃流量的确定方法试验确定。

第五节　城市雨水利用实例

一、伦敦世纪圆顶的雨水收集利用系统

为了研究不同规模的水循环方案，英国泰晤士河水公司设计了 2000 年的展示建筑——世纪圆顶示范工程。在该建筑物内，每天回收 500 m³ 水用以冲厕所，其中 100 m³ 为从屋顶收集的雨水。它是欧洲最大的利用建筑中水和雨水的建筑设施之一。

雨水收集和利用系统是从面积为 10×10^4 m² 的圆顶盖上收集雨水，经过 24 个专门设置的汇水斗进入地表水排水管，然后流入储水池。

初降雨水含有从圆顶上冲刷下的污染物，通过地表水排放管道直接排入泰晤士河。由于储存容积有限，收集的雨水量仅 100 m³/d，多余的雨水也排入泰晤士河。

收集储存的雨水利用芦苇床（高度耐盐性能的芦苇，其种植密度为 4 株/m²）进行处理。处理工艺包括预过滤系统、两个芦苇床（每个表面积为 250 m²）和一个塘（其容积为 300 m³）。雨水在芦苇床中通过多种过程进行净化，如芦苇根区的天然细菌降解雨水中的有机物；芦苇本身吸收雨水中的营养物质；床中的砾石、沙粒和芦苇的根系起过滤的作用。此外，在外观上，芦苇床很容易纳入圆顶的景观点设计中，取得了建筑与环境的协调统一。

二、北京市朝阳公园的雨水收集利用系统

该公园位于北京市朝阳区，总占地面积 4.5×10^4 m²，其中山体占 33%，道路及铺装地

面占 32%，绿地占 35%。该公园东西呈长条状，从西到东依次为铺装地面（中间间隔大片绿地，人行石板道穿行其间）、水景湖、山体（上有铺装小路）。其水景湖主要位于中间偏南部，中间偏北部有一个喷泉水景。为了配合北京市生态环境建设和可持续发展的总体思路，有效地保护和利用宝贵的雨水资源，改善居住景观和环境，提高社会影响力，决定在该公园内实施雨水利用项目。目标是利用公园的雨水进行贮存、净化，然后用于水景湖、绿化等。这样做，主要有三个优点：一是公园产生的雨水如果采用传统排放方式，也需要一定的投资，不利用雨水也不会节省投资；二是公园内水景湖、绿化（特别是山体）要消耗大量的自来水，使用雨水后可节省一部分水费；三是，公园建设成后有部分硬化面积，雨水径流污染负荷会增加，对接纳管道增加雨量和污染负荷，雨水利用后会削减或不产生污染负荷。因此，考虑将公园汇集的雨水净化后进行利用，保护公园的水景环境与生态环境。

根据公园地形、附近雨污水管线、绿地位置、景观湖布置等条件，首先，用管道将雨水收集后输送到调节储存池，收集的雨水包括道路、绿地、山体表面等，调节储存池设于公园中部，公园中部有一个雕像，雕像西边有一空地为绿地，该绿地下可作调节储存池。雕像周围是一圆形的草地，为了节省管线，将此草地开发成土壤滤池，将清水池设在土壤滤池的下部。雨水在调节储存池沉淀后，用泵抽至土壤滤池进行净化，这种布置既减少了占地面积，也缩短了管线长（构筑物单体基本在一起），又可改善贮存雨水的水质。山体上的雨水经自然下流后由雨水口汇入雨水管线，管道收集后输入调节储存池。雨水利用工艺流程见图 15-5。

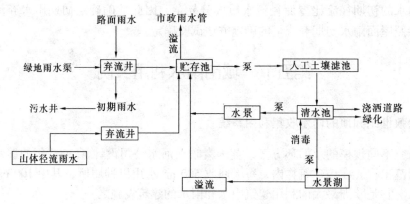

图 15-5　雨水利用工艺流程图

第十六章　地下管道检漏防漏

第一节　给水系统的漏水量

一、漏水量的含义

城市给水系统的漏水现象是每个供水企业都会遇到的问题，它表现为系统总供水量与售水量严重不符。杜绝漏水现象的发生是供水企业面临的重大课题，也是城市节水的重要任务。

我国的供水漏失率指标为8%，而1997年全国城市平均漏失率为9%。从这一统计数据来看，漏失率似乎并不高，而事实上我国城市供水系统的漏失现象是非常严重的，且有逐步上升的趋势。一些城市的供水漏失率已达到了15%以上。例如成都、上海、福州三市1996年漏失率分别为17%、15%、16%。

从系统的供售水量差额分析，漏水有真漏水和假漏水之分。真漏水是指由于输水管道、配水管道、用户管道以及管道附件等不严密而造成自来水漏出管道之外的现象，经过努力可以杜绝或得以缓解；假漏水是指由供水单位的测量误差、用户水表误差等原因反映出供售水量不符的现象。

城市漏水的形式很多，一是明漏，是由于城市建设时管道被截、被移、被损而造成的无人问津的"长流水"；二是由违章偷水、擅自接管等造成的无计量违法用水；三是由于地下管网破裂造成的暗漏水，这是目前城市无效供水中水量最大、最难控制、最不易发现的问题。这些漏水形式在城市普遍存在，造成巨大的损失。

二、漏水形成的原因

水管损坏引起管道漏水的原因很多，例如：因水管质量差、使用期长而破损；由于管线接头不密实或基础不平整引起的损坏；因使用不当，例如阀门关闭过快产生水锤以致破坏管线；因道路交通负载、施工开挖不当引起的损坏；因阀门锈蚀、磨损或污物嵌住无法关紧等，都会导致漏水。

（一）管材质量不好

我国水管较多地应用铸铁管和预应力钢筋混凝土管，少量使用钢管、球墨铸铁管等管材。铸铁管本身比较脆，是比较差的管道材质，管道材质低劣、耐压性差成为管道爆裂的内在因素。预应力钢筋混凝土管的质量问题往往是设计或生产过程中造成的，如钢筋布置不当、保护层不好、钢筋锈蚀等，也会引起大爆裂。

将我国30座城市1989—1900年的调查资料按爆管、折管和接口漏等进行统计分析（见表16-1），金属管材中，球墨铸铁管事故率最少，钢管和铸铁管的事故率相近；非金属管材中，预应力钢筋混凝土管事故率较低（与钢管和铸铁管相近），塑料管事故率最高，尤其是小口径塑料管。

表 16-1　我国部分城市上水工程各种管材使用中事故情况一览

管　材	总长度（km）	发生事故（次）						平均事故率（次/km）
		总次数	爆　管	折　管	口　漏	未分项统计数	其　他	
铸铁	22 054.47	12 209	1 157	2 234	4 689	3 319	810	0.55
钢	775.50	457	23	57	81	212	84	0.59
预应力钢筋混凝土	2 587.32	1 354						
球墨铸铁	163.14	24			19	5		0.14
石棉水泥	98.70	170	28	98	19		25	1.72
镀　锌	8 321.94	8 880	2 576	1 290	3 037	1 121	856	1.06
黑　铁	199.0	312	124	35	128		25	1.57
塑　料	318.71	1 494	849	210	311	19	105	4.68
小　计	26 977	5 114	3 983	10 028	4 790	4 790	2 109	

从事故情况看，铸铁管和钢管的主要事故是接口漏，其次是折管，爆管事故较少；球墨铸铁管的主要事故是接口漏，产生爆管和折管的几率很低；预应力钢筋混凝土管的事故几率从大到小依次为接口漏、爆管和折管；塑料管的主要事故是爆管，其次是接口漏，爆管主要是管壁较薄所致。

近年来，随着产品设计的优化和生产工艺的改进，球墨铸铁管和给水塑料的质量得到大幅提高，成为建设部推荐使用的管材。

球墨铸铁管的机械性能有很大的提高，强度、抗腐蚀性能远高于钢管，承压大，抗压抗冲击性能好，对较复杂的土质状况适应性较好，是理想的管材。它的重量较轻，很少发生爆管、渗水和漏水现象，可以减少管网漏损率。球墨铸铁管采用推入式楔形胶圈柔性接口，施工安装方便，接口的水密性好，有适应地基变形的能力，只要管道两端沉降差在允许范围内，接口不致于发生渗漏。给水塑料管，如应用较广的 UPVC 管，采用橡胶圈柔性承插接口，抗震和水密性较好，不易漏水。因管道柔性好，克服了其他管材由于不均匀沉降而产生破裂的缺点，但将管道直接敷设于较干硬的原状土沟底时，造成管道受力的不均匀，会出现某点或局部过载，从而导致管段承受过大应力而发生爆管事故。

(二) 地层土质条件的影响

土壤的性质是影响漏损量的首要因素，它对漏损量的影响远大于其他因素。主要表现为以下几点：

1. 不同性质的土壤对金属管道的腐蚀性不同。一般黏性土壤对管道的腐蚀性比非黏性土壤强。

2. 不同性质的土壤对管道的沉降不同。当水量变化时，黏性土壤中的管道比非黏性土壤中的管道容易发生沉降。

3. 埋管道的某些地段隐藏着腐殖土。

4. 施工过程未对管道沿线较长距离存在的腐殖土或含水量较高的淤泥质土层进行处理。

5. 寒冷地区不同的土质具有不同的冻胀程度，产生不均匀性沉降。

（三）接口质量不佳

在我国，接口漏水是造成管道漏水的一个重要原因。

1. 管线上接口多，漏水的概率大。

2. 施工质量的合格率难以保证，通水时即有渗漏。

3. 接口处往往是应力集中点，当管段发生伸缩、不均匀沉降时，应力传递至接口处，接口经不起应力作用产生松动，甚至破裂。

4. 接头刚性太强。根据不同的管材选用合适的接口十分重要。铸铁管承插接口方式有灌铅、石棉水泥接口、膨胀水泥接口、铅接口等。膨胀水泥和石棉水泥是刚性较强的接口方式，其抗压强度及捣固能力很大，当管段降温收缩或由于下沉而拉伸时，由于管材强度低，接口刚性强，极易拉断管段。钢管的焊接处如有夹渣、气孔，焊缝宽厚不匀，易发生渗漏。球墨铸铁管采用的橡胶接口韧性大，抗振动性强，但初装时管口如不到位，也会漏水。

（四）施工质量不良

管道施工质量高是减少管道漏水的重要环节。然而下列施工问题可能导致管道漏水：

1. 敷设管道时水管基础处理不好。如管沟不平，使水管沉陷较多，甚至产生不均匀沉陷，以致逐步使接口松动，甚至使管道断裂。

2. 管顶覆土未按要求。覆土未分层夯实，管道两边回填土的密度不均匀，使管道受力增加而爆管。

3. 大口径管道支墩后座土壤松动。因大口径管道的弯头和 T 形管处在管内水流的作用下受到较大的推力，需设支墩支撑，支墩后的土壤松动后将引起支墩位移，弯头或 T 形管位移较大，使接口松动。

4. 接口质量差。如石棉水泥接口敲打不密实，或橡胶接口的胶圈未就位等接口施工的质量问题都会导致接口处漏水。

5. 局部异常地基未做处理，可能使管道产生不均匀沉陷。

6. 水管接转太多以及其他因素，造成接口损坏。

（五）温度的影响

低温的管道收缩使管道增加新的应力，尤其是刚性接口的场合。如一根长 5 m 的铸铁管在敷设时温度为 26 ℃，冬季最低温度为 1 ℃时，变形 1.50 mm，变形应力为 3.6 kg/mm^2。温度反复升降的循环作用，引起刚性接口松动而漏水。

（六）附近施工的影响

管道附近开挖管渠、深沟、打桩、拔桩、降低地下水位和推土等施工过程，可能引起地下管道损坏，主要表现为：

1. 管道附近开挖深沟时，沟底越深，距离水管越近，管道下土壤产生的沉降量越大。

2. 因施工引起管道附近的地下水水位下降。据分析，水位每下降 1 m，相当于使管道承受土壤的压力增加 1 t/m^2。不均匀的水位下降和不同的土壤条件，将使管道承受不均匀沉降的应力，导致管道或接口损坏。

3. 打桩时，由于土壤挤压和振动会使管道周围的土壤变形。在管道附近打深桩，易使管道向上（偏桩的另一侧）凸起，引起管道损坏。拔桩可能引起相反的结果。

据对世界上 56 个城市的调查，有 12 个城市有道路等其他工程引起的事故，其中一半以上地下管线的损坏是由于挖沟槽引起的。

(七) 管道防腐不佳

内壁防腐不佳的金属管道遇到软水或 pH 值偏低的水就可能被腐蚀。内壁腐蚀管道的粗糙系数增加，会显著影响管道输水能力和水质，也使管壁减薄，强度降低，形成爆管隐患。如外壁防腐不好，由于土壤和电化学腐蚀等因素，也会使管壁减薄，引起局部阀孔漏水，严重的则发生爆裂。

(八) 道路交通负载过大

如果管道埋设过浅或受到重车辗压时，会使活负载增加；如果路基质量不佳、路面凹凸不平，管道承受的活负载也会增加，过大的活负载容易引起接口或管段漏水甚至爆裂。

(九) 水压过高

水压过高时水管受力也相应增大，漏水与爆裂的几率也会增加。如英国某城市给水系统水压由 108 m 降到 73 m，水管爆裂次数降低 82%。随着城市的发展，需水量越来越大，许多供水单位为提高供水能力，在原来的管网条件下，将出厂水压提高，超过了这些旧管的最大承压能力而发生漏水事故。

(十) 水锤破坏

由于水泵突然停止、闸门关闭过快等因素，管内水的流速和流态突然发生变化，从而引起水锤现象。水锤可在管内产生很高的压力，使管道、管件或水泵爆裂。

(十一) 排气不畅

当管道中空气未能彻底排出时，就会在管线的高点形成气。气体在水流挤压下，体积会迅速缩小，转化为高压储气窝，从而在管道的薄弱点发生破裂、爆管漏水等事故。

(十二) 其他

如地震、城市地面不均匀沉降、滑坡、塌方等引起管道损坏而漏水。

导致管道漏水的因素多种多样，而且各地的情况也不尽相同。据对世界 56 个城市的调查资料，引起管道漏水的主要因素是土体松动，其次是管道被腐蚀，详见表 16-2。

表 16-2　管道漏水的因素分析

序号	因素	城市数 (座)	所占比例 (%)	序号	因素	城市数 (座)	所占比例 (%)
1	土体松动	34	61	7	冬天低温	9	16
2	管道腐蚀	25	45	8	管道缺陷	6	11
3	道路交通负载	14	25	9	接口损坏	5	9
4	水压高	12	21	10	土壤条件	4	7
5	道路施工与开挖	12	21	11	施工不良	2	4
6	管道老化	9	16				

三、漏损指标及要求

(一) 漏损指标

常用的自来水漏损考核指标有两种，即百分比漏失率（简称漏失率或损失率）和比漏损量。

1. 百分比漏失率

指漏水量占总供水量的比例，以百分数表示，简称漏失率。计算方法为：

$$q = \frac{Q_t - Q_s}{Q_t} \times 100\% \qquad (16-1)$$

式中　q——漏失率，%；

　　　Q_t——年出厂水总量，m^3/a；

　　　Q_s——年用户用水总量（有效供水量），m^3/a。

由于式（16-1）未包括管网长度，因此漏失率不能衡量供水管网的技术和经济运行状况，只适用于企业经济分析。

2.比漏损量

指单位长度管道在单位时间内的平均漏失水量。计算方法为：

$$q_v = \frac{Q_v}{8\,760 L_v} \qquad (16-2)$$

式中　q_v——比漏损量，$m^3/$（h·km）；

　　　Q_v——年自来水漏损总量（不包括假性漏损量），m^3/a；

　　　L_v——年网长度（不考虑用户室内管道长度），km。

比漏损量所要统计的自来水漏损只包括真漏损。如要比较不同城市的自来水漏损情况，只有比漏损量具有可比性。

（二）漏损控制目标

据全国500家城市供水企业的调查统计，目前全国供水平均漏失率为12%～13%，漏失率超过8%的城市占61%；漏失率为10%～20%的城市有209个，占统计城市数的42%；漏失率为20%～30%的城市有119个，占统计城市数的24%；漏失率大于30%的城市有20个，占统计城市数的4%。与发达国家相比，我国单位管长单位时间的漏水量高达2.77 $m^3/$（h·km），是瑞典的11.54倍、德国的8.15倍、美国的2.77倍、泰国的1.2倍。因此，进一步降低漏损是今后节水的重要任务。

各类企业1995年及2000年漏失率控制指标值见表16-3。

表 16-3　各类企业 1995 年及 2000 年漏失率控制指标值

企业类型	1995 年	2000 年	企业类型	1995 年	2000 年
一	8.8	7.8	三	8.5	8.2
二	8.2	8.0	四	9.0	8.5

四、漏水量的测定方法

给水系统中的漏水主要发生在清水池、干管、配水管和用户给水管。在采用漏损控制措施之前，往往需要先测定各个部位的漏水量。

（一）清水池漏水量的测定

测定清水池的漏水量时，首先应把清水池与给水系统隔开，关闭进出水阀门，检查阀门是否关紧。检查时，可用听棒放在阀门上听是否有"嘶嘶"声，如无，则说明阀门已关紧。隔离后，对其水量变化测量24h或更长的时间，待其水位下降5mm以上或更多时计算日漏水量。如果清水池只能短期停用，则用更精确的测量方法测其水位下降1mm的漏水量。

例如，英国测定了250座各种结构和大小的清水池，结构包括：砖砌、石砌以及钢筋混凝土结构；容量从 250 m³ 到 20 000 m³。结果发现：并非容量越大漏水就越多，其中 86% 的清水池，每天的漏水量仅占其容量的 0.5%；其余清水池中的大部分，每天的漏水量小于其容积的 3%，约相当于每天 80 m³；只有 4% 的清水池，每天的漏水量为其容积的 9% ~ 30%。测定中发现老池漏水较多，因老池多采用砖石建造。

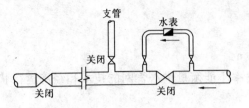

图 16 - 1　测量干管漏水量的装置示意图

(二) 干管漏水量的测定

图 16 - 1 为测量干管漏水量的装置示意图。测量时，首先关闭从干管接出的所有支管闸门，再关闭两个干管的闸门，然后在一个闸门两端连接上支管，在支管上装一只水表，这样，干管的所有出流量均由该支管流入并经水表测量。测量水表的读数即是单位时间内该干管的漏水量。

在英国测定了 113 根干管，包括各种管子和尺寸（150 ~ 1 050 mm），结果 73% 的管道漏水超过 2 000 L/（h·km），最高为 6 000 L/（h·km）。测试发现，老管漏水较新管大，原因除管龄外，新技术、新管材起着重要作用。

(三) 配水管及用户给水管的漏水量测定

一般测定一个给水区的漏水量，其装置示意图如 16 - 2 所示。漏水量的测定方法分直接测定法和间接测定法两种。

1. 直接测定法

夜间关闭进入区内的所有闸门，仅留一支管进水，装计量水表；再关闭区内所有进入用户给水管上的开关，然后测量单位时间内的流量。测定结果就是单位时间内该区配水管和用户给水管的漏水量。

2. 间接测定法

夜间关闭进入区内的所有闸门，仅留一支管

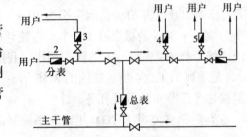

图 16 - 2　配水管及用户给水管

进水，然后测定该进水管的流量即可。间接法测定时，由于深夜也有个别用户用水，所以测定的流量是变化的，但测得的最小流量基本上是配水管的漏水量，很少是用户用水量。

第二节　管网漏损检测与控制方法

一、管网漏损检测

(一) 音听检漏法

1. 音听检漏法

音听检漏法是指通过仪器听取管道漏水时产生的声音来判断漏水地点的方法。一般水管漏水会产生以下成音频率：

(1) 第一个频率。当管壁有小孔时，管中有压水从小孔喷出，水流与孔口产生摩擦，相当能量将在孔口消失，孔口外会产生振动，振动频率一般为 500 ~ 800 Hz，振动波会沿管壁传送较长的距离。传送的距离与漏水的声音大小、管道材质、管道直径和土壤条件有关。漏水声传导的基本特性见表16-4。

表16-4　漏水声传导的基本特性

影响因素	传送距离长	传送距离短	影响因素	传送距离长	传送距离短
水管直径	小	大	漏水孔面积	大	小
管道材质	钢管、铸铁管、铝管	石棉水泥管、塑料管	水　　压	高	低
接头种类	钟铨式接头	橡胶接头			

（2）第二个频率。漏水孔喷出的水遇到周围的泥土时，产生频率为 25～275 Hz 或 100～250 Hz 的声波。这种频率的声波易被泥土吸收，因此地面上不易听到。传出声音的大小与水压、漏水量、土质和路面等因素有关。水压越高，漏水越大，则声音越响，传播范围也越大。一般用音听法检测漏水点的水压需在 1 kg/cm² 以上。当闸门的垫衬漏水而水压又较高时，则频率高、声音响。沙的传音特性比泥土好得多，硬路面比泥土或砂石容易传送声音，因而能比较容易测定漏点。

（3）第三个频率。通常漏水点附近因水流冲刷而产生空穴，水在穴内转动会产生声音，这个声音的频率约为 20～250 Hz。其声音与泉水声音相似，它的传送距离较短。

2. 测定方法

在地面听到声音是上述三个漏水过程的综合表现。根据以上原理，可用音听仪器先在直接接触管子的点上听音（直接音听法）。如听到声音，说明管道可能有漏水；如听不到声音，则说明一定距离内管道不漏水或基本不漏水。如用直接音听法已发现漏水声，则用音听仪器在路面上寻找漏水点（间接音听法）。应仔细寻找，一般声音最响、指针指示最高处为漏水点。为避免环境噪声影响，音听法检漏宜在晚上进行。

3. 优缺点

主要优点：

（1）仪表设备比较简单，价格较低；

（2）利用阀门等设备采用直接音听法，可方便地进行较大范围内的检漏。

主要缺点：

（1）有时同一范围内声音过大，反而难以确定位置；

（2）有时漏水声最响处不一定是漏水点，需靠经验判断，检漏效果与检漏人员的技术有关；

（3）外界噪声较高时，易干扰检漏工作；

（4）漏水声音过小时也难以用音听法检出。

4. 影响音听检漏的因素

（1）管径与管材：管径太大、管壁厚、截面积大，无足够能量使声波传远。金属管较非金属管的听漏效果好。

（2）管内水压：管内水压越大，渗漏声音越大，易于听漏。

（3）地面类型：各种路面的传音效果由好变差的顺序为：沥青、水泥地面＞大石块有基路面＞片状或块状路面＞泥土路面＞煤屑路面＞草皮路面。

（4）管道埋深及土质：埋深太大会隔离水声，沙质土比黏土传音效果好。

（5）环境：环境中有些声音可能掩盖渗水声，管道埋于地下水中时，会有隔声效果。

（6）管件：管道转弯处、三通等处水流常受阻或冲击，产生较大声响，测前应在管线图上定位，以免误认为是漏水点。

（二）区域装表法

1. 基本原理

区域装表法就是把供水区分为较多的小区，在进入每个小区的管道中安装水表，根据这些水表即可知道一定时间内入该小区的净水量。

用于区域装表的水表要求口径大于 75 mm，能连续记录累计量；能满足区域内最高时的流量；夜间最小流量时，水表精度能符合要求。

2. 测定方法

将该区内用户水表和区域水表的抄表日期放在同一天，并使抄表的因素缩小到相当小的程度，两者之间的差额就是该区域在抄表间隔期间的漏损水量，即可求出该区的漏失率。如漏失率未超过允许值，可认为漏损正常，不必进行进一步检漏工作；如超过允许值，则需在该区检漏。

3. 优缺点

主要优点：

（1）一次安装水表后，可连续测定管道的漏损；

（2）操作简便，仅仅多抄录几个区域水表即可判断该区是否漏水，可减少检漏工作量；

（3）可获得区域管网节点流量数据，用于了解该区用水量的变化规律。

主要缺点：

（1）安装水表较多，投资较大；

（2）单靠该法不能准确确定漏水地点，还需借助其他方法最后确定漏水地点；

（3）为减少装表，需关闭部分阀门，影响水管环通，对水质可能有影响。

（三）区域测漏法

1. 基本原理

将连续用水户较少地区的管网分隔为若干个测漏区。在干管上安装测漏表（能准确测定较小流量，并能记录瞬时流量），关闭所有连通该区的阀门。在深夜用水最少时测定一定时间，其最低流量扣除工业用户用水量即为该区的漏损量。

2. 测定方法

（1）直接测漏法。就是在测定时同时关闭所有进入该区的闸门（不包括测漏水表）和用户水表前的进水闸门，测漏表测得的流量就是此时该区管内的漏水量。

（2）间接测漏法。就是在测定时关闭所有进入该区的闸门（不包括测漏水表），原则上不关闭用户的进水闸门，这样测得的流量为管网漏水量和个别用户的用水量，扣除用户用水量后即为管网漏水量。

3. 优缺点

主要优点：

（1）该方法可取得比其他方法更好的漏损控制效果；

（2）测定漏水范围可大可小，大至区域的管网，小至两闸门间的管段；

（3）根据国外的经验，该方法的经济效益优于其他方法。

主要缺点：

（1）采用直接测漏法需关闭用户供水闸门，影响用户用水；

（2）采用间接测漏法虽不影响用户用水，但其水量统计不准确，影响漏水量的精度；

（3）需要安装测漏水表的接管设备，投资比音听法稍大；

（4）确定具体漏水地点仍要借助其他方法。

（四）区域装表和测漏复合法

按照区域装表法在管道上安装测漏水表，在白天或一定时间间隔里起区域装表法的作用；当进行区域测漏时，起区域测漏法的测漏水表作用。

该法的优点是测漏水表兼两种用途，可节省投资。但由于这种方法测的流量范围大，因此需选用流量范围较大而灵敏度又符合要求的水表，可以考虑用大小水表组合成复式水表替代使用。

二、管道漏损控制

（一）被动检修

发现管道明漏（或主动去发现明漏）后，再去检修控制漏损的方法称为被动检修法。根据管材及接口的不同选择相应的堵塞方法。

1. 接口堵漏

若漏水处是管道接口，可采用停水检修或不停水检修两种方法。停水检修时，若胶圈损坏，可直接将接口的胶圈更换；灰口接口松动时，将原灰口材料抠出，重新做灰口；非灰口时可灌铅。不能停水检修时，一般采用钢套筒修漏。

图 16-3 为常见的钢制套筒构造图。

承插接口漏水时，将套筒夹于其上，两端做灰口。套筒下部设有排水阀，以排除漏水。当套筒安装并做灰口时，在原给水管不停水的情况下会不断有水从承插口处流出，不排除时无法做成灰口。当套筒

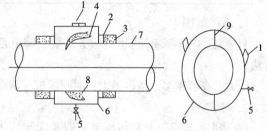

图 16-3　钢制套筒构造图
1—提钩；2—麻；3—水泥（加石棉）；4—水流；5—排水阀；
6—钢制大头套筒；7—原始水管；8—原灰口；9—焊缝

两端灰口凝固并可抗压后，用丝堵死该排气阀，堵漏即告完成。

2. 管段堵塞

当管段出现裂缝而漏水时，可采用水泥砂浆充填法和 PBM 聚合物混凝土等方法堵漏。

（1）水泥砂浆法。先在管道破裂处用玻璃纤维包裹一层，以防止水泥砂浆漏入管道内；然后在管道破裂处加包卡箍式钢套筒，用紧固螺栓箍紧后将流动性水泥砂浆从进料管填入套筒内；待水泥砂浆终凝后，即可拆除进料管，完成堵漏。

（2）PBM 聚合物混凝土法。PBM 聚合物混凝土是以 PBM 树脂为粘合剂，以石子、沙和水泥土骨料组成的聚合物混凝土。它具有在水下不分散、自密实、自流平、不需振捣和稠度可自由调节的突出优势，而且在水中固化快，一天的抗压强度可达 35～40 MPa。使用该材料施工简便，可直接通过水层浇筑。

（二）压力调整

管道的漏损量与漏洞大小和水压高低有密切关系，用控制手段降低管内过高的压力以降低漏损量。表16-5和表16-6表明，当压力一定时，漏水量随孔径增大而增大；当孔径一定时，漏水量随压力的增加而增大。

表16-5　管网压力为 0.5 MPa 时孔洞大小与漏水量的关系

漏洞直径 (mm)	漏水流量 (L/min)	漏失量 (m³/d)	漏洞直径 (mm)	漏水流量 (L/min)	漏失量 (m³/d)
0.5	0.33	0.48	3.5	11.3	16.27
1.0	0.97	1.40	4.0	14.8	21.31
1.5	1.82	2.62	4.5	18.2	26.21
2.0	3.16	4.55	5.0	22.3	32.11
2.5	5.09	7.33	6.0	30.0	43.20
3.0	8.15	11.74	7.0	39.3	56.59

表16-6　相同孔径时管道压力与漏水量换算

管压（MPa）	换算率	管压（MPa）	换算率
0.1	0.45	0.6	1.10
0.2	0.63	0.7	1.18
0.3	0.77	0.8	1.27
0.4	0.89	0.9	1.34
0.5	1.00	1.0	1.41

1. 适用范围

只要压力在较多时间超过服务需要，降低后又不影响下游地区供水的，均可采用压力调整法。

压力升高值越多，地区越大，时间越长，则降低漏损的潜力越大，越需要进行压力调整。

2. 调节方法

（1）研究出厂压力和加压泵站或水库泵站压力的合理性。如果全区压力偏高，则应考虑降低出厂压力。如果是某加压泵站所控制的地区压力过高，则应考虑降低该泵站的出站压力。

（2）如靠近水厂的地区或地势较低地区的压力经常偏高，可设置调节装置（如压力调节阀）。

（3）实行分时分压供水。如白天的某些时间维持较高的指定压力，而在夜间的某些时间维持较低的指定压力。

（4）在地形平坦而供水距离较长时，宜用串联分区加装增压泵站的方式供水。在山区或丘陵地带地面高差较大的地区，按地区高低分区，可串联供水或并联分区。

三、管道漏损的控制预防对策

（一）新管设计

在设计新管时，应充分考虑到将来产生管道漏损的各种不利因素，以降低漏失，从而正确地选用管材、确定接口形式、工作压力、埋设深度，并制定防腐及抗震等措施。

1. 管道材质

管材的合理确定对于管道防漏至关重要。埋设在地下的管道，除承受由水压引起的环向张力外，外壁还要承受静负载和动负载；当沟底不平或硬度不同时，底部还会承受弯矩；水温降低，管道收缩，又使管道承受拉力；在关闭闸门或突然停泵时，可能受到水锤的冲击等。因此，管材要有足够的强度以抵御多种复杂的破坏因素。

目前我国常用的给水管材有铸铁管、预（自）应力钢筋混凝土管、钢管、球墨铸铁管、塑料管等。铸铁管强度较低，较易爆裂；球墨铸铁管可延性较好，一般爆裂的几率很小；塑料管柔性大，是今后推广使用的管材。以上管材的价格相差较大，选择时还应从技术和经济两个方面综合考虑后决定。

2. 接口形式

管道接口也是非常重要的因素。管道受温度变化或其他外力影响会发生伸缩或变形。刚性很强的接口，当温度下降管道收缩或管道不均匀沉降时，产生的拉力可能使强度较低的水管拉断。柔性接口处允许有一定的纵向位移和扭动角度，可缓冲管道受力，所受应力比刚性接口大大减少，漏水现象也不易发生。因此，应推广使用柔性接口，橡胶圈滑入后，靠接口把它卡住使其不再滑出，或用填料把橡胶圈托住。

3. 管道工作压力

管道的工作压力一般不宜过高，否则会明显增大爆管几率。当供水距离较长或地面起伏较大，需采用较高的工作压力时，宜与分区供水方案进行技术经济比较，并检查所选用的流速是否经济合理。

4. 埋管深度

管道埋设深度大时，受外部负载影响程度就会减小，管道损坏几率降低。但过深的埋深会增大初期投资。因此，要合理确定管道的埋深。

5. 管道防腐

内壁防腐不佳的金属管道遇到软水或 pH 值偏低的水就可能被腐蚀。内壁腐蚀会使管壁减薄，强度降低，而且会长出锈垢，提高管道粗糙系数，影响管道的输水能力和水质，以致形成爆管隐患。

钢管的腐蚀比灰铸铁管和球墨铸铁管更严重。目前内壁防腐以衬水泥砂浆为主，它的抗腐蚀性强，价格较低，如加工良好，表面粗糙系数也较低。另也有少量喷涂塑料、环氧树脂涂衬和内衬软管（有滑衬法、反转衬里法、袜法及用 poly‑pig 拖带聚氨酯薄膜等）。

6. 抗震设计

为减轻地震波对管道的冲击，采用柔性连接以适应管道的变形，或加强管道结构刚度，减少管道的变形量。在直线管线上也应隔一定距离设置柔性接口，以抵御地震波作用下产生的大量损坏。

（二）施工安装

1. 管底基础

管底应是好的黏土或沙土，有一定的承载力，并要平整，使管道和基础能整体接触，尽量避免不均匀沉降。使用机械挖土的工程，要有人工修整，使管底基础平整，不含石块等硬物。设置闸门等配件时要注意基础沉降量与管道接近，砌闸门井时在管道旁留有空隙，以防沉陷不同时压坏管道。

2. 覆盖质量

覆土回填应按有关施工规范进行。密实度不够和两侧不均匀，均可能引起管道变形增加。尤其对于大口径管道，覆土质量更重要。

3. 水压试验

水压试验检验接口质量和搬运过程中是否发生裂缝等综合指标，试验的漏水量在规定的范围内时水压试验才合格。

4. 支墩

一般管道接口，尤其是柔性接口，管道会因外向推力而移动，要设支墩以防管道移动使接口松动而漏水。

(三) 管道更新

1. 管道更新的条件

管道使用年限较久时，水管内壁会逐渐腐蚀和积垢，水头损失增加，输水能力随之下降，增大了水流阻力，进而增加能耗和漏耗。根据经验，内涂沥青层的铸铁管在使用 $10 \sim 20$ 年后，粗糙系数增长到 $n = 0.016 \sim 0.018$（新铸铁管 $n = 0.014$）；有些无涂层铸铁管使用 $1 \sim 2$ 年后其 n 值高达 0.025；而涂水泥砂浆的铸铁管，虽经长期使用，粗糙系数可基本不变。

原则上，当由于管道漏水所造成的年平均损失（包括漏水量损失、修复费、能耗损失、漏水引起的社会损失等）总额大于新敷设或改造管道初期投资的利息额时，就要考虑管道更新。

2. 管道更新的方法

管道更新的方法分为非结构性更新和结构性更新两大类。

（1）非结构性更新。主要是在管道内壁补做衬里，可保证输水水质，避免管道结垢，防止管内壁进一步腐蚀；可减少输水摩擦阻力，恢复输水能力；还可堵塞管壁上的轻微空孔，减少管道漏水。衬里主要有水泥砂浆衬里和环氧树脂衬里。

（2）结构性更新。包括在旧管内衬套管和拆掉或报废旧管换新管道两种方式。前者主要有内衬软管和内插较小口径管等；后者主要有开槽方式铺管和不开槽方式铺管两种方式。详见表 16 - 7。

表 16 - 7　管道结构性更新的方式

更新方式	基本类型	施工方法	使用材料	适用条件
内衬套管	内衬软管	非紧贴软管 滑衬法 内膜法（PWP） 袜法	人造橡胶软管 聚乙烯软管 环氧内衬或环氧密封剂 聚酯纤维管	DN 100 ~ DN 300 管道 DN 200 ~ DN 300 管道
	内插小口径管	插入法	钢管、球墨铸铁或塑料管	DN 400 以上
更换管道	开挖铺管		新管	满足水力条件
	不开挖铺管	液力牵引法 胀破旧管法	新管 聚乙烯管、球墨铸铁管	DN 80 ~ DN 200 管道 旧管易破碎

管道结构性更新的施工方法如下：

①非紧贴软管施工法：是将特制的人造橡胶管用聚氨酯薄膜包折起，引放入旧管内，将两端或支管外固定，在水压的作用下使其紧贴内壁。

②滑衬法：是将聚乙烯软管插入旧管管段中，在新旧管间的环形空隙灌入胶泥。

③内膜法（PWP）：是美国开发出的一种新型管中管（PWP）技术。施工时不必开挖旧管，将液态内衬材料（成型环氧内衬或环氧密封剂）挤入旧管道内（可达数公里），形成0.635 cm 厚的内衬层，凝固后形成为管中管。该管中管可将管道渗漏缝密封，并可以受相当于原管承受能力 2 倍以上的水压。采用该技术可节省管道改装费 75%，并最大限度地减少停修时间和对生产造成的损失。

④袜法：是丹麦奥斯雷富公司发明的管道更新技术。施工时先用高压水冲洗管道，再用电视摄像机检查管道情况，并查清支管接入口的位置。对起点井口，用快装构件搭建一脚手平台，将预制的聚酯纤维软管管口翻转后固定在平台上，接着往软管翻转口内加水，在水的重力作用下，软管内壁不断翻转、前滑。在所需长度的软管末端用绳扎紧，并用这根绳子拖进一根水龙带；然后往水龙带内注入 65℃热水，保留 1h，再加温至 80℃，保留 2 h，最后注入冷水，保留 4 h；割开该管段中的聚酯纤维管两端，并在电视摄像机的帮助下用专用工具割开支管接入口的聚酯纤维管，使其与支管相通。至此，旧管道更新工作基本完成。施工示意图如图 16 - 4 所示。

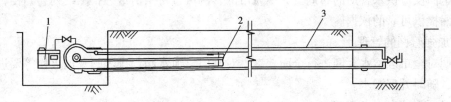

图 16 - 4　袜法管道更新施工示意
1—空压机；2—密封软管；3—原旧管道

⑤插入法：将口径较小的钢管或球墨铸铁管插入旧管内，在北欧，较广泛使用较小口径的塑料管插入旧管内，减少粗糙度，改善水力条件。施工示意图如图 16 - 5 所示。

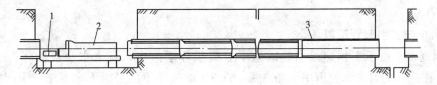

图 16 - 5　插入法管道更新施工示意
1—油压千斤顶；2—待安新管；3—原旧管道

⑥开槽铺管：是最常用的换管方法，一般是换敷较大口径的新管。

⑦不开槽铺管：液力牵引法施工时，在待换管道的直线段两端挖两个工作坑，将牵引杆穿入旧管内，将需铺的新管置于入口工作坑的导轨上，使用连接器把内外径不同的新、旧管道的起端接起来；然后将牵引杆穿入新管内，并在自由端用锚定板固定，在目标工作坑内安装一带中心孔的支撑板（一般用钢板、支撑板上的中心孔来牵引管子），固定在坑壁上，牵引设备依靠作用于支撑板上的反力，通过锚固板上的牵引杆将新管连同旧管从始端坑拉向目标坑，拉出的旧管在目标坑内破碎或切割后取出。胀破旧管法是常用的不开槽铺管法。施工时，将一个特殊的钢制破管工具头置于待换的管道内，破管工具头在绞车牵引下向前运动中将旧管破碎成碎片，新管跟随被拖进原管廊道中。具体施工步骤如图 16 - 6 所示。

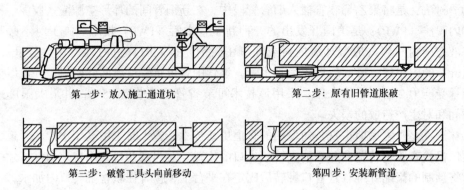

| 第一步：放入施工通道坑 | 第二步：原有旧管道胀破 |
| 第三步：破管工具头向前移动 | 第四步：安装新管道 |

图 16 - 6　胀破旧管法管道更新施工示意

（四）运行管理

1. 建立健全供水管网基础资料

应有准确的地下管线现状总图。该图要标明泵站、管线、阀门、消火栓等的位置和尺寸，要全面反应供水管道的布局。大中城市的管网可按每条街道一张图纸列卷归档，以便为检漏堵漏提供可靠的依据。

2. 加强管网的管理

定期对全市区给水管网进行全面普查。对阀门、泄水阀、排气阀及消火栓等要进行不定期检查，随时处理漏水。

3. 注重数据的分析整理

分析整理抄表数值和遥测遥控的统计资料，重视用户对水质、水量、水压的反馈意见。

4. 逐步更新管道

旧管强度降低或结垢严重时，或因水量增加管径偏小时，都应及时更换管道。尽量采用球墨铸铁管、UPVC 管和其他优质新型管材。逐步淘汰刚性接口，优先使用先进的柔性接口方法。

5. 防止施工引起管道损坏

据调查，在由于工程建设引起的地下管线损坏事故中，自来水管被损坏占 54.2% ~ 61.3%。在损坏的自来水管道中，40.3% ~ 52.7% 的损坏事故是由下水道施工引起的，其次为道路及桥梁工程，占 24.4% ~ 37.4%，而一半以上地下管线的损坏是由于挖沟槽引起的。因此，施工时应事先查明地下管道的分布，充分估计施工对管道可能引起的影响，并制定相应的措施，必要时派专人到现场进行监护。

第三节　漏水地点的确定

一、传统方法和仪器

（一）听漏棒

听漏棒是最简单的检漏设备，分木棒和金属棒两种类型。图 16 - 7 为听漏木棒构造图。地面的震动通过木棒引起空气振动，能起一定放大作用，然后传至听漏棒顶端，耳朵贴在顶端就能听到声音。金属棒是把地面的声音通过金属棒传至金属薄膜。如果附近有漏，则可听到声音。有经验的检漏工人还可根据声音的大小及音质判断出漏点的大致位置。

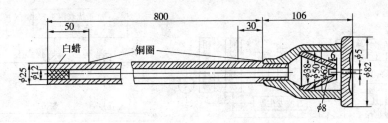

图 16 – 7　听漏木棒结构（单位：mm）

听漏棒适合于各种类型的管道检漏。一般听漏宜在夜间进行，而且每 2 m 逐段地听。听漏时应特别注意把漏水声与用水声、下水道的流水声、风声、汽车行车声、都市噪声、变压器声、电动机声等声音区别开来。还要注意，在不同的路面上，漏水声传播的距离和范围均不一样，在管件附件时，漏水声易受管件的影响。这类音听器听得的声音较小或很小，外界其他成音范围内的噪声也将同时进入，因此需要耳朵灵敏、经验丰富的工人来检漏。

（二）检漏饼

检漏饼象听诊器那样，把地面的震动声传至薄膜，借薄膜振动引起空气振动，然后通过气管传至耳朵。与听漏棒相比，检漏饼对漏水声的放大倍数较大，听到的声音较高。

检漏饼适合于在地面检测自来水管道的漏点。在漏点的上方，听到的声音最大，因此不断移动检漏饼的位置，当听到的声音为最大时，正下方即为漏点。

（三）电子放大音听仪

电子放大音听仪是用传感器把地面或管道上的振动声转化为微弱的电信号，然后通过电子放大，从仪表的指针或耳机输出。使人容易听到漏水音量的仪器，其原理如图 16 – 8 所示。该仪器由于电子放大，可把微弱的地面振动声放大到人们易听到的音量，也可以采用频率选择，把漏水音以外的噪音衰减掉，以减少外界的干扰。

电子放大音听仪既可在地面听漏，也可直接在管道上听漏，听漏方法与听漏棒和检漏饼的听漏方法基本相同。但由于灵敏度高，在管道上直接听音时，如没有响声，可说明较远的范围内无大中漏水，附件也无小漏。反之，说明有漏点，需进一步寻找。电子放大音听仪虽然采用频率选择方式可降低其他噪声的干扰，但仍不能完全避免，也需依靠经验区别漏水音与其他噪声。

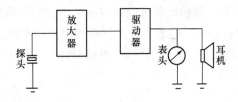

图 16 – 8　电子放大音听仪原理

（四）抗干扰双探头检漏仪

普通电子放大音听仪只有在夜深人静或周围环境比较安静时才能取得好的效果，而抗干扰双探头检漏仪在白天干扰较大的情况下，也能取得较好的效果，图 16 – 9 为其原理和工作示意图。

该仪器有两个对称声电换能探头，可检测漏孔发出的声音，输出为一个模拟探头。图 16 – 10 为该仪器检测漏点时的示意图，由于漏孔的位置是未知的，因此检漏时需不断地调

267

整两个探头的位置，当探头 1 位于漏点的正上方，而探头 2 在旁边约 0.5m 距离时，表头的指示最大，若交换两个探头的位置，表头指示反方向最大。

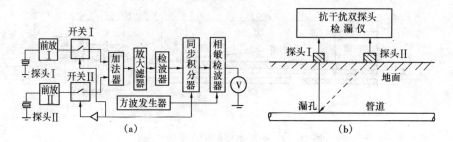

图 16 - 9　抗干扰双探头检漏仪原理和工作示意图
(a) 抗干扰双探头检漏仪原理；(b) 抗干扰双探头检漏仪工作示意

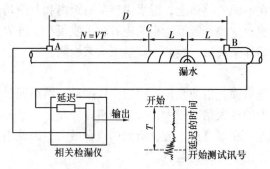

图 16 - 10　抗干扰双探头检漏
仪检测漏点时的示意图

该仪器使用了模拟检波器，当漏点水声太小时，检漏效果不佳。在抵消干扰的过程中，也削弱了部分漏点声信号，从而降低了仪器的灵敏度。

（五）相关检漏仪

相关检漏仪由英国水研究中心于 1960 年开发，当时设备庞大，实用性较差。1976 年又改进成为携带式相关检漏仪（MK I Palmer EAE/WR），其体积小，精度高。两个探头到相关仪主机间用无线通道传送。20 世纪 80 年代后，日本等国家主要城市的供水单位陆续配备了这种检漏设备。由于该仪器价格较贵，故总使用台数尚不很多。

管道某处的漏水声向管道两端传输，如果在两端放传感器，把传感讯号加以放大并在示波器上显示，就可以看到漏水声波的尖峰测试讯号，如图 16 - 10 所示，两端所放传感器 A、B 距漏水点距离不同，测得的讯号也不同，距离长的传感器 A 得到讯号较距离短的传感器 B 得到的讯号有所延迟，根据声波在管道中的传播速度，从延迟时间可以推算出漏水地点与传感器之间的距离，从而确定漏点。

$$D = 2L + vT_dL \qquad (16 - 3)$$

式中　D——两个探头之间的距离，根据图纸或实测，数据需比较正确，否则影响测得的精度；

　　　L——漏水点与相近的传感器 B 之间的距离；

　　　T_d——A 传感器比 B 传感器获得同样尖峰讯号所延误的时间；

　　　v——漏水声波在管道中的传播速度，可实测。

漏水声波的传播速度可以测出，它与管道材质、管径和管壁厚度有关。如管道直径≤375 mm 时，水管的 v 值为：

金属管：$v = 1\,400$ m/s

聚氯乙烯管：$v = 400$ m/s

268

（六）示踪检漏仪

1. 基本原理

在上游管道孔口处（如支管上的阀门、消火栓和管箍等）用探头注入气体，并保证气体达到一定浓度。进入管道的气体向前流动，经过渗漏处时由于压力下降，气体便溢出管道，并可通过覆盖土上升到地面，在地面检测示踪气体浓度。所测气体浓度最高点的下方便是渗漏点。

当管道上方覆土较厚、表层土质坚硬，气体不宜散出地面时，常在地面钻孔集气，孔距一般 3m 左右，所以该法的漏点测定精度可达 25 cm 以内。

应用该法时应注意以下几点：

（1）测试过程中需保持管内压力，以使气体能在大气压下顺利地从水中释放出来；

（2）气体在管中的停留时间要保证不少于 1.5 h，以满足气体从管中到地表的时间；

（3）示踪气体应无毒、无味、不易溶于水，不会对水质产生任何污染且易被测定。

2. 示踪检漏分类

根据选用的示踪气体的种类，该法分为以下类型：

（1）六氟化硫（SF_6）示踪剂法

六氟化硫是无色、无味、无毒、不易燃的气体，它在常压下不易溶于水，但在漏水处容易逸出，极易测定。一般用轻便的检测器即能测出空气中 10^{-7} 浓度的六氟化硫。检漏方法为：

①在欲测试的管段地面每隔一定距离（1～2 m）钻直径为 13～50 mm、深为 150～600 mm（视管道深浅而定）的孔口；

②在管道上游端注入折合浓度为 6.3 mg/L 的六氟化硫约 30～60 min；

③用探测器在孔口处测其逸出的六氟化硫浓度，浓度最高处即为漏水处。

该法的主要优点是：

①不需断水；

②检漏精度高，能比较正确地找到即使是较小的漏水点。

缺点是：

①需钻孔数量多，限制了在城市特别坚硬路面或地下管道复杂条件下使用；

②设备的操作比较复杂；

③检测大口径管道时气体用量较大。

（2）一氧化二氮法

一氧化二氮是水溶性气体，需用红外线测示器测定，也像六氟化硫那样需要在管线上钻孔。因红外线测示器价格较高，故该法实用性较差。

（3）10%氮－90%空气法

氮是极小和很轻的分子，可用热传导或比较声波的方式方便地测试。但是使用该法前需把管道中的水排空。

（4）甲烷－氮法

将 2.5%的甲烷和氮混合的气体导入预先排空水的管道，因甲烷比空气轻，易逸出地面，故可不必钻孔。用火焰电离探测器测定甲烷浓度。因甲烷测定仪要求的最低浓度较高，又需事先排空管道，因此该法不实用。

（5）甲烷－氩法

甲烷用火焰电离探测器测定，氩用比较音波法测定，这种混合气体对于比空气重和比空气轻的方式均可应用。

（6）氢气法

这种示踪气体是一种氢气占5%、氮气占95%的混合气体，将示踪气体注入水管。有排空管道法、有水低压法和有水高压法三种。1996年4月，上海自来水公司在沪太路检漏一条长为900 m、直径为300 mm的管道，管道上方地面覆盖有垃圾堆，检漏难度较大。利用该仪器成功地测到了漏点，经开挖确认，误差仅为100 mm。

（七）小区全面声音检测法

1. 基本原理

首先确定所要检测的供水区域及检测时间，一般将检测的时间选定在外界干扰最少的夜间。根据区域大小确定声音检测器的数量，一般每个仪器的检听半径范围为300 mm。将声音检测器安置在选定的检测区的管道上，并与计算机相连。声音检测器自动进行检测，将连续30d检测和记录到的1 000个声音检测值在线传至计算机，然后借助计算机对检测情况进行重放分析，根据图形情况自动判断仪器所测范围是否存在漏点。

2. 优缺点

（1）该法具有以下显著的优点：

①配有声音过滤器装置，可以接收到人耳无法听到而对测量有用的声频范围；

②可以对长时间的声音状况进行在线检测，并客观地记录分析，从而具有极高的准确性；

③该仪器操作十分简便，自动化程度高，而对使用人员的技术素质要求并不高，普通人员稍作培训即可使用；

④使用该方法可以在最短时间内对整个供水管网进行检测，所以非常适用于大城市管网和查漏人员不足的供水企业。

（2）缺点：所需声音检测器数量较多，投资较大。

（八）夜间最低消费法

夜间用水曲线是一条围绕流量中值（平均流量）上下摆动的曲线。借助流量监测记录器，连续自动测量并记录某一管段在某一时区内的流量值（如图16－11所示），只要将所测曲线与过去测得的无漏水时相应时段的曲线对照，就可以容易地判断所测管段是否存在漏水。该方法比较适合于管网结构简单的中小供水企业。

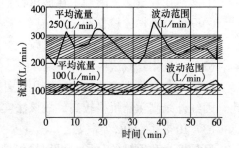

图16－11　夜间用水曲线

（九）超声波检漏法

当管道渗漏时，从缝隙泄漏出来的水流摩擦漏孔壁产生射流噪声。这种射流噪声有较宽的频谱，其中心频率为：

$$f = \frac{k \cdot v}{d} \qquad (16-4)$$

式中　f——中心频率，Hz；

270

v——射流速度，m/s；

d——泄漏直径，m；

k——常数，取 0.2。

大量研究表明，这种射流噪声的中心频率为 40 kHz 左右，环境干扰噪声大部分分布在可闻频率范围内，所以可利用中心频率为 40 kHz 的窄频带换能器和信号放大处理系统来检测这种泄漏。该法也称为窄频带超声波检漏技术。

窄频带超声波检漏仪的工作原理如图 16－12 所示，微弱的泄漏信号被中心频率为 40 kHz 的压电换能器接收，并转化成电信号，该信号经前置放大和主放大后，再经过中心频率为 40 kHz 的窄频带带通滤波器，得到较高的泄漏信号，以此驱动报警电路进行报警。如果在地面上测得电路报警，则说明下面的管道有漏水点。

（十）几种检漏辅助工具

1．金属管寻管仪

各种测定具体漏水地点的方法均需事先知道管道的位置，但有时无法从图纸上准确获得，或无管道资料时，则可用寻管仪确定具体管位。

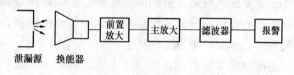

图 16－12　窄频带超声波检漏仪原理

寻管仪一般分为两部分：讯号发讯器和接收器。前者使讯号感应金属管，后者能接收发讯器发出的感应高频讯号（一般频率为 100 kHz）。寻管时把发讯器和接收器在地面上移动，当发讯器和接收器均在管上时接收的讯号最强，此即地下管道的位置（如图 16－13 所示）。

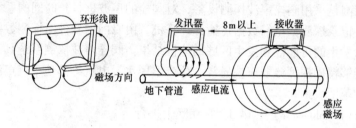

图 16－13　金属管寻管仪寻管原理

利用寻管仪可以寻找管道、弯头和接出的 T 形管的埋设位置。把接收器斜放与地面成 45°角移动，当接收讯号最强或最弱时，地面上管中心与接收器中心的距离就是管道的深度。遇有闸门、消火栓等与水管连接的设备时，也可把发讯器的输出讯号直接与管件接触，然后移动收讯器的位置寻找管位。寻管仪可以正确地找出管位和测出管道的大致深度，但不能区别水管、煤气管、电缆管的种类。

2．非金属水管寻管仪

非金属管道如石棉水泥管和塑料管等，不能传导感应电流，但水具有良好的传音性能。利用水传导音频性能好的特点，由发讯器发射一定频率的声音，由于水的传导，用接讯器找到讯号，接收讯号最强处即为地下管道的位置。

3．寻盖仪

因覆盖土或修筑路面等原因阀门井盖被埋入地下，而资料又不全时，可用寻盖仪寻找阀门井盖的位置。寻盖仪主要由两个振荡器组成，一个振荡器的线圈较大（直径 30 cm 左右），另一个的线圈较小。两个振荡器的频率相同，一般为几十 kHz。在地面上移动时遇到附近的阀门井盖时，大线圈的电感量改变，振荡频率也发生变化，于是两个振荡器发生频率差，当差值大于几十 Hz 时，人耳即能听到声音。利用此原理可以正确找到约 30 cm 深度范围内的阀门井盖。

二、新的漏水探测技术

传统方法和仪器存在的主要缺点：

①由于人的听觉灵敏度和分辨能力相对较低，在许多情况下不能发现和判断漏水的发生。例如，在管道埋设较深的地区、管道复杂地区、声波干扰较大的地区等，采用传统的探测方法技术，探测结果都不理想。

②主要依靠探测人员的听觉和经验，探测质量和结果无法保证。由于每个探测人员在听觉和经验上存在差异，探测结果也就不是一个标准，即使是同一个探测人员，其每天的工作状况不同，探测结果也不相同。

③探测结果没有记录，结果不能准确表示和表达，难以规范和控制探测的过程和结果。

目前已研制出新的探测技术，新技术的主要流程为：

资料准备──→压力系统──→阀栓声波探测──→辅助地面听音──→管线探测──→相关探测──→漏水修复──→修复后探测。

(一) 阀栓声波探测

1. 工作原理

阀栓声波探测是采用阀栓声波探测设备，对阀栓的声波进行长时间的系统探测，连续检测声波强度，并记录探测数据，数据传输到计算机，由专门的软件对探测数据进行处理，最后自动给出漏水发生的可能性和发生区域的分析结果。阀栓声波探测系统具有高灵敏度和多参数的优点，能够精确探测微弱声波异常，分辨出用水、电机等其他干扰声波异常，正确判断漏水的发生和范围。

探测时间：$(15 \text{ min} \sim 2 \text{ h}) \times 14 \text{ d}$。宜在晚上进行。

2. 适用范围及条件

(1) 适用于大范围普查；

(2) 管网压力 $\geqslant 2$ kg；

(3) 管径 $\leqslant 500$ mm 以下的金属管道，管径 $\leqslant 200$ mm 以下的非金属管道；

(4) 探测器控制的最大距离见表 16 - 8：

表 16 - 8　探测器控制的最大距离

	$\geqslant 50$ mm	100 mm	150 ~ 200 mm	250 ~ 300 mm	400 ~ 500 mm
金属管道	300 m	250 m	200 m	150 m	100 m
非金属管道	100 m	80 m	50 m		

3. 探测结果

(1) 探测数据由计算机自动分析，探测结果由计算机输出。

(2) 一般情况下，4 - 3 级可信度为漏水异常。

(3) 干扰（假异常）及识别方法：

①用水干扰异常：这类干扰较常见，大多数情况下，根据用水不连续和不稳定的特征，

从探测的数据上即可识别；少数用水时间较长的，可以采用长时间探测的方法识别（多天连续探测）；极个别连续用水的，采取调查和短时间停水探测的方法识别；困难情况下可以采用相关探测。

②电机干扰异常：是管道上或周围由于长时间近距离电机运行产生的异常，其异常特征为声波强度较大但不稳定。对此可采取短时间停止运行进行探测的方法。

③管道水流速干扰异常：这类情况很少，特征与漏水异常基本相同，可采用多探头相关探测的方法识别。

（4）澳门、江门等的探测结果表明，在满足工作条件的前提下，对漏水点的控制可以达到100%。

4．主要优点

（1）阀栓声波探测系统和多探头数字相关仪具有高灵敏度、高分辨率和抗干扰能力强等优点，能够在复杂情况下探测小的漏水发生和位置；

（2）探测数据自动记录和处理，人为的影响非常小，探测结果确定和统一；

（3）探测过程以仪器为主，其工作程序易于规范，结果可以控制；

（4）探测数据结果能够保存和表示，可以在今后的漏水探测工作中作为参考；

（5）电子地图的嵌入，增强了工作的计划性和科学性，提高工作效率和质量；

（6）多探头的使用，不仅提高了工作效率，同时也给解释工作提供了大量的有效信息，保证了探测结果的准确性。

5．漏水探测新技术在工程中的运用效果

以澳门自来水公司的漏水探测工程为例，说明漏水探测新技术在工程中的运用效果。

金迪公司为澳门自来水公司完成两期漏水探测工程，两期探测都是在澳门自来水公司测漏队采用过去的漏水探测技术探测后进行的。

第一期漏水探测：探测区域为 M8、M19 区，为漏水探测新技术试验阶段，主要目的是验证新探测技术的可靠性和效果。

探测单位：金迪公司

探测管道长度：20 km

探测时间：2002 年 8 月 20 日—2002 年 9 月 17 日

探测技术：漏水探测新技术

探测结果：发现和确定 29 个漏水点，挖空 1 点，漏水确认准确率 97%，漏点平均定位精度 53 cm。

第二期漏水探测：探测区域为 M1、M2、M3、M4、M5、M10、M15、M20 区

探测单位：金迪公司

探测管道长度：105 km

探测时间：2003 年 8 月—2003 年 10 月

探测技术：漏水探测新技术

探测结果：发现和确定 72 个漏水点，挖空 1 点，漏水确认准确率 98.7%，漏点平均定位精度 55 cm。

两期探测工作所发现和确定的漏水点，主要有以下四类：

①在地面听不到漏水声波异常；

②地面大面积声波异常；

③其他声波干扰较大，如大量用水、电机等干扰；

④管线复杂。

以上四类漏水情况都是采用听音技术难以发现、区分和准确定位的漏水点。

(二) 多探头相关探测技术（Zetacorr）

1. 工作原理

多个探头同时高频率采集漏水声波的原始数据，事后进行相关计算。

2. 适用范围

适用于异常区的漏水确认和定位。

3. 探测结果

（1）探测数据由计算机自动分析，探测结果由计算机输出；

（2）根据探测结果，探测人员最终确认漏水的发生和漏水点位置；

（3）影响探测结果的主要因素：

①管道连接关系和位置不清楚；

②管道上的各类干扰声波；

③漏水点出现在分支点附近；

④漏水点出现在传感器所在阀栓位置。

4. 优点

高效率、多信息、大范围的相关探测。

(三) 相关仪水中传感器

1. 相关探测原理

利用水中传感器，探测沿管道中水传播的漏水低频声波数据，采用矢量相关技术，进行漏水确认和定位。

2. 适用范围

（1）≥400 mm 的金属管道；

（2）非金属管道；

（3）相关距离较大的管道；

（4）过河管道。

3. 使用条件

必须将传感器放置到管道水中，一般在特殊情况或困难管段使用。

4. 效果

（1）不受管径和材质的限制；

（2）探测距离较大，可达 2 000 m；

（3）探测结果准确可靠。

三、GIS 技术的应用

1. 城市管网 GIS 的功能构成

GIS（Geographic Information System）是集计算机科学、地理学、测绘遥感学、环境科学、空间科学和管理科学及相关学科为一体的新兴边缘学科。城市给水管网 GIS 的建立不同于其他专业，各图形元素不但有其自身的物理意义，而且图形元素之间还存在相应的内在联系，如节点、管段、阀门和水泵等之间都有固定的相互联系。此外，还具备管网水力计算、设计、管理和调度等方面的功能。

城市给水管网 GIS 主要有查询、绘图和分析三种功能（如图 16－14 所示）。分析功能中的事故影响区分析具有关阀搜索、管网状态仿真模型等，可快速地分析事故的影响范围和影响程度，模拟管网动态变化，调度管网有关设施。可用于管道漏水地点的确定。

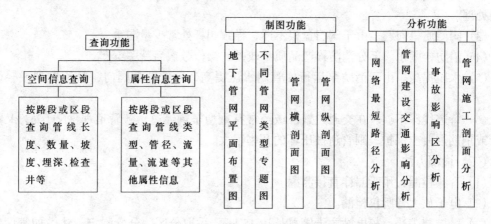

图 16－14　城市给水管网 GIS 的功能构成

2.GIS 的检漏方法

利用城市给水管网 GIS，不仅可进行供水管网的管理，而且可以随时地获取管网的状态数据。这些数据包括每个管段的压力（管段的起点压力、终点压力、管段的压降曲线图）、管段的流量、管段的物理状况（管段的埋深、起点标高、终点标高、管段的材料、管段两端接口的性质）。

GIS 系统包括各种管网水力计算和分析工具，如果利用这些工具对管段的水流状态进行分析，那么根据漏水管段的水流及压力特性，结合 GIS 中庞大的信息量，能够较为准确地判别管段是否漏水及漏水地点和严重性。

第四节　漏损勘测控制实例

实例 1　大亚湾核电站供水管网漏损控制

广东大亚湾核电站位于深圳市大鹏镇，现有临时给水主干管约 15 km，管径为 100～300 mm，承担着全核电站的生活、施工及消防供水。据 1988 年 1 月至 1993 年 1 月的供水统计，水厂供水总量与各用户耗水总量相差 10.3%，其中除消防耗水总量约为 2%，有 8.3% 渗漏。

（一）漏水原因分析

漏水有以下六个原因：

（1）施工不慎导致管道损坏。在场地开挖、平整、道路修筑、碾压等过程中，施工单位对地下管网的详细位置不了解，以致碰伤、压坏、挖断管道。

（2）管道施工质量不良，包括以下 5 项：

①管道基础不好。由于管沟不平或不结实，导致管道均匀沉陷，损坏接头。

②接口质量差。石棉水泥接口的石棉含量太高或捻打不实，承插管转接角太大，球墨铸铁管接口在放橡皮垫圈时没有将接口清扫干净，导致垫圈偏心和扭曲等。

③焊接质量不过关。管道焊缝有尘渣、气孔或焊缝不均匀。

④法兰连接不合规则。如使用老化的橡胶垫圈或没有按法兰盘孔数及坚固方式上螺栓，导致受力不均匀等。

⑤管道防腐不好。没有按管道防腐层的标准和要求操作，或管道的镀锌层破坏处没有做特别处理。

（3）阀门质量问题。由于阀门盘根不严，导致阀杆处常少量漏水。

（4）消防栓漏水。部分消防栓产品质量较差，操作数次后就关不严。

（5）水压提高。由于消防泵运行使管网水压提高，导致部分阀门、管道爆裂或轻微损伤。

（6）管道埋深不够。在交通频繁区域经常有重型车辆经过，若管道埋深 < 1 m，又没有套管或钢筋混凝土保护，则管道被压坏的几率很大。

（二）检漏方法

（1）音频检漏，用听漏棒直接测漏。

（2）电子放大音听仪检漏。

（3）区域装表法，核电站主干管总长达 15 km，采取分区、分管测定方法，如某区段漏损超过允许值，再采取音频检漏法仔细进行检查。

（三）漏水点测定

漏水有明漏和暗漏两种，有明漏时，在管网附近发现有清水冒出或路面局部下陷，泥土潮湿，绿化带植物特别茂盛，下凹部位经常潮湿有水，阀门井、配水井内长期积水。暗漏是指地下管网漏水而在地面没有任何显示，漏出的水渗入地下。大亚湾核电站的生活及施工区基本上是沙砾土，地下渗水能力很大，要确定暗漏点只有借助检漏仪和听漏棒。经采取多种方法，取得了良好的效果。

（四）漏水处理

漏水量超过允许值 $[1.0 \text{ m}^3/ (\text{h·km})]$ 时，确定准确的漏水点并进行处理。根据现场不同的漏水情况，采取不同的处理方法。

1. 补焊处理

管道焊缝漏水停水补焊，铸铁管使用铸铁焊条，补焊前除将表面清理干净外，先在裂纹两端各钻一小洞（防止因热胀冷缩而使裂纹继续延伸）并对裂纹打坡口后再焊，最后补焊小洞，完毕后对焊口进行防腐处理。

2. 法兰漏水

更换橡皮垫圈，按法兰孔数配齐螺栓，并注意在上螺栓时对称坚固。因基础不良而导致的法兰漏水处对管道加设支墩。

3. 承插口漏水

承插口局部漏水，将泄漏处两侧宽 30 mm、深 50 mm 的封口填料剔除（注意不要振动不漏水的部分），冲洗干净后用油麻捣实，再用青铅或石棉水泥封口。渗漏部位超过周长的一半时，则全部剔除，重新按上法处理。

4. 大面积漏水

钢管漏水，割去漏水段或在裂纹处补焊一块曲率相同、厚度相近的钢板，焊前进行除锈处理，焊后做防腐处理。

（五）预防措施

1. 设计预防

主要从材质、接口型、工作压力、埋深、防腐等因素考虑。核电站所出现的情况主要是材质、接口型式等问题。如主要路段埋深 < 1.2 m 时就不宜用铸铁管，否则一定要加设钢套管或直接用钢管、球墨铸铁管，在有不均匀沉降的地方，接口形式不宜采用刚性接口。

2. 施工预防

优秀的设计需要高质量的施工来保证。施工、接口和水压试验都要按规范进行。

实例 2　合肥市供水管网漏损控制

合肥市的城市供水管网始建于 1953 年，次年正式建成通水，以后随着供水量的大幅度增加，对城市供水管网进行了改造和新建。至 1993 年，直径 100 mm 以上的管道总长度达 430 多 km，最大管径为 1 800 mm，管材也由单一的灰铸铁管、青铅接口，逐步发展为使用预应力混凝土管、自应力混凝土管、球墨铸铁管、钢管及塑料管，接口填料也逐步发展为石棉水泥和胶圈。多年来，管网漏水和爆管事故较多，给城市供水造成了较大影响。

1. 漏水和爆管情况统计

1993 年以前，合肥供水管网的修漏和爆管的频率均高于全国平均数。通过更新整修，情况有了好转。据 1993 年统计，全年共修漏 238 处，平均为 0.553 次/（a·km）；爆管 54 次，平均为 0.126 次/（a·km）。

从 54 次爆管的情况来看，灰铸铁管爆裂 38 处，约占 70%，预应力混凝土管约占 7.5%，自应力管 12 处，约占 22.5%，而合肥地区现已通水的上述 3 种管子的比例分别为 43.1%、25.55%、20.1%，其余为其他管材（球墨铸铁管、塑料管、钢管分别为 3.7%、3.4%、4.2%）。

管道接口除钢管为焊接，灰铸管为石棉水泥和纯水泥接口外，其余管材均为胶圈接口。从 226 次事故的发生时间来看，发生在 1 月、2 月及 12 月这 3 个月的为 106 次，约占全年的 47%。发生在 7 月、8 月两个月的为 17 次，约占全年的 7.5%。

2. 爆管及漏水原因分析

爆管与漏水的原因主要有以下四个方面：

（1）管材质量是导致爆管的重要因素。目前的灰铸铁管是采用连续浇制工艺生产的，在脱模过程中管子的内外壁表面首先冷却凝固，形成渗碳硬壳，出现冷脆层，使管身脆性增大，抗弯抗强度降低，同时因连续铸管工艺生产的管体组织疏松，难以消除气孔、内沟和重皮等铸造缺陷，因此这种管子很可能在内水压力、降温收缩应力及其他外力的影响下出现断裂或纵向开裂。

（2）自应力混凝土管。合肥地区在 1973 年首先在长沙路使用，现已超过 80 km，管径从 100 mm 到 800 mm，但这种管道的自应力水泥制配、蒸养和水养的温度、时间、钢筋外侧保护层的尺寸都必须严格控制，稍有不慎就会造成管子后期膨胀爆裂，或保护层超厚造成膨胀不均而脱落，导致钢筋腐蚀而爆管。自应力水泥的膨胀随气（水）温变化而变化，温度越高，膨胀越快，所以这种材质的管子在夏季爆管的几率比其他季节高。

（3）减少或防止漏水和爆管的措施

根据以上分析，可以从以下几个方面采取措施：

（1）对铸铁管和自应力混凝土管采取有选择的使用。由于连续铸铁管造价较低，工艺也暂时不能废除，因此建议直径为 300 mm 以下的小口径管尚可使用，大中型口径的灰铸管必须有选择地使用。自应力管由于后期膨胀因素不易控制，应尽量用在郊区、农村的输水管，且口径不宜过大。预应力混凝土管由于价格便宜，不需做内外防腐，且为柔性接口，目前各地仍在广泛使用。但其工作压力仅为 0.6 MPa，故建议用在地形起伏不大的长距离输水管上。

（2）尽量采用离心球墨铸铁管和塑料管。合肥自来水公司规定直径为 400～600 mm 的范围内原则上一律使用球墨管，球墨管的优点是抗拉强度高（> 4 MPa/cm²），而灰铸管仅为 1.4 MPa/cm²，前者延伸率为 5%～15%，而灰铸管为 0。采用柔性接口，直径 > 300 mm 的管子的基本趋势是采用塑料管。

（3）接口选择除少数情况外，应以柔性接口为主。

（4）确保设计、施工质量。

实例3　哈尔滨市供水管网漏损控制

1. 漏损概况

在 1992—1995 年期间，哈尔滨市给水管道共发生 567 次漏损事故，各年度分别是 177 次、217 次、173 次，年平均为 189 次，其中 230 次是重复发生的事故，占 40.1%。虽然漏损事故逐年变化不大，但逐月变化较大，冬春两季（3～5 月）、秋冬两季（9～11 月）事故发生较多，其余月份相对较少。

2. 漏损事故发生的原因

（1）温度变化的影响。哈尔滨市位于北纬 45°～46°，松嫩平原中部，为典型的大陆季节性气候，冬季气温可降到 −40℃ 以下，夏季气温可达 30℃ 以上，四季温差极大。土壤温度受气温影响变化也很大，属季节性冻土类型，一年之中土壤可受到潮湿、干燥、冷冻和解冻的循环作用，使得管道周围的土壤状态经常发生变化，影响给水管道的地基和基础，是给水管道频繁发生破损的主要原因之一。冬季事故明显多于夏季，主要是温度应力作用的结果。哈尔滨的给水水源主要是松花江，冬季水温在 0～1.0℃，同时，土壤温度很低，使得给水管道的温度也很低，管壁受冷收缩，产生变形，如果是刚性接口阻止变形，则相应地会产生温度变形应力。如一根 5 m 长的铸铁管在敷设时温度为 26℃，冬季最低温度为 1℃ 时，经计算可知，变形为 1.50 mm，变形应力为 3.6 kg/mm²。若管道的质量较好，其强度足以抵抗变形应力，但是，接口可能被拉开而松动，在温度反复升降的循坏作用下，引起接口的反复膨胀和收缩，最终导致接口破坏而漏水。在 413 次事故记录中有 246 次发生在接口，约占 60%，主要就是由温度变化引起的温度应力造成的。除了温度变化的影响外，低温时管材变脆，埋深较浅的管道受冻土膨胀应力的影响等也是给水管道在冬季出现较多事故的原因。

（2）外力不均匀的影响。在修复漏损管道的过程中发现，一些较大的爆管事故往往发生在爆管处下方有横墙、横管的建筑物。这类建筑物与土壤的密实度、含水率、膨胀率、沉降程序等差别极大，当发生沉降时，管道就会受力不均，造成局部应力过大而引起爆管。在修漏工作中，发现管道破裂大多出现在管道侧上方。这可能与管道的侧面和上面回填的疏松土壤受外力较小有关，而管道下面是坚实的原土，支撑受力较大，若有突发性原因，则更容易从侧面和上面破裂。

（3）管内水压不均匀的影响。一些比较严重的爆管事故常常发生于三通、变径、弯头或局部最高处等管道变化较大的地方。分析认为，这与管道内部的水流速度、流向发生突然变化而引起的管道内部水力冲击造成过大压力（局部水锤）有关，发生在三通、弯头等处的事故，并不恰好在三通或弯头部件上，而是在其附近，这是因为三通或弯头有支撑、平衡内力，而其附近则无支撑，所以更易受破坏。最高处，由于存气形成气囊，也容易发生水锤现象而爆管。正常运行时，由于局部水锤现象，造成水压过高而引起爆管。

3. 防治措施

为避免重大爆管事故的发生，减少事故次数，除加强施工管理，提高工程质量，选用质量好、强度高的管材外，建议采取如下措施：

（1）加强管道基础和地基。设计与施工中应避免出现局部过强或过弱的基础，消除不均匀沉降带来的外部应力不均匀对管道的影响。

（2）应尽可能避免管道局部走向变化过大、埋深变化过大等现象。避免不了的应采取有效措施，减轻局部水锤引起的压力升高的危害。

（3）改进接口材料。提倡用柔性接口，减小温度变化给管道带来的变形应力的影响，以减少因温度反复变化引起的接口漏损。使用刚性接口时，应隔一定距离改换柔性接口，增加管道适应温度变形的能力。如用水泥或青铅接口，可在 5～10 节换用一个橡胶圈接口，或加一个伸缩器等。

（4）加强事故抢修工作，及时修复，防止事故矿大。健全事故记录制度，加强统计工作，建立内容丰富翔实的事故登记档案和计算机管理系统，为分析探讨给水管道漏损的原因和寻求防治对策提供可靠的依据。

第十七章 商品水水费体制与节约用水

第一节 水的资源属性及其经济价值

一、商品水的二元性

城市从自然水体中取水，经净化后供给工业和居民使用，用过的废水经排水系统输送到污水厂，处理后又排回水体，这是水的社会循环。水的社会循环系统由城市给水系统和排水系统组成，二者是统一的有机体。自然水的加工制造、供应和使用是人类社会的动脉，污水的收集、处理和排放水体是人类社会的静脉，不可偏废一方。而污水处理正是水循环的心脏，是水良性循环的保障，是连接水的社会循环和自然循环的纽带。水资源的可持续利用和人类社会的永续发展与城市污水处理息息相关。然而由于污水处理的昂贵费用及人们滞后的水环境和水资源的意识，至今世界各大中城市绝大多数尚未达到水良性循环的目标，我国的江河污染的严重势态还没有得到遏制。世界现代经济发展的 100 年历程和我国 50 年的经验教训是，偏废了污水处理，从而伤害自然水的水质、危害水的大循环，城市供水事业就岌岌可危，断了人类用水的可持续发展之路。所以，必须把城市供水与排水统筹管理起来，形成社会上专门的工业体系——水工业，按市场法则来运行，将"用水"与"废水"都注入商品的品格。

在城市水资源的利用过程中，大多数城市的排水总量占取水总量的 80% 以上，被直接消耗掉的只有少部分，大部分则因失去特定的使用价值而变成废（污）水。而废（污）水是可以再生的，有的只需改变用途，便可恢复其使用价值。所以自来水是商品，废水也是商品，为了保证自来水的可持续使用，就必须花费社会劳动把废水再生处理成自然水体可接纳的程度，使其具有价值，这种价值体现在用水之中。如果把"用水"与"废水"的价值分别来计算，废水处理就无人问津，用水的价值也就不完全了，造成用水的不可持续性。

发展中国的水工业，不能违背给水与排水两者间存在着的相互依存的统一性。违背统一性是指：认为给水与排水是两门互不相关的事业，并不同程度地偏废排水一方。其表现形式是：只建给水厂，不建废水厂；先建给水厂，后建废水厂（先污染，后治理）；重视给水厂，轻视废水厂；给水厂满负荷运行，废水厂减负荷运行，甚至停止运行；给水厂真运行，废水厂假运行；以罚款代替减轻废水治理任务。事实上，许多城市的污水处理能力较低，有些城市甚至没有污水处理厂。经验表明，只要城市排水总量中 1/6 的水净化再生后被城市有效地利用，就能使城市的供水紧张状况得到有效的缓解。而现状却是许多城市的污水净化再生利用率很低，有的甚至是空白。偏废废水处理的危害有：因遭受污染导致水资源短缺；水中污染物对人类健康造成即时的和长期性的潜在危害；给水处理不断出现技术难题；生态环境遭受破坏；农业渔业遭受损失；水污染灾害频繁等。这些危害实际上是大自然对人类的惩罚。

给水与排水是人类的繁衍和各种经济活动中参与大自然水循环所形成的一个人为子循环。在这个子循环中，给水和排水分别代表了人类向大自然"借用"和"归还"可再生资源"水"的两个环节。为了维持这个子循环，持续为人类服务，"归还"水的水质必须是经过废水处理，成为大自然能够接纳的。从市场经济的角度考虑，污水再生回用时的污水变成"产品"或"商品"，使得公益事业开始向经营单位转变，可大大激发污水处理的活力，通过出售"再生水"这一产品，将得到的一部分收入补贴污水处理的部分费用。人类从而认识到废水处理的不可偏废性，以及它所代表的给水与排水两者的相互依存的统一体性。

由于长期以来对水环境的流域性、全球性认识不足，没有意识到污水处理回用对水资源可持续利用及水环境健康循环的重要作用，同时对水资源短缺和水环境恶化的关系研究不足，因而对于城市缺水的客观事实基本上是以境外引水的方式来解决，对污水回用产生了消极影响。传统观点违背给水排水的统一性，认为废水处理是可以偏废的。这样，有限的政府投入就必然先用于给水事业，而不是建设污水处理厂，导致废水处理率长期在5%以下徘徊和种种偏废废水处理的现象出现。

传统观点违背给水排水事业所引起的后果，集中表现为：因自来水隐含有福利性质，不能按真正的商品制定价格，水价水平偏低，污水回用并没有显示一定的经济性，不利于污水回用的实施与推广；自来水不值钱使得公司在微利亏损的情况下经营；由于缺钱无法及时扩大再生产或进行重大技术改造以增产；节水意识上不去；诱发了废水回用不划算意识，导致了废水回用难以推广；建成的中水设施使用率低等。

给水排水事业的最核心部分是取水和水处理。给水处理与废水处理是对质量不同的产品"水"的加工行为。按给水排水统一体性的观点，自来水（或其他形式的给水）是产品"水"在水的子循环中的"使用"形式，而废水厂出水则是产品"水"的"回水"形式，这是"水"独具的产品"二元性"特点。另外，给水管网和排水管网在水的供给和回收的子循环过程中，起的是运输的作用。这样，取水、给水处理，废水处理以及给水与排水管网就组成了一个"水"的企业，即"水"的产、供、销、回收于一体的水工业企业。

我国50年经济发展的教训告诉我们，偏废污水处理，就要伤害自然水的大循环、危害子循环、断了人类用水可持续发展之路。给水排水发展到今天，建立给水排水统筹管理的水工业体系，按工业企业来运行是必由之路。既然由给水排水公司从水体中取水供给城市，就应将城市排水处理到水体自净能力可接纳的程度后排入水体，全面完成人类向大自然"借用"和"归还"可再用水的循环过程。

因此，作为商品出售的"水"，必须根据它所独具的"二元性"来定义；水的价格，必须根据水工业企业所独具的结构特点，按市场经济的原则来制定。

在自来水水价之中应该包括水资源开发、利用、污水收集、处理与排放及生态环境的恢复和保护过程中的全部费用。下水道设施的有偿使用和排污费都统一到自来水水价之中。自来水的价位应按商品经济规律定位。即包括供水费用、排水和污水处理费用、水资源与生态环境恢复费用、建设资金的回收、国家税收等，并保证企业有一定的赢利。水费收入用于供水与排水设施的营运和再生产，这样从经济上保证了水的社会循环呈良性发展，保护天然水环境不受污染和水资源的可持续利用。一方面充分体现了商品水的二元性，遵循水社会循环的自然规律，把传统的割裂给水与排水的体制统一到水价上来；另一方面体现了由于水资源的开发过程中造成破坏与污染所消耗的环境容量资源所产生的成本，即外部环境成本。但现行环保系统征集的排污收集具有行政的属性,收上来的费用并非全部用于污水处理设施本身的营运。水是人民生活的必需品,是城市建设和经济发展的保障,是城市的命脉,所以水工业还不能完全由商人来操纵,还必须由政府来经营,并且在国家有关机关的严格监督之下进行。

二、城市水资源的价值观

现在,大多数人已不再认为水是"取之不尽、用之不竭"的资源,但是水的低价值乃至于无偿供给的观念,还在普遍地影响着人们的思想和行为,这种低价值观念以及以它为基础建立的水费体制,实际在引导人们过量用水,妨碍了节水宣传教育、立法措施作用的发挥,不利于科学用水技术措施的实施,尤其是直接或间接地造成资源、资金及其他有形与无形的损失。水资源的价值在于它具有使用价值,能满足人类对水的生命需求,和衣、食等人类基本生存物质具有同样的重要性;水是重要的生产要素,通过合理的开发和利用水资源,能增长社会净福利,促进社会经济发展;水是构成地球生态系统的主要因素之一,具有生态环境保障的作用,具有生态价值;水资源具有所有者权益,有限水资源的开发利用是需要付出代价的,具有被占有和排它使用的交易价值或价格。

(一)水的稀缺性与价值观

在缺水地区,水资源的有限性、稀缺性及不可代替性,表现为对城市、国民经济发展的严重制约或对社会生活的不利影响。

从经济的观点看,越是缺水将越明显地表现出水的"价值",例如:各地工业单位用水量所引起的产值(即万元产值的倒数)就大体上反映了各地水的稀缺程度。

表 17-1　水的稀缺程度"价值"示例

项目　　　　城市	大连	青岛	沈阳	天津	北京	长沙	全国平均
万元产值用水量（m³/万元）	53.2	75	106.7	157	220	234.6	290
单位用水量（元/m³）	187.9	133.3	93.7	63.7	42.5	42.6	34.5

注:表中万元产值取水量为1986年的数值。

表 17-1 中的数值说明,各地水资源的稀缺程度确有差异,沿海缺水城市的单位用水量产值高于京、津、沈;京、津、沈的单位用水量产值高于长沙市(丰水地区);大中城市的单位用水量产值又高于全国一般水平。可以肯定,在水的稀缺性同单位用水量产值之间存在着一定的内在联系,各地水的价值观及"价值"应当有区别。

(二)供需关系与价值观

我国的城市供水水费是以财务成本为基础的,数十年来各地基本上实行的是一种大体相同的、极低的不变价格。它并未随水资源、材料、燃料动力、人工、技术状况以及市场情况的变化而变化,因而实际上是一种连财务成本都谈不上的失真价格。其弊端极大,也是造成水的低价值观念的直接原因。

从供水角度分析,我国的水价严重失真,长期以来它是形成水的低价值观念的物质基础。新中国成立以来,北京、上海、天津、武汉、重庆等大城市,曾大幅度地降低生活用水水价(有的从 0.4 元/m³ 降至 0.12 元/m³)以及单一的固定的收费制度,对水的低价值观的形成不无影响。不恰当地降低水费,从根本上讲是以牺牲企业和国家的利益去"换取"水的大量浪费,从而又造成供水"不足"和水环境污染加剧的后果。在福利价格下,水费在生产成本或家庭支出中的比例非常小，生产成本（或家庭支出）相对于水费的弹性增长系数低。目前，我国大部分工业企业生产成本中水费的比重都不到1%，火电、纯碱等耗水型工业也只有2%左右。这种情形下，调动不了用户的节水积极性，造成用水浪费。同时，供水企业则不断亏损，不能扩大再生产。

（三）外部效益与价值观

在城市水资源的诸多外部效果中，尤应特别考虑的是因水的投入而产生的"上、下游效益"。这是因为：在缺水地区，水资源已成为工业发展的严重制约因素，从而使可以产出的部门无法产出，应该新投入的部门无法投入，使国民经济蒙受不应有的损失；由于水资源的不可替代性，除水资源项目的投入外别无其他替代方案（除非继续蒙受效益损失）；此外，因城市供水部门均为"独家经营"，故不存在同类部门"产出"的互相替补问题。

第二节　国外水价体制

一、国外的供水价格体系

当今世界各国已颁布了许多法规，严格实行限制供水，对违者进行不同程度的罚款处理。另外，许多城市通过制定的水价政策来促进高效率用水，偿还工程投资和支付维护管理费用。美国的一项研究认为：通过计量和安装节水装置（50%用户），家庭用水量可降低11%，如果水价增加一倍，家庭用水量可再降25%。

（一）日本

日本各城市有比较科学合理的水价标准，采用的指导思想是：既考虑用水者的利益，又要考虑到水道事业的正常发展。

1967年日本厚生省确定的原则是：实行按供水管管径和用水量累进来计算水费的办法收费。主要是城市供水能力要大于实际用水量的需要，用户用水量越大，所需管径越大，所供的水就越多，用户就应多付水费，这种水费计算办法是比较合理的。

日本东京的水费为了达到客观性和公平性，采用了给水管不同口径的递增型水费体系。东京采用了"抑制需要型"的收费方法，即东京都内一般用户水费分为"基本水费"和"超量水费"两种。供水管在13～25 mm内，耗水量不超过10 m³时，每月只收"基本水费"800～1320日元。超过这一标准，增收"超量水费"，按每10 m³为1单位递增，超用水量越大，收费标准越高。对供水管直径为100 mm以上的用户，除基本水费较高以外，超量部分每立方米一律增收375日元，即便用水量为零，用户也照付基本水费。这种体系中除日常用水水费外，还有"基本水费"。基本水费是装表、查表和保持正常供水由用户交纳的一次性费用。按管径大小计算，由用户负担。附加（或总量）水费与配水量成正比例，根据使用的水量来增减水费，由用户缴纳。再如福冈的水费，由基本水费与根据分段水量计算的不同费用构成。详见表17－2和表17－3。

日本的水价政策很好，可以促进供水事业的良性循环和节水事业的深入发展。经验是：水价不是多少年一贯制。各城市根据当地情况，每年或二三年可以调整水价，但必须经过地方会议通过。因此，日本一些城市每年都争取合理调整水价。调整水费的钱，可以用于新建、扩建水厂，以进一步满足需要，调整水价的资金可以"以水养水"。

许多工厂因用水量过大，不仅水价较高，另外还要按用水连接管径的大小，缴纳一次性的投资，叫"加入金"（类似于我国的"增容费"），因此，工厂宁愿自建一些重复利用的节水措施，以减少用水量，促使节约工业用水。

表 17-2　日本东京都水费计算表（一个月）

用户	口径（mm）	基本水费（日元/m³）	附加水费单价（日元/m³）						
			1~10 m³	11~20 m³	21~30 m³	30~100 m³	101~200 m³	201~400 m³	1 001 m³ 以上
一般用户	13	800	0	120	160	195	270	335	375
	20	1 070							
	25	1 230							
	30	3 000	195				270	335	375
	40	6 000							
	50	18 200	335						375
	75	40 000							
	100	93 000	375						
	150	140 000							
	200	300 000							
	250	410 000							
	300 以上	700 000							
公共浴池		同一般用户，口径超过 40 mm 为 6 000日元	0	95					

就日本目前情况看，居民生活用水的负担并不算重。据资料介绍：调查了一个四口人的家庭，各项总支出费用为 25 万日元，其中水费支出是 2 200 日元，只占总支出的 0.9% 左右。日本一些有识之士还认为水价偏低，特别建议对一些缺水城市继续调高水价。

表 17-3　日本福冈的水费一览表（每户每个月）

类别	用途	基本水费		不同费用					
		水表口径（mm）	水量、水费	类别	用途	分段	水表口径	水量	水费（日元/m³）
专用栓	家庭	13 20 25	10m³ 以内 760 日元/m³ 10m³ 以内 1 140 日元/m³	专用性	家庭	第一段 第二段 第三段 第四段 第五段	2 mm 以下 40 mm 以下	11~20 m³ 1~20 m³ 21~30 m³ 31~50 m³ 51~100 m³ 100 m³	120 175 210 245 285
	家庭以外	40 50 75 100 150	7 750 日元/m³ 15 000 日元/m³ 39 400 日元/m³ 83 600 日元/m³ 232 000 日元/m³		家庭以外	第一段 第二段 第三段 第四段 第五段	25 mm 以下 40 mm 以下	11~30 m³ 1~30 m³ 31~100 m³ 101~300 m³ 301~1 000 m³ 1 000 m³	
公共栓	公共浴场	200 250	35 800 日元/m³ 663 000 日元/m³	公共栓	公共浴场		25 mm 以下 400 mm 以下	11 m³ 以下 1 m³	
	公用		8m³ 以内		公用			9 m³ 以上	120
	家庭		295 日元/m³		家庭			1 m³ 以上	750

（二）智利

智利采取增进节水的水费刺激法，埃姆斯公司对他们提供的服务的收费是：

1. 固定收费（每账户每月）　　　　　　　　　　　　　　　　　美元
联网费　　　　　　　　　　　　　　　　　　　　　　　　　0.24
给水费　　　　　　　　　　　　　　　　　　　　　　　　　0.58
排水费　　　　　　　　　　　　　　　　　　　　　　　　　0.33
每月总计　　　　　　　　　　　　　　　　　　　　　　　　1.15
2. 变动收费（美元/m³）
给水费（每计量 1m³）　　　　　　　　　　　　　　　　　　0.14
过量消耗水量的水费（以每年 12 月至次年 3 月，＞40m³/月计）　0.35
排污费（按给水量计）　　　　　　　　　　　　　　　　　　0.07

过度消费（12 月至 3 月间的月平均消费比 4 月到 11 月的月平均消费多出的部分，所考虑的最低月平均消费量是 40 m³）收费是以每立方米过度消费计量的。上述水费反映了水的真正价值，这种收费制度本身即意味着对节水的促进，更深远的刺激是对夏季过度消耗水量的收费。而这也是夏季水的真正价值的反映，而不是惩罚。

根据从 1988 年起生效的立法的规定，水费的计算应具有 5 年有效期，并考虑长期平均增加成本。这一方法是长期边际费用的一种最常用形式。长期平均增加成本是年运行、维修和投资增加的费用之和除以各年需求增长的总和。水费和平均增加成本相等，根据同一方法，水费计算公式考虑了顾客联网的固定收费和根据所用水的体积收取的可变费用。为了满足企业的自身财政需求，计入有效成本之后计算的水费被调整为 5 年的中期费用。

收费与成本之间的联系还伴随着经济指数的影响。在 5 年期内，当任何一项指数的变化超过 3% 时，就允许对水费进行调整。如果成本发生重大变化，水费可在专卖单位和首席监督员一致同意的情况下进行修正。

根据这种方法计算出的水费是专卖单位可以收取的水费的上限。在实际水费比公式计算值低的特殊情况下，政府应根据他们的差值给专卖单位以补偿。

除了国家付给低收入消费者的补助之外，对顾客的水费收费不加以增加或减少的调整。这意味着给水和排污的收费代表了他们真正的价值，这是对节水的第一个刺激。

一个更深远的刺激是，要求对夏季的过度消费供水征收高于正常 120% 的水费。这一收费并不构成罚款或惩罚，但它与在夏季的几个月中供水的真正成本对应起来了，而且一般都与用于浇灌花园的水有关。

（三）以色列

以色列居民的用水收费是由政府法令规定的，有三种费用：一是基本配给费（包括市政或其他地方主管部门付给供水机构的费用）；二是较高的超过基本配给水量的附加水费；三是更高税率（基本配给费的三倍），用于征收超过基本配给和附加配给的用水收费。另对带花园的住宅实行特殊收费。

（四）美国

节水型水价的研究在美国进行得很多。洛杉矶水电局同样使用价格来鼓励节水，像其他大多数供水机构一样，洛杉矶也曾使用递减街区价格收取水费。

在 1976 年到 1977 年的干旱季节，蓝带委员会（blue ribbon committe）根据水费结构情况，建议要改变这种收费结构。水费反映出水资源不是无限制的，水费价格逐渐地过渡到固定水费结构，即每单位用水的结构是相同的。为了减轻这个水费价格对商业的影响，开始对商业用户的收费标准要低于居民，但其差额要逐年减少，到 1985 年则使用相同的收费标准。

1985 年，节水信息从其季节附加费用中更加明显地体现出来，由于用水高峰需要增加输出系统的运行费用，而且大多数用户也有可能节约用水，因此夏季的水费就要相对高些。用这种措施来鼓励用户去详查他们的用水需要。夏季和冬季之间的水费差是逐渐增加的，从 10% 增加至 25% 左右，并以此来增加节水号召的影响力。一项在美国亚利桑那州为期 3 年的研究发现，通过在不同季节调节水价，可以使该州一个中等城市的居民用水在 3 年内平均每天节约约 84 万 t（约合 223 万加仑）。

1993 年 2 月，洛杉矶成为第一批将限定成本法则应用到水费结构中的城市之一。水费结构对节水的影响又增加了。在新的收费结构中，若用户用水超出平均值的 2 倍，则以限定成本法则收费，既相当于开发新水源的费用。当然这个收费结构还包括一些特殊的规定，如资助节水计划和废水回收计划。

（五）韩国

在韩国，供水机构实行阶段累进收费的水费制度，使水费接近于其真正价值，以达到节水和控制污染的目的。另外，季节性收费制度予以考虑，即在夏季和干旱季节水费较高，而在冬季和雨季水费较低。只有极少量的生活用水是以极低价格供应的，生活用水量约占总供水的 70%。汉城的水费参见表 17－4。不同栏目间的水费差别很小，因此似乎无法促进节约用水。

污水管收集能力是根据用水量计算的，但它的运行是与给水系统分开的。汉城的污水收费结构参见表 17－5。排污费自 1984 年起征收，而且一般认为，由于不同收费区间的收费标准上涨很快，因此更利于节约用水。这种收费结构也有利于控制污染。

表 17－4　韩国汉城给水的收费

消费类型	每月基本收费		附加收费	
	水量（m³）	收费（韩元）	水量（m³）	收费（韩元/m³）
住宅	10	780	11～30 31～50 >51	110 220 270
小型商业	20	2 700	21～50 51～100 101～300 >301	300 320 340 360
一般商业	30	10 500	31～50 51～100 101～200 201～300 >301	450 470 490 630 820
公共浴室	500	63 000	501～1 000 1 001～2 000 2 001～3 000 >3 001	150 170 190 200
桑那浴室	200	100 000	201～500 501～1 000 1001～2 000 2 001～3 000 >3001	820 930 1 000 1 030 1 050
公共事业	30	3 000	>31	210

表 17－5 韩国汉城的排污收费

消费类型	每月基本收费		附加收费	
	水量（m³）	收费（韩元）	水量（m³）	收费（韩元/m³）
住宅	15	300	16～30 31～100 101～500 501	36 100 200 300 350
商业	15	300	16～30 31～50 ＞51	36 100 180
桑那浴室	500	230 000	＞501	800
公共机构	24 韩元/m³			
工业	60 韩元/m³			

二、排水收费体制

从世界范围看，排污收费在国外早已成为一种普遍的制度。

水污染收费是对污染者排放污水进行的收费，它包含两方面的概念：直接排入环境所支付的排污收费和排入市政公共排水设施支付的排污收费。排污收费制度有两种概念：一种是排入城市下水道系统（包括处理系统），有关部门向排放者收取污水接纳费及处理费，即"用户付费"；二是指直接向自然水体排放废水（经处理或未经处理）所必须担负的经济义务，即"污染者付费原则"。污水的排放收费和使用者收费构成一个统一的系统——水污染收费系统。污染收费具有刺激污染物削减、筹集资金、激励污染控制技术创新的作用，有利于落实"污染者负担，使用者付费"的原则，促进污染制约机制和治污筹资机制的形成。

由于各国的国情不同，水污染收费系统的目的、收费对象、收费依据、收费运行机制、收费标准制定方法等都大相径庭。无论采取何种收费体制，费用回收原则（cost recovery principle）都受到重视。近年来，人们对环境质量的要求不断提高，污水处理设施建设的运行又需要很多资金，而以往供水和排水作为公益型事业由国家负担的体制正在转变，水是一种有价值的商品这一观念逐步为人们所接受。

这表现在各国的水污染收费标准都比以往有不同幅度的上升，在制定收费标准时都考虑收费额与实际处理成本之间的费用回收比率。在排污收费体制中，收费水平也有所提高，一方面提供更大的刺激削减污染物的排放，另一方面更有利于筹集资金用于污染控制。各国水污染收费系统出现的这些变化表明"污染者收费原则"（polluter pays principle）正受到应有的重视，完全费用回收在未来将成为可能。

环境收费在水污染控制领域有着最悠久的历史和最广泛的应用。最早在全国范围内进行水污染收费的是法国，1969 年在全国范围内按流域实行水污染收费。继法国之后，荷兰、意大利、芬兰、丹麦等许多国家在全国范围内实施了水污染收费。我国于 1979 年开始了水污染收费。由于收费手段自身的长处，它逐步成为环境经济手段中应用最广泛的一种。世界上许多国家结合各自的长处和各自的具体情况采取了不同的水污染收费政策。据 1989 年对澳大利亚、法国、日本、美国、英国等 14 个发达国家的统计，这些国家都实行了水污染收费。

第三节　我国水价的组成及存在的问题

一、我国水价的组成

任何对人类有价值的自然资源在市场经济中都有价格，短缺资源的价格应依短缺程度而不断变化，不可再生的短缺资源应有更高的价格。从而达到保护该资源的目的。水是对人类有极高价值的自然资源，在市场中应有其价格。目前在世界范围内水已不同程度地成为短缺资源，因此大多数地区的水价都在不同程度地提高。水的价格要由政府控制，以保证广大人民的基本生活需求。

水价分为水资源税、工程水价和环境水价三个组成部分是合理的，实际上水资源配置较好的发达国家都实行这种机制。

(一) 非市场调节的水价部分——水资源税

水资源税是体现水资源价值的价格，它包括对水资源耗费的补偿；对水生态（如取水或调水引起的水生态变化）影响的补偿；为加强对短缺水资源的保护，促进技术开发，还应包括促进节水和保护水资源技术进步的投入。

以水资源税收促进节水、保护水资源和海水淡化技术进步是必要的，因为对水资源耗费的补偿能力和对水生态改变的补偿能力都取决于技术（包括管理技术），这项费用实际上是少取于民，而大益于民。

(二) 市场调节的水价部分——工程水价和环境水价

工程水价和环境水价是可以进入市场调节的部分，但是进入的是一个不完全市场：第一是经营者要政府特许，因此没有足够多的竞争者，一定程度上形成了自然垄断；第二是特许经营者要受到政府在价格等方面的管制。

所谓工程水价，就是通过具体的或抽象的物化劳动把资源水变成产品水，使之进入市场成为商品水所花费的代价，包括勘测、设计、施工、运行、经营、管理、维护、修理和折旧的代价。具体体现为供水价格。

所谓环境水价，就是经使用的水体排出用户范围后污染了他人或公共的水环境，为治理污染和保护水环境所需要的代价。具体体现为污水处理费。

二、国内水价存在的问题

过去制定水价时，存在着一种错误的低水价的历史偏见，认为水价必须低，政府该支付系统改善所需的资金。但现在的情况要求我们必须消除低水价的历史偏见，供水部门的水价制定应该贴近实际，全面考虑。合理的价格构成机制尚未形成，福利型水价代替了市场水价，致使水价不能反映其自身的价值关系，实现自来水价格商品化还有较大的距离。

(一) 水价低于实际成本，严重背离价值

我国传统的社会价值体系中，水不是一种纯粹的商品，而是一种半福利品，多数城市自来水的水价低于实际成本，导致大部分自来水企业长期亏损难以为继，靠政府补贴。水价由于过低，对节约用水失去了经济杠杆作用。过低的水价不仅使供水企业失去扩大再生产的能力，制约了城市供水设施的建设，还使社会公众的节水意识淡薄，甚至在一定程度上助长了

水的浪费，影响了制水厂的积极性，"制水越多，售水越多，亏损越多"。传统观念认为水厂年终亏损越多，成绩越大。因为水价低廉，污水回用并未显示一定的经济性，工厂也不情愿使用污水处理厂的再生净化水，导致城市缺水严重而再生净化水无人问津的局面。根据对我国一些典型城市的分析，目前城市居民生活用水的家庭支出约占消费总支出的 0.6%，表明我国城市用水价格调整空间还非常大。据分析，水费支出占居民家庭收入的 1% 时，对居民心理影响不大，易导致用水浪费现象发生；占 2% 时将产生一定的影响，使居民开始关心用水量；占 2.5% 时将引起重视；占 5% 时则会有较大影响，并注意认真节水；占 10% 时影响很大，并考虑水重复使用。从我国目前的实际情况看，水价大体应占家庭收入的 2.5% ~ 3% 为宜。这样，既不会过分增加低收入家庭的经济负担，又能保证基本生活用水。随着经济发展，居民收入水平不断提高，政府应逐步取消居民用水的补贴，只对那些贫困家庭实行福利性补贴。见表 17 - 6。

表 17 - 6 2000 年部分华北地区供水企业价格及售水成本　　　　　　元/m³

水价城市 \ 分类	平均	工业	居民	机关团体学校	商业服务	单位售水成本（元/m³）
北京	1.24	0.80 ~ 1.60	1.30	1.60	1.60	1 481.60
天津	0.92	1.45 ~ 1.47	1.17	1.27	1.67	996.27
石家庄	0.76	1.35	0.83	1.35	1.55	605.00
邯郸	0.69	0.85	0.50	0.85	1.20	514.74
邢台	0.67	1.10	0.60	1.10	1.60	610.00
保定	1.20	1.34	0.60	1.50	5.00	560.00
张家口	1.20	1.26	0.65	1.08	1.80	497.57
承德	1.86	2.40	1.00	2.40	5.00	1 042.40
唐山	0.94	1.03	0.70	1.65	1.65	751.00
秦皇岛	0.96	1.00	0.55	—	2.90	1 000.93
沧州	1.42	1.70	1.30	1.70	1.90	1 432.00
廊坊	1.14	1.40	0.80	1.40	2.80	1 263.40
衡水	1.02	1.20	0.80	1.20	3.00	663.90
太原	1.39	1.69	1.13	1.13	1.69	515.73
大同	1.15	1.40	0.90	0.90	1.90	844.84
阳泉	1.31	1.61	1.60	1.90	2.10	1 382.54
长治	2.63	1.50	1.10	1.10	1.90	1 232.20
晋城	1.36	1.50	1.10	1.50	1.90	1 620.00
呼和浩特	0.88	1.00	0.75	0.80	2.00	849.00
包头	1.12	1.13	0.95	1.10	2.50	821.00
乌海	0.82	1.00	0.65	1.00	2.00	535.97
赤峰	1.31	0.90	0.75	1.00	1.50	1 136.60
锡林浩特	1.42	1.60	1.20	1.70	2.00	1 387.00

长期以来，我国对城市供水一方面实行有偿使用制度，但同时又一直实行低价政策，在水价的形成上并未体现水作为商品的属性。国家的这种价格政策，偏离了经济发展规律的方向。社会主义市场经济规律是商品的价格应能补偿已消耗的全部成本，并在社会全部产品中取得相应的份额。自来水产品作为一种商品也应遵循这一规律。如上海市自来水公司，努力将制水成本从 1999 年的 1.01 元/m³ 下降到 2000 年的 0.934 元/m³，下降幅度为 7.52%。尽管如此，制水成本价仍高于目前的水费。相对而言，自来水水价并未完全体现出它本身的价

值。

(二) 水的比价不合理

一是各类用水的比价不合理，突出反映在地下水与自来水之间的比价。这与一些城市地下水严重超采并引起地层下降有很大关系。二是水与其他商品的比价不合理。近年来，许多商品上涨幅度甚大，惟独水价变化甚微。自来水厂的制水成本增加，而水的售价却不作调整，造成了亏损越加严重，所需政府补贴也越多的恶性循环。据估算，由长江调水到北京，$1m^3$ 水的成本达 8 元（比现有工业用水水价高 10 倍），由黄河万家寨调水到太原市，$1m^3$ 水的成本达 5 元（高出现已调整过水价的几倍）。同时，地表饮用水源遭到污染，一批以湖泊、水库为供水水源的自来水长期面临富营养化和浊度过高的问题，这已迫使自来水厂采取了强化处理措施，其制水成本相应增加。

(三) 水价范围不明确

价格是价值的反映，而以前水价偏低，使水的价格和价值背离。但是目前除水的价格本身以外，还有许多收费和罚款本身也有价值。如：各种附加费、用水增容费、水厂建设费等，这些都是水价以外的收费，这些收费也含有一定的价值。也就是说，我们现行的水价并不完全是价值的反映，价格以外还有部分收费反映价值。因此，目前水价格的范围是不明确的，也是不规范的。

供水成本是确定供水价格的基础，水价透明度要不断提高，客观上要求供水成本科学、规范、合理。政府物价部门、水行政主管部门要针对水价形成中存在的成本核算方法不完善、成本核算不实的现象，主持制定区域供水平均成本核算模型，使供水成本和水价的核算规范、合理。

(四) 水价中没有反映"商品"水的二元性

现行的水价仅仅是供水水价的一部分，对排水部分根本就没有包含，因而违背了水工业对商品水的定义，不适合市场经济的发展。

(五) 排污费指标与用水指标的确定缺乏理论依据，且没有进入市场经济

用水指标是城市为节约用水而制定的，目前国内没有统一的标准。因为用水指标的确定涉及面广泛，是一项系统工程。目前，污水处理费征收尚不普遍，已征收的仅为 $0.2 \sim 0.3$ 元/m^3，仅为处理成本的一半左右，不仅不能补偿污水处理工程建设的投入，甚至不能保证污水处理设施的正常运行，出现处理一吨亏一吨，半开半停甚至少开多停的情况，使国家投资建设起来的污水处理设施不能正常运行，利用效率普遍低下。排污收费标准的合理与否是决定能不能充分发挥排污费这个经济杠杆的作用、促进企业进行污染治理、改善环境质量的关键。当然，收费标准越高其刺激作用也越大，但是我国是一个发展中的国家，国家财力有限，拿不出很多的钱来治理污染，现征收的排污费从企业的成本中列支，收费标准越高，势必影响国家财政收入，即使实行社会主义市场经济，企业经营机制转换，污染者负担太重造成相当企业减产、倒闭，也不利于经济的发展，因此不具有可行性。收费标准过低，排污单位从自身的利益出发，宁可交费而不愿治理，以支付廉价的排污费，买取合法的排污权，加剧环境的恶化，排污收费表的制定是一项十分重要而复杂的工作，是一个需要同时考虑社会、环境、经济因素等多目标决策过程。由此可见，收费标准的制定必须建立在科学研究的基础上，而不能靠单纯的行政命令。

第四节 商品水水费体制的建立

一、水费与水资源费

无偿地使用供水工程供应的水，不仅使国家由于供水工程的建设背上一定的财政负担，压抑了集体建设供水工程的积极性，也是对浪费用水的一种鼓励。水资源属于国家所有，应当同土地资源等其他国有自然资源一样实行有偿使用。为了改变无偿用水，逐渐向商品用水发展，2002 年《水法》修订，修订后的《水法》第五十五条规定：使用水工程供应的水，应当按照国家规定向供水单位缴纳水费。本着"取之于水，用之于水"的方针，为了治理和水保护筹集一定的资金，《水法》规定：对城市中直接从地下取水的单位，征收水资源费；其他直接从地下或者江河、湖泊取水的，可以由省、自治区、直辖市人民政府决定征收水资源费。根据当地的水资源状况，按照"优先开发地表水，严格控制地下水"原则，提高地下水的水资源费的标准，遏制地下水的超采。

水费和水资源费的主要区别在于：所含内容不同，水费是根据 1985 年 7 月国务院颁布的《水利工程供水的水费核定计收和管理办法》的规定，使用城市自来水厂供应的水的用户按城市有关部门规定的办法缴纳的费用；水资源费则是直接从城市地下取水和从江河、湖泊取水作为自备水源的单位交纳的费用。

1. 各地征收过程中，没有一个合理统一的标准。因为水费、水资源费的征收标准都是地方政府行为，缺乏理论依据，甚至概念不清，导致用水部门和征收单位经常出现讨价还价现象，致使水资源费的征收力度下降，形成无法控制的局面。

2. 缺乏制约手段，执行过程中法律依据不足。原《水法》仅仅明确了什么情况下征收水资源费，各地相继出台的收取水资源费的管理办法对于不缴纳水资源费的单位应该怎么处罚也没有规定，缺乏完善的制约手段，执行起来十分困难。

3. 对公益事业用水是否收费难以界定。城市的绿化用水、园林用水、人工河补水等这些用水属于城市公益事业，其水资源费能否征收，执行什么标准无法界定，因而无法收取。

4. 水费与污染治理费互不相关，影响水工业持续发展。用水大户往往也是污染大户，由于水费偏低且没有和排水治理联系，企业往往愿意担负排污费，而不愿去治理，去节约用水，结果造成水资源严重污染，环境恶化。

5. 对水资源的开发和利用收费。相当一部分人认为水资源并不是一种资源，而是一种付费即用的商品，不利于建立水属于资源的概念。

综上所述，寻求新型水费体制，克服以上不足，以适应市场经济的发展势在必行。为此，我们引入水资源税的概念，严格区分水费和水资源费，来鼓励水的有效利用，阻止水的浪费和水质污染。

二、水费体制改革构想

（一）定价原则

城市供水通常是由政府控制的国有企业独家经营的，具有垄断性。由于其服务的广泛性和公益性，所采取的定价原则不同于其他工业企业，其定价原则应从有效性、自给性、公平性、政策性、实用性等几个方面考虑。因此，城市供水价格应当按照生活用水保本微利、生产和经营用水合理定价的原则制定。

1. 公平性和平等性原则

水是人类共有的财产，是生产生活必不可少的要素，是人类生存发展的基础。每个人都有用水的权利，以满足其生活需要，因而水价的制定必须考虑到使每个人，不管是高收入还是低收入者，都有承担支付生活必需用水费的能力。在强调减轻绝对贫穷者的同时，水价制定的公平性和平等性原则还必须注意水资源商品定价的社会方面的原因，及水价将影响到社会收入的分配等。另外，其公平性与平等性还必须在发达地区与贫穷地区、工业与农业用水、城市与农村之间有差别。

2. 水资源高效配置原则

水资源是稀缺资源，其定价必须把水资源的高效配置放在十分重要的位置，这样才能更好地促进国民经济的发展。只有当水价真正地反映生产水的经济成本时，才能在不同用户之间有效分配。

3. 成本回收原则

成本回收原则是保证供水企业不仅具有清偿债务的能力，而且也有创造利润的能力，以债务和股权投资的形式扩大企业所需的资金。水价收益才能保证水资源项目的投资回收，维持水经营单位的正常运行，才能促进投资单位的投资积极性，同时也鼓励其他资金的投入，否则无法保证水资源的可持续开发利用。目前水价偏低，使得水生产企业不能回收成本，难以正常运行。因此，水资源商品的供给价格应等于水资源商品的成本。

4. 可持续发展原则

水价必须保证水资源的可持续利用。尽管水资源是可以再生的，可以循环往复，不断利用，但水资源所赋存的环境和以水为基础的环境是不一定可再生的，必须加以保护。目前有些城市征收的排污费或污水处理费，是其中的一个方面的体现。

（二）水价的构成

在市场经济条件下，合理利用城市水资源也必须按价值规律办事，其首要任务是制定合理的水价。供水价格的制定，要按照供水的长期边际成本来确定。供水与污水处理价格的制定，应以回收成本为基础，既要考虑社会的公平，供水企业的财务平衡，又要考虑到高、中、低不同收入阶层的用水需求和承受能力，还应考虑企业相应的利润和应纳的税率。根据不同用水需求建立不同类型、不同标准的水费系列，实行浮动价格，在考虑低收入家庭经济可承担的基础上，实行基本水价和超量累计加价制度。对于自备供水企业的合理用水，通过提高水资源费使企业的自供成本达到市政供水的水价而控制其超量需求。

水是一种不可替代的自然资源，又是一种经济资源，水的开采应付资源费。由于水的过量开采将引发生态环境问题，处理后的污水不能完全达到原水的标准，也将对生态环境带来一定的影响，甚至因开发强度超过其自然再生能力就会枯竭。水具有生态环境保障的作用，具有生态价值。因此，水价中应包括水资源及生态恢复费用，具体的价格应根据水资源丰缺程度和环境要求确定。

水价的构成应包括水资源的开发、利用、污水处理及水生态环境的恢复和保护过程中的全部费用。合理的水价应由以下部分组成：制水、供水直接成本（包括水资源费）；排水与污水处理费用；水资源与生态环境恢复费用；建设资金的回收；国家税收；供水企业有一定利润。

　　合理的水价是动态的，是随时空不同而变化的，制定时要考虑：①水资源供给与需求的丰缺程度；②不同用水户的用水需求和经济承受能力；③不同用水行业的用水需求和行业发展优先次序；④不同水质和不同的用水目的；⑤用水量的季节变化。

　　水是商品，水商品的理想价格应该反映全部社会成本，包括同水资源保护、开采、水污染防治和其他与水环境相关的成本。如果这些要素没有反映到供水价格中，水资源的过度利用、污染就难以避免。因此，供水价格必须反映供水的生产与消费的"真实"成本，即要考虑水价是由资源成本、工程成本和环境成本三部分组成的。

（三）对水费体制改革的构想

　　1. 水费制度的改革应从社会效益、环境效益出发，并兼顾供排水部门的经济效益。城市水资源项目，包括有关方针政策、建设改造、经营、大的技术措施，都宜用国民经济评价方法进行评价。

　　2. 不同类别的用水，应采取不同的收费标准（费率），采取不同的收费制度。收费类别，应分为居民生活用水、工业用水、行政事业用水、经营服务行业用水及特种用水等。确定生活用水水费标准时，应注意人们的心理承受力。

　　特殊行业用水由节水管理部门征收水资源费附加，标准为正常水价的 10 至 20 倍。洗车用水价格为居民自来水价格的 10 倍；洗浴用水价格（不含大众浴池）为居民自来水价格的 20 倍；纯净水生产企业用水价格为居民自来水价格的 10 倍。

　　3. 适当提高水费基准，改变人们对水的低价值观念。由于城市供水系统主要是公共服务设施，其效益主要是社会环境效益。各部门都是收益单位，因此，为了供水事业的发展，适当提高对所有经济收入部门的水费标准是完全应该的，无可非议。

　　4. 提高工业用水的水费基准，以增加水在成本费中的构成比例，提高工业用水（节水）水平。由于工业用水用户可以增加产品的高附加值，这类企业用水应收取相对的高价水费。确定工业用水的水费标准时，应考虑水资源条件、企业的经济效益（包括水资源效益）、用水（节水）水平以及不污染的性质和程度，可考虑实行浮动水费制（季节、高低峰等）、累进递增收费制。

　　5. 增加工业和生活排污费用。对市政用水、公共建筑用水，取低费率，但需实行累进递增收费制，以加强管理。

　　6. 对财贸服务行业用水，原则上应采取高费率，实行累进递增收费制。

　　7. 对市政用水、公共建筑用水，取低费率，但需实行累进递增收费制，以加强管理。

（四）建立多元化的水价体系

　　五十多年来我国始终实行低水价政策，1t 自来水的价格比不上 1 瓶矿泉水的价格。现行的水价，无论从生产经营者角度，还是从合理利用水资源角度看，既不能解决供水企业在生产经营、满足需要方面的问题和矛盾，又不能达到节约水资源、控制水浪费的目的。因此，必须运用经济规律，发挥价格这个经济杠杆的调节作用，合理制定水价。从既能促进供水事业发展，不断满足用水需要，又能在合理用水、节约水资源之间找到一个平衡点，使自来水价格既反映价值又能有效地调节供求，为此，应建立多元化的水价体系。

　　1. 因地制宜，实行丰枯季节水价或季节浮动价格

　　分季节浮动和年际浮动。季节水价，在国际上为常用的水价政策，即在用水量大的季节

实行高水价，而在用水量小的季节实行低水价，也即夏季与冬季水价不同、用水忙时与闲时水价不同。年际浮动水价，就是根据不同年的自来水情况，供水单位在总的趋势上（多年平均）不改变供水价格的前提下，丰水年下浮水价、枯水年上浮水价。一般来说，居民夏季用水会高于冬季 14% ~ 20%。因此，对于同一用水量，夏季采用提高收费标准后会使用户能够认真考虑如何更加节约用水。这样，在高峰供水期间，能够缓和供水矛盾。可以收取高峰供水差价，在 5 ~ 9 月份可采取在原则基础上上浮 15% ~ 20%。目前我国一些缺水城市已开始实行季节性水价，如天津、烟台、威海等城市，在夏天对单位和居民超量用水加收几倍甚至几十倍的水费。调整用水在丰枯期的消费行为，从总体上提高水资源的利用效率，促进节约用水。

2. 实行累进递增式水价

以核定的计划用水为基数，计划内实行基本水价，当用水量超过规定水量时，其超额水量分级实行不同水价，超出越多，水价越高，以价格杠杆促进水资源的优化配置。这种水价形式对于像我国这样不可能把水价定得很高、而水资源又非常短缺的不发达国家非常适用。以低位供应的定额水量，保证了用户起码的用水需要，但又不会造成很重的负担；而对超定额部分实行高价，找准了节水的关键，针对性很强，能够起到良好的节水作用。

3. 实行增压加价

对新建成的居民小区单独设增压泵站的，供水者实行增压加价。加价幅度为增压泵站供水月均动力消耗及管理费用。

4. 以核定用水量实行基本水价，然后以分段用水量，分别计价。

例如：我国台湾地区自来水公司的计价方式（见表 17 - 7），既体现了多用水多交费，有利于节制用水，又体现了对工商业大户的优惠和鼓励。

表 17 - 7　台湾地区自来水公司计价方式

用水量（m³）	单价（元）	用水量（m³）	单价（元）
1 ~ 10	5.00	51 ~ 200	10.00
11 ~ 30	6.50	201 ~ 2 000	8.50
31 ~ 50	8.00	2 001 以上	7.00

5. 为节制用水，考虑水的特殊性，不同行业采用不同水费标准

以水为主要生产原料的行业，如洗车用水，可采用较高水费，对清洁生产耗水低的行业采用低费制，从政策上体现鼓励节制用水，从水费上提倡清洁生产。

6. 实行分质水价

不同质量实行不同水价。随着生活要求的提高，管道纯净水（即直接饮用水）的生产、供应已进入了供水企业，这一部分水制水成本高，客观上水价更高。相对而言，一般水质的价格就应低一点。对优质水、成品水、循环水实行不同定价，可达到节约优质水、鼓励中水和循环水消费的目的。

7. 实行供水的地方差价

由于各城市供水市场的相对封闭性，水资源稀缺程度不同，自然条件和社会发展水平也不同，供水的经营成本及供求各不相同，因此应由各地公用事业管理委员会对水的价格实行目标定价。在实践中，服务成本和质量深受不同地区和环境的影响。目前最好采用双轨价格原则，政府只定基准价格（成本价），允许各地、各供水单位根据供求适当浮动。

三、水资源税的征收构思

（一）资源税定义及水资源税的合法性

资源税是以各种自然资源为苛税对象的一种税，资源税在促进国有资源的合理开采、调节资源级差收入，增加国家财政收入等方面起到了重要作用。从理论上讲，资源税的征收范围应当包括一切开采的自然资源。虽然目前我国资源税的征收范围仅限于矿产品和盐，对其他自然资源不征收资源税。但是，水作为自然资源，属于国家所有，应当同土地资源等其他国有自然资源一样实行有偿使用，征收资源税是符合税法规定的，因此水资源税的征收是合法的。

（二）水资源税征收原则的构思

参照现行《中华人民共和国资源税暂行条例》，结合水资源的具体特征，有关专家认为水资源税的设计应包括以下几个方面内容。

1. 水资源的级差性

由于地域差异，水资源在开采的难易程度上存在着很大的差异，在制定水资源标准时要根据当地的水资源状况，按照"优先开发地表水，严格控制地下水"原则，提高地下水的水资源的标准，遏制地下水的超采。譬如说：我国北方地区尤其在华北地区，其水资源的开采利用主要依靠地下水，由于地下水的开采难以恢复，加速资源耗竭，故在计算水资源税时，要提高收取标准。而在南方地区，地表水资源相对丰富，要鼓励其开发利用地表水，故收取标准应当适当降低。

2. 水资源的稀缺性

水资源对于人类的长远发展来讲是稀缺的，特别是我国人均资源拥有量很少，不能满足人们无限制的开采和利用，只有节制使用，才能有利于人类社会的可持续发展。表17-8列举了我国部分城市的水资源状况，表17-9列举了地下水开采状况。从表17-8中可以看出，各主要城市的人均（亩均）（1亩＝666.7m^2，下同）水资源占有量相差悬殊，从270m^3/人（172m^3/亩）到最高2 986m^3/人（3 216m^3/亩），相差约11倍（19倍），因此稀缺程度相差很大，故体现在水资源税上应加以区别，越是稀缺的城市，税率越应提高。同样从表17-9中可以看出，对城市地下水的开采程度也是很不均衡的，从9%到136%对比强烈，有的城市已经超量开采，有的亟待开发。因此在制定税率时，对超采者应提高税率，对开发程度低的城市可适当降低。

表17-8 部分城市水资源状况一览表 亿m^3/a

城市	地下水天然资源（淡水）			河川径流量	水资源总量	人均水资源量（m^3/人）	亩均水资源量（m^3/亩）
	平原	山区	合计				
北京市	20.61	17.14	39.51	23.0	41.34	405	665
天津市	7.09	0.78	7.57	30.82	38.57	439	595
唐山市	10.3	5.93	14.48	17.83	32.31	502	367
石家庄	6.12	3.86	9.98	3.07	13.24	481	677
太原市	1.45	3.9	4.27	8.89	13.16	327	449
郑州市	5.95	3.86	9.77	6.61	13.81	270	291

城市	地下水天然资源（淡水）			河川径流量	水资源总量	人均水资源量（m³/人）	亩均水资源量（m³/亩）
	平原	山区	合计				
济南市	2.01	6.54	8.55	6.41	30.94	766	995
青岛市		10.47	10.47	20.5	30.97	471	414
烟台市		9.47	9.47	28.8	30.27	418	535
沈阳市	21.68	0.69	22.30	8.27	30.57	542	516
大连市	1.45	11.49	12.94	35.2	48.14	950	1 120
长春市	13.87	2.23	16.10	12.87	28.38	440	172
哈尔滨	6.45	0.69	7.07	6.18	12.93	306	289
呼和浩特	6.09		6.09	4.58	10.67	784	460
西安市	16.01	1.83	17.84	24.87	46.66	781	939
兰州市			2.55	6.98			
西宁市	3.79	6.15	7.67	13.28	20.95	807	598
银川市	4.04	0.08	4.05				
乌鲁木齐	6.44	3.25	6.92	8.07	11.0	795	1 288
海口市			3.68				
湛江市	75.53		75.53	83.01	128.29	2 375	2 577
北海市	12.31	1.55	13.86	21.98	35.83	2 986	2 920
桂林市	5.34	18.93	24.27	100.6	124.87	1 046	131
贵阳市		7.87	7.87	13.54	21.41	813	3 216
昆明市			13.68	47.06	61.34	1 809	2 108

表 17-9　地下水开采现状调查一览表　　　　　　　　亿 m³/a

城市	地下水天然资源（淡水）			地下水开采现状				
	平原	山区	合计	平原开采量	山区开采量	开采量总计	开采程度(%)	开采潜力(%)
北京市	24.55	1.78	26.33	25.45	1.88	27.33	104	超采
天津市	7.68	0.25	7.93	7.66	0.43	8.09	102	超采
唐山市	11.84	4.10	15.81	17.10	2.5	19.60	124	超采
石家庄	6.95	3.04	9.99	9.36	2.04	11.40	114	超采
太原市	1.31	2.32	3.65	3.06	1.89	4.95	136	超采
郑州市	6.3	3.21	9.51	2.98	5.73	8.71	92	8
济南市	1.72	6.07	7.79	6.77	1.33	8.11	104	超采
青岛市		6.27	6.27		4.94	4.94	7.9	21
烟台市		6.98	6.98		9.32	9.32	134	超采
沈阳市	22.14	0.10	22.14	17.88		17.88	80	20
大连市	0.87	1.67	2.44			3.27	134	超采
长春市	5.33	1.38	6.71	1.16	0.13	1.29	19	81
哈尔滨	11.36	0.28	11.64	4.42	0.11	4.53	39	61
呼和浩特	3.73		3.73	3.61		3.61	97	3
西安市	12.95		12.95	10.80		10.80	83	17
兰州市	1.54	0.057	1.60	1.31		1.31	82	18

城市	地下水天然资源（淡水）			地下水开采现状				
	平原	山区	合计	平原开采量	山区开采量	开采量总计	开采程度(%)	开采潜力(%)
西宁市	2.9		2.9	1.38		1.38	48	52
银川市	4.0	0.08	4.08	1.41	0.01	1.42	35	65
乌鲁木齐	4.94		4.94	3.26		3.26	66	34
海口市	2.01		2.01	0.94		0.94	47	53
湛江市	45.27		45.27	4.15		4.15	9	91
北海市	7.62	0.90	8.52	0.79	0.03	0.82	10	90
桂林市	2.9	5.98	8.86	0.60	1.61	2.21	25	75
贵阳市			2.55		0.92	0.92	36	64
昆明市			8.69		4.17	4.17	48	52

3．应考虑有利于水资源持续利用的免税政策，如凡是利用城市污水再生水、城市雨水、海水等，应减免或部分减免水资源税。

（三）水资源税的作用

1．促进水资源合理开采，节制使用，有效配置。

2．促进产业结构的调整，有利于发展节水型行业，促进清洁生产的推广。

3．有利于体现水资源的价值，体现"谁开采利用谁保护，谁污染谁治理"的原则，刺激企业改进技术，降低成本，促进水污染防治。

4．有利于水资源费收取的制度化，执行起来有据可依。

5．有利于促进水工业的发展，有利于城市基础设施建设资金的筹集。

6．有利于水的商品化，特别是用水指标和排污指标的横向商品化交易。避免目前地下水与地表水水资源开发与污染控制、污水回用之间严重脱节的现象。

四、实现水费体制改革的政策环境

实现水资源改为水资源税，是一项艰巨复杂的系统工程，因此需要观念和政策上的转变。

首先，应建立完善的水工业体系，遵循水的社会循环规律，从体制上建立符合市场经济需要的城市给水排水公司，负责从水资源保护、开采、净化、输送到排放、治理、回收、再生等，统一管理商品水。

其次，建立国家和地方资源税银行。水资源税收取的基本单元是用户用水量，涉及范围广泛，因此水资源税应设专门机构收取。

第三，加强宣传，转变观念，树立节制用水的意识。水费改水税后，取水、制水及处理、排放等全方面考虑水价，因此费用提高。实际调研表明，水价提高150%左右，甚至更高，不会影响城市居民生活水平。强化大众的资源、环境和生态意识，提高节制用水和保护水资源的自觉性，转变传统观念，提高对中水回用、废水再生、水税等新生事物的承受能力。

第四，水管理模式的转变。改变传统的水供给管理模式为竞争性水需求管理模式，即引入"需求侧管理"模式，包括水资源补偿使用，发放可交易的取水许可证和排污许可证等，建立用水审计制度，制定用水标准，鼓励节水技术方法的应用和创新。

第十八章　节约用水计算机管理信息系统

随着技术的进步和计算机在社会各领域的日益广泛的应用，信息的处理逐步从手工操作中解放出来，利用计算机进行信息处理的管理信息系统（Management Information System，简称MIS）逐渐在各行业中得到广泛的应用。

城市节约用水的发展，节约用水的涉及面也在不断扩展，情况日趋复杂，要求不断提高，难度也越来越大，节约用水工作亟待在管理方式和手段上提高到一个新的水平。目前，我国的许多城市都已经应用计算机开发了一些节约用水的管理系统，并在实际工作中取得了很多经验，但是由于各系统是在相对独立的状态下开发出来的，彼此的软硬件环境、设计要求、适应性都有所不同，相应的信息不能共享，重复的开发也造成大量的人力与物力的浪费，因此，在行业的范围内统一标准、协调开发是一件值得注意的问题。本章结合节约用水的特点，对节水管理信息系统的基本概念和建立计算机管理信息系统的程序进行介绍。

第一节　基本概念

一、相关的概念

（一）管理信息系统

管理信息系统是一个由人、计算机、通讯设备等组成的，并进行管理信息的收集、传递、储存、加工、维护和使用，辅助使用者进行事务处理和管理职能的集成的人机系统。这种系统可以将信息通过通讯输入设备输进计算机，由计算机进行加工后输出数据结果，人再根据输出的数据结果所表示的信息在管理层上作出决策。

（二）节约用水管理信息系统

节约用水管理信息系统是节约用水管理工作者为达到其节水事务处理及管理决策工作的目的，采用计算机及通信设备，对节水相关信息数据进行收集、传递、储存、加工、维护和使用的集成的人机系统。

节约用水管理信息系统最重要的作用是使节水管理人员能有更多的时间来进行全面的节水管理分析工作，使节水工作真正发挥预测控制作用。

二、节水管理信息系统的构成

（一）节水管理信息系统的构成层次

节水管理信息系统按管理的层次可以分为以下三个层次：

1. 事务处理

事务处理层次一般只是用于计算机取代人工保留数据记录的过程，这种系统的特征是具有良好的结构化及程序化过程，容易利用计算机来处理。本层次服务于节水管理中较为基础的工作。它收集各种原始数据，利用数据库管理技术对其进行分类、排序、整理、汇总并进行简单的处理，产生各种报表凭证。

2. 信息管理

信息管理层次的目的在于帮助管理人员作出决策。它利用事务处理层次提供的基础数据，并采用一定的数学方法对其加工处理产生综合分析信息。但本层次不能自行作出决策，甚至也不能告诉管理人员如何作出决策，它的职能只是提供决策信息。

3. 决策支持

决策支持层次是节水管理信息系统的最高层次。这一级决策是非过程化，并且高度非结构化的。因而模型、模拟技术、人工智能变得越来越重要。本层次以控制论、决策论、规划论为理论基础，利用信息管理层次提供的信息对节水管理作出决策，提供决策方案供决策者定夺。

在实际工作中这三个层次往往组成一个整体，且分为若干个子系统，彼此之间有着密切的联系。目前基本处在事务管理向信息管理过渡的阶段，决策支持层次在节水管理信息系统中尚不成熟。

(二) 节水管理信息系统的构成要素

成功的节水管理信息系统应由齐全的开发维护人员、先进的管理水平和必要的资金要素组合而成。这三个方面的内容也是节水管理信息系统成功开发的必备要素。

1. 人员

作为人机系统，节水管理信息系统必须有齐全的开发、维护人才。担任节水管理信息系统的开发工作者应具有尽量宽广的知识面，既要熟悉计算机技术又要熟悉节水业务，还应具有一定的系统工程知识。开发组的人员组成有系统分析员、程序员、运用人员、管理人员和硬件人员。

2. 管理

节水管理信息系统只有在具备一定管理基础后，才会奏效。良好的管理基础是指有明确的管理目标和职责分工，以及相应的节水管理制度。具体表现在节水管理业务标准化、各种报表规范化、资料齐全、制度健全、组织结构合理且人员素质高。具备了这些条件，开发的计算机节约用水管理信息系统才能真正发挥作用。

3. 资金

以上要素是节水管理信息系统的"软件"。"硬件"便是物资设备的购置资金。节水管理信息系统的开发运行主要有以下三种费用：

(1) 硬件设备购置费，包括计算机、打印机、绘图机和机房配备（空调、吸尘器和办公用品）等。

(2) 软件开发费，包括调研费、技术咨询费、联合开发费、购买系统软件费、测试费和评审费等。

(3) 系统运行费，包括硬软件维护费、购买日常用品费（U盘、打印纸、墨盒和绘图笔等）。

三、节水管理信息系统的功能

节水管理信息系统针对不同的适用对象，大致可分为两种：一种面向各级节约用水的管理职能部门，如各级节水办公室。这样的系统管理的并不是本部门的用水计划，而是所辖各企事业单位的用水计划。通常无需涉及具体单位内部的用水情况，而由企事业单位上报用水与节水考核指标值。系统具有较多的共性，系统通用性较好，也是目前应用最广泛的节水系统类型。它的功能有：用水单位信息管理；用水计划的调配；采集用户信息，检查各单位用水计划的执行情况；用户用水情况动态指标分析与监测；供水节水计划、资源及设施信息管理；水资源动态指标分析与监测；分类与综合统计报表。

另外一种系统是各企事业单位面向实际的生产、生活情况而开发的，这样的系统不同于前一种系统的开发，要涉及到单位内部各部门、各环节的用水状态与调配。由于各单位用水的形式和用水的类别千差万别，因此开发一种包容万象的系统是有一定难度的，鉴于同行业在诸多方面具有相同或相似的地方，在行业内部开发统一的节水管理信息系统的设想还是能够实现的。这样的系统一般应有如下一些功能：用水设备信息管理；各部门用水计划的调配；设备用水计划的执行情况；设备用水动态指标分析与监测；分类与综合统计报表。

第二节　数据库与数据模型

20世纪60年代末，数据库技术崭露头角，发展到现在，已经成为计算机科学的重要分支并已经在各行各业得到广泛应用，成为储存、使用、更新信息资源的主要手段。数据库技术已经能够成为数据处理的公用支撑技术，其广泛的应用已经产生了巨大的社会和经济效益。因此，了解、使用和研究数据库技术，不断地推广使用数据库，不断地利用现有数据库和开发数据库新技术，为社会和经济发展服务，是每个计算机专业人员都必须做的工作。

一、数据库

数据库从最初的数据文件的简单集合发展到今天的大型数据库管理系统，已成为我们日常生活中不可缺少的组成部分。如果不借助数据库的帮助，许多简单的工作将变得冗长乏味，甚至难以实现。

数据库是相互关联的数据的集合。即它不仅包含数据的本身，还包含数据之间的联系。数据库中的数据具有一定的逻辑关系，能够表达确定的意义，及时反映现实生活的某个方面，数据库中的数据按照特定的格式储存，具有较小的冗余度、较高的数据独立性和扩展性，数据可为用户共享使用。

数据库一般都具有复杂的数据结构。为了便于理解，往往只提供数据的抽象视图，隐藏数据的存储结构和存储方法等细节来对用户屏蔽复杂性。一般将数据库系统抽象成一个具有三级模式的结构，即物理结构（内模式）、逻辑结构（模式）和视图结构（外模式）。

二、数据模型

数据库中的数据是高度结构化的，也就是说，数据库不仅要考虑记录内的各种数据项之间的关系，还要考虑记录与记录之间的关联。

数据模型是数据库的核心和基础，是计算机世界对现实世界进行抽象、表示和处理的工具。任何一个数据库管理系统都是基于某种数据模型的，它不仅反映管理数据的具体值，而且要根据数据模型表示出数据之间的联系。一个具体的数据模型应当正确地反映出整个组织机构中数据存在的整体逻辑联系。

（一）数据模型的几个概念

概念世界是现实世界在人们头脑中的反映，是现实世界到信息世界的第一抽象，因此与现实世界的联系更为紧密，从现实世界到概念世界的抽象是按用户的观点来对数据和信息建模，并不依赖具体的数据库，只与现实世界相关。建立概念模型需要用到以下一些概念。

1．实体、实体型、实体集

实体是客观存在的可相互区别的事物，是数据处理和管理的对象。实体可以是实际事物，也可以是比较抽象的事件。实体由具有若干属性的属性值组成，例如工厂用水情况的信息包括厂名、规模、总用水量、新水量、重复利用水量、循环水量、回用水量等。这样某某工厂、20 000 t、20 000 m^3/d、4 000 m^3/d、15 000 m^3/d、12 000 m^3/d、2 000 m^3/d 等属性值集合就表征某某工厂用水情况这样一个实体。而这样表征实体的类型，称为实体型。同型实体的集合称为实体集。

2．属性、属性值、属性域

实体具有的某一特性称为属性。例如节水管理中的厂名、生产产品名、总用水量、重复利用水量、循环水量、回用水量等是工厂的几个属性。某一啤酒厂生产产品为啤酒，总用水量为18 000m^3/d、新水量为2 000m^3/d、循环水量为15 000m^3/d、回用水量为1 000m^3/d、重复利用水量为16 000m^3/d，分别为上述几个属性所取的某一个值，称为属性值。属性所取的值的变化范围称为属性值的域，如总水量这个属性的域为10 000m^3/d到20 000m^3/d，厂名的域为某地区的主要厂。由此可见，属性是个变量，属性值是变量所取的值，而域是变量的范围。

3．键（码）

实体的若干属性中能唯一表现实体特性的属性叫键。这里强调唯一性，不能唯一表现实体特性的键是毫无意义的，有时候需要多个属性才能唯一地表现实体特性，这些属性的和也可作为键。

4．字段（数据项）、记录和数据文件

实体的每个属性都由具体数据体现，而且属性值又是一个基本数据单位，称为数据项，描写实体一组属性的数据项构成一个记录，且相应于实体型的为记录型，相应于实体集的为数据文件，即描述多个实体的记录的集合成为数据文件，其每个记录对应于一个实体。

（二）数据模型

数据模型是指描述这种联系的数据结构形式，在数据库的开发过程中主要有三种数据模型，即层次模型、网状模型和关系模型，其中层次模型和网状模型统称为非关系模型，在数据库发展的历史中曾经占据很重要的地位，但现在基本上被关系模型所替代了。

1．层次模型

层次模型是以记录型为结点构成的树，所以层次模型实际上是树形结构，它把客观问题抽象为一个严格的自上而下的层次关系。因此，层次模型具有以下特点：

（1）有且只有一个根结点无双亲。

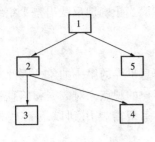

图 18-1 层次模型结构

（2）其他结点有且只有一个双亲。

该模型具有层次分明、结构清晰等优点，适用于描述客观存在的事物中有主次之分的结构关系，如图 18-1 所示的生产管理系统就是一个典型的层次模型。

2. 网状模型

网状模型是一种比层次模型更为普遍的模型，它去掉了层次模型的两个限制，它允许多个结点没有双亲结点，允许结点有多个双亲结点，此外它还允许结点有多种联系。

3. 关系模型

关系数据库所基于的数据模型称为关系模型，是用二维表格结构表示实体类型，关键码表示实体间联系的数据模型。

在关系模型中，字段称为属性，字段值称为属性值，记录类型称为关系模式，记录称为元组，元组的集合称为关系或实例。有时，会直接称呼表格的元组为行，属性为列。在一个关系中，能惟一标识元组的属性集称为关系的候选键，其中，被选用的候选键称为关系的主键。

二维表格是指各种数据以不同表格方式存储，各种表格之间以关键字段相关联，构成一定的关系。表 18-1 就是一个关系。

表 18-1 关系表

企业名	产品名	产量(t)	新水量(m³/a)	企业名	产品名	产量(t)	新水量(m³/a)
甲 厂	啤 酒	10 000	40×10^4	丙 厂	啤 酒	15 000	50×10^4
乙 厂	啤 酒	5 000	2.5×10^4	⋮	⋮	⋮	⋮

对于一个关系，应具备以下特点：

（1）不允许有两行记录完全相同。

（2）用户不需要考虑行序和列序。

（3）每一个属性值是基本的、不可分裂的。

为了维护数据库中数据与现实世界的一致性，关系数据库的插入、删除和修改操作必须遵循下述三类完整性规则：

（1）实体完整性规则。要求关系中元组的主键值不能是空值。

（2）引用完整性规则。要求不能引用不存在的记录。

（3）用户定义的完整性规则。这是针对某一具体数据的约束条件，由实际应用环境决定。反映某一具体应用所涉及的数据必须满足的语义要求。关系模型必须提供定义和检验这类完整性的机制，以便用统一、系统的方法处理它们，不应由应用程序行使这一功能。

第三节　数据库应用系统设计

数据库应用系统是含有数据库的管理信息系统的通称。它不仅只是数据库管理系统（DBMS）本身和记有信息的数据库，还应包括建立在两者基础上的具有能对数据信息进行各种功能操作的应用程序。而数据库设计又是整个应用系统将来动作性能好坏的关键。

数据库应用系统的设计过程一般应按图 18 - 2 的流程逐步进行。

整个设计过程大体可分为 5 个阶段。各阶段的主要工作概述如下：

一、系统需求分析

这一阶段的工作主要是收集和分析用户对系统的要求，确定系统的工作范围，即系统的边界，并产生"用户活动图"和"数据流程图"，实际上就是对当前现实环境系统理解和抽象的结果。现举例说明：假定某地区要设计一个节水管理信息系统，主管部门要掌握各类工厂在生产中的用水情况及生产某产品的用水情况，并据此编制该地区的用（供）水计划。以下简单介绍实现该系统（其中包括某企业的产品用料查询子系统）的工作内容。

1. 分析用户活动，画出具有相对独立的各企业活动子图。由于一个地区包括许多生产企业，每个企业生产产品的用水量又不相同且同类产品的用水量也有差异。以啤酒为例，不同牌号的啤酒其生产规模、设备、工艺生产流程和用料配方不尽相同，以致生产每吨啤酒的用水量不同。所以在收集和分析用户的各种生产活动时，应分别就各企业用户的不同情况，从数据管理的角度按部门查清数据的处理过程和流向。把

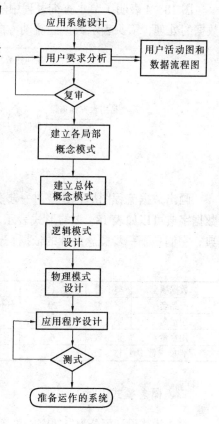

图 18 - 2　数据库应用系统
设计过程示意

分析的结果画成"用户活动图"。图18-3就是某地区某企业的查询系统的"用户活动图"。它只局限于某个企业，反应整个地区的应是各个企业的有关用户活动的综合。

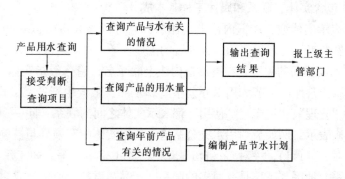

图 18 - 3　用户活动图

2. 画出用户活动图后，需确定系统边界，即确定哪些活动由计算机完成，哪些活动仍由人工处理。

3. 分析系统数据。按用户（企业）活动图包含的每一种应用，弄清所涉及数据的特性、流向和所需的处理。

图 18-4 表明了节水查询过程中的数据流向与处理，图中方框表示数据，圆形框表示对数据的处理，箭头表示数据的流动方向。

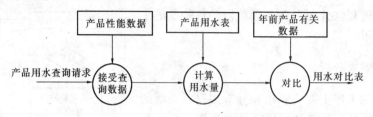

图 18-4　节水查询过程中的数据流向与处理

画出数据流程图后，还要进一步分析流程图中的所有数据项，编写数据字典。此例中的数据字典可以如表 18-2 的形式表示。系统数据分析完后，得到一组数据流程图和数据字典，它们是下一步概念设计的依据，也是以后编制应用程序的根据。

表 18-2　数据字典

数据项	类　型	长度（字节）	值　域	数据项	类　型	长度（字节）	值　域
产品名	字符型	20	任何字母数字	产品性能参数 2	整　数	3	
用水名	字符型	20	同　上	⋮	⋮	⋮	
用水量	正整数	6		产品性能参数 n	整　数	3	
产品性能参数 1	整　数	3					

二、概念模式设计

概念模式设计可分为局部模式和总体模式设计两个步骤。概念模式设计一般是基于实体 - 联系的设计方法来完成的。为说明概念模式的设计，首先需了解和掌握 E - R 方法的有关概念。

实体 - 联系方法（Entity - Relationship Approach）简称 E - R 方法，它是描述客观数据世界的有效方法。以下略述这种方法的要点。

（一）E - R 模型的基本成分

E - R 模型中包含实体、联系和属性三种基本成分。

1. 以长方形表示实体型，在框内注上实体名，它可以是人也可以是物，一般往往指某类事物的集合，例如工厂可表示全国的或地区的工厂。

2. 以菱形表示实体间的关系，在菱形框内注上联系名，它一般指实体之间存在的联系，例如某工厂企业属于某地区、节约用水办公室管理工厂、工人生产产品、产品使用材料等。上述的"属于"、"管理"、"生产"、"使用"都表示实体之间的联系，同一型实体集内的元素关系也可用联系来表示，例如节约用水办公室这一类型实体中有领导与被领导的联系。联系的类型可以是一对一（1:1），一对多（1:n），多对多（$m:n$）等。如工厂与节约用水办公室是一对一的联系，地区与工厂是一对多的联系，产品与材料（原料）是多对多的联系。

3. 以扁椭圆形框表示属性。属性即为实体或联系在某一方面的特征。实体的属性较易理解，以下说明联系的属性。例如，生产某种啤酒需使用多种原料，而某一种啤酒对某种原料的用量如水的用量是一定的。这里的"用量"既不是某种啤酒的属性（因啤酒对每种原料都有一个用量），也不是某原料的属性（因同一原料在不同的啤酒中有不同的量），它只能是某种啤酒与某种原料的联系——"使用"的属性。值得注意的是，并不是所有的联系都必须有"属性"。

上述 E-R 模型的三种基本成分的表达如图 18-5 所示。

（二）E-R图

在数据库设计中，应用系统的概念模式一般都用 E-R 图表示，它直观易懂，是设计人员和不熟悉计算机的用户之间的共同语言。

图 18-6 表示实体集内部的联系、两个实体集之间的联系及多个实体集之间的联系。

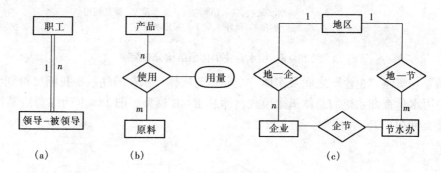

图 18-6　实体集内部联系示意

图 18-5　E-R 模型的基本成分

继要求分析之后，可据用户活动图和数据流程图来建立对应于每一应用的局部 E-R 模型和应用系统的总体 E-R 模型。在 E-R 模型的设计中，最关键的是必须确定在第一应用中包含哪些实体，找出它们之间的联系及这些实体又包含哪些属性。以图 18-7 的产品用水查询为例。可以把"产品"、"水"确定为实体。"产品"应有"产品名"、"价格"和"产量"三个属性。"产品"与"水"是通过"使用"互相联系的，所以可把"使用"定为联系，且"用量"是它的属性。把这些用 E-R 图来表示，就可得到如图 18-7 所示的产品用水量查询的局部 E-R 模型。

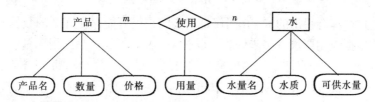

图 18-7　局部 E-R 模型示意图

需要说明的是，对收集到的数据项如何组织、分类？哪些数据项应作为同一实体的属性？实例和属性又应如何划分？并无绝对的标准，而应视具体应用情况而定。

以上只是某部门（或应用）的局部概念模式，如要得到系统的系统概念模式，还需综合各个部门（或应用）的局部概念模式。综合时，除相同的实体应该合并外，还可在原属于不同局部 E-R 图的实体之间添加新的联系。若以全国各类主要用水企业的倒树形结构分布简图 18-8 为例，假设图 18-7 局部 E-R 模型就是图 18-8 中某企业的产品用水量查询的局部 E-R 模型，那么又如何完成某城市的总体用水查询 E-R 模型呢？从图 18-8 中不难看出，可将企业添加为新的实体，用"企业名"、"规模"、"用水量"等作为其属性，认识到实

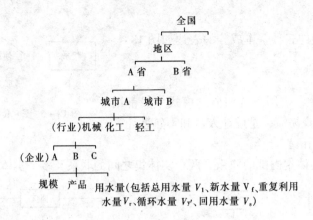

图 18-8　用水企业倒树形结构分布简图

体"产品"与实体"企业"之间及实体"企业"与实体"水"的联系，我们可得到综合后的某城市的用水量查询系统的总体概念模式，即总 E-R 模型，图 18-9 为综合后某某城市的产品用水量查询初步 E-R 模型。

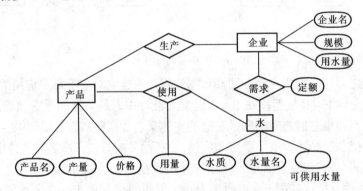

图 18-9　冗余的 E-R 模型

应该看到，这样综合得出的 E-R 图仅是初步的，很可能存在冗余的数据和实体间的冗余联系，因此需根据应用要求进一步修改。以图 18-9 为例，产品的用水量可从"用量"与"定额"两条途径求得，如只注重从"用量"推得结果的话，完全可将"需求"这一联系取消。这样，图 18-9 就可以改进为图 18-10 的基本 E-R 模型。

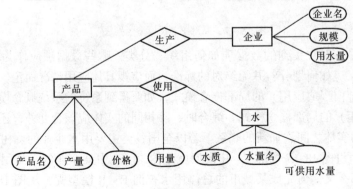

图 18-10　基本 E-R 模型

306

同理，我们也可根据图 18-8 选定城市作为新添实体，来进一步做出全国各城市的用水查询系统的总体基本 E-R 模型。

三、逻辑模式设计

建立了概念模式后，就可设计逻辑模式。逻辑模式设计一般是指将已经建立的概念（E-R模型）转换为数据库管理系统可支持的数据模型。考虑到目前关系模型的数据库管理系统应用最为广泛，以下将只介绍将 E-R 图转换为关系模型的方法。E-R 模型转向关系模型，即把 E-R 模型中的实体和联系都用关系来表示。

由实体转为关系，首先要分析实体的属性，从中得出主键和属性间的依赖关系，然后将实体用关系的简化形式来表示（也可用形如 R<U, F> 的标准形式）。例如图 18-11 的 E-R 模型中有三个实体，它们可分别转换成以下三个关系：

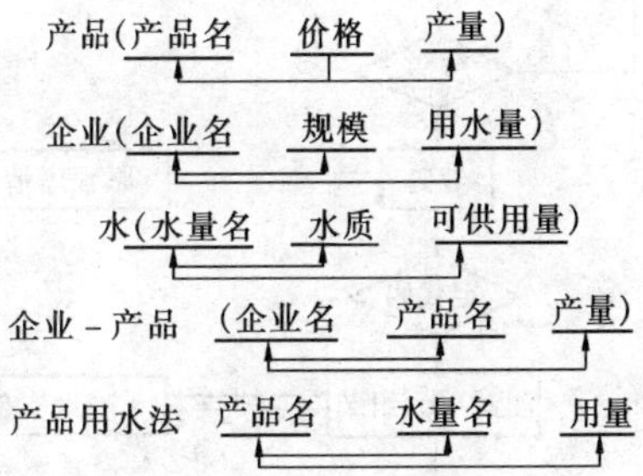

产品（产品名　价格　产量）

企业（企业名　规模　用水量）

水（水量名　水质　可供用量）

企业-产品　（企业名　产品名　产量）

产品用水法　产品名　水量名　用量

图 18-11　E-R 模型中实体
与关系的转换图

实体名：产品

对应关系：产品（产品名、价格、产量）

实体名：企业

对应关系：企业（企业名、规模、用水量）

对应关系：水（水量名、水质、可供水量）

联系名：生产

相关联的实体及其主键：产品（主键："产品名"）、企业（主键："企业名"）

对应的新关系：企业—产品（企业名、产品名、产量）

联系名：使用

相关联的实体及其主键：产品（关键："产品名"）、水（主键："水量名"）

对应的新关系：产品用水表（产品名、水量名、用量）

前面提到也可以用标准形式 R<U, F> 来表示关系。如实体"产品"和联系"使用"所对应的关系也可分别按以下形式表示：

实体名：产品

对应关系：R=产品

$$U = \{产品名，价格，产量\}$$

$$F = \{产品名\rightarrow价格，产品名\rightarrow产量\}$$

联系名：使用

对应关系：R=产品用水表

$$U = \{产品名，水量名，用量\}$$

$$F = \{产品名，水量名\rightarrow用量\}$$

关系表示中所用的"→"或" ⌐ "均表示主键和属性间的依赖关系。

四、物理模式设计

数据库的物理模式设计就是指对一个给定的逻辑数据模型选取一个最适合应用环境的物理结构的过程，其主要内容包括：确定存储结构；建立存取路径；分配存储空间等。一般这些工作主要由数据库管理系统在操作系统支持下自动完成，只有少量工作可由用户选择或干预。例如，有些数据库管理系统允许用户在一定范围内选择主文卷和索引文卷的结构，决定在哪些属性码上建立索引，建什么样的索引（单码或组合码）等。在存储分配上，用户可以指定存储介质，如磁盘、磁带等。

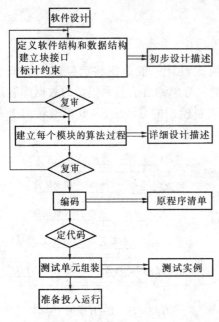

图 18－12　应用程序设计过程示意图

五、应用程序设计

设计好数据库，就可以设计应用程序了，和一般应用程序一样，数据库应用程序的设计也应按软件工程的思路来进行：（1）首先在系统要求分析结果的基础上定义系统软件结构，将整个系统程序结构划分为一个个相对独立的功能模块，建立各模块间的接口及标记约束，经复审达到要求后形成初步设计的描述。（2）建立每个模块的算法过程，经复审后形成详细设计描述即算法描述。（3）按算法描述编写代码。（4）上机对单个模块及组合模块进行测试。

图 18－12 简明地描述了上述过程。

此外，在数据库应用程序的设计过程中，还应注重数据库应用系统较一般应用系统所具有的不同特点：如大量使用屏幕显示和输出报表等，在编代码时应充分发挥数据库系统语言的非过程性和交互式性能，合理有效地组合语句，使系统的界面尽量友好化。

第四节　数据库应用系统实例

了解了有关管理信息系统的设计过程之后，下面将通过一个实际应用系统的设计使读者对具体的开发过程有一个感性的认识。当然这里还不能面面俱到，而只是一个粗略的梗概。以下简要介绍一个某啤酒厂生产用水数据库管理系统的设计，其中主要包括系统的软、硬件配置，基本数据库结构，各种主要模块的功能、特点及各功能模块的算法框图。

该啤酒厂生产用水数据管理系统的数据来源是以某一真实的啤酒厂为重点，同时还收集和考察了北京、大连、青岛等几个啤酒厂的水量平衡情况，详细调查了该啤酒厂的生产工艺及各工段生产用水情况，收集了该厂从 1983 年起逐月的生产及用水等方面的数据资料。各厂数据资料如表 18－3 所示。

表 18－3　原始数据资料

厂　家	产值	产量	…	单位产品新水量
××啤酒厂			…	
××啤酒厂			…	
××啤酒厂			…	

一、系统软、硬件配置

客户端：

308

主　　机：奔腾 MMX166/16M 内存/2.1G 硬盘

打 印 机：LQ1600K，HP6L＋

操作系统：PWIN95

开发平台：PowerBuilder5.0

服务器端：

主　　机：奔腾 II 266/64M 内存/4.3G SCSI

操作系统：Window－NT4.0

数 据 库：MS SQL－SERVER6.5

基本库的建立：

该系统将某啤酒厂有关资料汇总为一个基本库，定名为 BEER－PROD－INFO，其表结构如表 18－4：

表 18－4　某啤酒厂生产用水基础数据

序　　号	字段名	字 段 说 明	字段类型	字段宽度	小数位数
1	NIAN	年	C	4	
2	YUE	月	C	2	
3	YCL	月产量	N	8	2
4	PZCL	瓶装产量	N	8	2
5	SZCL	散装产量	N	8	2
6	TZCL	听装产量	N	8	2
7	YCZ	月产值	N	10	2
8	XSL	单位产品新水量	N	8	2

将全国部分啤酒生产厂的有关资料以年为单位，汇总到一个基本数据库中，表名为 O－BERR－RROD－INFO，表结构如表 18－5：

表 18－5　部分啤酒厂生产用水基础数据

序　　号	字段名	字 段 说 明	字段类型	字段宽度	小数位数
1	NIAN	年	C	4	
2	CJBM	厂家编码	C	3	
3	ZCZ	总产值	N	10	
4	ZCL	总产量	N	10	2
5	PZCL	瓶装产量	N	10	2
6	SZCL	散装产量	N	10	2
7	TZCL	听装产量	N	10	2
8	YJDCL	第一季度产量	N	10	2
9	YJDXSL	第一季度单位产量新水量	N	8	2
10	SBNCL	上半年产量	N	10	2
11	SBNXSL	上半年单位产品新水量	N	8	2
12	Q9YCL	前9个月产量	N	10	2
13	Q9YXSL	前9个月单位产品新水量	N	8	2
14	NXSL	年单位产品新水量	N	8	2
15	HYL	回用率	N	5	2
16	DQBM	地区编码	C	4	

把其他啤酒厂生产用水的数据都存放于此数据库中，一方面在程序设计上简便，也便于系统数据的统一维护，为下一步组织管理及各种分析奠定了基础。

除了生产用水基础数据表外，系统中还要有通用代码登记表，所有其值具有相对稳定性的数据集，尤其是汉字形式的数据集，应该采用编码的方式录入和查询，以便使数据的存取规范化，减少出错的机会和便于查询，表18-5中的厂家编码和地区编码就需要在通用代码登记表中进行登记。表18-6为该表的数据库结构：

表18-6　通用代码登记表的表结构

序　号	字段名	字段说明	字段类型	字段宽度	小数位数
1	S-CLASS	代码分类	C	3	
2	S-CLASS-NAME	分类名称	C	16	
3	X-CODE	代码	C	3	
4	S-CODE-NAME	代码名称	C	16	
5	N-CODE-VALUE	整数码值	N	10	3
6	C-CODE-VALUE	字符码值	C	16	
7	S-COMMENT	注释	C	20	

二、数据库管理系统的建立

根据数据资料的情况，在该生产用水管理系统下设立两个子系统，一为"××啤酒厂生产用水数据管理子系统"，另一为"全国啤酒生产用水数据管理子系统"。

三、各种功能模块介绍

为满足数据处理的要求，各管理子系统都建立了查询模块、统计模块、增删记录模块、修改记录模块、评价模块，提供了各种使用功能，为迅速、科学地分析处理数据提供了保证。现将五个功能模块分述如下；

（一）查询模块

在"××啤酒厂生产用水数据管理信息系统"中，查询模块主要提供了按年份查询数据的方式；在"全国啤酒生产用水数据管理信息系统"中，查询模块主要提供按区域、按重点厂家、按厂名三种查询方式，可以显示三种方式下任意一年的有关数据资料，也可显示出某一厂家历年的数据资料，并可打印全部结果。此外，利用 PowerBuilder 的特性，还可向用户提供所有字段组合模糊查询模式，供高级操作员更准确地定位查询数据。

（二）统计模块

在"××啤酒厂生产用水数据管理信息系统"中，统计模块提供了产值、产量、单位产品新水量等有关数据的统计资料；在"全国啤酒生产用水数据管理系统"中，统计模块提供了统计各年、不同区域、不同生产规模的平均单位产品新水量、总产值、总产量及统计的厂家数等有关数据资料的功能，显示各种统计数据，并可打印全部结果。

（三）增删记录模块及修改记录模块

对已建立数据库中的记录进行修改。

(四) 评价模块

可以对某一厂家的产值、产量、单位产品新水量等有关指标作出评价，并可打印结果。

四、程序框图

以下给出了主要程序框图（图18－13～图8－20）：

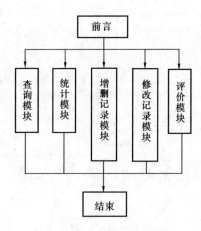

图18－13 两个管理子系统
的主菜单框图

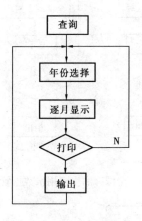

图18－14 ××啤酒厂
生产用水数据管理系
统查询模块框图

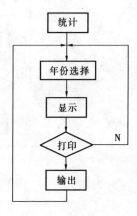

图18－15 ××啤酒厂生
产用水数据管理系
统统计模块框图

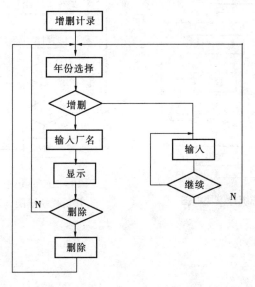

图18－16 两个管理系统中
增删记录模块框图

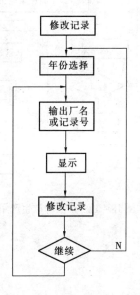

图18－17 两个管理系统
中修改记录模块框图

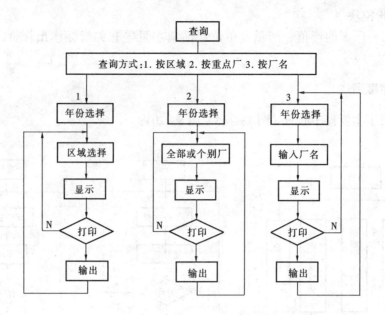

图 18-18 全国啤酒生产用水数据管理系统查询模块框图

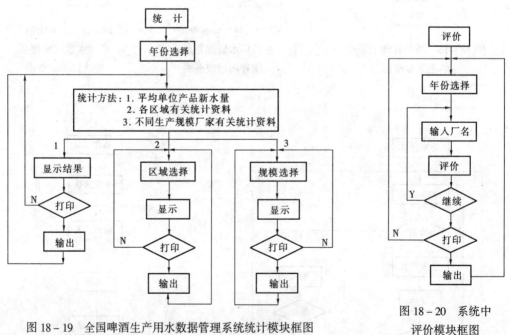

图 18-19 全国啤酒生产用水数据管理系统统计模块框图

图 18-20 系统中
评价模块框图

312

第十九章　节约用水行政管理

城市节水行政管理就是依据国家有关节水的政策法令，通过采用行政措施对城市节水工作实施的管理，它是一种见效快且最直接的管理方法。

第一节　城市节水行政

城市节水行政是指依法享有城市节水行政权力的国家城市节水行政主体对城市节水工作进行决策、组织和实施管理的活动，它具有国家意志性、执行性、法律性、强制性等特征。

一、城市节水行政主体

（一）城市节水行政主体的概念

城市节水行政主体是指依法建立的、拥有城市节水行政职权，并能以自己的名义行使其职权，能独立承担相应的法律责任的国家行政机关或组织。根据我国现行的城市节水行政管理模式，城市节水行政主体有：中华人民共和国建设部、各省（自治区、直辖市）建委（局）节水办、各城市建委（局）、各城市节约用水办公室。

（二）城市节水行政主体的类型

1．中央城市节水行政主体与地方城市节水行政主体

依据职权范围的不同，城市节水行政主体可分为中央城市节水行政主体与地方城市节水行政主体。前者是指行使城市节水行政职权的范围限于全国，行使的职权具有全国性功效的机关或组织，如国家建设部、建设部城市节水办公室；后者是指行使城市节水行政职权的范围仅限于本行政区的机关或组织，如地方各级人民政府建委（局）各城市节水办公室。

2．职权城市节水行政主体与授权城市节水行政主体

根据城市节水行政主体职权的性质与法律来源的不同，可把城市节水行政主体分为职权城市节水行政主体与授权城市节水行政主体。前者是指行使法律和法规赋予的固有城市节水行政职权的行政主体，如国家建设部和地方各级人民政府建委（局）；后者则是指行使法律、法规规定的或有权机关依法赋予的非固有城市节水行政职权的行政主体，如部分城市节约用水办公室，职权城市节水行政主体为国家正式的行政机关；授权城市节水行主体则为行政机构或经授权的事业单位。

（三）城市节水行政主体的地位

城市节水行使主体的地位是指城市节水行政主体依法享有城市节水行政职权和依法履行的城市节水行政职责确定的它在城市节水行政管理过程中所处的地位。有三方面的含义：

1．城市节水行政主体独立地行使城市节水行政职权，在城市节水行政管理过程中所处的地位是作为管理方。

2．城市节水行政主体的地位是在依法享有城市节水行政职权、履行城市节水行政职责

的过程中体现出来的。

3. 城市节水行政主体的地位是通过具体的权利和义务来表现的，即它在城市节水行政管理中既享有法定的权利，又承担相应的义务。

二、城市节水行政的相对方及其权利与义务

城市节水行政的相对方是指参加城市节水行政法律关系的另一方当事人，通常包括公民、法人和其他组织。

（一）城市节水行政相对方的权利

城市节水行政相对方的权利是指城市节水法律规范和其他法律法规所赋予的，在城市节水行政法律关系中城市节水行政相对方应当享有的权利。

1. 行政救济权

所有城市节水行政职权都是由城市节水法律规范加以规定的，一切节水管理活动都应当依法进行，公民、法人或其他组织的合法权益不受非法侵犯。当出现城市节水行政主体不当行使节水管理职权而给节水行政相对方的人身、财产等合法权益造成侵害时，节水行政相对方享有的向有权机关请求解除城市节水行政主体的节水行政行为，并要求其重新作出依法行使节水管理职权的权利，即行政救济权。行政救济的途径一般有三种：申请行政复议、提起行政诉讼和向有关部门申诉。

2. 参与和监督城市节水管理的权利

由于城市节水管理活动涉及整个社会，与每个公民的生活息息相关，因此搞好城市节水工作、合理利用有限的城市水资源需要整个社会、每个公民的参与、监督。公民参与、监督城市节水管理的途径很多，有直接的，如对城市节水行政主体的节水行政行为不服可以通过行政的、司法的途径寻求法律救济；有间接的，如公民通过所选举的全国人大代表或地方人大代表来制定城市节水法律规范，以作为城市节水行政主体行使节水管理职权的依据。

（二）城市节水行政相对方的义务

城市节水行政相对方的义务是指城市节水法律法规所赋予的在城市节水行政法律关系中节水行政相对方必须履行的内容。即遵守城市节水法律规定的规定，制定并执行节约用水的规章制度，落实节水计划，采取节水措施，强化节水管理，从而实现城市水资源的可持续利用，促进国民经济和社会的可持续发展。

三、城市节水行政职权的设定、授予与委托

（一）城市节水行政职权的设定

城市节水行政职权的设定是指国家依法赋予城市节水行政机关以固有城市节水行政职权的活动。包含以下两层含义：

1. 城市节水行政职权必须源于法定，它的设定是国家有权机关通过制定法律、法规直接赋予城市节水行政主体以节水行政职权的活动。

2. 城市节水行政职权的设定是国家有权机关依法赋予城市节水行政主体固有行政职权的活动。

（二）城市节水行政职权的授予

城市节水行政职权的授予是指国家以法律、法规或有权机关的决定赋予有关行政机关或

其他组织以非固有城市节水行政职权的活动。有三层含义：

1. 城市节水行政职权的授予必须依法进行。

2. 被授权人只能是行政机关或有关组织，不能是个人。

3. 城市节水行政职权的授予是国家赋予有关行政机关或其他组织非固有城市节水行政职权的活动。

（三）城市节水行政职权的委托

城市节水行政职权的委托是指城市节水行政主体为了实现节水行政目标，在自己不能亲自行使城市节水行政职权的特殊情况下，委托其他行政机关或有关组织以城市节水行政主体的名义行使该行政职权，行为的法律效果由委托城市节水行政主体承担的活动。它们有以下几个特征：

1. 委托人只能是城市节水行政主体。

2. 被委托人可以是有关行政机关，也可以是其他组织。

3. 委托的法律效果由委托城市节水行政主体承担。

4. 委托的目的是实现城市节水行政管理目标。

第二节　城市节水管理机构及其职责

城市节约用水是城市建设与管理的重要组成部分，它与城市规划、供水、排水、污水资源化及城市环境保护是一个密不可分的有机整体。

一、城市节水管理的法规依据

（一）《中华人民共和国水法》是城市节水管理的法律依据

1988 年 1 月 21 日，《中华人民共和国水法》由第六届全国人民代表大会常务委员会第 24 次会议通过，2002 年 8 月 29 日第九届全国人民代表大会常务委员会第 29 次会议修订通过，自 2002 年 10 月 1 日起施行。《水法》第一章第八条规定："国家厉行节约用水。各级人民政府应当采取措施，加强对节约用水的管理，建立节约用水技术开发推广体系，培育和发展节约用水产业。"第十二条规定："国家对水资源实行流域管理与行政区域管理相结合的管理体制。国务院水行政主管部门负责全国水资源的统一管理和监督工作。"《水法》的颁布，为进一步加强城市节约用水和水资源的管理提供了法律依据。

（二）《城市节约用水管理规定》使城市节水工作走上法制管理轨道

根据《中华人民共和国宪法》、《国务院组织法》和《中华人民共和国水法》，1988 年 12 月 20 日，《城市节约用水管理规定》经国务院批准，建设部以第一号令颁布。《规定》第五条规定："国务院城市建设行政主管部门主管全国的城市节约用水工作，业务上受国务院水行政主管部门指导。国务院其他有关部门按照国务院规定的职责分工，负责本行业的节约用水管理工作。"《规定》的发布为我国城市节约用水机构的建立提供了依据，标志着城市节约用水工作已步入法制管理轨道。

二、我国城市节约用水管理机构及其职责

目前，我国城市节约用水管理机构的设置是：建设部主管全国的城市节约用水工作，业

315

务上受国务院水行政主管部门的指导；绝大部分省、自治区、直辖市人民政府建委（建设厅、局）和县级以上城市人民政府建委（局）负责所辖行政区域内的城市节约用水工作。在一些城市化率很高，农业用水较少如上海、深圳等城市则实行城市水务一体化管理，设立城市水务局，主管城市节约用水工作。

（一）国家级城市节水管理机构及其职责

中华人民共和国建设部是全国城市节水行政主管部门，其主要职责有：

1. 拟订全国城市节水工作的方针政策、发展战略和城市节水中长期规划。

2. 组织起草全国性的有关城市节水的法律法规，颁布部门节水规章并贯彻实施。

3. 组织开展全国性的城市节水宣传工作，采用多种形式宣传城市节约用水的重要意义、政策法规、先进技术，普及节约用水知识。

4. 组织制定和完善城市和行业用水定额，促进城市用水的定额管理。

5. 组织开展城市节约用水的科学研究，推广先进技术，提高城市节约用水科学技术水平。

6. 组织进行节水型设备、器具的推广工作，制定节水型设备、器具的强制性技术标准，定期公布节水型设备、器具的产品目录，从生产、销售、安装、使用等各个环节，监督检查节水型设备、器具的推广使用工作。

7. 配合物价部门改革城市水价，制定合理的城市水价及配套收费政策，促进经济杠杆对城市节约用水的调节作用。

8. 组织开展创建"节水型城市"和"节水型企业"活动，制定颁布《节水型城市目标导则》、《节水型企业（单位）考核指标》、《节水型城市达标验收标准》，并做好创建节水型城市的指导、检查和验收工作。

（二）省级城市节水管理机构及其职责

各省（自治区、直辖市）的建委（建设厅或城市化率较高市的水务局）是该省（自治区、直辖市）人民政府对本行政辖区的城市节水行政主管部门，也是行政区域管理中以宏观管理为主，兼有部分微观管理的管理层次，其主要职责有：

1. 贯彻执行国家城市节约和用水的法律法规和方针政策及本辖区内地方性城市节水法规和有关政策。

2. 组织拟订本辖区内地方性城市节水法规和地方人民政府规章。

3. 组织制定本辖区城市供水中长期计划，水量分配方案，城市节水中长期规划及城市污水排放、处理和资源化的中长期发展规划。

4. 组织制定本辖区行业用水定额。

5. 审查、批准本辖区内重大的基本建设项目涉及城市节约用水的设计、可行性报告及节水设备、器具的推广使用工作。

6. 指导本辖区的城市地下水审核批准工作。

7. 指导本辖区的城市节水行政监察工作，并依法审理节水行政复议。

8. 指导本辖区内城市节约用水的宣传工作。

9. 指导本辖区内创建节水型城市和"节水型企业"工作。

10. 配合物价部门制定城市水价及有关规费的征收政策，充分发挥经济杠杆对城市节约用水的调节作用。

316

（三）市、县级城市节水管理机构及其职责

市、县级人民政府建委（建设局）或城市节约用水办公室是对本行政区域的城市节约用水实施统一管理的主管部门，在我国行政区域管理体制中，属于微观管理层次，其主要职责有：

1. 贯彻执行国家、省有关城市节约用水的法律、法规、政策和本辖区内地方性城市节水的法规、政策。

2. 组织编制城市节水及城市污水资源化的中长期规划。

3. 审批并下达城市计划用水指标，并检查考核用水计划的执行情况。

4. 考核用水单位用水定额，对企业用水实施定额管理。

5. 定期组织开展对用水单位的水平衡测试，分析、评价和考核用水单位的合理用水水平。

6. 负责节水设备和器具的推广应用和认证许可工作。

7. 负责新建、改建、扩建项目中节水设施与主体工程的"同时设计、同时施工、同时投入使用"的审批、监督和管理工作。

8. 负责对新取用城市规划区内地下水的核准审查工作。

9. 负责新增用水量增容费、超计划用水加价费及城市污水处理费的征收工作。

10. 负责城市节约用水行政监察工作。

11. 组织开展城市节约用水宣传教育、人员培训、普及节水知识的工作。

12. 负责创建"节水型城市"和"节水型企业"的组织、协调、实施和达标考核验收工作。

（四）工业企业节水管理体系的建立与职责

城市中的工矿企业用水是城市用水系统的重要组成部分，属城市用水系统的子系统，其用水量占城市总用水量的比例一般均在 50% 以上。城市工业企业用水节水的合理程度和管理水平，直接反映了城市总体的用水节水状况，因此在设立城市的用水节水管理体系时，对城市中的工业企业也应建立相应的用水节水管理组织，以强化对工业企业的节水管理。

1. 工业企业的节水管理体系

工业企业用水节水管理贯穿于企业内部的各部门、生产和生活过程的各个环节中，每一个管理者和生产者都与企业节水发生着直接或间接的联系，要搞好工业企业的节水工作，每一个员工都要积极参与，实行用水节水的全员管理。同时现代企业均为有高度组织管理系统，拥有先进科学技术的企业，要管理好企业的用水与节水、提高用水效率和取得节水实效，达到合理用水和节约用水的目的，必须领导重视，并做好各个生产环节的节水技改工作。

因此，要搞好对工业企业的节水工作，首先应建立起自上而下的企业节水管理机构，配备专职人员，把管理的对象落实到每一个生产环节和生活用水单位，责任分解到每一个班组或每一个员工。一般来讲，工业企业的用水节水组织管理体系包括决策机构和执行机构。

（1）决策机构。主要由企业内部行政技术、经济等方面的领导、专家组成，一般应设在厂部一级，形成一个专职或兼职的稳定职能部门。

决策机构的人员在企业用水节水管理中起着决定性的作用。他们对企业节水工作的重要性以及企业的供水、用水和排水情况，节水意义及综合效益，水与企业生产、发展、经济效

益、环境要求等方面有比较全面的认识，并熟悉生产用水工艺流程和了解本行业的节水技术及其发展动态，所以他们研究制定的企业内部每一项用水节水决策、措施都起着非常重要的作用。

（2）执行机构。由于企业用水节水应实行全员管理，执行机构的人员主要是指分布于企业内部各科室、车间、班组和机台的管理和工作人员。执行机构的管理负责人应懂得企业生产用水的基本原理、方法措施、行业节水节能技术，熟悉厂内生产及生产用水的工艺流程。其机构组织人员形式，应视条件建立专职机构（多数企业设在设备动力部门，负责全厂用水节水管理的日常业务工作）。

2．企业节水机构的主要职责

（1）决策机构的主要职责

① 贯彻执行国家、省市有关节水法令政策和标准，以及本行政区域节水行政管理部门制定的有关城市取水、用水、排水规定和要求等。

② 制定企业用水管理规定。

③ 制定企业用水节水发展规划、供求计划，制定企业内部取、用、排水定额。

④ 考核企业内部各部门的用水节水情况。

⑤ 组织协调各部门、车间从行政、技术、经济等方面为执行计划用水、合理用水、落实节水措施提供保证。

⑥ 制定和颁布企业用水节水管理奖惩制度，并组织实施。

（2）执行机构的主要职责

① 在决策机构的领导下，负责本企业用水节水管理的各项日常工作。

② 对企业内各用水环节进行定期检测、评价、统计、建档。

③ 制定节水规划和年、季、月用水计划，并将用水指标分解到车间、班组（或工序）、机台。

④ 组织推广节水新技术、新工艺、新设备，对节水技术改造项目的技术可行性、经济合理性进行分析论证。

⑤ 开展企业取、供、用、排水的查漏堵漏工作。

⑥ 对企业各用水节水环节进行检查评比，提出奖罚意见。

⑦ 宣传节约用水的意义，定期向决策机构汇报全厂的用水节水情况。

三、我国城市节约用水的管理网络

自20世纪80年代以来，我国普遍开展了城市节约用水工作并成立了城市节约用水管理机构。到目前为止，全国各省（自治区、直辖市）、市、县绝大部分成立了城市节约用水管理机构，形成了全国性的城市节约用水管理网络，促进了城市节水工作的深入开展。

（一）"市—区—街道"节水管理网

城市人民政府的建设行政主管部门负责城市节约用水管理工作，一些较大城市还设立了区一级节水管理机构，同时街道（办事处）也设有专人负责节约用水工作，对不同用水量的用户实行分级管理，形成了市—区—街道三级节水管理网络。

（二）"经委—工业局—总公司"节水管理网

市级某些用水量大的行业行政主管部门，如经委、工业局、总公司也设立专门机构，负责节能工作的同时也负责节约用水工作，协同市节约用水管理部门管理本行业的节水工作。

（三）"市—局（总公司）—企业"节水管理网

企业也设立专门机构负责本企业的节约用水具体管理工作，形成了市—局（总公司）—企业的又一个三级节水管理网络。

（四）"厂—车间—班组"节水管理网

企业的节约用水管理，一般由有关主管经理负责。将节约用水计划指标纳入企业各级经济责任承包合同中。并将用水指标分解到车间和班组，形成了厂—车间—班组的企业节水三级管理网络。

我国城市节约用水管理机构网络图如图 19-1 所示。

四、我国城市节约用水管理工作大事年表

对于城市节约用水管理工作，我国自 20 世纪 80 年代以来，国务院和有关部委曾先后发布过不少有关节水的法规、规章和规范性文件，并召开过多次全国性节水工作会议。现将收集到的资料索引按年代顺序列于表 19-1，以供参考。

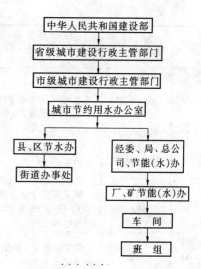

图 19-1　全国城市节约用水管理机构网络

表 19-1　我国城市节约用水管理工作大事记

序号	时间 （年、月、日）	内　容	主办部门	性　质	备　注
1	1973	关于加强城市节约用水的通知〔（73）建革城字第 341 号〕	国家建委	规范性文件	提出我国城市节水的方针、任务和方法
2	1980	城市供水工作暂行规定〔（80）城发公字第 235 号〕	国家城建总局	部门规章	提出城市应建立节水管理机构，配齐专职人员等
3	1980.9.18	关于节约用水的通知〔（80）城发公字 220 号〕	国家经委、国家计委、国家建委、财政部、国家城建总局	规范性文件	
4	1981.8.11	召开"京津用水紧急会议"并发出会议纪要	国务院	全国会议	
5	1981	召开"二十五个城市用水会议"	国家经委、国家建委、国家计委、国家城建总局、财政部、原国家农委、水利部	全国会议	
6	1981.9.14	关于加强节水用水管理的通知〔经能（1981）342 号〕	国家经委、国家计委、国家城市总局	规范性文件	
7	1981.12.30	国务院批转天津市经委关于节约工业用水情况报告的通知〔国发（1981）180 号〕	国务院	规范性文件	

序号	时 间 (年、月、日)	内 容	主办部门	性 质	备 注
8	1982.9.27	关于印发《二十五个城市用水会议纪要》的通知 [(82) 城字第 235 号]	城乡建设环保部、国家经委、国家计委、财政部	规范性文件	
9	1983.10.10	召开"全国第一次城市节约用水会议"	国家经委、中华全国总工会、城乡建设环保部	全国会议	
10	1984.6.19	国务院关于大力开展城市节约用水的通知 [国发 (1984) 80 号]	国务院	规范性文件	
11	1984	关于试行《工业用水定额》的通知		规范性文件	
12	1986.8	城市节约用水奖励办法 [(1986) 城字 377 号]	建设部、国家经委、财政部	部门规章	
13	1986.11	成立"城市节约用水办公室"	建设部		
14	1987.12.15	关于改造城市房屋卫生洁具的通知 [计资 (1987) 2391 号]	国家计委、国家经委、城乡建设环保部、轻工业部、国家建材局	规范性文件	
15	1987	关于完善和制定《城市用水定额》的通知 [(87) 城字第 239 号]	建设部、国家经委	规范性文件	
16	1988.10	关于加强城市地下水资源管理的通知 [(1988) 建城字第 267 号]	建设部	规范性文件	
17	1988.11.3	城市节约用水管理规定 [国函 (1988) 137 号]	国务院批复建设部发布实施	部门规章	
18	1990.7.24	企业水平衡与测试通则 (GB/T 12452—90)	国家技术监督局	国家标准	
19	1990.7	召开"全国第二次城市节约用水会议"	建设部、国家计委、中华全国总工会	全国会议	
20	1991.1.7	关于加强管理城市规划区地下水开发利用和保护工作的通知 [建城 (1991) 14 号]	建设部	规范性文件	
21	1991.1.31	关于贯彻落实国务院办公厅 [国办发 (1991) 6 号] 文件精神进一步做好城市节约用水工作的通知 [建城 (1991) 352 号]	建设部	规范性文件	

序号	时间 (年、月、日)	内　　容	主办部门	性　质	备　注
22	1991.4.23	关于颁布《城市用水定额管理办法》的通知［建城（1991）278号］	建设部、国家计委	部门规章	
23	1991.8.15	印发《关于推广应用新型房屋卫生洁具和配件的规定》的通知［计资源（1991）1243号］	国家计委、原国家建材局、建设部、轻工业部、商业部、国家技术监督局、国家工商局	规范性文件	
24	1992.4.17	城市房屋便器水箱应用监督管理办法（建设部令第17号）	建设部	部门规章	
25	1992.5.15	关于贯彻《城市房屋便器水箱应用监督管理办法》的通知［城建（1992）289号］	建设部	规范性文件	
26	1993.6.19	评价企业合理用水技术通则（GB 7119—93）	国家技术监督局	国家标准	
27	1993.8.1	取水许可制度实施办法（国家院令119号）	国务院	行政法规	
28	1993.12.4	城市地下水开发利用保护管理规定（建设部令第30号）	建设部	部门规章	
29	1994.7.19	城市供水条例［国务院令第158号］	国务院	行政法规	
30	1995.3.31	关于加强城市供水节水管理监察工作的通知［(95)建城水字第17号］	建设部	规范性文件	
31	1995.5.15	召开"全国第三次城市节约用水会议"	建设部、国家经贸委	全国会议	
32	1996.12	关于印发《节水型城市目标导则》的通知［(1996)建城593号］	建设部、国家经贸委、国家计委	规范性文件	
33	1997	关于印发《节水型企业（单位）目标导则》的通知［城建（1997）45号］	建设部	规范性文件	

序号	时　间 (年、月、日)	内　　容	主办部门	性　质	备　　注
34	1998.3.17	关于印发《中国城市节水2010年技术进步发展规划》的通知［建设部（98）建城水字第07号］	建设部	规范性文件	
35	1999.9.6	关于加大污水处理费的征收力度建立城市污水排放和集中处理良性运行机制的通知［特急计价格（1999）1192号］	国家计委、建设部、国家环保总局	规范性文件	
36	1999.12.13	关于在住宅建设中淘汰落后产品的通知［建住房（1999）295号］	建设部、国家经贸委、质量技监局、原国家建材局	规范性文件	
37	2000.4.17	6L水便器配套系统（JC/T856—2000）	原国家建材局	部门标准	
38	2000.4.25	成立"全国节约用水办公室"	水利部		
39	2000.4.26	关于进一步加强城市节水工作的通知［建城（2000）90号］	建设部	规范性文件	
40	2000.9.25	召开"全国城市供水节水和水污染防治工作会议"	国务院及建设部、水利部、国家环保总局	全国会议	
41	2000.10.25	印发《关于加强工业节水工作的意见》的通知［国经贸资源（2000）1015号］	国家经贸委、水利部、建设部、科学技术部、国家环保总局、国家税务总局	规范性文件	
42	2000.11.7	国务院关于加强城市供水节水和水污染防治工作的通知［国发（2000）36号］	国务院	规范性文件	

第三节　城市节约用水行政行为

一、城市节水行政行为的含义

城市节水行政行为是指城市节水行政主体在实施城市节水行政管理活动，行使城市节水管理职权过程中所做出的具有法律意义的行为。包括以下几个方面的含义：

（一）城市节水行政行为是城市节水行政主体所做出的行为

这是城市节水行政行为成立的主体要素。城市节水行政行为只能由城市节水行政主体做出，否则就是违法行政。至于是由城市节水行政主体直接做出，还是由城市节水行政主体依法委托其他社会组织做出，均不影响行政行为的性质。

（二）城市节水行政行为是城市节水行政主体行使城市节水行政职权，实施城市节水行政管理的一种行为

这是城市节水行政行为成立的内容要素。为了实现对城市用水、节水的有效管理，城市节水行政主体要代表国家行使城市节水行政职权，对不同的用水行为实施不同的管理。但是，城市节水行政主体在进行与行使城市节水行政职权无关的其他活动时，如购买办公用品、编写调查报告等就不是城市节水行政行为。

（三）城市节水行政行为是具有法律意义的行为

这是城市节水行政行为成立的法律要素。城市节水行政行为是在有关城市节水法律、法规规范内的行政行为，并产生相应的法律结果，而不是其他的法律意义与法律后果。城市节水行政主体要对自己所做出的城市节水管理行为承担相应的法律责任。

二、城市节水行政行为的特点

（一）单方意志性

城市节水行政行为是城市节水行政主体代表国家行使城市节水管理职权，在实施过程中，只要是在有关城市节水法律法规规定的职权范围内，就无需与城市节水行政相对人协商，不必征得城市节水行政相对人的同意，而是根据有关城市节水法律、法规规定的标准和条件，自行决定是否做出某种行为，并可以直接实施该行为，如对用户核定用水计划指标，或对浪费用水行为实施处罚等。

（二）效力先定性

城市节水行政行为一经做出，在没有被有权机关宣布撤销或变更之前，对城市节水行政主体及其相对人都具有约束力，其他任何组织、个人也应遵守和服从。城市节水行政行为的效力先定是事先假定，并不意味着城市节水行政主体的行政行为就绝对合法、不可否定，而是只有国家有权机关才能对其合法性予以审查。

（三）强制性

城市节水行政行为是城市节水行政主体代表国家，以国家的名义实施的行为，故以国家强制力作为其实施保障。城市节水行政主体在行使其管理职能时，可以运用其行政权力和手段，或依法借助其他国家机关如公安、人民法院的强制手段，保障行政行为的实现。

（四）无偿性

城市节水行政行为以无偿为原则。城市节水行政主体对城市节水实施管理，体现的就是国家和社会公共利益，所以应当都是无偿的，城市节水行政相对人无偿地享受城市公共服务，自然也应无偿地承担城市节水的义务。

（五）自由裁量性

由于有关城市节水的法律、法规不可能对城市用水、节水的每一个环节、每一个细节都作出细致、严格的规定，因此城市节水行政主体在适用相关的法律、法规时，就具有自由裁量性，如对违章用水的处罚及罚款额度等。但是，城市节水行政主体的自由裁量权并不是没有限制的，而是必须在有关城市节水法律、法规所规定的范围内。

第四节　节水科研管理

节水的科研管理是按照科研发展的规律性和科研的特点，对节水科研工作进行的计划、组织、协调、控制和激励等方面的一系列管理工作。

节水科研管理的目的是：积极调动社会上的科技力量和有计划地、合理地开发利用水资源，组织科学研究、探索、预测、规划和评价。揭示客观自然现象之间的内在联系，尽快把人们发明创造的节水新技术、新工艺和新器具等科研成果转化为生产力，从而以最少的科研投资获得最大的节水效益、最佳的经济和社会效益。

一、节水科研管理的意义

随着社会经济的发展和科技的进步，节水科技开发管理工作也随之发展。而节水科研管理是节水科技开发管理的重要组成部分，它在科技管理工作中占有越来越重要的地位，有着更重要的意义。

节水科研管理建立在现代科学技术的物质基础上，是促进我国建成节水型城市、节水型企业的重要保证。节水科研管理同其他类型的管理一样，都是社会上任何一项活动取得成效的必要手段。科研管理水平的高低，将会影响节水技术作用的发挥，包括节水科研成果的作用能否发挥，作用发挥的强弱以及作用发挥的方向等。而且，节水科研的效率和质量也同样取决于科研管理的效率和质量。因此，同样的科研人员，同样的财力和物力，同样的时间和信息，科研成果的大小与节水科研管理水平高低有关，甚至有效的管理能够使条件较差的科研活动取得较好的成果。

加强节水科研管理，是科学技术发展的客观需要。节水科研的全过程，受到科学技术发展客观规律的支配，要遵循科研发展规律的要求。因此，在组织节水科研工作时，必须加强科研全过程中各个环节的管理，才能迅速将科研成果转变为生产力。

二、节水科研管理的内容

节水科研管理涉及的内容较广，主要包括：

1. 节水科研预测，并制定节水科研规划。
2. 节水科研经费管理。
3. 节水科研项目管理，即项目选定、项目论证和组织实施等。
4. 成果鉴定、评价和推广。
5. 节水科研条件和信息的管理。
6. 节水科研人员的管理与科学技术交流活动。

三、节水科研预测和规划

（一）节水科研预测

节水科研预测即通过对水资源储量和社会经济发展的需水量规律等进行综合评价和预测来制定社会发展用水及节水项目的科研预测，为取得最佳科研成果奠定基础。

（二）节水科研规划

节水科研规划是指制定较长期的科研工作总体性战略计划，确定科研发展战略方向、决策、目标和相应的保证措施。

节水科研规划的类型可按时间和规划的制定机构划分。

1. 按时间划分为远期、长期和近期规划

（1）远期规划。规划 20～25 年左右的节水科研的发展方向和目标。

（2）长期规划。依据远期规划制定 8～10 年内节水科研的发展方向和任务。

（3）近期规划。依据长期规划，制定近期若干年度的具体节水科研的发展目标，并加以落实。

2．按规划的制定机构划分为全国、部门和地区规划

（1）全国规划。制定国家节水科研发展的方向和总目标。

（2）部门规划。依据国家规划，结合部门实际情况制定部门节水科研的发展方向和任务。

（3）地区规划。依据全国规划，结合地区实际情况制定地区节水科研的发展方向和任务。

四、节水科研经费的管理

在节水科研的整个过程中，节水科研经费是从事节水科学技术开发活动的必备条件。它是从事科研活动消耗资源（包括人力、物力）的货币的具体表现，以便确保科研工作顺利开展以及决定科研活动的规模和深度。

节水科研经费的管理一般是通过专款专用和针对节水科研项目拨款使用的方式来实现。节水科研经费可拨给下列科研项目使用：

1．软课题项目，如节水中长远期规划、城市生活节水可行性研究、工业节水可行性研究等。

2．节水技术项目的研究、开发和推广，如城市污水处理回用技术、中水回用技术、海水淡化技术、雨水利用技术等。

3．行业节水科研项目，如工业节水技术、农业节水技术等。

4．节水方向项目，如节水管理规划目标、生活用水规划目标、节水示范工程等。

五、节水科研项目的管理

节水科研项目是节水科研管理的核心内容，也是整个科学研究的中心。节水科研项目具有明确的研究方向和内容，其最根本的任务是提高合理用水水平，降低产品单位耗水量，提高工业用水重复利用率，进一步促进城市与工业、农业节水技术的发展，以科技促节水，为把我国建设成为节水型国家而努力。

节水科研项目管理的主要内容包括项目的选择和项目的论证。

（一）节水科研项目的选择

1．节水科研项目的来源

节水科研项目一般来源于：

（1）生产过程中的实践活动；

（2）科技预测和长远发展规划；

（3）节水科技信息和学术交流；

（4）市场调研、用户信息反馈和节水科技人员的新思维。

2．节水科研项目的选择原则

由于节水科研项目的来源是多方面的，因此节水科研项目的内容是千变万化和丰富多采

的。但受科研条件的限制，不可能对所有项目都进行研究开发。所以要对项目进行认真的筛选，即所谓"选题"。在项目的选择上必须以严谨、科学的态度，对不同项目进行分析选择，保证项目的科学性、可行性和实用性。如果选题不当，不切实际，就会造成人力、物力和财力的浪费。因此，在项目的选择上应严格遵守下列原则：

（1）必须保证节水科研项目的技术先进性、经济合理性和生产可行性。技术先进性在于独创，勇于探索、创新，在国内外处于领先、先进和首创地位；经济合理性即衡量经济效益和投入回收期；生产可行性则是推广应用的可能性。

（2）节水科研项目要满足现实需要和长远发展规划的一致性和统一性。在选题时，不仅要考虑到现实水资源的节约和开发利用，而且要考虑把节约用水纳入到国民经济和社会发展规划中去。节水的一些重点研究项目可列入国家长远发展规划中去，一般长远研究的项目与现实需要研究的项目应是一致的、统一的。若发生矛盾，则现实需要应服从长远发展规划。

（3）要遵守局部效益和整体效益的一致性及局部效益服从整体效益的原则。

（4）要保证节水科研项目的经济效益和社会效益的一致性。

（5）必须保证完成科研项目的必备条件，如内部条件、外部条件、节水科研人员业务素质条件等。

（二）节水科研项目的论证

节水科研项目的论证是保证科研过程中最大限度地发挥科研项目投资的经济效益，降低研究开发中的技术风险和经济风险。

节水科研项目的论证一般包括技术和经济两个方面，论证的方法一般采用可行性研究、经济评价法和综合评价法等。

1. 可行性研究

可行性研究是指在预投资期，对各种节水科研项目的必要性、实施的可能性及其经济价值，在技术上、经济上、社会上进行系统的分析、研究和评价的一种科学方法。可行性研究是节水科研项目进行技术经济论证的主要方法。可行性研究是一个反复的技术经济论证过程，其目的就是对节水科研项目在技术经济上存在的不足进行论证，提出补充、修改的建议或新的科研方案，以便节水科研在项目选定、投资等方面作出正确的结论。这些结论包括：（1）同意予以立项和科研经费投资的决策；（2）还需进一步进行详细的可行性研究；（3）对可行性研究的关键性问题需要进行辅助性研究；（4）该项目不可行、不予立项和不必要进行深入研究。

2. 经济评价法

经济评价法是通过计算节水科研项目的收益率，来体现项目的预期收益和项目的预测科研费用之间的关系，从而判断项目的可行性的一种论证方法。

项目收益率的计算公式如式（19-1）：

$$E = M/C \times P \tag{19-1}$$

式中 E 为项目收益率；M 为项目预期收益额；C 为项目预测科研费用；P 为项目科研成功的概率。

由式（19-1）可知，C 值愈小，E 值愈大，则该项目的可行性就愈大。

3. 综合评价法

综合评价法是一种定量分析的论证方法，是从系统总体出发，综合各种因素的评价方法。评价的因素，依据节水科研项目情况而定。综合评价方法一般有连乘、加乘和加权修正等。

六、节水科研成果的管理

(一) 节水科研成果的必备条件

节水科研成果是指节水科研项目通过科研人员的辨证思维活动和操作实验手段，对客观现象的探索、观察、实验，达到预期目的，并经过评议（或鉴定），确定具有一定社会价值的创造性结果。节水科研成果是节水科研活动的根本目的，也是科技人员和管理人员的劳动结晶。节水科研成果的管理是节水科研的重要内容，节水科研成果必须具备以下条件：

1. 应具有创造性、先进性和科学性。
2. 应具有较高的经济价值和社会价值。
3. 必须经过鉴定或评议并得到认可。
4. 必须经过实践检验，具备推广应用条件。
5. 符合节水和环保方面的要求。

(二) 节水科研成果的推广应用

节水科研成果通过评议或鉴定，得到认可后，需尽快转化为生产力，使之在国民经济和社会发展中发挥应有的作用，加强节水科研成果的推广与应用是实现这一目标的重要措施。

节水科研成果的推广与应用，应着重做好以下几方面的工作：

1. 节水科研成果具备推广与应用的条件，即保证成果在技术上的成熟性和实用性。
2. 促进节水科研成果的不断完善，以利于成果的推广与应用。
3. 运用技术经济手段推动节水科研成果的推广与应用。
4. 建立和健全节水科研成果推广与应用的机构，如节水咨询中心、节水技术服务部、节水科技协会等。
5. 加强节水科研管理工作，对节水科研成果的应用单位要给予支持并提出合理化建议，如技术管理建议和设备管理建议等。
6. 大力贯彻执行国家、部、委有关的科技政策、经济政策和法律法规，以保证节水科研成果的推广与应用。
7. 设立节水科研成果奖励，以调动节水科研人员推广应用的积极性和主动性。

七、部分节水科研项目目录

(一) 可推广、应用、借鉴的节水科研项目

1. 软课题

(1) 城市生活节水可行性研究。

(2) 工业节水可行性研究。

(3) 城市节约用水十年规划要点。

(4) 地下水资源科学管理模型。

(5) 工业、生活用水定额的研究。

2. 节水技术

(1) 城市污水处理回用技术。

（2）工业冷却水处理技术。

（3）中水回用技术。

（4）海水淡化技术。

（5）其他技术。

3.各行业节水科研成果

（1）农业节水技术。

（2）工业节水技术。

（二）节水方向项目

1.节水管理规划目标

2.生活用水规划目标

3.工业用水规划目标

4.节水示范工程

5.节水投资规划

（三）两院1998～2000**年首批重点咨询项目**

1.中国水资源现状评价和供需发展趋势分析

2.中国农业需水及节水高效农业建设

3.中国城市工业节水战略（对策）及技术

4.中国江河湖海防污减灾对策

5.中国北方地区水资源合理配置和南水北调问题

6.中国西北地区及岩溶地区水资源开发利用研究

7.中国水土保持和林业生态工程建设研究

其中第2、3项课题共分为7个子课题：

（1）流域水污染防治及水质恢复。

（2）城市污水处理与利用。

（3）工业水污染防治。

（4）安全饮用水供给。

（5）城市及工业节水对策与技术。

（6）雨水的存储与利用。

（7）海水的污染防治与利用。

第二十章 节约用水的法制管理

随着我国社会主义民主与法制建设的进行和不断完善，依法行政逐渐成为节水法律规范基本原则的总要求，同时也是指导整个节水行政工作的总原则。因此，建立健全节约用水法律、法规、规章，强化执法和加大宣传力度，在节水现代化管理中具有重要的现实意义。本章将从城市节水法规的法律渊源和节水行政执法方面加以重点阐述。我国节水法规和规章等详见附录。

第一节 城市节水法规的法律渊源

城市节水法规的法律渊源是指以宪法为根本，以民事、刑事等基本法律为依据，以水法为中心，以相关法律、法规、规章和众多规范性文件的有关内容为补充的节水法规体系。

城市节水法规法律渊源的表现形式按照节水法律和原则的制定主体、效力层次、制定程序等可划分为以下五种。

一、水事行政法律

水事行政法律是法律的一部分，是由国家最高权力机关全国人民代表大会及其常务委员会制定和颁布的规范性文件，是法律中调整水事行政管理活动的规范性文件的总和。其表现形式有：

（一）水事基本法律

《中华人民共和国水法》是水事法律体系中的根本大法，是其他水事法律规范的立法依据。

（二）水事特别法律

水事特别法律是针对水管理活动中特定的水管理行为、管理对象所产生的水行政关系而制定的专门的法律，是宪法和水法原则内容的具体化，可操作性强，如 1984 年 5 月颁布的《中华人民共和国水污染防治法》等。

法律可以设定各种行政处罚。

二、节水行政法规

节水行政法规是最高国家行政机关国务院根据宪法和法律，依据法定程序制定的有关节水行政管理的规范性文件的总称。

按照《行政法规制定程序暂行条例》的规定，节水行政法规的规范名称为"条例"、"规定"和"办法"三种，如 1993 年 8 月 1 日国务院发布的第 119 号令《取水许可制度实施办法》，1994 年 10 月 1 日施行的《城市供水条例》等。节水行政法规不得与宪法、法律相抵触，否则无效。

行政法规可以设定除限制人身自由以外的各种行政处罚。

三、地方性节水法规

地方性节水法规是指由省、自治区、直辖市人民代表大会及其常务委员会颁布的节水管理规范性文件，以及省、自治区、直辖市人民代表大会常务委员会批准的省、自治区人民政府所在地的市和经国务院批准的较大的市的人民代表大会及其常务委员会制定的节水管理规范性文件。其中，省、自治区人民政府所在地的市和经国务院批准的较大的市人民代表大会及其常务委员会制定的地方性节水法规，应报省、自治区、直辖市的人民代表大会常务委员会批准后才能施行。

所有地方性节水法规发布后，都应报全国人民代表大会常务委员会和国务院备案。

地方性节水法规不得与宪法、法律、节水行政法规相抵触。

地方性法规可以设定除限制人身自由、吊销企业营业执照以外的行政处罚。

地方性节水法规名称多为"条例"、"实施办法"、"实施细则"等。如北京市1991年11月1日实施的全国第一个有关节约用水的地方性节水法规《北京市节约用水条例》，2001年11月18日山西省第九届人民代表大会大会常务委员会第十次会议通过的《山西省城市供水和节约用水管理条例》等。

四、节水行政规章

节水行政规章包括部门规章和地方人民政府规章。

（一）部门节水规章

部门节水规章是指国务院城市建设部门发布的或与国务院其他部委联合发布的节水管理规范性文件的总称。如1989年1月1日正式实施的建设部令第1号《城市节约用水管理规定》，建设部、国家计委1991年颁布的《城市用水定额管理办法》，1992年6月1日施行的建设部第17号《城市房屋便器水箱应用监督管理办法》，1986年城乡建设环境保护部、国家经济委员会、财政部颁发的《城市节约用水奖励暂行办法》，1992年10月4日中华人民共和国建设部令第20号发布的《城建监察规定》等。

（二）地方人民政府节水规章

地方人民政府节水规章是指省、自治区直辖市人民政府和省、自治区人民政府所在地的市人民政府，以及经国务院批准的较大的市的人民政府制定的节水管理规范性文件的总称。如1994年石家庄市人民政府令（第50号）发布的《石家庄市城市节约用水管理办法》，1987年天津市人民政府发布的《天津市城市节约用水规定》，1997年10月15日发布的山西省人民政府令第95号《山西省人民政府关于修改〈山西省实施"城市节约用水管理规定"办法〉的决定》等。

对尚未制定节水相关法律、法规的，部门节水规章和地方人民政府节水规章，对违犯节水行政管理程序的行为，可以设定警告或一定数量罚款的行政处罚。

五、其他规范性文件

节水法规、规章之外的其他规范性文件是指市、县（区）、镇人民政府以及县级以上人民政府所属城市建设管理部门和其他行业主管部门，依照法律、法规、规章和上级规范性文件，并按法定权限和规定程序制定的，在本地区、本部门具有普遍约束力的规定、办法、实施细则等。

宪法、法律、法规、规章之间对同一事项规定不一致的，以上位法作为行政执法的依据。

部门规章之间以及省、自治区、直辖市人民政府发布的规章与部门规章之间对同一事项规定不一致的，由省、自治区、直辖市人民政府报请国务院裁决，以裁决执行的规章为执法依据。

除法律、行政法规、地方性法规、部门规章和地方人民政府规章以外的其他规范性文件不得设定行政处罚。

应当指出的是，到目前为止，城市节水行政管理方面，各地的地方性法规和建设部等部门规章比较健全，但还没有一部完整的反映城市节水的法律和行政法规，应加强节水的立法。

第二节 节水行政执法

一、节水行政执法的特征

节水行政执法是指各级节水行政主管机关依据节水法律、法规和规章的规定，在节水管理领域，对节水行政管理的相对人采取的直接影响其权利义务，或对相对人的权利义务的行使和履行情况直接进行监督检查的具体行政行为。

节水行政执法是行政执法的一个组成部分，其具有行政执法的一切特征，同时，又具有自身的特点：

1. 是行政行为的一种，是节水行政主管机关依法实施行政管理，直接或间接产生法律效果的行为，具有国家强制性。

2. 是执行节水法律、法规和规章的活动，是节水行政管理活动不可缺少的环节。

3. 是对节水行政管理的相对人采取的具体行政行为。

4. 是节水行政主管机关通过主动积极地对节水行政管理法规加以实施，从而使之直接同相对人形成行政法律关系的行为。

5. 其主体是县级以上人民政府节水行政主管部门。

6. 具有专业性，是主要针对社会节水活动来实施节水行政管理方面的行政执法。

7. 具有广泛性和复杂性，其执法的对象包括社会上一切使用国家水资源的个人、法人和其他组织。

二、节水行政执法主体

（一）行政执法主体的条件

行政执法主体是指行政执法活动的承担者，行政执法活动是行使国家行政权的活动。

根据宪法和有关法律规定，行政执法的主体需具备以下条件：

1. 必须是组织而不是自然人。组织包括机关、机构、团体、单位等。

2. 其成立必须要有合法的依据。行政执法主体的产生不是任意的，必须要有法律上的依据。其产生的方式一般有两种：一种是国家明文规定建立某一机关或组织承担某种行政执法任务；另一种是国家通过法律、法规授权的方式将某种执法权直接赋予某个业已存在的机关或组织。

3. 必须具有明确的职责范围。任何一个行政执法主体都必须具备明确、具体的职责范围，其行政执法行为不得超越该范围，任何程序的越权都会导致行政执法行为无效。

4. 必须能以自己的名义做出具体行政行为并承担相应的执法责任。

以上四项条件相互依存、缺一不可，任何组织作为行政执法的主体都必须同时具备以上四项条件。

（二）城市节水行政执法主体

城市节水行政执法主体是城市节水行政活动的承担者，依据上述行政执法主体的条件，城市节水行政执法主体必须具备以下条件：

1. 县级以上人民政府的节水行政管理机关。

2. 法律、法规明确授权的机关或组织。

3. 县级以上人民政府依法授权的机关或组织。

当前，全国城市节约用水的行政执法活动由国务院城市建设行政主管部门作为城市节水行政执法主体，负责监督执行。同时，各级地方人民政府的同级城市建设行政主管部门作为当地城市节水行政执法主体，负责当地城市节水执法活动的督促、检查。

三、城市节水行政执法机构和对象

（一）城市节水行政执法机构

在实际城市节水执法活动中，一般采用委托行政执法的形式来进行，即设立专门的城市节水行政执法机构，受法律或委托机关的委托，行使城市节水行政执法权，从而使现行的节水法律和规章得以执行和落实。城市节水行政机构受委托行使行政执法权，需注意以下几点：

1. 行政执法权的获得必须通过法律委托或委托机关的委托。

2. 行政执法权的行使是代表委托机关来进行的。

3. 不能以自己的名义做出具体行政行为且不承担相应的执法责任。

4. 行政执法活动的进行受委托机关的监督。

在现行体制下，城市节水行政执法机构即指各级地方城市节约用水办公室及其所属的节水监察队（部分城市成立水务局行使城市节水行政执法权）。

（二）城市节水行政执法的对象

城市节水行政执法的对象一般包括城市规划区范围内所有使用公共供水和自建供水设施取用地下水、地表水及净化污水的单位和个人。

四、节水行政执法程序

依据《中华人民共和国行政处罚法》和其他有关规定，节水行政执法机构依据法定程序，在法定或被委托的权限范围内行使节水行政执法权。节水行政执法程序一般有两种：简易程序和一般程序。

（一）简易程序

违法事实确凿，并有法定依据，对公民处以五十元以下，对法人或者其他组织处以一千元以下罚款或者警告的行政处罚的，可以当场作出行政处罚决定。

1. 节水执法人员出示执法证件。

2. 进行现场调查，节水执法人员向当事人告知违法事实，说明理由和行政处罚的依据，必要时制作《调查笔录》或者《现场勘察笔录》。文书格式见表20－1、表20－2。

3. 告知当事人有权陈述和申辩，有权依法提起行政复议或者行政诉讼。

4. 填写委托机关统一制作的《当场行政处罚决定书》（见表20－3）并当场交付当事人。《当场行政处罚决定书》应载明当事人的违法行为，节水行政处罚依据，罚款数额、时间、地点以及行政机关名称，并由节水执法人员签名或者盖章。

5. 当场执行、当场收缴罚款的，必须向当事人出具财政部门统一制发的罚款收据。

6. 节水行政处罚决定作出后，须在30日内报委托机关备案。

7. 当事人对当场作出的节水行政处罚决定不服的，可以依法申请行政复议或者提起行政诉讼。

表 20－1　调查笔录文书格式

调 查 笔 录

案由：＿＿＿＿＿＿＿＿＿＿＿＿＿＿＿＿＿＿＿＿＿＿＿＿＿＿＿＿＿＿＿＿＿＿＿

时间＿＿＿年＿＿＿月＿＿＿日＿＿＿午＿＿＿时＿＿＿分＿＿＿至＿＿＿时＿＿＿分

地点：＿＿＿＿＿＿＿＿＿＿＿＿＿＿＿＿＿＿＿＿＿＿＿＿＿＿＿＿＿＿＿＿＿＿＿

调查人：＿＿＿＿＿＿＿＿＿＿＿＿＿＿＿　记录人：＿＿＿＿＿＿＿＿＿＿＿＿＿＿

被调查人：＿＿＿＿＿＿＿＿＿　性别：＿＿＿＿＿＿＿　出生年月：＿＿＿＿＿＿＿

工作单位：＿＿＿＿＿＿＿＿＿　职务：＿＿＿＿＿＿＿　身份证号码：＿＿＿＿＿＿

住址：＿＿＿＿＿＿＿＿＿＿＿　邮政编码：＿＿＿＿＿＿＿　电话：＿＿＿＿＿＿＿

问：＿＿＿＿＿＿＿＿＿＿＿＿＿＿＿＿＿＿＿＿＿＿＿＿＿＿＿＿＿＿＿＿＿＿＿＿

答：＿＿＿＿＿＿＿＿＿＿＿＿＿＿＿＿＿＿＿＿＿＿＿＿＿＿＿＿＿＿＿＿＿＿＿＿

＿＿＿＿＿＿＿＿＿＿＿＿＿＿＿＿＿＿＿＿＿＿＿＿＿＿＿＿＿＿＿＿＿＿＿＿＿＿＿

＿＿＿＿＿＿＿＿＿＿＿＿＿＿＿＿＿＿＿＿＿＿＿＿＿＿＿＿＿＿＿＿＿＿＿＿＿＿＿

被调查人签名（盖章）：＿＿＿＿＿＿＿＿＿　调查人签名（盖章）：＿＿＿＿＿＿＿＿

共　页　第　页

表 20 – 2　行政执法现场勘察笔录文书格式

行政执法现场勘察笔录

<table>
<tr><td rowspan="3">当事人</td><td>公　民</td><td></td><td>性　别</td><td></td><td>年　龄</td><td></td><td colspan="2">工作单位</td><td></td></tr>
<tr><td>单　位</td><td></td><td colspan="2">负责人</td><td></td><td colspan="2">职　务</td><td></td></tr>
<tr><td>住　址</td><td></td><td colspan="2">邮政编码</td><td></td><td colspan="2">电　话</td><td></td></tr>
<tr><td rowspan="2">现场检查记录情况</td><td>案　由</td><td colspan="8"></td></tr>
<tr><td colspan="9"></td></tr>
<tr><td>现场勘察示意图</td><td colspan="9"></td></tr>
<tr><td>当事人</td><td colspan="4" style="text-align:center">签字（盖章）：　年　月　日</td><td>见证人</td><td colspan="4" style="text-align:center">签字（盖章）：　年　月　日</td></tr>
<tr><td>检查人</td><td colspan="4" style="text-align:center">签字（盖章）：　年　月　日</td><td></td><td colspan="4" style="text-align:center">签字（盖章）：　年　月　日</td></tr>
</table>

334

表 20-3　当场行政处罚决定书文书格式

当场行政处罚决定书 存　根 　　　　　　当罚字（　）第　号 当事人（单位）　　　　性别　　　年龄　　　住址　　　　　　法定代表　　　　　职务　　　电话　　　　邮编　　　。 　　你（单位）于　　　年　　　月　　　日在　　　　因　　　　的行为，违反了　　　　第　　　条　　　款之规定，依据第　　　条　　　款，决定对你处以： 1. 警告。 2. 罚款　　　百　　　十　　　元　　　，缴收款形式：（1）当场缴收。（2）要求你（单位）于　　　年　　　月　　　日将罚款交至　　　（银行），地址　　　。到期不缴纳的，每日按罚款数额的百分之三加处罚款。 执法人员签字： 执法人员证号： 当事人签字： 　　　　　　　　（盖章） 　　　　　　年　月　日	**当场行政处罚决定书** 　　　　　　当罚字（　）第　号 当事人（单位）　　　　性别　　　年龄　　　住址　　　　　　法定代表　　　　　职务　　　电话　　　　邮编　　　。 　　你（单位）于　　　年　　　月　　　日在　　　　因　　　　的行为，违反了　　　　第　　　条　　　款之规定，依据第　　　条　　　款，决定对你处以： 1. 警告。 2. 罚款　　　百　　　十　　　元　　　，缴收款形式：（1）当场缴收。（2）要求你（单位）于　　　年　　　月　　　日将罚款交至　　　（银行），地址　　　。到期不缴纳的，每日按罚款数额的百分之三加处罚款。 　　如你（单位）不服本决定，可在收到本决定书之日起　　　日内向　　　（复议机关）申请行政复议，或直接向人民法院起诉，复议或诉讼期间，本决定不停止执行。 执法人员签字： 执法人员证号： 当事人签字： 　　　　　　　　（盖章） 　　　　　　年　月　日

（二）一般程序

节水行政执法机构对于依据职权或者经申诉、控告等途径发现的违法行为，认为应当给予行政处罚的适用于一般程序（适用简易程序的除外）。

1. 立案。发现违法行为后，节水执法人员应当填写《立案登记表》（见表 20 – 4），附相关资料，报节水行政执法机构的主管领导批准，做出立案、不予立案移送案件的决定。

表 20 – 4　行政处罚立案登记表文书格式

行政处罚立案登记表

案件名称				
案件来源				
当事人		地　址		
		电　话		
案发时间		案发地点		
案　件 简　介				
承办部门 意　见	1. 依据《　　　》第　　条规定立案/不予立案/移送＿＿＿＿。 2. 拟由　　　　　　具体承办。 　　　　　　　　　　　　　　　负责人　　年　月　日			
行政领导 审批意见				
备　注				

2. 调查取证

（1）调查或检查时节水执法人员不得少于两人，并应出示节水行政执法证件。

（2）对当事人或证人询问案件情况，应制作《调查笔录》。

（3）对与案件有关的场所等依法进行勘验、检查、收集证据时，应制作《现场勘察笔录》。

（4）在调查、核查案件时，要依法采取录音、录像、电脑等储存记录手段收集证据。

3. 听取陈述和申辩

（1）调查完毕作出行政处罚之前，节水行政执法机构应当告知当事人认定掌握的违法事实及拟处罚的内容和处罚的理由、依据，同时告知当事人享有的权利。

（2）节水行政执法机构对当事人就有关案件的陈述与申辩，应当认真地听取，并制作关于陈述、申辩内容的《调查记录》，经当事人确认签字，节水行政执法机构负责人进行复核后，作出予以采纳或不予采纳的决定，并告知当事人。

4. 行政处罚决定的作出

（1）案件调查终结后，节水执法人员应制作调查终结报告，报节水行政执法机构负责人。

（2）节水行政执法机构负责人需对调查结果进行审查，依照《中华人民共和国行政处罚法》第三十八条的规定和节水相关法律、法规、规章的具体规定，根据不同情况，分别作出如下决定：

336

①确有应受行政处罚的违法行为的，根据情节轻重及具体情况，作出行政处罚决定。

②违法行为轻微、依法可以不予行政处罚的，不予行政处罚。

③违法事实不能成立的，不得给予行政处罚。

（3）对情节复杂或重大违法行为给予较重的行政处罚的，节水行政执法机构应集体讨论决定，并报委托机关批准。

（4）依照上述第（2）、（3）项规定的行政处罚决定，应当制作《行政处罚决定书》（参见表20-5）。行政处罚决定书应载明下列事项：

①当事人的姓名或者名称、地址。

②违反法律、法规或者规章的事实和依据。

③行政处罚的种类和依据。

④行政处罚的履行方式和期限。

⑤不服从行政处罚决定，申请行政复议或者提起行政诉讼的途径和期限。

⑥作出行政处罚的行政机关名称和作出决定的日期。

表20-5 行政处罚决定书文书格式

行政处罚决定书	行政处罚决定书
存 根	
_____当罚字（ ）第 号	_____当罚字（ ）第 号
_____：	_____：
你（单位）于_____年_____月_____日在_____，因_____的行为违反了_____的规定，依据_____，本机关决定对你（单位）作出行政处罚：	你（单位）于_____年_____月_____日在_____，因_____的行为违反了_____的规定，依据_____，本机关决定对你（单位）作出行政处罚：
_____	_____
_____。到期不缴纳罚款的每日按罚款数额的百分之三加处罚款。	_____。
	现要求你单位：1. 于_____年_____月_____日将罚款交至_____（银行），地址_____。
	2. 于_____年_____月_____日之前履行_____行政处罚。到期不缴纳的，每日按罚款数额的百分之三加处罚款。
	如你（单位）不服本决定，可在收到本决定书之日起_____日内向_____（机关）申请行政复议，或直接向人民法院起诉。
签发人：	签发人：
被检查单位：	
（盖章）	（盖章）
年 月 日	年 月 日

行政处罚决定书应当在宣告后当场交付当事人，当事人不在场的，行政机关应当在7日内依照民事诉讼的有关规定，将行政处罚决定书送达当事人。

（三）听证程序

1. 节水行政执法机构在作出较重的行政处罚决定之前，应告知当事人有要求听证的权利，并制作、送达《听证告知书》（参见表20－6）。

表20－6 行政处罚听证告知书文书格式

行政处罚听证告知书 存 根 _____听告字（ ）第 号 _____： 　　经查，你（单位）于 _____ 年 _____ 月_____ 日，在_____进行_____的行为，违反了_____的规定，本机关决定对你（单位）作出_____的行政处罚。 签发人： 被检查单位： （盖章） 年 月 日	行政处罚听证告知书 _____听告字（ ）第 号 _____： 　　经查，你（单位）于 _____ 年 _____ 月_____ 日,在_____进行_____的行为，违反了_____的规定，本机关决定对你（单位）作出_____的行政处罚。 　　根据《行政处罚法》第三十一条、第三十二条和第四十二条的规定，你（单位）有权进行陈述和申辩，并可要求举行听证。请你（单位）在收到本告知书之日起三日内提出听证申请，逾期视为放弃上述权利。 签发人： （盖章） 年 月 日

2. 当事人应在告知后3日内提出听证申请，并可委托1~2人代理。

3. 节水行政执法机构应当在举行听证的7日前，通知当事人举行听证的时间、地点，并制作、送达《听证通知书》（参见表20－7）。

4. 听证主持人应当由节水行政执法机构指定的非本案调查人员担任，当事人认为主持人与本案有直接利害关系的，有权申请回避。

5. 举行听证时，调查人员提出当事人的违法事实、证据和行政处罚建议，当事人进行申辩和质证。

6. 听证应当制作《听证笔录》（参见表20－8），笔录应交当事人审核无误后签字或盖章。

表 20 – 7　行政处罚听证通知书文书格式

<table>
<tr><td>

行政处罚听证通知书

存　　根

_____听通字（　）第　号

_____：

　　应你（单位）的要求，现决定于 _____ 年 _____ 月 _____ 日，在 _____ 就 _____ 一案举行听证，经本机关负责人指定，本次听证由 _____ 担任主持人。

　　请你（单位）届时凭本通知准时参加，若无故缺席，视为放弃听证。

签发人：

被检查单位：

（盖章）

年　月　日

</td><td>

行政处罚听证通知书

_____听通字（　）第　号

_____：

　　应你（单位）的要求，现决定于 _____ 年 _____ 月 _____ 日，在 _____ 就 _____ 一案举行听证，经本机关负责人指定，本次听证由 _____ 担任主持人。

　　请你（单位）届时凭本通知准时参加，若无故缺席，视为放弃听证。参加听证，请你（单位）做好以下准备：

　　1. 携带有关证据材料；

　　2. 通知有关证人出席作证；

　　3. 如申请主持人回避，请及时告知本机关，并陈述主持人回避的理由；

　　4. 如需委托代理人的，应填写听证委托书。

签发人：

（盖章）

年　月　日

</td></tr>
</table>

表 20 – 8　行政处罚听证笔录文书格式

行政处罚听证笔录

案由 _____

时间 _____ 地点 _____ 方式 _____

主持人 _____ 听证员 _____ 记录人 _____

案件调查人 _____

<table>
<tr><td rowspan="2">当事人</td><td>公民</td><td></td><td>性别</td><td></td><td>年龄</td><td></td><td>工作单位</td><td></td></tr>
<tr><td>单位</td><td></td><td>负责人</td><td></td><td></td><td></td><td>职务</td><td></td></tr>
<tr><td rowspan="2">委托代理人</td><td>姓名</td><td></td><td>性别</td><td></td><td>年龄</td><td></td><td>工作单位</td><td></td></tr>
<tr><td>姓名</td><td></td><td>性别</td><td></td><td>年龄</td><td></td><td>工作单位</td><td></td></tr>
</table>

证人 _____

其他人员 _____

兹听证内容记录如下 _____

_____

_____

_____

_____

_____

7. 听证结束后，听证主持人根据听证情况提出听证意见，并制作《听证意见书》（参见表 20 – 9），报节水行政执法机构负责人审核，并根据国家《行政处罚法》第三十八条的规定和节水相关法律、法规、规章的规定，依法作出决定。

表 20 – 9　行政处罚听证意见书文书格式
行政处罚听证意见书

案由＿＿＿＿＿＿＿＿＿＿＿＿＿＿＿＿＿＿＿＿＿＿＿＿＿＿＿＿＿＿＿＿＿＿

时间＿＿＿＿＿＿＿＿＿＿　地点＿＿＿＿＿＿＿＿＿　方式＿＿＿＿＿＿＿＿＿＿

主持人＿＿＿＿＿＿＿＿＿　听证员＿＿＿＿＿＿＿＿　记录人＿＿＿＿＿＿＿＿＿

案件调查人＿＿＿＿＿＿＿＿＿＿＿＿＿＿＿＿＿＿＿＿＿＿＿＿＿＿＿＿＿＿

当事人	公民		性别		年龄		工作单位	
	单位				负责人		职务	
委托代理人	姓名		性别		年龄		工作单位	
	姓名		性别		年龄		工作单位	

证人＿＿＿＿＿＿＿＿＿＿＿＿＿＿＿＿＿＿＿＿＿＿＿＿＿＿＿＿＿＿＿＿＿＿

其他人员＿＿＿＿＿＿＿＿＿＿＿＿＿＿＿＿＿＿＿＿＿＿＿＿＿＿＿＿＿＿＿＿

受本机关负责人指定，本人主持了＿＿＿＿＿＿＿＿＿＿＿＿＿＿＿＿＿＿＿＿＿

一案的听证会，现提出听证意见如下：＿＿＿＿＿＿＿＿＿＿＿＿＿＿＿＿＿＿＿

（四）送达

在依照一般程序和听证程序作出行政处罚决定后，节水行政执法机构应当填写《行政处罚决定书》，由其负责人签字并加盖委托执法机关公章后，送达当事人，并应制作《送达回证》（参见表 20 – 10）。

表 20 – 10　行政执法送达回证文书格式
行政执法送达回证

案　　由			
受送达人			
送达地点			
送达文书名称及文号			
收件人签名或盖章			年　月　日
留置送达	拒收事由： 留置地点： 见证人签字：		年　月　日
代收人及代收理由	代收人签字：		
备　注			
签发人		送达人	

（五）执行

行政处罚决定生效后，当事人拒不履行的，节水行政执法机构可以委托执法机关的名义依法强制执行，也可以申请人民法院强制执行。申请人民法院强制执行的，应制作《强制执行申请书》（参见表 20 – 11）。

表 20 – 11　行政执法强制执行申请书文书格式

行政执法强制执行申请书
＿＿＿＿＿强　字（）第　号

＿＿＿＿＿人民法院：

　　本机关于＿＿＿＿＿年＿＿＿＿＿月＿＿＿＿日依法对当事人＿＿＿＿＿作出了＿＿＿＿号处罚决定书，并于＿＿＿＿年＿＿＿月＿＿＿日送达。

　　经查实，该当事人在法定期限内既不申请复议，也不向人民法院起诉，又不自觉履行处罚决定。现根据《中华人民共和国行政处罚法》第五十一条的规定，申请贵院依法强制执行。

　　此致

　　　　　　　　　　　　　　　　　　　　　　　×××节水行政执法机构

　　　　　　　　　　　　　　　　　　　　　　　　　　年　月　日

附：处罚决定书副本及有关证据材料。

（六）立卷归档及备案

运用简单程序、一般程序办理的各类节水行政案件，节水行政执法机构均应按照统一要求，一案一档，做好立卷、归档工作。

案件终结后，填写《行政处罚决定备案表》（参见 20 – 12），报委托执法机关备案。

表 20 – 12　重大行政处罚决定备案表文书格式
重大行政处罚决定备案表

执法单位：

案由								
当事人	公民		性别		年龄		工作单位	
	单位				负责人		职务	
	地址				邮政编码		电话	
案情摘要								
处罚决定内容								
备注							年　月　日	

341

第三节 节水行政复议

一、节水行政复议的含义

节水行政复议是指节水行政相对方（公民、法人或其他组织）对节水行政主体所做出的具体行政行为不服时，依法向节水行政复议机构申请复查，并要求其作出新的和正确的决定的一种法律制度。

二、节水行政复议机构

节水行政复议机构是指在享有复议权的行政机关内部设立的，依法审理节水行政复议案件的机构。

享有复议权的行政机关有两类，一类是同级人民政府；一类是上一级节水行政主管部门。节水行政复议机构是指这二者的法制工作机构，具体办理节水行政复议案件，如人民政府法制局。

节水行政复议机构的职责主要是：

（一）审查节水行政相对方的复议申请是否符合法定条件。

（二）向节水行政争议双方、有关单位和有关人员调查取证，查阅相关的文件、资料等。

（三）组织有关人员审理节水行政复议案件。

（四）拟订节水行政复议意见、决定，并提请有关领导审查、研究和作出决定。

（五）按照法定的时间期限向节水行政复议申请人、被申请人送达节水行政复议决定书。

（六）节水行政复议决定引起行政诉讼，需要由节水行政复议机关出庭应诉的，受该机关法定代表人的委托出庭应诉。

三、节水行政复议程序

节水行政复议的程序主要有：申请、受理、审理和决定。

（一）申请

节水行政复议的申请是指节水行政相对方认为节水行政主体所做出的具体行政行为侵犯了其合法权益，以自己的名义在法定期限内，要求复议机关撤销或者变更具体行政行为，以保证其合法权益。

1. 申请的条件

（1）申请人必须是认为其合法权益受到侵犯的公民、法人或其他组织。

（2）有明确的被申请人（即节水行政主体）。

（3）有具体的复议请求和事实依据。

（4）属于节水行政复议范围。

（5）属于受理复议申请的节水行政复议机关管辖。

2. 申请的时限

申请人向节水行政复议机关申请复议，应当在知道具体行政行为之日起 60 日内提出，因不可抗力或其他正当理由，超过法定申请期限的，申请期限自障碍消除之日起自动顺延。

3. 申请的方式

申请的方式有书面申请、口头申请。

书面申请应当载明申请人的姓名、性别、年龄、住址等（法人或其他组织应载明名称、地址、法定代表人的姓名）；被申请人（做出具体行政行为的节水行政主体）的名称；申请复议的要求和理由；提出复议申请的日期。

口头申请应由节水行政复议机关当场记录申请人的基本情况，节水行政复议请求以及申请节水行政复议的重要事实、理由和时间。

（二）受理

申请人提出复议申请后，经有管辖权的节水行政复议机关审查，认为符合条件的，即决定立案审理，其主要包括以下环节：

1. 审查

节水行政复议机关收到复议申请后，应审查以下几个方面：

（1）行政复议申请是否属于节水行政复议的受案范围。

（2）复议申请是否在法定期限内提出，超出法定期限有无正当理由。

（3）复议申请人的主体资格是否符合要求。

（4）复议申请书的内容是否完备。

（5）行政复议申请是否属于节水行政复议机关的管辖范围。

（6）复议申请是否在复议申请之前已向人民法院提起行政诉讼，如果已提起诉讼，则取消行政复议程序。

2. 处理

行政复议机关在收到复议申请之日起5日内，应对复议申请分别作出予以受理和不予受理的处理。予以受理的，即进入行政复议审理阶段，节水行政复议机构应自行政复议申请受理之日起7日内，将行政复议申请书副本或者行政复议申请笔录复印件发送被申请人，被申请人应当自收到申请书副本或者申请笔录复印件之日起10日内提出书面答复，并提交原具体行政行为的全部相关材料。

受理日期是指节水行政复议机构收到复议申请之日。

不予受理的，应书面告知复议申请人不予受理的理由。

（三）审理

节水行政复议机关对节水行政复议案件的审理应着重做好以下几个方面的工作：

1. 确定复议人员。

2. 决定有关复议工作人员是否应予回避。

3. 决定具体行政行为是否应该停止执行。

4. 对行政行为主体的合法性进行审查，其内容包括：

（1）被申请人是否具有做出该具体行政行为的职权。

（2）被申请人是否超越法定权限范围。

（3）当被申请人是受委托执法机构时，审查其行政执法权是否具有法律、法规的授权。

（4）节水行政机关委托其组织做出具体行政行为的，其委托权限是否超越其法定职权。

5. 对案件事实进行审查，包括案情分析、证据审查和调查取证等。

6. 对被申请人做出具体行政行为时适用的法律依据是否正确进行审查。

7. 对被申请人做出具体行政行为时是否违反法定程序及其形式的合法性进行审查。

8. 对被申请人做出具体行政行为时所使用的自由裁量权的适当性进行审查。

行政复议审理原则上采取书面审理的办法，当案情复杂需要通过当事人之间的质证来搞清有关事实和证据时，则可以召集双方当事人、第三人、证人听取有关意见，以正确认定事实。

（四）决定

节水行政复议机关对案件审理结束后，即作出书面的节水行政复议决定。该决定应自受理申请之日起60日内作出。案情复杂，不能在60日内作出节水行政复议决定的，须经行政复议机关负责人批准，适当延长，并告知申请人和被申请人，但延长期限最多不超过30日。

行政复议决定根据不同情况，一般有以下几种：

1. 维持被申请人的具体行政行为。该决定的作出应具备以下几个条件：

（1）事实清楚；

（2）证据确凿；

（3）适用法律正确；

（4）符合法定权限和程序。

2. 决定被申请人在一定期限内履行法定职责。

3. 撤销原具体行政行为。需撤销的具体行政行为有以下几种：

（1）事实不清，证据不足。

（2）适用的法律、法规、规章和具有普遍约束力的决定、命令错误。

（3）违反法定程序。

（4）超越或者滥用职权。

（5）具体行政行为明显不当。

（6）被申请人未能依照《行政复议法》的规定，提出书面答复及提供做出具体行政行为的证据、依据。

4. 变更原具体行政行为。

5. 确认该具体行政行为违法。

（五）执行

复议决定一经送达即发生法律效力。被申请人不履行或者无正当理由拖延履行行政复议决定的，行政复议机关或者有关上级行政机关应当责令其限期履行。申请人逾期不起诉，又不履行复议决定的分两种情况处理：

1. 维持具体行政行为的复议决定，由做出行政行为的行政机关依法强制执行，或者申请人民法院执行。

2. 变更具体行政行为的复议决定，由复议机关依法强制执行，或者申请人民法院执行。

第四节 节水行政应诉

节水行政诉讼的被告是节水行政主体，其应诉工作主要包括以下几个方面。

一、委托诉讼代理人

《行政诉讼法》第二十九条规定："当事人、法定代理人可委托一至二人代为诉讼，律师、社会团体、提起诉讼的公民的近亲属或者所在单位推荐的人，以及经人民法院许可的其他公民，可以受委托为诉讼代理人。"

作为被告的节水行政主体，其法定代表人可以委托一至二人作为其诉讼代理人代为诉讼活动。委托他人代为诉讼活动的，必须向人民法院提交由委托人签名、盖章的授权委托书。授权委托书应载明所委托的事项、所委托的权限。

二、提出答辩状

节水行政主体应在收到起诉状副本之日起 10 日内，向人民法院提交做出具体行政行为的有关材料，并提出答辩状，具体内容包括：

（一）具体行政行为的书面决定，做出具体行政行为所依据的法律、法规、规章。

（二）做出具体行政行为的事实依据。

（三）答辩状应明确回答原告诉状中所诉称问题与内容，阐明自己对案件的具体主张与理由，并在充分陈述事实的基础上提出自己的答辩意见。答辩状内容一般包括：

1. 标题。

2. 答辩人与被答辩人及其委托代理人的基本情况。

3. 提出答辩意见。答辩意见包括；

（1）做出该具体节水行政行为所认定的事实和适用的节水法律、法规、规章和其他具有普遍约束力的决定、命令等规范性文件，以证明答辩理由的正确性。

（2）针对起诉讼状提出的请求、主张进行反驳。

（3）阐明自己的主张。

（四）答辩状结尾应明确注明答辩状要提交的人民法院的名称，答辩人的签名、盖章，并载明答辩日期。

答辩状由人民法院在收到之日起 5 日内，将副本发送原告。节水行政主体不提出答辩状的，不影响人民法院的审理。

三、出庭应诉

作为被告的节水行政主体在出庭应诉方面应作好如下工作：

1. 按时出庭。

2. 依法行使回避申请权。

3. 法庭调查询问时，认真回答并适时出示证据。

（1）陈述做出该具体节水行政行为所认定的事实，并出示相应的证据，以证明其行为的正确性。

（2）向法庭阐明并提供做出具体节水行政行为依据的节水法律、法规、规章和其他具有普遍约束力的决定、命令等规范文件，以证明其行为的合法性。

（3）提供事实和法律规范证明节水行政主体具有做出该具体节水行政行为的权限。

（4）提供证据证明所做出的具体节水行政行为的程序合法。

四、法院判决

人民法院审理行政案件，实行"两审终审制"，一审案件应在立案后三个月内作出。如果当事人不服法院的一审判决，有权在判决书送达之日起 15 日内，向上一级人民法院提起上诉；当事人不服人民法院一审裁定的，有权在裁定书送达之日起 10 日内，向上一级人民法院提起上诉。逾期不提起上诉的，人民法院的一审判决或裁定发生法律效力。

当事人上诉后，二审人民法院审理案件时，有两种方式，即开庭审理和书面审理。

二审人民法院作出的判决、裁定是终局性的判决、裁定，对于已经发生法律效力的判决、裁定，当事人必须执行。如果认为已经发生法律效力的判决、裁定确有错误的，可以向原审人民法院或其上一级人民法院提出申诉，但是不能停止判决、裁定内容的执行。

第二十一章 节水工程投资综合效益分析

第一节 节水项目工程评价的基本概念

客观上讲，节约用水管理本身就是研究解决关于水资源合理利用和配置的技术经济问题，因此在开展节约用水工作中应加强经济观念、重视运用技术经济分析方法评价各种节水项目，这样才能取得良好的节水效益。

节水项目工程评价涉及许多专门技术问题，其评价内容与方法因节水项目的特点和性质而异，情况比较复杂，在此仅扼要介绍同节水项目工程评价有关的概念、指标与基本方法。

所谓技术经济分析，就是计算、分析与评价各项技术工作经济效果以及在多方案比较中选择最优方案的工作。技术经济分析的范围十分广泛，可以说凡是需要作经济效果评价的人类社会实践活动都在其列，节约用水工作也不例外。而经济效果评价的基本出发点应是最佳实现某一社会的经济目标。这同节约用水与合理利用水资源的内涵是完全一致的。

随着水资源的日益短缺，人们开始重视节水，节水设施及技术也相应地发展起来，特别是近十几年来，节水设施的投资也越来越多。

节水是在满足人民生活水平提高、适应工业发展需要的基础上的合理用水。它除了满足人类的要求外，体现了用水的合理性、科学性，也体现了水作为一种资源的宝贵性。随着社会的发展、经济的增长，人类对水量的需求越来越大，水将成为制约我们人类可持续发展的一个重要因素。因此为了人类的可持续发展，我们必须节制用水、合理用水，相应节水设施的投资也就越发显得重要。实践告诉我们，节水设施投资具有的社会、经济和环境效益是很明显的，它不仅不可以少，而且应置于非常重要的地位。

一、节水工程效益分析的特点

城镇节水工程是城市基础设施，其效益的评价比一般的工业项目较为困难，因其具有如下的特点。

1. 节水工程项目所产生的效益，除部分经济效益可以定量计算外，常常表现为难以用货币量化的社会效益和环境效益，如改善人民生活条件、减少污染、保护环境和城市水资源的可持续利用等；还有一些效益，虽然可以用经济尺度来衡量，但衡量的结果，可能误差很大，如节省的水资源可以创造更多的经济效益，而各个行业的万元产值取水量是不同的。

2. 不少节水项目（例如城市污水资源化、城市雨水利用等）是以服务于社会为主要目的，项目的受益者不一定是成本的负担者。

3. 节水项目的效益受外在性的影响较大，以外在形式表现的效益究竟有多少可归功于该项目，则难以确定。

4. 效益中存在的各种不确定因素，如城市水资源的恢复、由于城市水环境的改善所带来的旅游事业的发展和地价的增值等都带有很大的不确定性，较难预测和估算。

5. 节水项目的产品价格（例如中水价格）或所收取的服务费（例如排污费）往往采取政府补贴政策，并不能反映其真实价值，这就需要利用一种假设的计算价格（或影响价格）来估算其收益。

6. 往往有很大部分的效益是发生在较远的将来。

7. 各类节水工程的建造投资指标各不相同，不同类型的节水措施日节水能力投资差别是很大的。这主要由节水措施的难易程度、耗材质量、措施规模以及是否定型产品诸项因素决定。一般来说，技术简单、材料便宜、批量设置、水量大而集中的节水措施单位造价会低些，如间接冷却水的串联使用、重复回用，收效大，投资却比较小。而技术复杂、材料要求较高、水量较小的节水措施，相对单位造价就会高，如有些小型节水器材的使用。还有些节水措施是通过工艺改造完成的，如冶金工业中采用耐热材料替代水冷却，高温设备冷却用汽化冷却代替水冷却，锅炉用水中汽暖改水暖等，这类措施从根本上改变了用水方式，技术或用材要求较高，因而造价就会稍高一些。

二、节水工程效益计算的基本原则

1. 工程项目除计算设计年的效益指标外，有时还应计算多年平均效益指标。对节水工程，还应计算特殊干旱年的效益。

2. 计算效益时，应反映和考虑以下特点，采用相应的计算方法：

（1）反映水文现象的随机性。如资料允许，应尽可能采用长系列或其中某一代表期进行计算。

（2）考虑国民经济发展，效益相应发生的变化。按预测的平均经济增长率估算其经济计算期的效益。

（3）考虑工程效益的转移和可能的负效益。如由于修建新的工程使原有效益受到影响而又不能采取措施加以补救时，应在该项工程效益中扣除这部分损失，计算其净增的效益。

（4）要与包括的工程项目相适应。如节水工程中处理规模和输送再生水规模不同时，应分别计算其相应的效益。对经济计算期内各年的效益，还要考虑相应配套水平和效益的增长过程。

3. 计算经济效益时，原则上应采用理论价格（即计算价格或影子价格），尽可能使采用的产品价格接近产品价值。

4. 分析工程效益时，除应计算项目的直接效益外，还应计算其比较明显的间接效益，必要时还要考虑不可计量的无形效益。对于不能计量的无形效益，可作为定性因素加以分析。各项经济效益，应尽可能用货币指标表示。

三、资金时间价值

考虑资金时间价值时，应掌握下列几个概念。

（一）资金时间价值

任何工程项目的建设与运行，任何技术方案的实施，都有一个时间上的延续过程。也就是说，资金的投入与收益的获取往往构成一个时间上有先有后的现金流量序列。例如，两笔等额的资金，由于发生的时间不同，它们在价值上是不相等的，发生在前的资金价值高，而发生在后的资金价值低。这表明，资金的价值是随时间增加的。资金随时间的推移而增加的价值就是资金的时间价值。

（二）利息与利率

利息是指占用资金所付的代价（或放弃使用资金所得的补偿），利息和利润一样，都是资金时间价值的表现形式，在项目经济评价中，利息也常常是现金流量的一个组成部分。

利息通常根据利率来计算。利率是指在一个计算周期内所得的利息额与借贷金额之比，一般以百分数来表示。

（三）等值

等值是指在考虑资金的时间价值的情况下，不同时点存在的数量不等的资金可以具有相等的价值。例如，现在的 10 000 元与一年后的 11 000 元，数量上并不相等，但在年利率为10%的条件下，两者是等值的。同样，两年后的 12 100 元，在年利率为 10% 的条件下，等值于一年后的 11 000 元，也等值于现在的 10 000 元。

利用资金等值，可以把一个时点上发生的资金金额换算成另一时点上的等值金额。这一过程称为资金等值计算。把将来某一个时点的资金金额换算成现在时点的等值金额称为"折现"或"贴现"。在折现计算中反映资金时间价值的参数称为"折现率"。

（四）现值

现值是指未来某一金额或时值的现在价值。所谓"现在"是相对未来而言的，因此有时现值也可以是相对于未来某一时间点之前某时刻的价值，并非一定是真正意义上的现在价值。一般地说，将 $t + k$ 个时间点上发生的资金折现到第 t 个时间点，所得的等值就是第 $t + k$ 个时间点上资金金额的现值。现值常用字母 P 表示。

（五）终值

终值是指与现值等价的将来某一时点的资金金额，通常用字母 F 表示。例如，若年利率为 10%，一年后的 11 000 元就是现在的 10 000 元的终值。

（六）年值

年值是指某一特定时期内，每隔相同时间间隔等额支付或收入的一定数量的金额。如果每次支付或收入的分次金额是在各段时间间隔的期末发生，则称为普通年值；若分次金额在时间间隔的期初发生，则称为期初年值。年值常用字母 A 表示。

（七）项目计算期

项目计算期是对项目进行现金流量分析前必须明确的一个重要的时间参数，它包括项目的建设期和生产期两个时间段。

项目建设期是指项目从开始施工到全部建成投产所需要的时间。需要指出的是，项目建设期过长，会增加项目的投资成本，也会推迟投资收益获利机会的到来，影响项目预期的投资效果。因此，在确保投资项目工程建设质量的前提下，项目建设期应尽可能地缩短。

项目生产期是指项目从建成投产到主要固定资产报废为止所经历的时间。项目生产期不等同于该项目建成投产后的服务期，而应该根据项目的性质、技术水平、技术进步和实际可能服务期的长短来合理确定。

（八）现金流量

现金流量是一定时期内某项目或某几个范围（如企业）实际发生的现金流出与流入所构成的资金运动。现金流出是指所有的资金支出，包括项目投资、运行管理费；现金流入是指所有的资金收入，包括净利润、利息、折旧费等，即总产值减去运行管理费用和税金。现金流出与流入的代数和即为净现金流量。

四、等值计算公式

在项目经济评价中，为考察项目投资的经济效果，必须对项目计算期内不同时间发生的全部费用和收益进行计算和分析。在考虑资金时间价值的情况下，不同时间发生的费用或收益，不能直接相加或相减，也不能相互比较；只有通过资金等值计算将它们换算到同一时间点上才能相加或相减，才能相互比较。因此，资金等值计算在项目定量经济分析中具有重要作用。常用的资金等值计算公式见表 21-1。其中，i 为折现率，n 为项目计算期。

表 21-1　现值、终值和年值常用计算公式

类　型	已　知	求　解	公　式	系　数	系数代码
一次支付	现值 P	终值 F	$F = P(1+i)^n$	$(1+i)^n$	$(F/P, i, n)$
	终值 F	现值 P	$P = F/(1+i)^n$	$1/(1+i)^n$	$(P/F, i, n)$
等额支付	年值 A	终值 F	$F = A \cdot \dfrac{(1+i)^n - 1}{i}$	$\dfrac{(1+i)^n - 1}{i}$	$(F/A, i, n)$
	终值 F	年值 A	$A = F \cdot \dfrac{i}{(1+i)^n - 1}$	$\dfrac{i}{(1+i)^n - 1}$	$(A/F, i, n)$
	年值 A	现值 P	$P = A \cdot \dfrac{(1+i)^n - 1}{i(1+i)^n}$	$\dfrac{(1+i)^n - 1}{i(1+i)^n}$	$(P/A, i, n)$
	现值 P	年值 A	$A = P \cdot \dfrac{i(1+i)^n}{(1+i)^n - 1}$	$\dfrac{i(1+i)^n}{(1+i)^n - 1}$	$(A/P, i, n)$

第二节　节水工程的静态分析与动态分析

节水工程技术经济的静态分析与动态分析的根本差别在于是否考虑资金的时间价值，即资本价值随时间的变化。静态分析是不考虑资金时间价值的，而动态分析则完全建立在资金时间价值计算的基础之上。

节水建设项目方案经济评价主要解决两类问题：第一类问题是项目方案的筛选问题，即建设项目方案能否通过一定的检验标准；第二类问题是项目的优劣问题，即不同项目方案的经济效果的大小问题。解决第一类问题的经济评价称为项目方案绝对经济效果评价；解决第二类问题的经济评价称为项目方案相对经济效果评价。经济评价指标较多，本节仅介绍在节水工程项目方案经济评价中常用和起重要作用的指标。又由于经济评价方法与经济评价指标有着密切的关系，所以在介绍经济评价指标的同时将一并介绍经济评价的方法。

一、单位节水（新水量）成本

$$\text{节约单位新水量成本} = \frac{\text{节水项目总成本}}{\text{总新水量}} \quad (\text{元}/\text{m}^3)$$

上述节水项目总成本中应包括：

（1）节水设施的折旧大修费，其值可按节水项目固定资产投资的 6.5% 计算；

（2）动力费用，可按节水设施的实际电耗或按设计、运行参数计算；

（3）材料与辅助材料费，材料费包括节水设施运行所需的各种药剂、自用水等，辅助材料为设备运行所需的各种消耗品，对于水泵站、空压机站，辅助材料费按动力费的 3% 计算；

(4) 基本工资；

(5) 其他费用。

显然，进行节水项目经济评价时，原则上应取单位节水成本最低的方案。此外，同不采取节水措施的情况相比，当节水项目的单位节水成本低于所需增加的单位新水量的成本时，该节水项目方案才是可取的。否则，应改进节水方案使之可行，如果是因水价或其他非技术原因，则应从社会总体效益出发调整水价或政策，使节水项目可行。

单位节水成本属静态分析评价指标。

二、投资回收期法

投资回收期通常按现金流量表计算。

静态分析时，投资回收期是指项目投产后每年的净收入将项目全部投资收回所需要的时间，是考察项目财务上投资回收能力的重要指标。

(1) 静态投资回收期（T_p）

$$\sum_{t=0}^{T_p} (CI - CO)_t = 0 \qquad (21-1)$$

式中　T_p——静态投资回收期；

　　CI——第 t 年现金流入额；

　　CO——第 t 年现金流出额。

用静态投资回收期评价工程项目方案时，需要与国家有关部门或投资者意愿确定的基准静态投资回收期相比较。设基准静态投资回收期为 T_b，判别准则为：

若 $T_p \leqslant T_b$，则项目方案可考虑接受；

若 $T_p > T_b$，则项目方案不可接受。

静态投资回收期指标的最大优点是概念清晰、简单易用，在一定程度上反映了项目方案的清偿能力，对项目方案风险分析比较有用。但是，它的缺点和局限性也很明显：第一，静态投资回收期反映的是收回投资之前的经济效果，不能反映收回投资之后的经济状况；第二，没有考虑资金的时间价值。所以，静态投资回收期不是全面衡量项目方案经济效果的理想指标。它一般只宜于项目方案的粗略评价或作为动态经济分析指标的辅助性指标。

(2) 动态投资回收期（T_p^*）

为了克服静态投资回收期没有考虑资金的时间价值的缺点，在投资项目方案评价中有时采用动态投资回收期。动态分析时的投资回收期是按净现金流量现值的累计值计算。累计净现金流量或净现金流量现值的累计值开始由负值成正值时的年份即为节水项目的投资回收期。

$$\sum_{t=0}^{T_p^*} (CI - CO)_t \cdot (1 + i)^{-t} = 0 \qquad (21-2)$$

式中　T_p^*——动态投资回收期；

　　CI——第 t 年现金流入额；

　　CO——第 t 年现金流出额；

i——折现率。

采用式（21－2）计算动态投资回收期（T_p^*）比较繁琐，在实际应用中往往是根据项目现金流量表计算得出的逐年净现金流量现值与累计净现金流量现值，按式（21－3）计算：

$$T_p^* = T^* - 1 + 第（T^*-1）年累计净现金流量现值绝对值/第\ T^*\ 年净现金流量现值 \quad (21－3)$$

式中　T^*——项目各年累计净现金流量现值首次为正或零的年份。

用动态投资回收期评价工程项目方案时，需要与国家有关部门或投资者意愿确定的基准动态投资回收期相比较。设基准动态投资回收期为 T_b^*，判别准则为：

若 $T_p^* \leqslant T_b^*$，则项目方案可考虑接受；

若 $T_p^* > T_b^*$，则项目方案不可接受。

动态投资回收期反映等值回收而不是等额回收项目方案全部投资所需的时间，是考察项目财务上投资实际回收能力的重要指标，而且概念清晰，对项目方案风险分析特别有用。

投资回收期是一项绝对经济评价指标。以它评价节水项目方案时应以节水量相同为前提。

三、投资收益率法

投资收益率就是项目在正常生产年份的净收益与投资总额的比值，其一般表达式为：

$$R = NB/K$$

式中　NB——正常年份的净收益，根据不同的分析目的，它可以是年利润，也可以是年利润税金总额；

　　　K——总投资；

　　　R——投资收益率，当 NB 为年利润时，称为投资利润率；

　　　NB——年利润税金总额时，称为投资利税率。

用投资收益率评价项目方案经济效果时，需要与国家有关部门确定的基准投资收益率相比较。设基准投资收益率为 R_b，判别准则为：

若 $R \geqslant R_b$，则项目方案可考虑接受；

若 $R < R_b$，则项目方案不可接受。

投资收益率属静态分析相对评价指标。

四、净现值法

净现值法是对工程项目方案进行动态经济评价的重要方法之一。所谓净现值，是按一定的折现率将项目方案计算期内的各年净现金流量折现到同一时点（通常是期初即零时点）的现值累加值，其计算公式为

$$NPV = \sum_{t=0}^{n} (CI - CO)_t \cdot (1 + i)^{-t} \quad (21－4)$$

式中　NPV——净现值；

　　　n——计算期。

　　　其余符号含义同前。

应用净现值指标对项目方案进行绝对经济评价的判别标准是：

若 $NPV \geqslant 0$，则项目方案应予以接受；

若 $NPV < 0$，则项目方案应予以拒绝。

五、内部收益率法

内部收益率法是动态经济评价方法中的另一个最重要方法。

内部收益率是当计算期内所发生的现金流入量的现值累计值等于现金流出量的现值累计值时的折现率，亦即相当于项目的净现值等于零时的折现率。可以通过解下述方程求得：

$$NPV(IRR) = \sum_{t=0}^{n} (CI - CO)_t \cdot (1 + IRR)^{-t} = 0 \qquad (21-5)$$

式中　IRR——内部收益率。

由于式（21-5）是一个高次方程，不容易直接求解，通常采用"试算内插值法"求 IRR 的近似解。计算 IRR 的公式如下：

$$IRR = i_1 + (i_2 - i_1) \frac{|NPV_1|}{|NPV_1| + |NPV_2|} \qquad (21-6)$$

式中　i_1——略低的折现率；

　　　i_2——略高的折现率；

　NPV_1——相对于 i_1 的净现值；

　NPV_1——相对于 i_2 的净现值。

通常将所求得的内部收益率与社会折现率相比，可判定项目的经济效益并决定取舍。

上述评价指标，既可作为评价节水项目综合评价时的分项指标，也可作为方案比较的基本指标。其中静态分析指标因未考虑资金的时间价值，故不能满足方案比较应遵循的时间上的可比原则。因此，静态分析指标只适用于简单情况下的项目经济评价。如果不同方案的建设期限、投资额、投资方式与时间、投入运行与达到设计能力的时间不同，或近、远期方案不同，则需应用动态分析指标。

六、费用现值法

费用现值法是在各方案的规模、效益相同条件下比较计算期内各方案的投资、运行费用（经营成本）等总费用的现值：

$$PC = \sum_{t=0}^{n} CO_t (1 + i)^{-t} \qquad (21-7)$$

式中　PC——费用现值。

其他符号意义同前。

应用费用现值法进行多方案选优的判别准则是：费用现值 PC 最小的方案经济上最优。

七、费用年值法

费用年值法，也是在各方案的规模、效益相同条件下的一种经济比较方法。它是把投资、年运行费按基准收益率或折现率折算为计算期内的等额年值进行对比。

年费用（AC）计算式为：

$$AC = PC \cdot (A/P, i, n) = \sum_{t=0}^{n} CO_t (1 + i)^{-t} (A/P, i, n) \qquad (21-8)$$

式中 AC——费用年值;

其他符号意义同前。

应用费用年值法进行多方案选优的判别准则是:费用年值 AC 最小的方案经济上最优。

应该指出,上述经济评价方法均单独以一项评价指标进行分析,有时也可同时用上述多种评价指标进行全面评价。此外,除单纯的经济评价外,对于牵涉国民经济和涉及社会、环境等诸多方面的重要项目,必要时还应进行多方案、多因素综合评价。这时项目的经济评价也应从企业角度扩展到国民经济或社会范围。

在技术经济中,通常将从企业角度进行的经济评价称为财务评价,将从国民经济评价或社会角度进行的经济评价称为国民经济评价或社会评价。后者与前者的主要区别在于,进行经济评价时需考虑间接效益或外部效益,即进行所谓的费用效益分析。尽管财务评价和国民经济评价的经济评价指标含义相同,但费用、效益的计算内容、所用的经济参数等不相同。

第三节 节水工程投资效益评价

节水工程投资效益表现为社会效益、经济效益和环境效益三方面,除部分经济效益可以确定计算外,社会效益和环境效益一般不能用货币量化形式表现,因此节水设施投资效益的评价应该是多目标的综合评价。

节水的直接效益表现为节省用水,降低用水量,从而保证了现有供水设施为城市提供稳定、可靠的水源,解决了为开辟新水源所花费的昂贵资金,当然也节省了因节省水量而少花的供水费用、排污费、污水处理费及相应的基础建设费用。

节水的环境效益也较明显,因减少用水量,排放废水的量也减少,这对我们的环境是有益的,废水的减少避免了水环境及其他环境的污染。节水减污与企业降低生产成本和提高经济效益是完全一致的,也是企业依靠技术进步求得自身发展的一种具体表现。节水的环境效益就是通过节水减少了对地下水的开采量,可使地面沉降得到缓和。目前在大部分地区都有不同程度的地面沉降现象,在水源缺乏的年代里,明知地下水超采的严重后果,但亦束手无策。节水设施投资后,使得开采水量减少,地沉的速度减慢。

节水设施的投资保证了用水效率,进而保护了城市水资源,为社会经济的可持续发展提供了保障,维护了城市的生态环境,为我们的子孙后代创造了财富,其社会意义是非常深远的。

当然,节水设施投资的经济效益、环境效益及社会效益这三方面是相互联系、不可分割的,某一方面的效益也同时是其他方面的效益,由此可见节水投资效益的可观性。

节水工程投资效益评价根据评价的角度不同,分为两个层次:财务评价和国民经济评价。财务评价,又称为微观经济评价;国民经济评价,可称为宏观经济评价。

一、节水项目财务评价

财务评价有时又称财务分析或企业经济评价。它是根据国家现行财税制度和价格体系,分析、计算项目直接发生的财务费用和效益,编制各种财务报表,计算评价指标,考察项目的赢利能力、清偿能力和外汇平衡等财务状况,据此判断项目的财务可行性。同时进行不确实性分析,考察项目的风险承受能力,进一步判断项目在经济上的可行性。

财务评价是节水项目经济评价的第一层次评价,它是从企业角度出发,研究水资源利用的局部优化问题，考察节水项目本身的净财务效果。节水项目财务评价是国民经济评价的前提和基础，同时也是判断该项目是否值得投资的重要依据。一般来说，节水项目应首先进行财务评价。在此基础上如果需要，再对项目的费用、效益、价格以及其他经济参数进行调整之后，进行国民经济评价。

（一）财务评价的基本步骤

1. 熟悉拟建节水项目的性质、规模、目的、要求、建设条件和投资环境，以及主要技术指标。

2. 收集整理财务分析的基础数据资料。

3. 编制基本财务报表。

4. 通过基本财务报表计算各项财务评价指标及财务比率，进行财务分析。

5. 进行不确定性分析。

6. 提出财务评价结论。

（二）财务评价的参数

为了对投资项目的费用与效益进行计算、衡量并判断项目的经济合理性，需要确定一系列基准数值，这些数值称为"经济评价参数"。

在进行财务评价时，采用的主要参数有财务基准收益率、基准投资回收期、基准投资利润率和基准投资利税率等。它们都是按照各行业的现行财税条件测定的，如果财政、税收和价格等有了较大的变化，就应该及时对这些参数加以调整。

1. 财务基准收益率

财务基准收益率是指项目所应达到的收益率标准，即最低要求的投资收益率。它是各行业评价财务内部收益率指标的基本判据，也是计算财务净现值指标的折现率。在我国，各行业有着各不相同的基准收益率，一般来说，对于那些利润高的部门，其基准收益率应比利润低的部门要高。

在项目财务评价中，求出的收益率应与基准收益率比较，当它大于或等于基准收益率时，则项目是可行的。

2. 基准投资回收期

基准投资回收期一般按行业制定。它是各行业项目财务评价投资回收期指标的基准判据。在进行项目的财务评价时，要求项目的投资回收期要小于或等于行业的基准投资回收期，否则，就表示项目不能满足本行业项目投资的赢利性要求，具有较大的投资风险。

3. 基准投资利润率和基准投资利税率

基准投资利润率和基准投资利税率是用来对项目的投资利润率和投资利税率作出评价的重要参数，用以衡量它们是否达到了或者超过了本行业的平均水平。这里的基准投资利润率和基准投资利税率仅作为项目财务评价的参考依据，而不作为项目投资利润率和投资利税率是否达到本行业最低要求的判据。

（三）财务评价的费用与效益

节水项目进行财务评价，主要是通过各种财务报表计算各项财务评价指标，进行各项财务分析和评价。而是编制财务报表，首先应对项目的费用和效益进行正确的划分。

财务评价中费用和效益的识别与划分是以项目的实际收支状况为标准进行的，不考虑项目的外部效益。对于那些虽由项目实施而引起的但不为企业所支付或获取的费用和效益，则不予计算。

1. 财务评价的费用

凡是由于项目的实施使投资者（企业）财务发生的实际支出，均视为节水项目的费用。项目费用主要由节水项目的总投资和经营成本组成。

（1）总投资

1）建设项目总投资的组成

总投资是为获取预期收益而预先垫付资金的经济活动，其组成见图 21 - 1。

2）资产的种类及内容

项目总投资形成的资产按其使用性质与表现形式分为固定资产、无形资产、递延资产和流动资产。

（2）经营成本

经营成本是节水项目在生产、经营过程中的支出，其计算公式为：

$$经营成本 = 总成本费用 - 折旧费 - 摊销费 - 利息支出 \qquad (21 - 9)$$

其中：总成本费用 = 折旧费 + 修理费 + 日常维护费 + 能源消耗费 + 药剂费 + 工资及福利费 + 摊销费 + 利息支出 + 其他费用

$$\qquad (21 - 10)$$

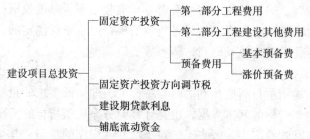

图 21 - 1　建设项目总投资的组成

节水项目成本要素及计算方法见表 21 - 2。

表 21 - 2　成　本　计　算

序 号	成 本 要 素	要素代号	计 算 方 法
1	折旧费	E_1	固定资产原值 × 年折旧费
2	大修理费	E_2	固定资产原值 × 大修理费
3	日常检修维护费	E_3	固定资产原值 × 日常检修维护费
4	能源消耗费	E_4	主要指电费，按实际电耗或按设计、运行参数计算
5	药剂费	E_5	Σ（药剂用量 × 药剂费单价）
6	工资福利费	E_6	职工定员 × 职工每年的平均工资福利费
7	无形资产和递延资产摊销费	E_7	无形资产和递延资产值 × 年摊销率
8	管理费用及其他	E_8	（$E_1 + E_2 + E_3 + E_4 + E_5 + E_6 + E_7$）× 综合费率
9	流动资金利息支出	E_9	（流动资金总额 - 自有流动资金）× 流动资金借款年利率
10	年总成本　　　　　　YC		$E_1 + E_2 + E_3 + E_4 + E_5 + E_6 + E_7 + E_8 + E_9$
	其中：固定成本　　YC_a		$E_1 + E_2 + E_3 + E_6 + E_7 + E_9$
	可变成本　　　　YC_b		$E_4 + E_5 + E_8$
11	经营成本	E_c	$E_2 + E_3 + E_4 + E_5 + E_6 + E_8$

2. 财务评价的效益

节水项目的财务效益是指由于项目的实施给投资者（企业）带来的实际收益，项目收益主要有以下四个方面组成：

（1）节约新鲜水收入。是项目或企业获得收益的主要途径，它由节约新鲜水量和新鲜水水费两个因素决定。

（2）减少排污费收入。是指项目由于排水量的减少而向环保部门少缴的排污费。

（3）固定资产残值。节水项目终了时，固定资产残值应视为节水项目的收入。

（4）补贴。国家或地方为了鼓励和扶持节水项目而给予的补贴应视为节水项目的收入。

3. 其他有关问题

（1）项目计算期

项目计算期包括建设期和经营期，其确定对项目经济评价有重要影响。其中建设期可根据项目实际需要而确定。经营期可按确定项目寿命周期的办法来定，不同行业可按不同方法来确定，如可按项目主要工艺设备的经济寿命而定；或按项目主要工艺的替代周期来定等。实际应用时，一般以 10～15 年为宜，个别行业最长也不宜超过 20 年，因为 20 年后项目的生产经营情况较难预测；同时按动态现值法计算，20 年后的折现值（效益或费用）一般已微不足道，对评价将无更多影响。

计算期的年序，以建设开始年为第一年。

（2）财务价格

由于财务评价是考核项目的财务赢利水平，因而其对项目的效益、费用估算所采用的价格应以财务价格，即现行价格或实际交易价格为准。

项目计算期内各年价格，理论上应按预测计算期内可能变化的市场价格为依据。实际应用时，为了便于计算，各年均使用同一价格，即现行价格。原因大致有以下三点：

①项目在整个计算期内影响价格变动的因素很多，例如通货膨胀会导致物价的上涨；而技术的进步又可能使物耗减少而导致物价的下降，实际很难作出真实的预测。

②在进行效益、费用分析时，物价变动因素应该同时对效益、费用项，即产出物和投入物起作用，即两者都在变动，因此可以看成变动的抵消。

③在进行项目或方案的比较和选择时，如果均不考虑物价变动因素，一般不会影响项目或方案的可比性。

二、国民经济评价

国民经济评价是按照资源合理配置的原则，从国家整体角度考察项目的效益和费用，用影子价格、影子工资、影子汇率和社会折现率等经济参数分析、计算项目对国民经济的净贡献，评价项目的经济合理性。

（一）国民经济评价与财务评价的关系

财务评价是指在项目本身范围内考察效益与费用，按市场价格评价项目的经济效果。国民经济评价则是按照资源合理配置的原则，从国家整体角度考察效益与费用，采用理论价格评价项目的经济效果。财务评价与国民经济评价的基本分析方法和有关主要指标的计算方法类似，但由于两者的着眼点和评价角度、目的不同，导致项目的"费用"和"效益"在划分上产生了差别，从而在评价范围、计算基础和评价的效果等方面均有较明显的区别，见表 21-3。

表 21 - 3　国民经济评价与财务评价的区别

评价的类别		国 民 经 济 评 价	财 务 评 价
评价角度		从国家角度	从经营项目的企业角度
评价目的		分析项目对整个国民经济的效益。即分析国民经济对这个项目付出的代价（成本费用）以及项目对国民经济能作出的贡献（效益）	分析项目的财务效益，即项目的赢利能力、偿还贷款能力
收益计算范围		国家收益包括：企业利润、税金以及工资、利息和租金等	企业收益包括：企业净利润和折旧费
计算的基础		影子价格 影子汇率 社会折现率	市场价格 官方汇率 金融市场上的一般利率作为折现率
评价的效果		除直接货币效果外还有可计量和不可计量的间接效果，即除定量分析外还定性分析	仅是直接的可计量的货币效果，即定量分析
一般的通货膨胀		不考虑	考虑
费用数据	税收和补贴	不考虑	考虑
	已支付的固定资产	不计	计入
	折旧	不考虑	考虑
	贷款和归还	不考虑	考虑
结果		净现值与内部经济收益率	净利润（或利润净现值）或内部财务收益率

（二）国民经济评价的步骤

国民经济评价可以在财务评价的基础上进行，也可以直接进行。

1. 在财务评价基础上进行评价的步骤

（1）费用和效益范围的调整

1）剔除已计入财务费用和效益中的转移支付；

2）识别项目的间接费用和间接效益，对能定量的应进行定量计算，不能定量的应作定性描述。

（2）费用和效益数值的调整

1）固定资产投资的调整

①调整引进设备价值。剔除属于国民经济内部转移支付的引进设备、材料的关税和增值税，并用影子汇率、影子运费和贸易费用对引进设备价值进行调整。

②调整国内设备价值。用其影子价格、影子运费和贸易费用进行调整。

③调整建筑费用。一般可只调三材（钢材、木材和水泥）费用。按三材耗用数量，采用影子价格调整建筑费用或通过建筑工程影子价格换算系数直接调整建筑费用。

④调整安装费用。安装费用所占投资比例相对较小，一般可不考虑调整。若安装费中材料占很大比例或有进口安装材料，则应按材料的影子价格调整安装费用。

⑤土地费用以土地的影子价格代替占用土地的实际费用。

⑥剔除涨价预备费。

⑦调整其他费用。如用影子汇率对其他工程费用中的外币进行调整。

2）流动资金的调整。由于流动资金估算基础的变动引起的流动资金占用量的变动。

3）经营成本的调整。可以先用影子价格、影子工资等参数调整费用要素，然后再汇总求得经营成本。

4）节水效益的调整。先确定出水资源的影子价格，然后重新计算节水效益。

（3）编制项目的国民经济效益费用流量表。

（4）通过国民经济效益费用流量表计算各项国民经济评价指标。

（5）进行不确定性分析。

（6）提出国民经济评价结论。

2．直接进行评价的步骤

（1）识别和计算项目的直接效益、间接效益、直接费用和间接费用。

（2）用影子价格、影子工资、影子汇率和土地影子费用等计算项目固定资产投资、流动资金、经营成本、节水效益，并在此基础上计算项目的国民经济评价指标。

（3）编制项目的国民经济效益费用流量表。

（4）通过国民经济效益费用流量表计算各项国民经济评价指标。

（5）进行不确定性分析。

（6）提出国民经济评价结论。

（三）国民经济评价参数

国民经济评价参数是指国家为审查建设项目是否符合国民经济整体利益而规定的一些基本参数。由于这些参数是由国家确定并予以分布的，因此，也称国家参数。

常用的国民经济评价参数主要有影子价格、影子汇率、影子工资和社会折现率等。

1．影子价格

影子价格是指当社会经济处于某种最优状态时，能够反映社会劳动的消耗、资源衡缺程度的最终产品需求情况的价格。也就是说，影子价格是人为确定的，而非市场形成的，是比市场交换价格更为合理的价格。这里所说的"合理"的标志，从定价原则来看，应该能更好地反映产品的价值、反映市场供求状况与反映资源稀缺程度；从价格产出的效果来看，应该能使资源配置向优化的方向发展。

影子价格不是用于交换，而是用于预测、计划和项目评价的价格。

为了实用，经济评价的影子价格都是在国际市场价格的基础上调整国内价格而得出的。虽然国际市场价格并不是完全理想的价格，但是，世界范围内起主导作用的是市场经济，各种商品的价格主要是在高层竞争中形成的，通常不受个别国家的控制，较好地反映了商品的价值。考虑到国际经济一体化的趋向，采用国际市场价格作为基础，可使影子价格的确定变得相对简单和可行，使影子价格从理论研究走向实际应用。

我国影子价格的确定，是采用以国内市场价格为基础的价格体系，以人民币作为计算基准，通过不同的转换系数调整为国际市场价格。一方面修正国内价格与国际市场的价格，同时也修正国内市场各种货物之间不合理的比价。

2．影子汇率

影子汇率是项目经济评价中重要的通用参数，在国民经济评价中用于进行外汇与人民币之间的换算。

影子汇率代表外汇的影子价格，它反映外汇对国家的真实价值。影子汇率由国家制定并定期调整。国家可以利用影子汇率作为杠杆，影响项目投资决策，影响项目方案的选择和项目的取舍。

在我国，影子汇率以美元与人民币的比价表示。对于美元以外的其他国家货币，要参照一般时间内中国银行公布的该种外币对美元的比价，先折算为美元，再用影子汇率换算为人民币。

3. 影子工资

影子工资是指国家和社会在建设项目中使用劳动力而付出的代价。它由两部分组成：一是由于项目使用劳动力而导致别处被迫放弃的原有净效益；二是因劳动力的就业或转移所增加的社会资源消耗，如交通运输费用、城市管理费用等，这些资源的耗费并没有提高职工的生活水平。

在国民经济评价中，影子工资作为劳务费用计入经营成本。它可通过财务评价的工资及提取的职工福利基金（合称名义工资）乘以影子工资换算系数求得。影子工资换算系数由国家统一测定颁布。

对于一般的建设项目，影子工资换算系数为1，即影子工资的量值等于财务评价中的名义工资。某些特殊项目，在有充分依据的前提下，可根据当地劳动力的充裕程度以及项目所用劳动力的技术熟练程度，适当降低或提高影子工资换算系数。如在就业压力很大的地区，占用大量非熟练劳动力的项目，可以取小于1的工资换算系数；而对占用大量短缺的专业技术人员的项目，可以取大于1的工资换算系数。

4. 社会折现率

社会折现率是建设项目经济评价的通用参数，在国民经济评价中用作计算经济净现值时的折现率，并作为衡量经济内部收益率的基准值。它是建设项目经济可行性的主要判别依据。

社会折现率的确定体现国家的经济发展目标和宏观调控意图。根据我国目前的投资收益水平、资金机会成本、资金供需情况以及社会折现率对长、短期项目的影响等因素，社会折现率定为10%。

国民经济评价是从国家宏观角度对节水项目进行分析，考察项目的经济合理性。在我国现行经济状态下，城市供水实行福利水价政策，水价不能正确、真实地反映价值，也不能反映供求关系。因此，财务评价中按现行水价计算出来的项目的投入和产出，不能准确地反映节水项目的建设给国民经济带来的费用与效益。所以，必须运用能反映水资源真实价格的影子价格，借以计算节水项目的费用与效益，以便正确得出该投资项目是否对国民经济总目标有利的结论。

第四节　节水工程投资效益分析实例

某城市 1999 年实施节水工程项目 6 项，总投资 272 万元，形成节水能力为 4 380 万 m^3/a。

一、节水工程年费用分析

节水工程费用由两部分组成：一是运行费用，二是折旧费。①运行费 C_1，根据目前实际节水工程运行成本的统计结果，通过对运行成本影响因素（包括人工费、电费、药剂费等）的分析与综合测算，运行费用大约在 1.0 元$/m^3$；②折旧费 C_2，按设备投资的 6.7% 计算（节水设备的运行年限按 15 年计），则总费用为：

$$C = C_1 + C_2 = 4\ 380 \times 1.0 + 0.067 \times 272 = 4\ 398.22\ 万元／年$$

二、节水工程效益分析

节水的经济效益由五部分组成：一是节约水量的水费 B_1；二是节约的城市给水基础设施建设费 B_2；三是节约的城市排水设施建设费 B_3；四是污水处理费 B_4；五是减少污染排放的社会效益 B_5。参考相关资料，各项参数取值如下：$B_1 = 1.0$ 元$/m^3$（该市实际水资源费）；$B_2 = 1\ 500$ 元$/m^3$；$B_3 = 1\ 326$ 元$/m^3$；$B_4 = 0.6$ 元$/m^3$；$B_5 = 2.03$ 元$/m^3$。其综合效益计算结果见表 21 – 4：

表 21 – 4　节水工程综合效益分析表

项　　　目	年效益（万元/a）	项　　　目	年效益（万元/a）
B_1	4 380	B_4	2 365.2
B_2	1 200	B_5	8 002.26
B_3	9 540.72	总效益	16 902.18

三、效益费用比

$$E = B/C = 16\ 902.18/4\ 398.22 = 3.84$$

由以上分析可见，该项节水设施投资具有一定的效益，即每投资一元可获得 3.84 元的效益，并且随着水价与污水处理费的进一步调整，这一效益还会提高。

附　录

附录一　城市居民生活用水量标准

地域分区	日用水量 [L/（人·d）]	适　用　范　围
一	80～135	黑龙江、吉林、辽宁、内蒙古
二	85～140	北京、天津、河北、山东、陕西、宁夏、甘肃
三	120～180	上海、江苏、浙江、江西、湖北、湖南、安徽
四	150～220	广西、广东、海南
五	100～140	重庆、四川、贵州
六	75～125	新疆、西藏、青海

注：1. 表中所列日用水量是满足人们日常基本需要的标准值。在核定城市居民用水量时，各地应在标准值区间内直接选定。

2. 城市居民生活用水考核不应以日作为考核周期，日用水量指标应作为月度考核周期计算水量指标的基础值。

3. 指标值中的上限值是根据气温变化和用水高峰月变化参数确定的，一个年度中对居民用水可分段考核，利用区间值进行调整使用。上限值可作为一个年度当中最高月的指标值。

4. 家庭用水的计算，可由各地视本地实际情况制定管理规则或办法。

5. 以本标准为指导，各地可视本地情况制定地方标准或管理办法组织实施。

6. 摘自《城市居民生活用水量标准》（GB/T 50331—2002）。

附录二　卫生器具的给水额定流量、当量、连接管公称管径和最低工作压力

序　号	给水配件名称	额定流量 （L/s）	当　量	连接管公称管径 （mm）	最低工作压力 （MPa）
1	洗涤盆、拖布盆、盥洗槽 　单阀水嘴 　单阀水嘴 　混合水嘴	0.15～0.20 0.30～0.40 0.15～0.20（0.14）	0.75～1.00 1.50～2.00 0.75～1.00（0.70）	15 20 15	0.050
2	洗脸盆 　单阀水嘴 　单阀水嘴	0.15 0.15（0.50）	0.75 0.75（0.50）	15 15	0.050
3	洗手盆 　感应水嘴 　混合水嘴	0.10 0.15（0.10）	0.50 0.75（0.50）	15 15	0.050
4	浴盆 　单阀水嘴 　混合水嘴（含带淋浴转换器）	0.20 0.24（0.20）	1.00 1.20（1.00）	15 15	0.050 0.050～0.070
5	淋浴器 　混合器	0.15（0.10）	0.75（0.10）	15	0.50～0.10

序　号	给水配件名称	额定流量 （L/s）	当　量	连接管公称管径 （mm）	最低工作压力 （MPa）
6	大便器 　冲洗水箱浮球阀 　延时自闭式冲洗阀	0.10 1.20	0.50 6.00	15 25	0.020 0.100~0.150
7	小便器 　手动或自动自闭式冲洗阀 　自动冲洗水箱进水阀	0.10 0.10	0.50 0.50	15 15	0.050 0.020
8	小便槽穿孔冲洗管（每米长）	0.05	0.25	15~20	0.015
9	净身盆冲洗水嘴	0.10（0.07）	0.50（0.35）	15	0.050
10	医院倒便器	0.20	1.00	15	0.050
11	实验室化验水嘴（鹅颈） 　单联 　双联 　三联	0.07 0.15 0.20	0.35 0.75 1.00	15 15 15	0.020 0.020 0.020
12	饮水器喷嘴	0.05	0.25	15	0.050
13	洒水栓	0.40 0.70	2.00 3.50	20 25	0.050~0.100 0.050~0.100
14	室内地面冲洗水嘴	0.20	1.00	15	0.050
15	家用洗衣机水嘴	0.20	1.00	15	0.050

注：1. 表中括号内的数值系在有热水供应，单独计算冷水或热水时使用。

2. 当浴盘上附设淋浴器，或混合水嘴有淋浴器转换开关时，其额定流量和当量只计水嘴，不计淋浴器。但水压应按淋浴器计。

3. 家用燃气热水器所需水压按产品要求和热水供应系统最不利配水点所需工作压力确定。

4. 绿地的自动喷灌应按产品要求设计。

5. 摘自《建筑给水排水设计规范》（GB 50015—2003）。

附录三　卫生器具用水定额及水温

（1）采用集中热水供应时，各类建筑的热水用水定额见附表 A。

（2）卫生器具一次和一小时热水用水定额和使用水温见附表 B。

（3）附表 A 和附表 B 摘自《建筑给水排水设计规范》（GB 50015—2003）。

附表 A　热水用水定额

序号	建筑物名称	单位	最高日用水定额（L）	使用时间（h）
1	住宅 　有自备热水供应和淋浴设备 　有集中热水供应和淋浴设备	每人每日	40~80 60~100	24
2	别墅	每人每日	70~110	24
3	单身职工宿舍、学生宿舍、招待所、培训中心、普通旅馆 　设公用盥洗室 　设公用盥洗室、淋浴室 　设公用盥洗室、淋浴室、洗衣室 　设单身卫生间、公用洗衣室	 每人每日 每人每日 每人每日 每人每日	 25~40 40~60 50~80 60~100	24 或定时供应

续表

序号	建筑物名称		单位	最高日用水定额(L)	使用时间(h)
4	宾馆住房				
		旅客	每床位每日	120～160	24
		员工	每人每日	40～50	
5	医院住院部				
		设公用盥洗室	每床位每日	60～100	24
		设公用盥洗室、淋浴室	每床位每日	70～130	
		设单独卫生间	每床位每日	110～200	
		医务人员	每人每班	70～130	8
		门诊部、诊疗部	每病人每次	7～13	
		疗养院、休养所住房部	每床位每日	100～160	24
6	养老院		每床位每日	50～70	24
7	幼儿院、托儿所				
		有住宿	每儿童每日	24～40	24
		无住宿	每儿童每日	10～15	10
8	公共浴室				
		淋浴	每顾客每次	40～60	12
		淋浴、浴盆	每顾客每次	60～80	
		桑拿浴(淋浴、按摩池)	每顾客每次	70～100	
9	理发室、美容院		每顾客每次	10～15	12
10	洗衣房		每顾客每次	10～15	12
11	餐饮厅				
		营业餐厅	每顾客每次	15～20	10～12
		快餐店、职业及学生食堂	每顾客每次	7～10	11
		酒吧、咖啡厅、茶座、卡拉OK房	每顾客每次	3～8	18
12	办公楼		每人每班	5～10	8
13	健身中心		每人每次	15～25	12
14	体育场(馆)				
		运动员淋浴	每人每次	25～35	4
15	会议厅		每座位每次	2～3	4

注：1. 热水温度按60℃计。

2. 表内所列用水定额均已包括在冷水用水定额之内。

3. 本表以60℃热水水温为计算温度，卫生器具的使用水温见附表B。

附表B 卫生器具的一次和一小时热水用水定额及水温

序号	卫生器具名称		一次用水量（L）	小时用水量（L）	使用水温（℃）
1	住宅、旅馆、别墅、宾馆				
		带有淋浴器的浴盆	150	300	40
		无淋浴器的浴盆	125	250	40
		淋浴器	70～100	140～200	37～40
		洗脸盆、盥洗槽水嘴	3	30	30
		洗涤盆（池）		180	50

序号	卫生器具名称	一次用水量（L）	小时用水量（L）	使用水温（℃）
2	集体宿舍、招待所、培训中心淋浴器			
	有淋浴小间	70～100	210～300	37～40
	无淋浴小间		450	37～40
	盥洗槽水嘴	3～5	50～80	30
3	餐饮业			
	洗涤盆（池）		250	50
	洗脸盆：工作人员用	3	60	30
	顾客用		120	30
	淋浴器	40	400	37～40
4	幼儿园、托儿所			
	浴盆：幼儿园	100	400	35
	托儿所	30	120	35
	淋浴器：幼儿园	30	180	35
	托儿所	15	90	35
	盥洗槽水嘴	15	25	30
	洗涤盆（池）		180	50
5	医院、疗养院、休养所			
	洗手盆		15～25	35
	洗涤盆（池）		300	50
	浴盆	125～150	250～300	40
6	公共浴室			
	浴盆	125	250	40
	淋浴器：有淋浴小间	100～150	200～300	37～40
	无淋浴小间		450～540	37～40
	洗脸盆	5	50～80	35
7	办公楼　洗手盆		50～100	35
8	理发室　美容院		35	35
	洗脸盆			
9	实验室			
	洗脸盆		60	50
	洗手盆		15～25	30
10	剧场			
	淋浴器	60	200～400	37～40
	演员用洗脸盆	5	80	35
11	体育场馆、淋浴器	30	300	35
12	工业企业生活间			
	淋浴室：一般车间	40	360～540	37～40
	脏车间	60	180～480	40
	洗脸盆或盥洗槽水嘴：一般车间	3	90～120	30
	脏车间	5	100～150	35
13	净身器	10～15	120～180	30

注：一般车间指现行《工业企业设计卫生标准》中规定的3、4级卫生特征的车间，脏车间指该标准中规定的1、2级卫生特征的车间。

附录四　取水许可制度实施办法

（1993 年 8 月 1 日国务院令 119 号发布，1993 年 9 月 1 日起施行）

第一条　为加强水资源管理，节约用水，促进水资源合理开发利用，根据《中华人民共和国水法》，制定本办法。

第二条　本办法所称取水，是指利用水工程或者机械提水设施直接从江河、湖泊或者地下取水。一切取水单位和个人，除本办法第三条、第四条规定的情形外，都应当依照本办法申请取水许可证，并依照规定取水。

前款所称水工程包括闸（不含船闸）、坝、跨河流的引水式水电站、渠道、人工河道、虹吸管等取水、引水工程。

取用自来水厂等供水工程的水，不适用本办法。

第三条　下列少量取水不需要申请取水许可证：

（一）为家庭生活、畜禽饮用取水的；

（二）为农业灌溉少量取水的；

（三）用人力、畜力或者其他方法少量取水的。少量取水的限额由省级人民政府规定。

第四条　下列取水免予申请取水许可证：

（一）为农业抗旱应急必须取水的；

（二）为保障矿井等地下工程施工安全和生产安全必须取水的；

（三）为防御和消除对公共安全或者公共利益的危害必须取水的。

第五条　取水许可应当首先保证城乡居民生活用水，统筹兼顾农业、工业用水和航运、环境保护需要。

省级人民政府在指定的水域或者区域可以根据实际情况规定具体的取水顺序。

第六条　取水许可必须符合江河流域的综合规划、全国和地方的水长期供求计划，遵守经批准的水量分配方案或者协议。

第七条　地下水取水许可不得超过本行政区域地下水年度计划可采总量，并应当符合井点总体布局和取水层位的要求。

地下水年度计划可采总量、井点总体布局和取水层位，由县级以上地方人民政府水行政主管部门会同地质矿产行政主管部门确定；对城市规划区地下水年度计划可采总量、井点总体布局和取水层位，还应当会同城市建设行政主管部门确定。

第八条　在地下水超采区，应当严格控制开采地下水，不得扩大取水。禁止在没有回灌措施的地下水严重超采区取水。

地下水超采区和禁止取水区，由省级以上人民政府水行政主管部门会同地质矿产行政主管部门规定，报同级人民政府批准；涉及城市规划区和城市供水水源的，由省级以上人民政府水行政主管部门会同同级人民政府地顾矿产行政主管部门和城市建设行政主管部门划定，报同级人民政府批准。

第九条　国务院水行政主管部门负责全国取水许可制度的组织实施和监督管理。

第十条　新建、改建、扩建的建设项目，需要申请或者重新申请取水许可的，建设单位

366

应当在报送建设项目设计任务书前，向县级以上人民政府水行政主管部门提出取水许可预申请；需要取用城市规划区内地下水的，在向水行政主管部门提出取水许可预申请前，须经城市建设行政主管部门审核同意并签署意见。

水行政主管部门收到建设单位提出的取水许可预申请后，应当会同有关部门审议，提出书面意见。

建设单位在报送建设项目设计任务书时，应当附具水行政主管部门的书面意见。

第十一条 建设项目经批准后，建设单位应当持设计任务书等有关批准文件向县级以上人民政府水行政主管部门提出取水许可申请；需要取用城市规划区内地下水的，应当经城市建设行政主管部门审核同意并签署意见后由水行政主管部门审批，水行政主管部门可以授权城市建设行政主管部门或者其他有关部门审批，具体办法由省、自治区、直辖市人民政府规定。

第十二条 国家、集体、个人兴办水工程或者机械提水设施的，由其主办者提出取水许可申请；联合兴办的，由其协商推举的代表提出取水许可申请。

申请的取水量不得超过已批准的水工程、机械提水设施设计所规定的取水量。

第十三条 申请取水许可应当提交下列文件：

（一）取水许可申请书；

（二）取水许可申请所依据的有关文件；

（三）取水许可申请与第三者有利害关系时，第三者的承诺书或者其他文件。

第十四条 取水许可申请书应当包括下列事项：

（一）提出取水许可申请的单位或者个人（以下简称申请人）的名称、姓名、地址；

（二）取水起始时间及期限；

（三）取水目的、取水量、年内各月的用水量、保证率等；

（四）申请理由；

（五）水源及取水地点；

（六）取水方式；

（七）节水措施；

（八）退水地点和退水中所含主要污染物以及污水处理措施；

（九）应当具备的其他事项。

第十五条 水行政主管部门在审批大中型建设项目的地下水取水许可申请、供水水源地的地下水取水许可申请时，须经地质矿产行政主管部门审核同意并签署意见后方可审批；水行政主管部门对上述地下水的取水许可申请可以授权地质矿产行政主管部门、城市建设行政部门或者其他有关部门审批。

第十六条 水行政主管部门或者其授权发放取水许可证的部门应当自收到取水许可申请之日起六十日内决定批准或者不批准；对急需取水的，应当在三十日内决定批准或者不批准。

需要先经地质矿产行政主管部门、城市建设行政主管部门审核的，地质矿产行政主管部门、城市建设行政主管部门应当自收到取水许可申请之日起三十日内送出审核意见，对急需取水的，应当在十五日内送出审核意见。

取水许可申请引起争议或者诉讼，应当书面通知申请人待争议或者诉讼终止后，重新提出取水许可申请。

第十七条　地下水取水许可申请经水行政主管部门或者其授权的有关部门批准后，取水单位方可凿井，井成后经过测定，核定取水量，由水行政主管部门或者其授权的地质矿产行政主管部门、城市建设行政主管部门或者其他有关部门发给取水许可证。

第十八条　取水许可申请经审查批准并取得取水许可证的，载入取水许可登记簿，定期公告。

第十九条　下列取水由国务院水行政主管部门或者其授权的流域管理机构审批取水许可、发放取水许可证：

（一）长江、黄河、淮河、海河、滦河、珠江、松花江、辽河、金沙江、汉江的干流，国际河流，国境边界河流以及其他跨省、自治区、直辖市河流等指定河段限额以上的取水；

（二）省际边界河流、湖泊限额以上的取水；

（三）跨省、自治区、直辖市行政区域限额以上的取水；

（四）由国务院批准的大型建设项目的取水，但国务院水行政主管部门已经授权其他有关部门负责审批取水许可申请、发放取水许可证的除外。

前款所称的指定河段和限额，由国务院水行政主管部门规定。

第二十条　对取水许可申请不予批准时，申请人认为取水许可申请符合法定条件的，可以依法申请复议或者向人民法院起诉。

第二十一条　有下列情形之一的，水行政主管部门或者其授权发放取水许可证的部门根据本部门的权限，经县级以上人民政府批准，可以对取水许可证持有人（以下简称持证人）的取水量予以核减或者限制：

（一）由于自然原因等使水源不能满足本地区正常供水的；

（二）地下水严重超采或者因地下水开采引起地面沉降等地质灾害的；

（三）社会总取水量增加而又无法另得水源的；

（四）产品、产量或者生产工艺发生变化使取水量发生变化的；

（五）出现需要核减或者限制取水量的其他特殊情况的。

第二十二条　因自然原因等需要更改取水地点的，须经原批准机关批准。

第二十三条　对水耗超过规定标准的取水单位，水行政主管部门应当会同有关部门责令其限期改进或者改正。期满无正当理由仍未达到规定要求的，经县级以上人民政府批准，可以根据规定的用水标准核减其取水量。《城市节约用水管理规定》另有规定的，按照该规定办理。

第二十四条　连续停止取水满一年的，由水行政主管部门或者其授权发放取水许可证的行政主管部门核查后，报县级以上人民政府批准，吊销其取水许可证。但是，由于不可抗力或者进行重大技术改造等造成连续停止取水满一年的，经县级以上人民政府批准，不予吊销取水许可证。

第二十五条　依照本办法规定由国务院水行政主管部门或者其授权的流域管理机构批准发放取水许可证的，其取水量的核减、限制，由原批准发放取水许可证的机关批准，需吊销取水许可证的，必须经国务院水行政主管部门批准。

第二十六条　取水许可证不得转让。取水期满，取水许可证自行失效。需要延长取水期限的，应当在距期满90日前向原批准发放取水许可证的机关提出申请。原批准发放取水许可证的机关应当在接到申请之日起 30 日内决定批准或者不批准。

第二十七条　持证人应当依照取水许可证的规定取水。

持证人应当在开始取水前向水行政主管部门报送本年度用水计划，并在下一年度的第一个月份报送用水总结；取用地下水的，应当将年度用水计划和总结抄报地质矿产行政主管部门；在城市规划区内取水的，应当将年度用水计划和总结同时抄报城市建设行政主管部门。

持证人应当装置计量设施，按照规定填报取水报表。

水行政主管部门或者其授权发放取水许可证的部门检查取水情况时，持证人应当予以协助，如实提供取水量测定数据等有关资料。

第二十八条　有下列情形之一的，由水行政主管部门或者其授权发放取水许可证的部门责令限期纠正违法行为，情节严重的，报县级以上人民政府批准，吊销其取水许可证。

（一）未依照规定取水的；

（二）未在规定期限内装置计量设施的；

（三）拒绝提供取水量测定数据等有关资料或者提供假资料的；

（四）拒不执行水行政主管部门或者其授权发放取水许可证的部门作出的取水量核减或者限制决定的；

（五）将依照取水许可证取得的水，非法转售。

第二十九条　未经批准擅自取水的，由水行政主管部门或者其授权发放取水许可证的部门责令停止取水。

第三十条　转让取水许可证的，由水行政主管部门或者其授权发放取水许可证的部门吊销取水许可证、没收非法所得。

第三十一条　违反本办法的规定取水、给他人造成妨碍或者损失的，应当停止侵害、排除妨碍、赔偿损失。

第三十二条　当事人对行政处罚决定不服的，可以依照《中华人民共和国行政诉讼法》和《行政复议条例》的规定，申请复议或者提起诉讼。当事人逾期不申请复议或者不向人民法院起诉又不履行处罚决定的，作出处罚决定的机关可以申请人民法院强制执行，或者依法强制执行。

第三十三条　本办法施行前已经取水的单位和个人，除本办法第三条、第四条规定的情形外，应当向县级以上人民政府水行政主管部门办理取水登记，领取取水许可证证；在城市规划区内的，取水登记工作应当由县级以上人民政府水行政主管部门会同城市建设行政主管部门进行。取水登记规则分别由省级人民政府和国务院水行政主管部门或者其授权的流域管理机构制定。

第三十四条　取水许可证及取水许可申请书的格式，由国务院水行政主管部门统一制作。

发放取水许可证，只准收取工本费。

第三十五条　水资源丰沛的地区，省级人民政府征得国务院水行政主管部门同意，可以划定暂不实行取水许可制度的范围。

第三十六条　省、自治区、直辖市人民政府可以根据本办法制定实施细则。

第三十七条　本办法由国务院水行政主管部门负责解释。

第三十八条 本办法自 1993 年 9 月 1 日起施行。

附录五　城市供水条例

（1994 年 7 月 19 日国务院令 158 号发布，1994 年 10 月 1 日起施行）

第一章　总　　则

第一条 为了加强城市供水管理，发展城市供水事业，保障城市生活、生产用水和其他各项建设用水，制定本条例。

第二条 本条例所称城市供水，是指城市公共供水和自建设施供水。

本条例所称城市公共供水，是指城市自来水供水企业以公共供求管道及其附属设施向单位和居民的生活、生产和其他各项建设提供用水。

本条例所称自建设施供水，是指城市的用水单位以其自行建设的供水管道及其附属设施主要向本单位的生活、生产和其他各项建设提供用水。

第三条 从事城市供水工作和使用城市供水，必须遵守本条例。

第四条 城市供水工作实行开发水源和计划用水、节约用水相结合的原则。

第五条 县级以上人民政府应当将发展城市供水事业纳入国民经济和社会发展计划。

第六条 国家实行有利于城市供水事业发展的政策，鼓励城市供水科学技术研究，推广先进技术，提高城市供水的现代化水平。

第七条 国务院城市建设行政主管部门主管全国城市供水工作。

省、自治区人民政府城市建设行政主管部门主管本行政区域内的城市供水工作。

县级以上城市人民政府确定的城市供水行政主管部门（以下简称城市供水行政主管部门）主管本行政区域内的城市供水工作。

第八条 对在城市供水工作中作出显著成绩的单位和个人，给予奖励。

第二章　城市供水水源

第九条 县级以上城市人民政府应当组织城市规划行政主管部门、水行政主管部门、城市供水行政主管部门和地质矿产行政主管部门等共同编制城市供水水源开发利用规划，作为城市供水发展规划的组成部门，纳入城市总体规划。

第十条 编制城市供水水源开发利用规划，应当从城市发展的需要出发，并与水资源统筹规划和水长期供求计划相协调。

第十一条 编制城市供水水源开发利用规划，应当根据当地情况，合理安排利用地表水和地下水。

第十二条 编制城市供水水源开发利用规划。应当优先保证城市生活用水，统筹兼顾工业用水和其他各项建设用水。

第十三条 县级以上地方人民政府环境保护部门应当会同城市供水行政主管部门、水行政主管部门和卫生行政主管部门等共同划定饮用水水源保护区，经本级人民政府批准后公布；划定跨省、市、县的饮用水水源保护区，应当由有关人民政府共同商定并经其共同的上级人民政府批准后公布。

第十四条 在饮用水水源保护区内,禁止一切污染水质的活动。

第三章 城市供水工程建设

第十五条 城市供水工程的建设,应当按照城市供水发展规划及其年度建设计划进行。

第十六条 城市供水工程的设计、施工,应当委托持有相应资质证书的设计、施工单位承担,并遵守国家有关技术标准和规范。禁止无证或者超越资质证书规定的经营范围承担城市供水工程的设计、施工任务。

第十七条 城市供水工程竣工后,应当按照国家规定组织验收;未经验收或者验收不合格的,不得投入使用。

第十八条 城市新建、扩建、改建工程项目需要增加用水的,其工程项目总概算应当包括供水工程建设投资;需要增加城市公共供水量的,应当将其供水工程建设投资交付城市供水行政主管部门,由其统一组织城市公共供水工程建设。

第四章 城市供水经营

第十九条 城市自来水供水企业和自建设施对外供水的企业,必须经资质审查合格并经工商行政管理机关登记注册后,方可从事经营活动。资质审查办法由国务院城市建设行政主管部门规定。

第二十条 城市自来水供水企业和自建设施对外供水的企业,应当建立、健全水质检测制度,确保城市供水的水质符合国家规定的饮用水卫生标准。

第二十一条 城市自来水供水企业和自建设施对外供水的企业,应当按照国家有关规定设置管网测压点,做好水压监测工作,确保供水管网的压力符合国家规定的标准。

禁止在城市公共供水管道上直接装泵抽水。

第二十二条 城市自来水供水企业和自建设施对外供水的企业应当保持不间断供水。由于工程施工、设备维修等原因确需停止供水的,应当经城市供水行政主管部门批准并提前24小时通知用水单位和个人;因发生灾害或者紧急事故,不能提前通知的,应当在抢修的同时通知用水单位和个人,尽快恢复正常供水,并报告城市供水行政主管部门。

第二十三条 城市自来水供水企业和自建设施对外供水的企业应当实行职工持证上岗制度。具体办法由国务院城市建设行政主管部门会同人事部门等制定。

第二十四条 用水单位和个人应当按照规定的计量标准和水价标准按时缴纳水费。

第二十五条 禁止盗用或者转供城市公共供水。

第二十六条 城市供水价格应当按照生活用水保本微利、生产和经营用水合理计价的原则制定。

城市供水价格制定办法,由省、自治区、直辖市人民政府规定。

第五章 城市供水设施维护

第二十七条 城市自来水供水企业和自建设施供水的企业对其管理的城市供水的专用水库、引水渠道、取水口、泵站、井群、输(配)水管网、进户总水表、净(配)水厂、公用水站等设施,应当定期检查维修,确保安全运行。

第二十八条 用水单位自行建设的与城市公共供水管道连接的户外管道及其附属设施,

必须经城市自来水供水企业验收合格并交其统一管理后，方可使用。

第二十九条 在规定的城市公共供水管道及其附属设施的地面和地下的安全保护范围内，禁止挖坑取土或者修建建筑物、构筑物等危害供水设施安全的活动。

第三十条 因工程建设确需改装、拆除或者迁移城市公共供水设施的，建设单位应当报经县级以上人民政府城市规划行政主管部门和城市供水行政主管部门批准，并采取相应的补救措施。

第三十一条 涉及城市公共供水设施的建设工程开工前，建设单位或者施工单位应当向城市自来水供水企业查明地下供水管网情况。施工影响城市公共供水设施安全的，建设单位或者施工单位应当与城市自来水供水企业商定相应的保护措施，由施工单位负责实施。

第三十二条 禁止擅自将自建设施供水管网系统与城市公共供水管网系统连接；因特殊情况确需连接的，必须经城市自来水供水企业同意，报城市供水行政主管部门和卫生行政主管部门批准，并在管道连接处采取必要的防护措施。

禁止产生或者使用有毒有害物质的单位将其生产用水管网系统与城市公共供水管网系统直接连接。

第六章 罚 则

第三十三条 城市自来水供水企业或者自建设施对外供水的企业有下列行为之一的，由城市供水行政主管部门责令改正，可以处以罚款；情节严重的，报经县级以上人民政府批准，可以责令停业整顿；对负有直接责任的主管人员和其他直接责任人员，其所在单位或者上级机关可以给予行政处分：

（一）供水水质、水压不符合国家规定标准的；

（二）擅自停止供水或者未履行停水通知义务的；

（三）未按照规定检修供水设施或者在供水设施发生故障后未及时抢修的。

第三十四条 违反本条例规定，有下列行为之一的，由城市供水行政主管部门责令停止违法行为，可以处以罚款；对负有直接责任的主管人员和其他直接责任人员，其所在单位或者上级机关可以给予行政处分：

（一）无证或者超越资质证书规定的经营范围进行城市供水工程的设计或者施工的；

（二）未接国家规定的技术标准和规范进行城市供水工程的设计或者施工的；

（三）违反城市供水发展规划及其年度建设计划兴建城市供水工程的。

第三十五条 违反本条例规定，有下列行为之一的。由城市供水行政主管部门或者其授权的单位责令限期改正，可以处以罚款：

（一）未按规定缴纳水费的；

（二）盗用或者转供城市公共供水的；

（三）在规定的城市公共供水管道及其附属设施的安全保护范围内进行危害供水设施安全活动的；

（四）擅自将自建设施供水管网系统与城市公共供水管网系统连接的；

（五）产生或者使用有毒有害物质的单位将其生产用水管网系统与城市公共供水管网系统直接连接的；

（六）在城市公共供水管道上直接装泵抽水的；

（七）擅自拆除、改装或者迁移城市公共供水设施的。

有前款第（一）项、第（二）项、第（四）项、第（五）项、第（六）项、第（七）项所列行为之一，情节严重的，经县级以上人民政府批准，还可以在一定时间内停止供水。

第三十六条 建设工程施工危害城市公共供水设施的，由城市供水行政主管部门责令停止危害活动；造成损失的，由责任方依法赔偿损失；对负有直接责任的主管人员和其他直接责任人员，其所在单位或者上级机关可以给予行政处分。

第三十七条 城市供水行政主管部门的工作人员玩忽职守，滥用职权、徇私舞弊的，由其所在单位或者上级机关给予行政处分；构成犯罪的，依法追究刑事责任。

第七章　附　　则

第三十八条 本条例第三十三条、第三十四条、第三十五条规定的罚款数额由省、自治区、直辖市人民政府规定。

第三十九条 本条例自 1994 年 10 月 1 日起施行。

附录六　城市节约用水管理规定

（1988 年 11 月 30 日国函〔1988〕137 号批复，1988 年 12 月 20 日
建设部令第 1 号发布，1989 年 1 月 1 日施行）

第一条 为加强城市节约用水管理，保护和合理利用水资源，促进国民经济和社会发展，制定本规定。

第二条 本规定适合用于城市规划区内节约用水的管理工作。

在城市规划区内使用公共供水和自建设施供水的单位和个人，必须遵守本规定。

第三条 城市实行计划用水和节约用水。

第四条 国家鼓励城市节约用水科学技术研究，推广先进技术，提高城市节约用水科学技术水平。在城市节约用水工作中作出显著成绩的单位或个人，由人民政府给予奖励。

第五条 国务院城市建设行政主管部门主管全国的城市节约用水工作，业务上受国务院水行政主管部门指导。

国务院其他有关部门按照国务院规定的职责分工，负责本行业的节约用水管理工作。

省、自治区人民政府和县级以上的城市人民政府城市建设行政主管部门和其他有关行业行政主管部门，按照同级人民政府规定的职责分工，负责城市节约用水管理工作。

第六条 城市人民政府应当在制定城市供水发展规划的同时，制定节约用水发展规划，并根据节约用水发展规划制定节约用水年度计划。

各有关行业行政主管部门应当制定本行业的节约用水发展规划和节约用水年度计划。

第七条 工业用水重复利用率低于 40%（不包括热电厂用水）的城市，新建供水工程时，未经上一级城市建设行政主管部门的同意，不得新增工业用水量。

第八条 单位自建供水设施取用地下水，必须经城市建设行政主管部门核准后，依据国家规定申请取水许可。

第九条 城市的新建、扩建和改建工程项目，应当配套建设节约用水设施。城市建设行

政主管部门应当参加节约用水设施的竣工验收。

第十条　城市建设行政主管部门应当会同有关行业行政主管部门制定行业综合用水定额和单项用水定额。

第十一条　城市用水计划由城市建设行政主管部门根据水资源统筹规划和水长期供求计划制定，并下达执行。

超计划用水必须缴纳超计划用水加价水费。超计划用水加价水费，应当从税后留利或者预算包干经费中支出，不得纳入成本或者从当年预算中支出。

超计划用水加价水费的具体征收办法由省、自治区、直辖市人民政府制定。

第十二条　生活用水按户计量收费。新建住宅应当安装分户计量水表；现有住户未装分户水表的，应当限期安装。

第十三条　各用水单位应当在用水设备上安装计量水表，进行用水单耗考核，降低单位产品用水量；应当采取循环用水、一水多用等措施，在保证用水质量标准的前提下，提高水的重复利用率。

第十四条　水资源紧缺城市，应当在保证用水质量标准的前提下，采取措施提高城市污水利用率。沿海城市应当积极开发利用海水资源。有咸水资源的城市，应当合理开发利用咸水资源。

第十五条　城市供水企业、自建供水设施的单位应当加强供水设施的维修管理，减少水的漏损量。

第十六条　各级统计部门、城市建设行政主管部门应当做好城市节约用水统计工作。

第十七条　城市的新建、扩建和改建工程项目未按规定配套建设节约用水设施或者节约用水设施经验收不合格的，由城市建设行政主管部门限制其用水量，并责令其限期完善节约用水设施，可以并处罚款。

第十八条　超计划用水加价水费必须按规定的期限缴纳。逾期不缴纳的，城市建设行政主管部门除限期缴纳外，并按日加收超计划用水加价水费5‰的滞纳金。

第十九条　拒不安装生活用水分户计量水表的，城市建设行政主管部门应当责令其限期安装；逾期仍不安装的，由城市建设行政主管部门限制其用水量，可以并处罚款。

第二十条　当事人对行政处罚不服的，可以在接到处罚通知日起15日内，向作出处罚决定机关的上一级机关申请复议；对复议决定不服的，可以在接到复议通知日起15日内向人民法院起诉。逾期不申请复议或者不向人民法院起诉又不履行处罚决定的，由作出处罚决定的机关申请人民法院强制执行。

第二十一条　城市建设行政主管部门的工作人员玩忽职守、滥用职权、徇私舞弊的，由其所在单位或者上级主管部门给予行政处分；构成犯罪的，由司法机关依法追究刑事责任。

第二十二条　各省、自治区、直辖市人民政府可根据本规定制定实施办法。

第二十三条　本规定由国务院城市建设行政主管部门负责解释。

第二十四条　本规定自1989年1月1日起施行。

附录七　城市用水定额管理办法

（建设部、国家计委建城 [1991] 278 号，1991 年 4 月 23 日发布）

第一条　为加强城市用水定额管理，实行计划用水，厉行节约用水，合理使用水资源，根据《城市节约用水管理规定》，制定本办法。

第二条　用水定额是规定单位的用水量。本办法所称城市用水定额，是指城市工业、建筑业、商业、服务业、机关、部队和所有用水单位各类用水定额和城市居民生活用水定额。

第三条　凡在城市规划区范围内制定、修改和实施用水定额都必须遵守本办法。

第四条　建设部和国家计划委员会组织推动全国城市用水定额的编制。省、自治区、直辖市和城市人民政府城市建设行政主管部门会同同级计、经委根据当地实际情况，组织制定、修改和实施本辖区城市用水定额。

省、自治区、直辖市和城市人民政府其他行业行政主管部门协同城市建设行政主管部门做好本行业用水定额的制定、修改和管理工作。

第五条　制定城市用水定额，必须符合国家有关标准规范和技术通则，用水定额要具有先进性和合理性。

第六条　城市用水定额是城市建设行政主管部门编制下达用水计划和衡量用水单位、居民用水和节约用水水平的主要依据；各地要逐步实现以定额为主要依据的计划用水管理，并以此实施节约奖励和浪费处罚。

第七条　遇有严重干旱年、季或非正常情况下供水不足时，经当地人民政府批准，城市建设行政主管部门有权调整用水量。

第八条　城市建设行政主管部门负责城市用水定额的日常管理，检查城市用水定额实施情况。

第九条　各级城市建设行政主管部门和计划、经济行政主管部门根据经济和科学技术发展，结合用水条件和用水需求的计划，组织修订城市用水定额，修订过程按原程序进行。

第十条　省、自治区、直辖市和各城市可根据本办法，结合当地情况，制定具体实施细则。

第十一条　本办法由建设部负责解释。

第十二条　本办法从颁布之日起实施。

附录八　国务院关于加强城市供水节水和水污染防治工作的通知

（国发 [2000] 36 号）

各省、自治区、直辖市人民政府，国务院各部委、各直属机构：

我国是水资源短缺的国家，城市缺水问题尤为突出。随着经济发展和城市化进程的加快，当前相当部分城市水资源短缺，城市缺水范围不断扩大，缺水程度日趋严重；与此同时，水价不合理、节水措施不落实和水污染严重等问题也比较突出。为切实加强和改进城市供水、节水和水污染防治工作，促进经济社会的可持续发展，现就有关问题通知如下：

一、提高认识，统一思想

（一）水资源可持续利用是我国经济社会发展的战略问题，核心是提高用水效率。解决城市缺水的问题，直接关系到人民群众的生活，关系到社会的稳定，关系到城市的可持续发展。这既是我国当前经济社会发展的一项紧迫任务，也是关系现代化建设长远发展的重大问题。各地区、各部门要高度重视，采取切实有力的措施，认真做好城市供水、节水和水污染防治工作。

（二）做好城市供水、节水和水污染防治工作，必须坚持开源与节流并重、节流优先、治污为本、科学开源、综合利用的原则，为城市建设和经济发展提供安全可靠的供水保障和良好的水环境，以水资源的可持续利用，支持和保障城市经济社会的可持续发展。

二、统一规划，优化配置，多渠道保障城市供水

（一）各地区研究制定流域和区域水资源规划，要优先考虑和安排城市用水。要依据流域和区域水资源规划，尽快组织制定城市水资源综合利用规划，并将其作为城市总体规划的组成部分，纳入城市经济和社会发展规划。城市水资源综合利用规划应包括水资源中长期供求、供水水源、节水、污水资源化、水资源保护等专项规划。水资源极度短缺的城市，要在综合考虑当地水资源挖潜、大力节水和水污染治理的基础上，依据流域水资源规划实施跨流域调水。

（二）加强城市水资源的统一规划和管理，重点加强地下水资源开发利用的统一管理。要科学确定供水水源次序，城市用水要做到先地表水、后地下水，先当地水、后过境水。逐步改变过去一个水系、一个水库、一条河道的单一水源向城市供水的方式，采取"多库串联，水系联网，地表水与地下水联调，优化配置水资源"的方式。建立枯水期及连续枯水期应急管理制度，编制供水应急预案，提高城市供水保证率。严格控制并逐步减少地下水的采量，建立河湖闸坝放水调控制度，保证城市河湖环境用水。严格限制城市自来水可供区内的各种自备水源。今后，在城市公共供水管网覆盖范围内，原则上不再批准新建自备水源，对原有的自备水源要提高水资源费征收额度，逐步递减许可取水量直至完全取消。地下水已严重超采的城市，严禁新建任何取用地下水的供水设施，不再新批并逐步压减地下水取水单位和取水量。

（三）大力提倡城市污水回用等非传统水资源的开发利用，并纳入水资源的统一管理和调配。干旱缺水地区的城市要重视雨水、洪水和微咸水的开发利用，沿海城市要重视海水淡化处理和直接利用。

三、坚持把节约用水放在首位，努力建设节水型城市

（一）城市建设和工农业生产布局要充分考虑水资源的承受能力。各地区特别是设市城市的人民政府要根据本地区水资源状况、水环境容量和城市功能，合理确定城市规模，调整优化城市经济结构和产业布局。要以创建节水型城市为目标，大力开展城市节约用水活动。城市节约用水要做到"三同时、四到位"，即建设项目的主体工程与节水措施同时设计、同时施工、同时投入使用；取水用水单位必须做到用水计划到位、节水目标到位、节水措施到位、管水制度到位。有条件的城市要逐步建立行业万元国内生产总值用水量的参照体系，促进产业结构调整和节水技术的推广应用。缺水城市要限期关停并转一批耗水量大的工业企

业，严格限制高耗水型工业项目建设和农业粗放型用水，尽快形成节水型经济结构。工业用水重复利用率低于40%的城市，在达标之前不得新增工业用水量，并限制其新建供水工程项目。

（二）加大国家有关节水技术政策和技术标准的贯彻执行力度，制定并推行节水型用水器具的强制性标准。积极推广节水型用水器具的应用，提高生活用水效率，节约水资源。要制定政策，鼓励居民家庭更换使用节水型器具，尽快淘汰不符合节水标准的生活用水器具。所有新建、改建、扩建的公共和民用建筑中，均不得继续使用不符合节水标准的用水器具；凡达不到节水标准的，经城市人民政府批准，可不予供水。各单位现有房屋建筑中安装使用的不符合节水标准的用水器具，必须在2005年以前全部更换为节水型器具。

（三）采取有效措施，加快城市供水管网技术改造，降低管网漏失率。20万人口以上城市要在2002年底前，完成对供水管网的全面普查，建立完备的供水管网技术档案，制定管网改造计划。对运行使用年限超过50年，以及旧城区严重老化的供水管网，争取在2005年前完成更新改造工作。

四、坚决治理水污染，加强水环境保护

（一）认真贯彻执行《中华人民共和国水污染防治法》，限期改善地表水水质。严格按照有关规定和城市总体规划的有关要求，组织编制水污染防治规划，划分水功能区，确定污染物排放容量，实行水污染物总量控制，并分解到排污单位。各直辖市、省会城市、经济特区城市、沿海开放城市及重点旅游城市的地表水水环境质量，必须达到国家规定的标准。"十五"期间，所有设市城市都要制定改善水质的计划，并实施跨地区河流水质达标管理制度。要组织制定饮用水源保护规划，依法划定饮用水源保护区，严禁在饮用水源保护区内进行各项开发建设活动，禁止一切排污行为，重点保护好城市生活饮用水水源地。20万人口以上城市应在2002年底前，建立实施供水水源地水质旬报制度，并在北京、上海等47个环保重点城市实施生活饮用水水源水环境质量公报制度。

（二）加强对地下水资源的保护。因地下水资源超采出现大范围地面沉降或海咸水倒灌的城市，要划定超采区范围，向社会公布，并规划建设替代水源和地下水人工回灌工程。城市绿地建设、河道砌衬和非道路覆盖等，应兼顾自然水生态系统循环的需要。要积极开展农业源污染防治，特别是畜禽和水产养殖污染的综合治理。要严格执行《中华人民共和国水法》和《中华人民共和国防洪法》，严禁向湖滨、河岸、水体倾倒固体废充物，并限期整治和清理河道。

（三）积极推行清洁生产，进一步削减污染物排放量，加大对工业污染源的治理。工业污染防治是城市水污染防治工作的一项重要任务。要大力推行清洁生产，加快工业污染防治从以末端治理为主向生产全过程控制的转变。进一步加大"一控双达标"工作力度。对不能达标排放的企业，要责令其限期停产整顿或关闭。"十五"期间，要使工业企业由主要污染物达标排放转向全面达标排放。

（四）"十五"期间，所有设市城市都必须建设污水处理设施。到2005年，50万以上人口的城市，污水处理率应达到60%以上；到2010年，所有设市城市的污水处理率应不低60%，直辖市、省会城市、计划单列市以及重点风景旅游城市的污水处理率不低于70%。今后，城市在新建供水设施的同时，要规划建设相应的污水处理设施；缺水地区在规划城市污水处理设施时，还要同时安排污水回用设施的建设；城市大型公共建筑和公共供水管网覆盖范围外的自备水源单位，都应当建立中水系统，并在试点基础上逐步扩大居住小区中水系统建设。要加强对城市污水处理设施和回用设施运营的监督管理。

五、健全机制，加快水价改革步伐

（一）积极引入市场机制，拓展融资渠道，鼓励和吸引社会资金和外资投向城市污水处理和回用设施项目的建设和运营，加快城市污水处理设施的建设步伐。国家将采取积极有效的措施筹集建设资金，进一步加大建设投资力度，对小城镇及西部地区污水处理设施建设给予资金倾斜；对各地收取的污水处理费，免征增值税；对城市供水和污水处理工程所购置的设备可加速折旧。各地要继续落实好国家投资的城市污水处理工程项目的配套资金；对收取的污水处理费实行专款专用、滚动使用，采取有效措施，确保城市污水处理设施的正常运营和建设贷款及债券本息的偿还。

（二）逐步提高水价是节约用水的最有效措施。要加快城市水价改革步伐，尽快理顺供水价格，逐步建立激励节约用水的科学、完善的水价机制。要提高地下水资源费征收标准，控制地下水开采量。地方各级人民政府特别是城市人民政府要根据国家有关规定，尽快制订本行政区域内的用水定额和城市水价调整方案，并结合本地区经济发展水平和水资源的供求情况，适时调整。在逐步提高水价的同时，可继续实行计划用水和定额管理，对超计划和超定额用水要实行累进加价收费制度；缺水城市，要实行高额累进加价制度。

（三）全国所有设市城市都要按照有关规定尽快开征污水处理费。各地在调整城市供水价格和污水处理费标准时，要优先将污水处理费的征收标准调整到保本微利的水平，满足污水处理设施建设和运营的需要。供水和污水处理企业也要不断深化改革，转换经济机制，加强管理，降低成本。国务院有关部门要抓紧研究确定回用污水的合理价格，促进和鼓励污水的再利用。

六、加强领导，完善法规，提高城市供水、节水和水污染防治工作水平

（一）各地区、各有关部门要切实加强对城市供水、节水和水污染防治工作的组织领导，把这项工作纳入国民经济和社会发展计划，统筹安排，综合部署。地方各级人民政府的主要领导，特别是城市人民政府的主要领导，要对城市供水、节水和水污染防治工作负总责。国务院各有关部门要严格按照国家有关法律法规规定的程序和职责分工，加强协作，密切配合，及时协调解决工作中遇到的矛盾和问题。

（二）各地区、各有关部门在制定和实施水资源规划中，要明确目标，优化项目，落实措施，协调行动。要把有关水资源的保护、开发、利用等各个环节协调统一起来，统筹考虑城市防洪、排涝、供水、节水、治理水污染、污水回收利用，以及城市水环境保护等各种水的问题，妥善安排居民生活、工农业生产和生态环境等不同的用水需求，处理好各种用水矛盾。

（三）强化取水许可和排污许可制度，建立建设项目水资源论证制度和用水、节水评估制度。各地要加强取水许可监督管理和年审工作，严格取水许可审批，凡需要办理取水许可的建设项目都必须进行水资源论证。今后城市新建和改扩建的工程项目，在项目可行性研究报告中，应有用水、节水评估的内容。要严格执行环境影响评价制度，实行污染物排放总量控制及排污许可制度，排污必须经过许可。

（四）按照社会主义市场经济发展和加强城市供水、节水和水污染防治工作的要求，加快立法步伐，进一步补充、修改和完善有关法律法规，尽快建立起符合我国国情的、科学的城市供水、节水和水污染防治法律法规体系。各地区、各有关部门要坚决依法办事，严格执法，进一步加大执法监督力度，逐步将城市供水、节水和水污染防治工作纳入法制化、规范化轨道。

（五）各地区、各部门和各新闻单位要采取各种有效形式，开展广泛、深入、持久的宣传教育，使全体公民掌握科学的水知识，树立正确的水观念。加强水资源严重短缺的国情教育，增强全社会对水的忧患意识，使广大群众懂得保护水资源、水环境是每个公民的责任。转变落后的用水观念和用水习惯，把建设节水防污型城市目标变成广大干部群众共同的自觉行动。要加强舆论监督，对浪费水、破坏水质的行为公开曝光。同时，大力宣传和推广科学用水、节约用水的好方法，在全社会形成节约用水、合理用水、防治水污染、保护水资源良好的生产和生活方式。

二〇〇〇年十一月七日

附录九　节水型城市目标导则

（［1996］建城 593 号）

1. 目的和意义

为有效地开发与利用城市水资源，提高科学、合理用水水平，使有限的水资源满足人民生活、适应经济持续发展和城市建设的需要，开展创建节水型城市活动，制定节水型城市目标导则。

2. 内容与适用范围

本导则规定了节水型城市的主要遵循原则与城市节水基础管理内容及具体考核指标。本导则适用于各级城市。

3. 引用标准

GB/T 7119—1986　评价企业合理用水技术通则

GB 8978—1988　污水综合排放标准

GB/T 12454—1990　企业水平衡与测试通则

4. 定义

4.1　节约用水。指通过行政、技术、经济等管理手段加强用水管理，调整用水结构，改进用水工艺，实行计划用水，杜绝用水浪费，运用先进的科学技术建立科学的用水体系，有效地使用水资源，保护水资源，适应城市经济和城市建设持续发展的需要。

4.2　城市。指国家按行政建制设立的直辖市、市、镇。城市规划区包括城市市区、近郊区以及城市建设和发展需要实行统一控制的区域。城市规划区的具体范围，由城市人民政府在编制的城市总体规划中划定。

4.3　节水型城市。指一个城市通过对用水和节水的科学预测和规划，调整用水结构，加强用水管理，合理配置、开发、利用水资源，形成科学的用水体系，使其社会、经济活动所需用的水量控制在本地区自然界提供的或者当代科学技术水平能达到或可得到的水资源的量的范围内，并使水资源得到有效的保护。

4.4 工业。指城市规划区范围内的国有、集体、三资、个体等所有工业。

4.5 取水量。指为满足城市用水需求，直接从自然界取用的水量，包括自来水、单位自建供水设施、地下水、地表水水源被第一次利用的水量。

4.6 用水量。指直接从自然界取用的水量、循环水量和回用的废水等其他用水量。

4.7 自建供水设施。指用水单位以自行建设的供水管道及其附属设施主要向本单位的生活、生产和其他各项建设提供用水的设施。

4.8 城市公共供水。城市自来水供水企业以公共供水管道及其附属设施向单位和居民的生活、生产和其他各项建设提供的用水。按用水性质分工业用水、生活用水和城市建设用水。生活用水包括商业用水、机关事业单位用水（含部队、院校等）和居民用水。

5. 基础管理

5.1 依法管水。有城市供水、城市节水、城市地下水管理的法规、规章，依对对用水单位定期全面进行检查、对节水各项工作进行管理。

5.2 节水机构。由主管部门负责城市节水和城市地下水管理工作，市、区（县）、局（总公司）及用水单位都有专门机构或专人负责。

5.3 节水规划。依据本市总体规划，根据国家、省提出的编制节水中长期规划大纲的深度要求，编制完成本城市节水中长期规划，并经省级城市建设行政主管部门批准。

5.4 水资源利用。合理配置水资源，有条件的城市要积极开展污水处理回用设施和中水设施建设，使污水资源化。沿海城市鼓励使用海水资源，节约淡水资源。有市水资源储量、分布情况等完整的资料。合理开发、调蓄地下水、地表水资源，有效控制用水量的增长。

5.5 城市地下水管理。根据水资源的中长期规划对城市地下水实行有效管理。征收城市水资源费，有计划地开发、利用和保护城市地下水，控制地面下沉，保证城市建设安全。

5.6 建立城市节水指标体系。要有科学合理的节水指标体系，有相应的统计报表制度，规范化的统计报表和科学合理的计算方法。统一使用建设部编制的城市节水和城市地下水管理规范性通用软件。

5.7 节水科研和设施建设。有计划、有组织地进行节水科研和节水设施建设，并落实资金来源渠道。

新建、改建、扩建工程项目必需要求节水设施与主体工程同时设计、同时施工、同时投产使用。对浪费水的工艺、设备要有计划地进行更新改造。

5.8 节水器具。禁止使用国家明令淘汰的卫生洁具和其他浪费水的器具。优先选用国家推荐的定点产品。

5.9 定额管理。要建立科学合理的单位产品先进用水定额。城市主要产品的单位产品取水量要达到国内较先进水平。

5.10 节水科学管理。提高节水科学管理水平，运用微机等先进手段和水平衡测试等科学方法进行节水日常管理，使基础管理达到规范化、标准化。

6. 考核指标

6.1 产业结构

6.1.1 城市用水相对经济年增长指数 $\leqslant 0.5$

概念：城市用水相对经济年增长指数是指城市用水年增长率与城市经济（国民生产总

值）年增长率之比。

计算公式：城市用水年增长率÷城市经济年增长率

6.1.2 城市取水相对经济年增长指数在 0.2～0.25 之间

概念：城市取水相对经济年增长指数指城市取水年增长率与城市经济（国民生产总值）年增长率之比。

计算公式：城市取水年增长率÷城市经济年增长率

6.1.3 万元国内生产总值（GDP）取水量降低率≥4%

概念：万元国内生产总值取水量降低率是指基期与报告期万元国内生产总值（不含农业）取水量之差与基期万元国内生产总值取水量之比。

计算公式：（基期万元国内生产总值取水量－报告期万元国内生产总值取水量）÷基期万元国内生产总值取水量×100%

6.2 计划用水管理指标（城市计划用水率≥95%）

概念：在一定计量时间内（年），计划户取水量与城市非居民有效供水总量（自来水、地下水）之比。

计算公式：城市计划用水户取水量÷城市非居民有效供水总量×100%

6.3 工业节水

6.3.1 工业用水重复利用率≥75%

概念：工业用水重复利用率指在一定的计量时间（年）内，生产过程中使用的重复利用水量与总用水量之比。（工业重复用水量指工业企业内部生产生活用水中循环利用的水量和直接或经过处理后回收再利用的水量的总和。）

计算公式：重复利用水量÷（生产中取用的新水量＋重复利用水量）÷100%

6.3.2 间接冷却水循环率≥95%

概念：冷却水循环率指在一定的计量时间（年）内，冷却水循环量与冷却水总用水量之比。

计算公式：冷却水循环量÷（冷却水新水量＋冷却水循环量）×100%

6.3.3 锅炉蒸汽冷凝水回用率≥50%

概念：锅炉蒸汽冷凝水回用率指在一定计量时间（年）内，用于生产的锅炉蒸汽冷凝水回用水量与锅炉产汽量之比。

计算公式：锅炉冷凝水回用量÷（锅炉产汽量×年工作小时数）×水密度×100%

6.3.4 工艺水回用率≥50%

概念：工艺水回用率是指在一定的计量时间内，工艺水回用量与工艺水总量之比。

计算公式：工艺水回用量÷工艺水总量×100%

6.3.5 工业废水处理达标率≥75%

概念：工业废水处理达标率指经处理达到排放标准的水量占工业废水总量之比。

计算公式：工业废水处理达标量÷工业废水总量×100%

6.3.6 工业万元产值取水量递减率（不含电厂）≥5%

概念：工业万元产值取水量递减率指基期与报告期工业万元产值取水量之差与基期工业万元产值取水量之比。

计算公式：（基期工业万元产值取水量－报告期工业万元产值取水量）÷基期工业万元

产值取水量×100%

6.4　自建设施供水（自备水）

6.4.1　自建设施供水管理率≥98%

概念：指各城市法规及政府规定已经管理的自备水年水量与要管理的自备水年水量之比。

计算公式：已经管理的自备水年水量÷应管理的自备水年水量×100%

6.4.2　自建设施供水装表计量率达到100%

概念：自备水纳入管理范围内已装表与应装表计量水量之比。

计算公式：自备水已装表计量水量÷自备水应装表计量水量×100%

6.5　城市水环境保护考核指标

6.5.1　城市污水集中处理率≥30%

概念：在一定时间（年）内城市已集中处理污水量（达到二级处理标准）与城市污水总量之比。

计算公式：城市污水集中处理量÷城市污水总量×100%

6.5.2　城市污水处理回用率≥60%

概念：在一定时间（年）内城市污水处理后回用于农业、工业等的水量与城市污水处理总量之比。

计算公式：城市污水处理后的回用水量÷城市污水处理总量×100%

6.6　城市公共供水

6.6.1　非居民城市公共生活用水重复利用率≥30%

概念：在一定计量时间（年）内，扣除居民用水外的城市公共生活用水的重复利用水量与总用水量之比。

计算公式：重复利用水量÷（生活用新水量＋重复利用水量）×100%

6.6.2　非居民城市公共生活用水冷却水循环率≥95%

概念：指在一定计量时间（年）内，冷却水循环量与冷却水总用水量之比。

计算公式：冷却水循环量÷（冷却用新水量＋冷却水循环量）×100%

6.6.3　居民生活用水户表率≥98%

概念：按宅院、门楼计算，已装水表户数与应装水表户数之比。

计算公式：已装居民生活（宅院、门楼）户表数÷应装居民生活（宅院、门楼）户表数×100%

6.6.4　城市自来水损失率≤8%

概念：指自来水供水总量和有效供水总量之差与供水总量之比。

计算公式：（供水量－有效供水量）÷供水总量×100%

附录十　节水型企业（单位）目标导则

（城建［1997］45号）

一、为促进企业合理用水，创建节水型企业（单位），推动企业节水技术进步，提高城市节约用水管理水平，制定本目标导则。

二、各省、自治区、直辖市和各行业开展创建节水型企业（单位）活动，应当遵守本目标导则。

三、根据建设部、国家经贸委、国家计委联合发布的《节水型城市目标导则》（建城[1996] 593号），建设部《工业用水考核指标及计算方法》（CJ 21—1987）等有关标准规定，制定节水型企业目标导则。

四、各级城市建设行政主管部门是节水型企业（单位）管理工作的主管部门。各城市节约用水管理部门负责具体管理工作。

五、节水型企业（单位）定量考核指标见附表一（略），基础管理考核指标见附表二（略）。节水型企业（单位）的各项定量考核指标均不得低于各项考核指标的最低标准水平，其中定量考核指标中的1、2、4、5、8项的最低标准比标准水平低5个百分点，3项最低标准不得低于1%，6、7项最低标准不得高于5%。有一项达不到最低标准水平的都具有否决权。

六、节水型企业（单位）采取百分制考核办法。节水型企业的定量考核指标为50分，基础管理指标为50分。节水型单位的定量考核指标为40分，基础管理指标为60分。总分达到90分以上的可评为节水型企业（单位）。凡工业生产用水统计中，应有工业用水重复利用率、间接冷却水循环率、万元产值取水量指标的均按企业标准考核。其他的一律按单位标准考核。

七、对于有空项（如无自备供水设施）的企业（单位），可按其余项目达标情况进行折算，公式如下：

$$\text{折算后总得分} = \left[\text{其余项目得分}/(100-\text{空项的总得分})\right] \times 100$$

八、节水型企业（单位）由当地节水管理部门依据本目标导则和日常管理工作组织考核。达标的节水型企业（单位），由当地城市建设行政主管部门报省级建设行政主管部门核准，报建设部城市节水办公室备案。

九、各级城市建设行政主管部门对获得节水型的企业（单位），需要新增用水量的应优先考虑，对其节约的用水量可留作企业（单位）发展的用水指标。

十、各城市节水管理部门对节水型的企业（单位），应不定期地进行复查或抽查，经检查不符合标准的，应申报原审批部门撤销其节水型企业（单位）称号。

十一、有下列情形之一的，不得申报节水型企业（单位）：

1. 生活用水有包费制的；

2. 供汽锅炉冷凝水不回收的；

3. 间接冷却水有直排的；

4. 未按规定开展水平衡测试的；

5. 单位产品取水量或万元产值取水量高出全国先进水平50%以上的；

6. 未按有关规定擅自开采城市地下水的；

7. 未按规定缴纳地下水资源费等有关费用的；

8. 本年度中累计五个月以上超计划用水的。

十二、节水型企业（单位）考核人员应秉公办事，认真执行行业廉政管理规定，开展节水型企业（单位）考核工作一律从简，不得增加企业负担。

十三、本目标导则自颁布之日起施行。

附录十一 节水型生活用水器具

前　言

　　保护、合理利用水资源，避免水损失和浪费，是保证我国国民经济和社会发展的重要战略问题。本标准是在 GB/T 18145—2000《陶瓷片密封水嘴》、GB/T 6952—1999《卫生陶瓷》、JC/T 856—2000《6升水便器配套系统》、QB/T 3649—1999《大便器冲洗阀》、CJ/T 3008—1993《淋浴用机械式脚踏阀门》、GB/T 4288—1992《家用电动洗衣机》等产品标准基础上，对上述用水器具的主要用水参数（如流量上限等）和影响产品节水的因素及指标作出了规定。本标准发布实施后，上述标准继续有效。

　　本标准第 4.2.1、4.2.3、4.2.4、4.3.2、4.4.1、4.5.2、4.6.3 条均为强制性条文，其余为推荐性条文。

　　本标准由建设部标准定额研究所提出。

　　本标准由建设部给水排水产品标准化技术委员会归口。

　　本标准起草单位：中国城镇供水协会、天津市城市节约用水办公室、北京市城市节约用水办公室、中国建筑卫生陶瓷协会。

　　本标准主要起草人：白健生、刘志达、孙菁、仇之瑞、王全忠、何建平、李绍森、缪斌、刘幼红、肖瑞凤。

1. 范围

　　本标准规定了节水型生活用水器具的定义、技术要求、检验方法、检验规则。

　　本标准适用于安装在建筑设施内冷热供水管路上，供水压力不大于 0.6 MPa 使用的水嘴（水龙头）、便器及便器系统、便器冲洗阀、淋浴器、家用洗衣机等产品。

2. 引用标准

　　下列标准所包含的条文，通过在本标准中引用而构成为本标准的条文。本标准出版时，所示版本均为有效。所有标准都会被修订，使用本标准的各方应探讨使用下列标准最新版本的可能性。

　　GB/T 1176—1987　铸造铜合金技术条件

　　GB/T 4288—1992　家用电动洗衣机

　　GB/T 6952—1999　卫生陶瓷

　　GB/T 18145—2000　陶瓷片密封水嘴

　　CJ/T 3081—1999　非接触式（电子）给水器具

　　JC 707—1997　坐便器低水箱配件

　　JC/T 856—2000　6升水便器配套系统

　　JG/T 3008—1993　机械式脚踏淋浴用阀门

　　JG/T 3040.2—1997　大便器冲洗装置液压缓闭式冲洗阀

　　QB/T 1334—1998　水嘴通用技术条件

　　QB/T 3649—1999　大便器冲洗阀

3. 定义

本标准采用下列定义。

3.1 节水型生活用水器具 domestic water saving devices

满足相同的饮用、厨用、洁厕、洗浴、洗衣等用水功能，较同类常规产品能减少用水量的器件、用具。

3.2 节水型水嘴（水龙头） water saving faucet

具有手动或自动启闭和控制出水口水流量功能，使用中能实现节水效果的阀类产品。

3.3 节水型便器

在保证卫生要求、使用功能和排水管道输送能力的条件下，不泄漏，一次冲洗水量不大于 6 L 水的便器。

3.4 节水型便器系统 water saving toilet system

由便器和与其配套使用的水箱及配件、管材、管件、接口和安装施工技术组成，每次冲洗周期的用水量不大于 6 L 即能将污物冲离便器存水弯，排入重力排放系统的产品体系。

3.5 节水型便器冲洗阀 water saving flushing valve for water closet

具有延时冲洗、自动关闭和流量控制功能的便器用阀类产品。

3.6 节水型淋浴器 water saving shower

采用接触或非接触控制方式启闭，并有水温调节和流量限制功能的淋浴器产品。

3.7 节水型洗衣机 water saving washing machine

以水为介质，能根据衣物量、脏净程度自动或手动调整用水量，满足洗净功能且耗水量低的洗衣机产品。

4. 技术要求

4.1 一般规定

4.1.1 产品与水接触的部位不允许使用易腐蚀材料制造；直接影响产品寿命的零部件表面应做防腐蚀处理或采用不易腐蚀的材料制造。采用铸铜合金应符合 GB/T 1176 的规定。

4.1.2 产品不应使用含有害添加物的材料或涂装，所有与饮用水直接接触的材料，不应对水质造成污染。

4.1.3 用于湿热环境下的产品，应能在温度小于 60℃、相对湿度不大于 90% 下长期使用（淋浴器相对湿度不大于 95%），并对人体无不良作用，对环境不造成污染。

4.1.4 如为电子控制型产品，其电性能应符合 CJ/T 3081 的有关规定。

4.2 节水型水嘴

4.2.1 产品应在水压 0.1 MPa 和管径 15 mm 下，最大流量不大于 0.15 L/s。

4.2.2 感应式水嘴、延时自闭式水嘴应符合 4.2.1 的规定。

4.2.3 离开使用状态后，感应式水嘴应在 2 s 内自动止水，非正常供电电压下应自动断水。

4.2.4 延时自闭式水嘴每次给水量不大于 1 L，给水时间 4～6 s。

4.2.5 陶瓷片密封式水嘴的阀体强度应符合 GB/T 18145—2000 中 6.4.1 的规定。

4.2.6 非陶瓷片密封式水嘴的阀体强度应符合 QB/T 1334—1998 中 5.4.1 的规定。

4.2.7 感应式水嘴的阀体强度应符合 CJ/T 3081—1999 中 6.6 的规定。

4.2.8 陶瓷片密封式水嘴的密封性能应符合 GB/T 18145—2000 中 6.4.2 的规定。

4.2.9 非陶瓷片密封式水嘴的密封性能应符合 QB/T 1334—1998 中 5.4.2 的规定。

4.2.10 感应式水嘴的阀体密封性能应符合 CJ/T 3081—1999 中 6.6 的规定。

4.2.11 产品的开关使用寿命应符合如下要求：

a）感应式水嘴大于 5 万次；

b）陶瓷片密封式水嘴大于 20 万次；

c）其他类水嘴大于 30 万次。

4.2.12 对产品的其他要求应相应符合 GB/T 18145、QB/T 1334、CJ/T 3081 中有关规定。

4.3 节水型便器系统

4.3.1 产品宜采用大、小便分档冲洗的结构。

4.3.2 产品每次冲洗周期大便冲洗用水量不大于 6 L。

4.3.3 如采用大小便分档冲洗的配件，小便冲洗用水量不大于 4.5 L。

4.3.4 冲洗功能

4.3.4.1 在总冲洗用水量不大于 6 L 的条件下，应满足下列要求：

a）固体物排放：采用聚丙烯球法，三次冲洗通过球数的平均值不小于 75；

b）每次冲洗后，采用墨线法，累积残留的墨痕总长不大于 50 mm；

c）水封深度和水封回复不小于 50 mm；

d）污水排放试验后的稀释率不低于 100。

4.3.4.2 排水管道输送特性应符合下列条件之一：

a）连续冲洗 30 次，至少有 24 次全部冲出 4 个试体。

b）4 个试件全部冲出坐便器，并通过 5 m 横管冲入排污立管。

4.3.4.3 存水弯应能通过 $\phi 40$ mm 的固体球。

4.3.5 陶瓷便器的吸水率不大于 1.0%。

4.3.6 水箱配件应符合下列要求：

a）操纵机构稳定可靠，操作方便，动作灵活，无卡阻。

b）进水阀的强度和密封性能应达到 JC 707 中规定的一等品要求。

c）在 0.05 MPa 供水压力下，逆水时间不大于 120 s。

d）溢水口必须高于有效工作水面 20 mm。

e）进水阀出水口应高于溢流管 20 mm。

f）排水阀不应有渗漏现象。

g）水箱有效水量为 6 L 时，排水阀的排水流量不应小于 2.0 L/s。

h）使用寿命大于 5 万次。

4.3.7 节水型便器系统各部件（便器、水箱及配件、管材、管件、接口等）应符合 GB/T 6952、JC 707、JC/T 856 中的规定，组装后各连接部位应无渗漏。

4.3.8 节水型便器系统必须按 JC/T 856—2000 中 4.6 的规定进行管道系统设计、施工安装。

4.3.9 对产品的其他要求应符合 GB/T 6952、JC 707、JC/T 856 中有关规定。

4.4 节水型便器冲洗阀

4.4.1 水压为 0.3 MPa 时，大便冲洗用产品一次冲水量 6～8 L。小便冲洗用产品一次冲水量 2 ~ 4 L（如分为两段冲洗，为第一段与第二段之和）。冲洗时间 3 ~ 10 s。

4.4.2 阀体强度应达到水压 0.9 MPa 下保压 30 s，不变形，不渗漏。

4.4.3 阀体密封性能应分别在高压 0.6 MPa、低压 0.04 MPa 时，各密封面及各连接面均不出现渗漏。

4.4.4 产品使用寿命应大于 5 万次。

4.4.5 产品在使用中必须有防虹吸装置（小便冲洗阀不考虑此项要求）。

4.4.6 产品在使用中不允许有明显的水锤现象，噪音声压级不大于 60 dB。

4.4.7 对产品的其他要求应符合 JC/T 3040、QB/T 3649 中有关规定。

4.5 节水型淋浴器

4.5.1 产品的淋浴阀的出水流量应符合 JG/T 3008—1993 中 4.7 的规定。

4.5.2 淋浴器喷头应在水压 0.1 MPa 和管径 15 mm 下，最大流量不大于 0.15 L/s。

4.5.3 淋浴阀体的耐压强度应达到该产品公称压力的 1.5 倍下保压 30 s，不变形、不开裂、不渗漏。

4.5.4 淋浴阀自然关闭时，通入该产品公称压力 1.1 倍的水，出水口、阀杆密封处不应出现渗漏。封住出水口，由入水口通入压力 0.1 MPa 的水，阀杆密封处也不应出现渗漏。

4.5.5 公共浴室宜采用单管恒温式产品。

4.5.6 产品的淋浴阀的使用寿命应大于 5 万次。

4.5.7 对产品的其他要求应符合 JG/T 3008 中有关规定。

4.6 节水型洗衣机

4.6.1 产品的额定洗涤水量与额定洗涤容量之比应符合 GB/T 4288—1992 中 5.4 的规定。

4.6.2 产品的漂洗性能应达到洗涤物上残留漂洗液相对于试验用水的碱度不大于 0.04×10^{-2} mol/L（摩尔浓度）。

4.6.3 产品在最大负荷洗涤容量、高水位、一个标准洗涤过程，洗净比 0.8 以上，单位容量用水量不大于下列数值：

a）滚筒式洗衣机有加热装置 14 L/kg，无加热装置 16 L/kg；

b）波轮式洗衣机 22 L/kg。

4.6.4 对产品的其他要求应符合 GB/T 4288 中有关规定。

5. 检验方法

5.1 节水型水嘴

5.1.1 流量的测定

按 GB/T 18145—2000 中 7.4.3 的试验方法进行。

5.1.2 延时自闭式水嘴一次给水量和给水时间的测定

a）试验装置及仪表：

——水嘴压力试验机（压力、流量计量精度 0.5 级）。

——秒表、量筒。

b）试验方法及步骤：

——将延时自闭式水嘴安装于试验机上。

——接通水源，开启水嘴，用量筒和秒表测定一次给水量和给水时间，进行 3 次，取其平均值。

5.1.3　阀体强度的检测

5.1.3.1　陶瓷片密封式水嘴按 GB/T 18145—2000 中 7.4.1 的规定进行。

5.1.3.2　非陶瓷片密封式水嘴按 QB/T 1334—1998 中 6.9 的规定进行。

5.1.3.3　感应式水嘴按 CJ/T 3081—1999 中 7.3.1 的规定进行。

5.1.4　密封性能的检测

5.1.4.1　陶瓷片密封式水嘴按 GB/T 18145—2000 中 7.4.2 的规定进行。

5.1.4.2　非陶瓷片密封式水嘴按 QB/T 1334—1998 中 6.10 的规定进行。

5.1.4.3　感应式水嘴按 CJ/T 3081—1999 中 7.3.2 的规定进行。

5.1.5　开关寿命试验

5.1.5.1　陶瓷片密封式水嘴开关使用寿命按 GB/T 18145—2000 中 7.4.4.3 的规定进行试验。

5.1.5.2　非陶瓷片密封式水嘴开关使用寿命按 QB/T 1334—1998 中 5.4.5 的规定进行试验。

5.1.5.3　感应式水嘴开关使用寿命按 CJ/T 3081—1999 中 7.2.4 的规定进行试验。

5.2　节水型便器系统

5.2.1　试验方法

将产品与供水管道连接成使用状态，在静压力为 0.14 MPa、动压力不小于 0.10 MPa 的条件下，开启冲水装置，检查一次冲洗周期内各连接部位应无渗漏，并能调节所用水量不大于 6 L。

5.2.2　冲洗功能

在 5.2.1 所述条件下，进行下列检验。

5.2.2.1　固体物排放检验

测试介质采用 100 个 ϕ19 mm，体积密度为 0.85～0.90 g/m³ 的聚丙烯球，将其轻轻投入放满水封的坐便器中，打开排水阀放水冲洗，检查并记录冲出坐便器外的球数，连续测定 3 次，计算 3 次冲出球数的平均值。

5.2.2.2　墨线试验

将洗净面擦干，用软笔在坐便器圈下方 25 mm 处沿洗净面画一圈墨水线，立即冲水，测量记录残留在洗净面上的墨水线长度。

5.2.2.3　水封深度和水封回复检验：

a）水封深度测量按 GB/T 6952—1999 中 6.7.1 的规定进行。

b）水封回复测量：在固体物排放检验（见 5.2.2.1）时，观察冲水后水封回复，若排污口有溢流出现，表明水封完全回复。若无溢流出现，则测量剩余水封深度，并记录。

5.2.2.4　污水排放试验按 GB/T 6952—1999 中 6.8 的规定进行。

5.2.2.5　排水管道输送特性测试：

a）对 4.3.3.2a）的规定，按 GB/T 6952—1999 附录 C 规定的方法检验 30 次，记录每次冲出试体的个数、总冲洗水量和后续冲水量。

b）对 4.3.3.2b）的规定，采用内径为 ϕ100 mm 的排水管，排水管长度为 5 m，顺流坡度为 2.6%，坐便器承接管与横管连接时采用 90°弯头，坐便器排污口至横排管中心距为

388

450 mm，安装成使用状态的坐便器产品与排水管道系统连接无渗漏后，按 JC/T 856—2000 中 5.1.6 的规定检验。

5.2.2.6 存水弯最小管径试验按 GB/T 6952—1999 中 6.7.2 的规定进行检验。

5.2.3 陶瓷便器吸水率按 GB/T 6952—1999 中 6.5 的规定进行检验。

5.2.4 水箱配件的各项要求，按 JC 707 的有关规定进行检验。

5.3 节水型便器冲洗阀

5.3.1 流量的测定

a）试验装置及仪表：

——冲洗阀流量试验机（压力、流量计量精度 0.5 级）。

——秒表、量筒。

b）试验条件：

阀前的供水管路的管径规格应取阀的进水口的上一个规格尺寸。试验用产品规格分别为 DN25、DN20、DN15。

c）试验方法和步骤：

——将阀调至最大的冲洗量。

——在压力 0.3 MPa 下，测定冲洗量和冲洗时间，各进行 3 次，取其平均值。

5.3.2 阀体强度的检测

a）试验装置及仪表：冲洗阀水压强度试验机（压力计量精度 0.5 级）、秒表。

b）试验方法和步骤：

——按阀的安装位置，将阀的进水端与试验机的给水端连接。

——将阀瓣关闭，逐渐加压至 0.9 MPa，稳压时间大于 30 s，观察压力表有无压力下降情况，并检查阀体及连接处有无变形和渗漏。允许以单个零件进行。

——遇有加压渗漏时，允许排放使阀内残存气体排出后，再继续试验。

5.3.3 密封性能的检测

a）试验装置：冲洗阀水压密封试验机（压力计量精度 0.5 级）。

b）试验方法和步骤：

——按阀的工作状态安装于试验机的给水端。

——在压力分别为 0.04 MPa、0.6 MPa 下，使冲洗阀排水，自闭后应无任何渗漏。反复进行 3 次启闭试验。

5.3.4 寿命试验

a）设备：冲洗阀寿命试验机（压力计量精度 0.5 级）。

b）试验方法和步骤：

将被测产品安装在试验机上，接通供水管路，供水压力为：动压 0.3 MPa，水温≤50℃，从打开阀芯到阀门自闭后，完成一次动作，往复动作 50 000 次后进行阀体强度和密封性能试验。

5.3.5 防虹吸试验

a）试验设备及装置：如附图 1 所示。

b）试验条件：

——上密封结构的冲洗阀，应在进水密封面上垫上 $\phi 0.4 \sim 0.8$ mm 的金属丝。

——透明冲洗管长度不小于 500 mm，浸没水中部分为 100 mm。

　　c）试验方法和步骤：

——启动真空泵使供压系统的真空度不小于 0.08 MPa。

——开启阀门使冲洗阀与储水池相通。

——开启阀门的同时观察冲洗管有无回水现象，并记录回水高度（透明冲洗管液面不高于容器液面 300 mm）。

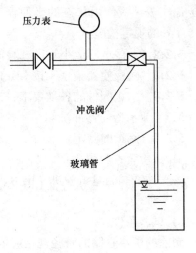

附图 1　防虹吸试验设备及装置

5.3.6　噪音试验

产品按使用状态安装，环境地噪音声压级不大于 15 dB，进水压力分别为 0.1 MPa、0.6 MPa，距阀体 1 m 并高于 1 m 处测量的噪音，取两次中最大值。

5.4　节水型淋浴器

5.4.1　流量的测定

5.4.1.1　产品的淋浴阀的流量测定按 CJ/T 3008—1993 第 5.5 条的规定进行检验。

5.4.1.2　淋浴器喷头流量的测定

　　a）设备：CJ/T 3008—1993 中第 5.1.2 条所示通水试验系统。

　　b）试验方法和步骤：

——以直径 15 mm 管件连通淋浴喷头和通水试验系统。

——通水使淋浴阀打开，淋浴器处于使用状态。

——调节淋浴喷头进水口压力为 0.1 MPa。

——测定单位时间流量值。

5.4.2　阀体耐压强度检测按 CJ/T 3008—1993 第 5.6 条的规定进行。

5.4.3　阀体密封性能检测按 CJ/T 3008—1993 第 5.7 条的规定进行。

5.4.4　寿命试验

对淋浴器阀体进行使用寿命检测，按 CJ/T 3008—1993 第 5.8 条的规定进行。

5.5　节水型洗衣机

5.5.1　额定洗涤水量与额定洗涤容量之比按 GB/T 4288—1992 中 6.3 的规定计算。

5.5.2　洗净比的测定按 GB/T 4288—1992 附录 A 规定的试验方法进行。

5.5.3　漂洗性能的检测以本标准 4.6.2 的规定按 GB/T 4288—1992 附录 C 的试验方法进行。

5.5.4　单位容量用水量的测定按 5.5.2 的规定测定洗净比，在被测洗衣机额定洗涤容量，最高水位，完成一个洗衣机程序设定的洗涤、漂洗、脱水洗涤过程条件下，单位容量用水量由式（1）计算：

$$W = W_1/M \qquad\qquad (1)$$

式中　W——单位容量用水量，L/kg；

　　　W_1——完成一个洗涤、漂洗、脱水标准洗涤过程中总用水量，L；

　　　M——洗衣机额定洗涤容量，kg。

6. 检验规则

6.1 节水型水嘴（水龙头）

6.1.1 陶瓷片密封式水嘴符合 GB/T 18145 的规定。

6.1.2 非陶瓷片密封式水嘴符合 QB/T 1334 的规定。

6.2 节水型便器系统中便器、水箱及配件的检验规则相应符合 GB/T 6952、JC 707、JC/T 856 的规定。

6.3 节水型便器冲洗阀符合 QB/T 3649 的规定。

6.4 淋浴器阀体的检验规则符合 JG/T 3008 的规定。

6.5 节水型洗衣机符合 GB/T 4288 的规定。

附录十二 中华人民共和国水法

（2002 年 10 月 1 日起施行）

（2002 年 8 月 29 日第九届全国人民代表大会常务委员会第二十九次会议通过）

第一章 总 则

第一条 为了合理开发、利用、节约和保护水资源，防治水害，实现水资源的可持续利用，适应国民经济和社会发展的需要，制定本法。

第二条 在中华人民共和国领域内开发、利用、节约、保护、管理水资源，防治水害，适用本法。

本法所称水资源，包括地表水和地下水。

第三条 水资源属于国家所有。水资源的所有权由国务院代表国家行使。农村集体经济组织的水塘和由农村集体经济组织修建管理的水库中的水，归各该农村集体经济组织使用。

第四条 开发、利用、节约、保护水资源和防治水害，应当全面规划、统筹兼顾、标本兼治、综合利用、讲求效益，发挥水资源的多种功能，协调好生活、生产经营和生态环境用水。

第五条 县级以上人民政府应当加强水利基础设施建设，并将其纳入本级国民经济和社会发展计划。

第六条 国家鼓励单位和个人依法开发、利用水资源，并保护其合法权益。开发、利用水资源的单位和个人有依法保护水资源的义务。

第七条 国家对水资源依法实行取水许可制度和有偿使用制度。但是，农村集体经济组织及其成员使用本集体经济组织的水塘、水库中的水的除外。国务院水行政主管部门负责全国取水许可制度和水资源有偿使用制度的组织实施。

第八条 国家厉行节约用水，大力推行节约用水措施，推广节约用水新技术、新工艺，发展节水型工业、农业和服务业，建立节水型社会。

各级人民政府应当采取措施，加强对节约用水的管理，建立节约用水技术开发推广体系，培育和发展节约用水产业。

单位和个人有节约用水的义务。

第九条 国家保护水资源，采取有效措施，保护植被，植树种草，涵养水源，防治水土流失和水体污染，改善生态环境。

第十条 国家鼓励和支持开发、利用、节约、保护、管理水资源和防治水害的先进科学技术的研究、推广和应用。

第十一条 在开发、利用、节约、保护、管理水资源和防治水害等方面成绩显著的单位和个人，由人民政府给予奖励。

第十二条 国家对水资源实行流域管理与行政区域管理相结合的管理体制。

国务院水行政主管部门负责全国水资源的统一管理和监督工作。

国务院水行政主管部门在国家确定的重要江河、湖泊设立的流域管理机构（以下简称流域管理机构），在所管辖的范围内行使法律、行政法规规定的和国务院水行政主管部门授予的水资源管理和监督职责。

县级以上地方人民政府水行政主管部门按照规定的权限，负责本行政区域内水资源的统一管理和监督工作。

第十三条 国务院有关部门按照职责分工，负责水资源开发、利用、节约和保护的有关工作。

县级以上地方人民政府在关部门按照职责分工，负责本行政区域内水资源开发、利用、节约和保护的有关工作。

第二章 水 资 源 规 划

第十四条 国家制定全国水资源战略规划。

开发、利用、节约、保护水资源和防治水害，应当按照流域、区域统一制定规划。规划分为流域规划和区域规划。流域规划包括流域综合规划和流域专业规划；区域规划包括区域综合规划和区域专业规划。

前款所称综合规划，是指根据经济社会发展需要和水资源开发利用现状编制的开发、利用、节约、保护水资源和防治水害的总体部署。前款所称专业规划，是指防洪、治涝、灌溉、航运、供水、水力发电、竹木流放、渔业、水资源保护、水土保持、防沙治沙、节约用水等规划。

第十五条 流域范围内的区域规划应当服从流域规划，专业规划应当服从综合规划。

流域综合规划和区域综合规划以及与土地利用关系密切的专业规划，应当与国民经济和社会发展规划以及土地利用总体规划、城市总体规划和环境保护规划相协调，兼顾各地区、各行业的需要。

第十六条 制定规划，必须进行水资源综合科学考察和调查评价。水资源综合科学考察和调查评价，由县级以上人民政府水行政主管部门会同同级有关部门组织进行。

县级以上人民政府应当加强水文、水资源信息系统建设。县级以上人民政府水行政主管部门和流域管理机构应当加强对水资源的动态监测。

基本水文资料应当按照国家有关规定予以公开。

第十七条 国家确定的重要江河、湖泊的流域综合规划，由国务院水行政主管部门会同国务院有关部门和有关省、自治区、直辖市人民政府编制，报国务院批准。跨省、自治区、直辖市的其他江河、湖泊的流域综合规划和区域综合规划，由有关流域管理机构会同江河、湖泊所在地的省、自治区、直辖市人民政府水行政主管部门和有关部门编制，分别经有关省、自治区、直辖市人民政府审查提出意见后，报国务院水行政主管部门审核；国务院水行政主管部门征求国务院有关部门意见后，报国务院或者其授权的部门批准。

前款规定以外的其他江河、湖泊的流域综合规划和区域综合规划，由县级以上地方人民政府水行政主管部门会同同级有关部门和有关地方人民政府编制，报本级人民政府或者其授权的部门批准，并报上一级水行政主管部门备案。

专业规划由县级以上人民政府有关部门编制，征求同级其他有关部门意见后，报本级人民政府批准。其中，防洪规划、水土保持规划的编制、批准、依照防洪法、水土保持法的有关规定执行。

第十八条 规划一经批准，必须严格执行。

经批准的规划需要修改时，必须按照规划编制程序经原批准机关批准。

第十九条 建设水工程，必须符合流域综合规划。在国家确定的重要江河、湖泊和跨省、自治区、直辖市的江河、湖泊上建设水工程，其工程可行性研究报告报请批准前，有关流域管理机构应当对水工程的建设是否符合流域综合规划进行审查并签署意见；在其他江河、湖泊上建设水工程，其工程可行性研究报告报请批准前，县级以上地方人民政府水行政主管部门应当按照管理权限对水工程的建设是否符合流域综合规划进行审查并签署意见。水工程建设涉及防洪的，依照防洪法的有关规定执行；涉及其他地区和行业的，建设单位应当事先征求有关地区和部门的意见。

第三章 水资源开发利用

第二十条 开发、利用水资源、应当坚持兴利与除害相结合，兼顾上下游、左右岸和有关地区之间的利益，充分发挥水资源的综合效益，并服从防洪的总体安排。

第二十一条 开发、利用水资源，应当首先满足城乡居民生活用水，并兼顾农业、工业、生态环境用水以及航运等需要。

在干旱和半干旱地区开发、利用水资源，应当充分考虑生态环境用水需要。

第二十二条 跨流域调水，应当进行全面规划和科学论证，统筹兼顾调出和调入流域的用水需要，防止对生态环境造成破坏。

第二十三条 地方各级人民政府应当结合本地区水资源的实际情况，按照地表水与地下水统一调度开发、开源与节流相结合、节流优先和污水处理再利用的原则，合理组织开发、综合利用水资源。

国民经济和社会发展规划以及城市总体规划的编制、重大建设项目的布局，应当与当地水资源条件和防洪要求相适应，并进行科学论证；在水资源不足的地区，应当对城市规模和建设耗水量大的工业、农业和服务业项目加以限制。

第二十四条 在水资源短缺的地区，国家鼓励对雨水和微咸水的收集、开发、利用和对海水的利用、淡化。

第二十五条 地方各级人民政府应当加强对灌溉、排涝、水土保持工作的领导，促进农业生产发展；在容易发生盐碱化和渍害的地区，应当采取措施，控制和降低地下水的水位。

农村集体经济组织或者其成员依法在本集体经济组织所有的集体土地或者承包土地上投资兴建水工程设施的，按照谁投资建设谁管理和谁受益的原则，对水工程设施及其蓄水进行管理和合理使用。

农村集体经济组织修建水库应当经县级以上地方人民政府水行政主管部门批准。

第二十六条 国家鼓励开发、利用水能资源。在水能丰富的河流，应当有计划地进行多目标梯级开发。

建设水力发电站，应当保护生态环境，兼顾防洪、供水、灌溉、航运、竹木流放和渔业等方面的需要。

第二十七条 国家鼓励开发、利用水运资源。在水生生物洄游通道、通航或者竹木流放的河流上修建永久性拦河闸坝，建设单位应当同时修建过鱼、过船、过木设施，或者经国务院授权的部门批准采取其他补救措施，并妥善安排施工和蓄水期间的水生生物保护、航运和竹木流放，所需费用由建设单位承担。

在不通航的河流或者人工水道上修建闸坝后可以通航的，闸坝建设单位应当同时修建过船设施或者预留过船设施位置。

第二十八条 任何单位和个人引水、截（蓄）水、排水，不得损害公共利益和他人的合法权益。

第二十九条 国家对水工程建设移民实行开发性移民的方针，按照前期补偿、补助与后期扶持相结合的原则，妥善安排移民的生产和生活，保护移民的合法权益。

移民安置应当与工程建设同步进行。建设单位应当根据安置地区的环境容量和可持续发展的原则，因地制宜，编制移民安置规划，经依法批准后，由有关地方人民政府组织实施。所需移民经费列入工程建设投资计划。

第四章 水资源、水域和水工程的保护

第三十条 县级以上人民政府水行政主管部门、流域管理机构以及其他有关部门在制定水资源开发、利用规划和调度水资源时，应当注意维持江河的合理流量和湖泊，水库以及地下水的合理水位，维护水体的自然净化能力。

第三十一条 从事水资源开发、利用、节约、保护和防治水害等水事活动，应当遵守经批准的规划；因违反规划造成江河和湖泊水域使用功能降低、地下水超采、地面沉降、水体污染的，应当承担治理责任。

开采矿藏或者建设地下工程，因疏干排水导致地下水水位下降、水源枯竭或者地面塌陷，采矿单位或者建设单位应当采取补救措施；对他人生活和生产造成损失的，依法给予补偿。

第三十二条 国务院水行政主管部门会同国务院环境保护行政主管部门、有关部门和有关省、自治区、直辖市人民政府，按照流域综合规划、水资源保护规划和经济社会发展要求，拟定国家确定的重要江河、湖泊的水功能区划，报国务院批准。跨省、自治区、直辖市其他江河、湖泊的水功能区划，由有关流域管理机构会同江河、湖泊所在地的省、自治区、直辖市人民政府水行政主管部门、环境保护行政主管部门和其他有关部门拟定，分别经有关省、自治区、直辖市人民政府审查提出意见后，由国务院水行政主管部门会同国务院环境保护行政主管部门审核，报国务院或者其授权的部门批准。

前款规定以外的其他江河、湖泊的水功能区划，由县级以上地方人民政府水行政主管部门会同同级人民政府环境保护行政主管部门和有关部门拟定，报同级人民政府或者其授权的

部门批准，并报上一级水行政主管部门和环境保护行政主管部门备案。

县级以上人民政府水行政主管部门或者流域管理机构应当按照水功能区对水质的要求和水体的自然净化能力，核定该水域的纳污能力，向环境保护行政主管部门提出该水域的限制排污总量意见。

县级以上地方人民政府水行政主管部门和流域管理机构应当对水功能区的水质状况进行监测，发现重点污染物排放总量超过控制指标的，或者水功能区的水质未达到水域使用功能对水质的要求的，应当及时报告有关人民政府采取治理措施，并向环境保护行政主管部门通报。

第三十三条 国家建立饮用水水源保护区制度。省、自治区、直辖市人民政府应当划定饮用水水源保护区，并采取措施，防止水源枯竭和水体污染，保证城乡居民饮用水安全。

第三十四条 禁止在饮用水水源保护区内设置排污口。

在江河、湖泊新建、改建或者扩大排污口，应当经过有管辖权的水行政主管部门或者流域管理机构同意，由环境保护行政主管部门负责对该建设项目的环境影响报告书进行审批。

第三十五条 从事工程建设，占用农业灌溉水源、灌排工程设施，或者对原有灌溉用水、供水水源有不利影响的，建设单位应当采取相应的补救措施；造成损失的，依法给予补偿。

第三十六条 在地下水超采地区，县级以上地方人民政府应当采取措施，严格控制开采地下水，在地下水严重超采地区，经省、自治区、直辖市人民政府批准，可以划定地下水禁止开采或者限制开采区。在沿海地区开采地下水，应当经过科学论证，并采取措施，防止地面沉降和海水入侵。

第三十七条 禁止在江河、湖泊、水库、运河、渠道内弃置、堆放阻碍行洪的物体和种植阻碍行洪的林木及高秆作物。

禁止在河道管理范围内建设妨碍行洪的建筑物、构筑物以及从事影响河势稳定、危害河岸堤防安全和其他妨碍河道行洪的活动。

第三十八条 在河道管理范围内建设桥梁、码头和其他拦河、跨河、临河建筑物、构筑物，铺设跨河管道、电缆，应当符合国家规定的防洪标准和其他有关的技术要求，工程建设方案应当依照防洪法的有关规定报经有关水行政主管部门审查同意。

因建设前款工程设施，需要扩建、改建、拆除或者损坏原有水工程设施的，建设单位应当负担扩建、改建的费用和损失补偿。但是，原有工程设施属于违法工程的除外。

第三十九条 国家实行河道采砂许可制度。河道采砂许可制度实施办法，由国务院规定。

在河道管理范围内采砂，影响河势稳定或者危及堤防安全的，有关县级以上人民政府水行政主管部门应当划定禁采区和规定禁采期，并予以公告。

第四十条 禁止围湖造地。已经围垦的，应当按照国家规定的防洪标准有计划地退地还湖。

禁止围垦河道。确需围垦的，应当经过科学论证，经省、自治区、直辖市人民政府水行政主管部门或者国务院水行政主管部门同意后，报本级人民政府批准。

第四十一条 单位和个人有保护水工程的义务，不得侵占、毁坏堤防、护岸、防汛、水文监测、水文地质监测等工程设施。

第四十二条 县级以上地方人民政府应当采取措施，保障本行政区域内水工程，特别是水坝和堤防的安全，限期消除险情。水行政主管部门应当加强对水工程安全的监督管理。

第四十三条 国家对水工程实施保护。国家所有的水工程应当按照国务院的规定划定工程管理和保护范围。

国务院水行政主管部门或者流域管理机构管理的水工程，由主管部门或者流域管理机构有关省、自治区、直辖市人民政府划定工程管理和保护范围。

前款规定以外的其他水工程，应当按照省、自治区、直辖市人民政府的规定，划定工程保护范围和保护职责。

在水工程保护范围内，禁止从事影响水工程运行和危害水工程安全的爆破、打井、采石、取土等活动。

第五章 水资源配置和节约使用

第四十四条 国务院发展计划主管部门和国务院水行政主管部门负责全国水资源的宏观调配。全国的和跨省、自治区、直辖市的水中长期供求规划，由国务院水行政主管部门会同有关部门制订，经国务院发展计划主管部门审查批准后执行。地方的水中长期供求规划，由县级以上地方人民政府水行政主管部门会同同级有关部门依据上一级水中长期供求规划和本地区的实际情况制订，经本级人民政府发展计划主管部门审查批准后执行。

水中长期供求规划应当依据水的供求现状、国民经济和社会发展规划、流域规划、区域规划，按照水资源供需协调、综合平衡、保护生态、厉行节约、合理开源的原则制定。

第四十五条 调蓄径流和分配水量，应当依据流域规划和水中长期供求规划，以流域为单元制定水量分配方案。

跨省、自治区、直辖市的水量分配方案和旱情紧急情况下的水量调度预案，由流域管理机构有关省、自治区、直辖市人民政府制订，报国务院或者其授权的部门批准后执行。其他跨行政区域的水量分配方案和旱情紧急情况下的水量调度预案，由共同的上一级人民政府水行政主管部门有关地方人民政府制订，报本级人民政府批准后执行。

水量分配方案和旱情紧急情况下的水量调度预案经批准后，有关地方人民政府必须执行。

在不同行政区域之间的边界河流上建设水资源开发、利用项目，应当符合该流域经批准的水量分配方案，由有关县级以上地方人民政府报共同的上一级人民政府水行政主管部门或者有关流域管理机构批准。

第四十六条 县级以上地方人民政府水行政主管部门或者流域管理机构应当根据批准的水量分配方案和年度预测来水量，制定年度水量分配方案和调度计划，实施水量统一调度；有关地方人民政府必须服从。

国家确定的重要江河、湖泊的年度水量分配方案，应当纳入国家的国民经济和社会发展年度计划。

第四十七条 国家对用水实行总量控制和定额管理相结合的制度。

省、自治区、直辖市人民政府有关行业主管部门应当制订本行政区域内行业用水定额，报同级水行政主管部门和质量监督检验行政主管部门审核同意后，由省、自治区、直辖市人民政府公布，并报国务院水行政主管部门和国务院质量监督检验行政主管部门备案。

县级以上地方人民政府发展计划主管部门会同同级水行政主管部门，根据用水定额、经济技术条件以及水量分配方案确定的可供本行政区域使用的水量，制定年度用水计划，对本行政区域内的年度用水实行总量控制。

第四十八条 直接从江河、湖泊或者地下取用水资源的单位和个人，应当按照国家取水许可制度和水资源有偿使用制度的规定，向水行政主管部门或者流域管理机构申请领取取水许可证，并缴纳水资源费，取得取水权。但是，家庭生活和零星散养、圈养畜禽饮用等少量取水的除外。

实施取水许可制度和征收管理水资源费的具体办法，由国务院规定。

第四十九条 用水应当计量，并按照批准的用水计划用水。

用水实行计量收费和超定额累进加价制度。

第五十条 各级人民政府应当推行节水灌溉方式和节水技术，对农业蓄水、输水工程采取必要的防渗漏措施，提高农业用水效率。

第五十一条 工业用水应当采用先进技术、工艺和设备，增加循环用水次数，提高水的重复利用率。

国家逐步淘汰落后的、耗水量高的工艺、设备和产品，具体名录由国务院经济综合主管部门会同国务院水行政主管部门和有关部门制定并公布。生产者、销售者或者生产经营中的使用者应当在规定的时间内停止生产、销售或者使用列入名录的工艺、设备和产品。

第五十二条 城市人民政府应当因地制宜采取有效措施，推广节水型生活用水器具，降低城市供水管网漏失率，提高生活用水效率；加强城市污水集中处理，鼓励使用再生水，提高污水再生利用率。

第五十三条 新建、扩建、改建建设项目，应当制订节水措施方案，配套建设节水设施。节水设施应当与主体工程同时设计、同时施工、同时投产。

供水企业和自建供水设施的单位应当加强供水设施的维护管理，减少水的漏失。

第五十四条 各级人民政府应当积极采取措施，改善城乡居民的饮用水条件。

第五十五条 使用水工程供应的水，应当按照国家规定向供水单位缴纳水费。供水价格应当按照补偿成本、合理收益、优质优价、公平负担的原则确定。具体办法由省级以上人民政府价格主管部门会同同级水行政主管部门或者其他供水行政主管部门依据职权制度。

第六章 水事纠纷处理与执法监督检查

第五十六条 不同行政区域之间发生水事纠纷的，应当协商处理；协商不成的，由上一级人民政府裁决，有关各方必须遵照执行。在水事纠纷解决前，未经各方达成协议或者共同的上一级人民政府批准，在行政区域交界线两侧一定范围内，任何一方不得修建排水、阻水、取水和截（蓄）水工程，不得单方面改变水的现状。

第五十七条 单位之间、个人之间、单位与个人之间发生的水事纠纷，应当协商解决；当事人不愿协商或者协商不成的，可以申请县级以上地方人民政府或者其授权的部门调解，也可以直接向人民法院提起民事诉讼。县级以上地方人民政府或者其授权的部门调解不成的，当事人可以向人民法院提起民事诉讼。

在水事纠纷解决前，当事人不得单方面改变现状。

第五十八条 县级以上人民政府或者其授权的部门在处理水事纠纷时，有权采取临时处置措施，有关各方或者当事人必须服从。

第五十九条　县级以上人民政府水行政主管部门和流域管理机构应当对违反本法的行为加强监督检查并依法进行查处。

水政监督检查人员应当忠于职守，秉公执法。

第六十条　县级以上人民政府水行政主管部门、流域管理机构及其水政监督检查人员覆行本法规定的监督检查职责时，有权采取下列措施：

（一）要求被检查单位提供有关文件、证照、资料；

（二）要求被检查单位就执行本法的有关问题作出说明；

（三）进入被检查单位的生产场所进行调查；

（四）责令被检查单位停止违反本法的行为，履行法定义务。

第六十一条　有关单位或者个人对水政监督检查人员的监督检查工作应当给予配合，不得拒绝或者阻碍水政监督检查人员依法执行职务。

第六十二条　水政监督检查人员在履行监督检查职责时，应当向被检查单位或者个人出示执法证件。

第六十三条　县级以上人民政府或者上级水行政主管部门发现本级或者下级水行政主管部门在监督检查工作中有违法或者失职行为的，应当责令其限期改正。

第七章　法　律　责　任

第六十四条　水行政主管部门或者其他有关部门以及水工程管理单位及其工作人员，利用职务上的便利收取他人财物、其他好处或者玩忽职守，对不符合法定条件的单位或者个人核发许可证、签署审查同意意见，不按照水量分配方案分配水量，不按照国家有关规定收取水资源费，不履行监督职责，或者发现违法行为不予查处，造成严重后果，构成犯罪的，对负有责任的主管人员和其他直接责任人员依照刑法的有关规定追究刑事责任；尚不够刑事处罚的，依法给予行政处分。

第六十五条　在河道管理范围内建设妨碍行洪的建筑物、构筑物，或者从事影响河势稳定、危害河岸堤防安全和其他妨碍河道行洪的活动的，由县级以上人民政府水行政主管部门或者流域管理机构依据职权，责令停止违法行为，限期拆除违法建筑物、构筑物、恢复原状；逾期不拆除、不恢复原状的，强行拆除，所需费用由违法单位或者个人负担，并处一万元以上十万元以下的罚款。

未经水行政主管部门或者流域管理机构同意，擅自修建水利工程，或者建设桥梁、码头和其他拦河、跨河、临河建筑物、构筑物，铺设跨河管道、电缆，且防洪法未作规定的，由县级以上人民政府水行政主管部门或者流域管理机构依据职权，责令停止违法行为，限期补办有关手续；逾期不补办或者补办未被批准的，责令限期拆除违法建筑物、构筑物；逾期不拆除的，强行拆除，所需费用由违法单位或者个人负担，并处一万元以上十万元以下的罚款。

第六十六条　有下列行为之一，且防洪法未作规定的，由县级以上人民政府水行政主管部门或者流域管理机构依据职权，责令停止违法行为，限期清除障碍或者采取其他补救措施，处一万元以上五万元以下的罚款：

（一）在江河、湖泊、水库、运河、渠道内弃置、堆放阻碍行洪的物体和种植阻碍行洪的林木及高秆作物的；

（二）围湖造地或者未经批准围垦河道的。

第六十七条 在饮用水水源保护区内设置排污口的，由县级以上地方人民政府责令限期拆除、恢复原状；逾期不拆除、不恢复原状的，强行拆除、恢复原状，并处五万元以上十万元以下的罚款。

未经水行政主管部门或者流域管理机构审查同意，擅自在江河、湖泊新建、改建或者扩大排污口的，由县级以上人民政府水行政主管部门或者流域管理机构依据职权，责令停止违法行为，限期恢复原状，处五万元以上十万元以下的罚款。

第六十八条 生产、销售或者在生产经营中使用国家明令淘汰的落后的、耗水量高的工艺设备和产品的，由县级以上地方人民政府经济综合主管部门责令停止生产、销售或者使用，处二万元以上十万元以下的罚款。

第六十九条 有下列行为之一的，由县级以上人民政府水行政主管部门或者流域管理机构依据职权，责令停止违法行为，限期采取补救措施，处二万元以上十万元以下的罚款；情节严重的，吊销其取水许可证：

（一）未经批准擅自取水的；

（二）未依照批准的取水许可规定条件取水的。

第七十条 拒不缴纳、拖延缴纳或者拖欠水资源费的，由县级以上人民政府水行政主管部门或者流域管理机构依据职权，责令限期缴纳；逾期不缴纳的，从滞纳之日起按日加收滞纳部分千分之二的滞纳金，并处应缴或者补缴水资源费一倍以上五倍以下的罚款。

第七十一条 建设项目的节水设施没有建成或者没有达到国家规定的要求，擅自投入使用的，由县级以上人民政府有关部门或者流域管理机构依据职权，责令停止使用，限期改正，处五万元以上十万元以下的罚款。

第七十二条 有下列行为之一，构成犯罪的，依照刑法的有关规定追究刑事责任；尚不够刑事处罚，且防洪法未作规定的，由县级以上地方人民政府水行政主管部门或者流域管理机构依据职权，责令停止违法行为，采取补救措施，处一万元以上五万元以下的罚款；违反治安管理处罚条例的，由公安机关依法给予治安管理处罚；给他人造成损失的，依法承担赔偿责任：

（一）侵占、毁坏水工程及堤防、护岸等有关设施，毁坏防汛、水文监测、水文地质监测设施的；

（二）在水工程保护范围内，从事影响水工程运行和危害水工程安全的爆破、打井、采石、取土等活动的。

第七十三条 侵占、盗窃或者抢夺防汛物资，防洪排涝、农田水利、水文监测和测量以及其他水工程设备和器材，贪污或者挪用国家救灾、抢险、防汛、移民安置和补偿及其他水田建设款物，构成犯罪的，依照刑法的有关规定追究刑事责任。

第七十四条 在水事纠纷发生及其处理过程中煽动闹事、结伙斗殴、抢夺或者损坏公私财物、非法限制他人人身自由，构成犯罪的，依照刑法的有关规定追究刑事责任；尚不够刑事处罚的，由公安机关依法给予治安管理处罚。

第七十五条 不同行政区域之间发生水事纠纷，有下列行为之一的，对负有责任的主管人员和其他直接责任人员依法给予行政处分：

（一）拒不执行水量分配方案和水量调度预案的；

（二）拒不服从水量统一调度的；

（三）拒不执行上一级人民政府的裁决的；

（四）在水事纠纷解决前，未经各方达成协议或者上一级人民政府批准，单方面违反本法规定改变水的现状的。

第七十六条 引水、截（蓄）水、排水，损害公共利益或者他人合法权益的，依法承担民事责任。

第七十七条 对违反本法第三十九条有关河道采砂许可制度规定的行政处罚，由国务院规定。

第八章 附 则

第七十八条 中华人民共和国缔结或者参加的与国际或者国境边界河流、湖泊有关的国际条约、协定与中华人民共和国法律有不同规定的，适用国际条约、协定的规定。但是，中华人民共和国声明保留的条款除外。

第七十九条 本法所称水工程，是指在江河、湖泊和地下水源上开发、利用、控制、调配和保护水资源的各类工程。

第八十条 海水的开发、利用、保护和管理，依照有关法律的规定执行。

第八十一条 从事防洪活动，依照防洪法的规定执行。

水污染防治，依照水污染防治法的规定执行。

第八十二条 本法自 2002 年 10 月 1 日起施行。

参 考 文 献

1 刘俊良，张杰主编. 城市节制用水规划原理与技术. 北京：化学工业出版社，2003

2 金兆丰等编. 21 世纪的水处理. 北京：化学工业出版社，2003

3 许有鹏等编. 城市水资源与水环境. 贵阳：贵州人民出版社，2003

4 全国勘察设计注册公用设备工程师给水排水专业考试复习教材. 北京：中国建筑工业出版社，2004

5 严煦世等编. 给水工程. 北京：中国建筑工业出版社，1999

6 宋仁元主编. 怎样防止给水系统的漏损. 北京：中国建筑工业出版社，1988

7 吴季松主编. 关于合理水价形成机制的理论探讨. 中国水利网，2003

8 冼骏峰主编. 城市供水管网漏水探测新技术. 保定市金迪科技开发有限公司网，2003

9 百家大中型水管单位水价调研报告（四）. 国家计委价格司，水利部经济调节司联合调研组

10 董辅祥，董欣东主编. 城市与工业节约用水理论. 北京：中国建筑工业出版社，2000

11 北京城市节约用水办公室. 节水新技术与示范工程实例. 北京：中国建筑工业出版社，2004

12 付婉霞主编. 建筑节水技术与中水回用. 北京：化学工业出版社，2004

13 上海现代建筑设计（集团）有限公司主编. 建筑给水排水设计规范（GB 50015—2003）. 北京：中国计划出版社，2003

14 余健等编. 给水排水项目经济评价与概预算. 北京：化学工业出版社，2002

15 高山主编. 现代城市节约用水技术与国际通用管理成功案例典范. 北京：新华出版社，2003

16 姜文源等编. 建筑给水排水常用设计规范详解手册. 北京：中国建筑工业出版社，1996

17 崔玉川，董辅祥主编. 城市与工业节约用水手册. 北京：化学工业出版社，2002

18 唐受印，戴友芝主编. 工业循环冷却水处理. 北京：化学工业出版社，2003

19 水利部. 中国水资源公报，2002

20 索丽生著. 我国可持续发展水资源战略. 中国科协 2001 年学术年会（长春）. 2001

21 龙腾锐，何强编. 国内外城市节水概述. 给排水在线网，2001

22 姜文来编. 从世界水资源看水危机. 水信息网，2002

23 徐志强编. 世界水资源概述. 蓝绿在线网，2005

24 韩剑宏主编. 中水回用技术及工程实例. 北京：化学工业出版社，2004

25 张林生主编. 水的深度处理与回用技术. 北京：化学工业出版社，2004

26 李本高主编. 现代工业水处理技术与应用. 北京：中国石化出版社，2004

27 高俊发主编. 城镇污水处理回用技术. 北京：化学工业出版社，2004

28 肖锦主编. 城市污水处理及回用技术. 北京：化学工业出版社，2002

29 周彤主编. 污水回用决策与技术. 北京：化学工业出版社，2002

30 张自杰主编. 排水工程（下）. 北京：中国建筑工业出版社，1999

31 张小洁，汪家权著. 城市工业节水效率评价研究. 安徽建筑工业学院学报，2002

32 祁鲁梁，李永存等编. 工业用水节水与水处理技术术语大全. 北京：中国水利水电出版社，2003

33 张希衡主编. 水污染控制工程. 北京：冶金工业出版社，1993

34 郑俊等编. 曝气生物滤池污水处理新技术及工程实例. 北京：化学工业出版社，2002

35 张自杰主编. 废水处理理论与设计. 北京：中国建筑工业出版社，2003

36 侯立安主编. 小型污水处理与回用技术及装置. 北京：化学工业出版社，2003

37 唐鹡主编. 国外城市节水技术与管理. 北京：中国建筑工业出版社，1997